新世纪计算机课程系列精品教材

微机系统原理及应用

（第 2 版）

主　编　毛玉良
副主编　张赤斌
参　编　田梦倩　王海燕
　　　　许映秋　戴　敏

东南大学出版社
·南京·

内 容 提 要

本书基础部分讨论了一般性问题,其中包括计算机中的数、码和常用电路,微处理器系统的基本结构和运行原理,微处理器、存储器和 I/O 的重要概念以及它们之间的相互关系。应用部分以 MCS-51 微控制器为主,介绍了它的结构特点,存储器组织,指令系统及集成的定时、中断和串行通信等功能。

围绕 MCS-51 的总线及其时序,介绍了存储器和外围芯片的扩展技术,并强调与时序配合。在存储器扩展部分介绍了各种译码方法。在 I/O 扩展方面,重点介绍了典型接口的工作原理及其应用,本书对传统的外围接口芯片及其功能的介绍进行了仔细的取舍。

在以 MCS-51 为基础的汇编语言教学中,引入 ASM-51 宏汇编的规范,它支持多模块以及今后同 C51 高级语言的混合编程。为了帮助初学者理解和掌握,汇编语言程序示例都尽可能完整地列出(对应的 C51 的例程作为附录给出)。本书例题丰富、重点突出、循序渐进,力求通俗易懂,体系和内容安排来自于作者多年从事的微机课程教学的经验和体会。书中大量例题来源于作者多年从事科研和工程技术的积累,实用性强、术语规范。

本书可作为普通高等学校非计算机专业本科学生的教材,也可作为成人高等教育的培训教材,还可供广大科技人员自学参考。

图书在版编目(CIP)数据

微机系统原理及应用/毛玉良主编. —2 版. —南京:东南大学出版社,2012.6
新世纪计算机课程系列精品教材
ISBN 978 - 7 - 5641 - 2809 - 8

Ⅰ.①微…Ⅱ.①毛…Ⅲ.①微型计算机—高等学校—教材Ⅳ.①TP36

中国版本图书馆 CIP 数据核字(2011)第 097823 号

微机系统原理及应用(第 2 版)

出版发行	东南大学出版社	
出 版 人	江建中	
社　　址	南京市四牌楼 2 号	
邮　　编	210096	
经　　销	全国各地新华书店	
印　　刷	南京京新印刷厂	
开　　本	787 mm×1092 mm　1/16	
印　　张	21.75	
字　　数	568 千字	
版　　次	2006 年 8 月第 1 版　2012 年 6 月第 2 版	
印　　次	2012 年 6 月第 1 次印刷	
书　　号	ISBN 978 - 7 - 5641 - 2809 - 8	
印　　数	1—3000 册	
定　　价	43.00 元	

(本社图书若有印装质量问题,请直接与营销部联系。电话:025 - 83791830)

第 2 版前言

本书是非计算机专业学生学习"微机原理及接口技术"的基础教材。主要是将 MCS-51 作为微控制器的一个典型系列,并围绕嵌入式系统的要求来阐述微机原理、技术及其应用。其出发点和编排与"MCS-51 单片机技术"类教材有明显的区别。

本书面向初学者的需要,内容安排上注重微机运行原理方面的基础知识,同时考虑了实用性、实践性教学环节的可操作性以及有关专业学时上的限制。本书的主要特点是:

(1) 内容编排更加符合实际教学过程。根据大多数学生的先修课程的实际,本书首先从硬件的角度概括介绍了计算机中的常用数制、码制和微机运行的一般技术原理;其次介绍 MCS-51 的体系、指令、汇编语言编程、集成数字部件及其应用;最后介绍基于总线的系统扩展、C51 编程和先进的 C8051F 系列微控制器的应用。所以本书非常适合初学微机原理与接口技术的学生,内容由浅入深,并结合丰富的实例,不断提高学生的应用能力。

现存的多数以 MCS-51 为基础的教材,其内容的展开方式非常接近于微处理器(或微控制器)生产厂家的官方资料,其权威性自然不容质疑。但是,除非另有相关的先修课程,教师必须重组内容,才能保证教学顺利进行。本书面向初学者,内容安排更加通俗易懂。不过笔者也提醒读者在掌握一定的基础知识后,工程应用还是应该多看原始文挡。

(2) 内容新颖完整。介绍了 Intel 的 ASM-51 宏汇编,因为它支持多模块编程。本书汇编语言程序实例均按宏汇编格式编写,并尽可能完整。汇编语言子程序大多按照 C51 高级语言的调用约定来写,这为汇编与 C51 混合编程打下了基础。关于 C51 编程的介绍靠后,这样不会冲淡汇编语言的基础性,又使 C51 的实用技术介绍水到渠成。

对于学时较少的专业,可以选学 C51 高级语言编程,而汇编语言程序设计只作一般了解。在本书的这一版中,对于以汇编语言形式给出的主要程序示例,也给出了它们的 C51 版本(附录 D)。需要指出的是,本书对 C51 的介绍方法比较简洁,是假定读者已经具备 C 或 C++基础的。如果读者未学过 C 或 C++,或虽然学过但大部分已经遗忘,那么会有一定困难的。

(3) 强调学用一致。中断是本课程的难点,本书突出中断技术的应用教学。从多年工程实践中我们体会到,几乎没有一个嵌入式程序开发可以不使用中断。

中断编程要考虑的问题比较多,我们的办法是多给出一些中断服务程序的例子,这样初学者有例子可作参照。在实践性环节中,我们也是通过实例,加强对学生的基本功训练。

(4) 精选常用外围芯片讲解扩展技术。通过 TTL 电路构成输入缓冲,输出锁存,带联络信号的输入/输出等,强化了接口原理的概念和技术的介绍;而具体到8255、8253 和 8250,则以原理、工作方式和典型应用为主,特别是已淘汰的 8250以 16C2552 代替。至于这些芯片本身,随着 SOC 发展方向的到来,都是可取代的,或者被吸收到 MCU 中去。像 8255 的实际用量已经在大幅度下降,8250 已经停产,这是大势所趋。

(5) C8051F 系列微控制器的应用。相对于经典的 MCS-51 芯片,该系列微控制器的数字部件种类和数量大幅增加、系统时钟频率也得到很大提高,并由于模拟接口的引入,性能优异,因此应用日益普及。此外,它还在某种程度上,代表着 MCS-51 系列在嵌入式系统应用领域的发展方向,其芯片设计和开发手段也更趋先进。为此,笔者以一个具体型号为例,设计了一块实验电路,在实践的基础上,本书第 2版给出了该电路原理、开发过程和程序示例,期待与读者分享学习心得和经验。

本书第 1 版由毛玉良副教授策划并任主编,张赤斌教授任副主编。许映秋教授、田梦倩副教授、王海燕、戴敏等老师参加了本书的编写。其中田梦倩老师编写了第 1 章;张赤斌老师编写了第 2 章以及第 7,9,10,14 章的部分内容;许映秋老师编写了第 4 章以及第 12,13 章的部分内容;戴敏老师编写了第 15 章;王海燕老师编写了第 1 版的第 17 章;其余部分都是由主编完成并通稿。本书第 2 版修正了第1 版的不少错误和瑕疵。

本书第 2 版第 17 章是新写的,内容是关于 C8051F 系列微控制器的应用和开发。在新编内容部分,东南大学机械学院硕士研究生陆向军同学参与了试验电路板的设计制作、示例程序的调试和验证工作,在该章成文过程中也付出了辛勤的劳动。原 8088/8086 内容的介绍在新版中删掉了,因为从反馈的情况看,该章内容在选用本教材的单位中实际使用得不多。

由于计算机技术日新月异的发展,新技术不断涌现,尽管我们在概念的阐述上已经考虑到这些因素,但仍然可能有不当之处,加之时间仓促,难免有错误发生,敬请各位读者、专家和使用本教材的老师批评指正,以便再版时及时改正。

编　者
2011 年 7 月
于南京

目　　录

0 绪论

　　计算机技术的发展以及应用方面的普及速度,甚至使年轻的读者都难免感叹。在计算机知识的教学方面,观念也一直在发生着变化。

　　以往对计算机的分类,主要是取决于其功能和规模:比如大型、中型和微型计算机,或者根据用途分为通用与专用。但无论是用 CPU 的集成度、运算速度还是计算机的存储容量,都不能刻画不断变化着的计算机世界。将通用计算机分为主机、服务器和 PC 机,这在 Internet 时代,是比较贴切的。这种划分代表了需求和相应的处理能力。

　　与通用计算机不同的另一类计算机被称为嵌入式计算机。它不是以通用计算机的形态出现,而是将应用了计算机技术的芯片,嵌入到应用对象中去。如工业控制、武器装备、仪器仪表、个人通信终端、家用电器控制、娱乐设施或器件等,都大量使用嵌入式计算机技术。

　　1972 年,当第一个 4 位的微处理器在 Intel 公司诞生的时候,人们期望用它来制造手持计算器。当 8 位的微处理器诞生的时候,人们用它来制造台式的个人计算机。同时,其工业应用也开始了。也就是说,在早期,即 1980 年左右,微处理器并没有分成通用和嵌入式应用。

　　当 8086/8088 经 80286/80386 向更高的目标——Pentium 发展的过程中,人们发现微处理器在应用上的定位开始日益明显。Intel 公司 1983 年左右推出的 80186/80188 就是为嵌入式应用服务的。它将 8086/8088 CPU 与外围功能芯片集成在一起,定位于工业应用。一二十年前出产的数控机床里面就可能能找到这样的芯片。日本公司运用 80188/80186 的技术生产芯片,推出了 V20 和 V40 等,并大量应用到数控机床和其他领域。但这类芯片从没用于通用计算机的制造,所以并不广为人知。

　　从 80286 起,微处理器的设计者一开始就考虑它将来如何与操作系统结合,以生产出功能更强、更好用的通用计算机。从工作在通信行业的朋友那里能了解到,80386 甚至 Pentium 也可以直接应用在大容量的数字交换机上,但这种应用已经是非常专业的了,跟通用计算机主板的设计一样,必须依赖 Intel 公司的技术支持,否则就难以在短期内完成设计任务。

　　专业化、知识和技术在向高科技企业集中,这是大势所趋。80X86 体系的发展,集成了更多计算机领域的发展成就、更多的原理和技术。

　　除了 Intel 公司以外,Motorola、AMD 等公司在推动微处理器从 8 位发展到 16 位再到 32 位的过程中,都有精彩的故事。而现在微处理器在高端的发展方向是多核、64 位。不断提升的性能,一定能使我们的计算机变得更加优异,使我们的生活和学习更加方便。

　　让我们再来看一看微处理器在嵌入式领域的发展和应用。Intel 公司早在 1977—1978 年间,就利用其微处理器技术,开发了 8 位的 8048 微型控制器。经过改进,于 1981 年推出了 8051 系列微控制器。如今在通用计算机的键盘中,就有一个基于 8048 的控制器。到 1983 年,又推出了 8096 系列的 16 位微控制器。

　　二十多年过去了,人们本以为 8051 系列在流行了一阵以后也会如 8088 一样被淘汰。从教学角度人们也不看好它。这个以实用为主的、集成了 CPU、存储器和典型功能器件的芯片,使用十分灵活的器件,一边被我们广泛地用着,一边却不被我们看好。

随着时间的推移,嵌入式微处理器出现了 32 位,时钟频率也从几兆上升到几百兆。可是,以 MCS-51 为代表的 8 位微处理器的销量不减反升,8 位 MCU 市场一直以 16% 的年复合增长率在增长。到 2004 年,MCU 与 DSP 的销售额占整个半导体市场的 10% 以上,可谓半导体家族中的重要分支。MCU 在 2004 年的销售额达到 120 亿美元,出货量达 70 亿片。在 MCU 产品中,8 位 MCU 和 32 位 MCU 被认为是两大支柱产品,其中,8 位 MCU 虽然面临各种新生代产品的挑战,地位仍岿然不动,而 32 位 MCU 伴随新兴通信网络的应用,也开始进入快速增长期,成为众多企业竞争的焦点。

"在嵌入式系统发展的 20 年历程中,流行过多次 8 位 MCU 的'被替代论',例如 16 位机推出时,CPLD/FPGA 出现后,32 位 ARM 应用热潮中,都有人扬言它们会替代 8 位 MCU,然而他们都错了。"嵌入式领域专家、北京航空航天大学何立民教授介绍说。他分析了 8 位 MCU 长盛不衰的原因:虽然某些 32 位 MCU 的价位下降,使原先使用 8 位 MCU 勉强胜任的电子系统转而使用 32 位 MCU,但 8 位 MCU 也在新形势下不断寻找新出路,如向 SoC 内核或智能器件方向发展,从而拓展出新的发展空间。他还说道,"而且,在很多 32 位的系统中,也有许多 8 位 MCU 的智能控制单元。就拿通用 PC 机来说,它们的键盘控制就采用了 8 位 MCU。"所以说,8 位 MCU 的应用空间是无限的,它将永不衰败。

成本因素是 8 位 MCU 存在的重要理由之一。虽然目前市场上一些低端 32 位 MCU 的价格已经在 50 元以下,但 30 元以下的 MCU 产品中,仍然以 8 位 MCU 为主。10 元以下产品就只有选择 8 位 MCU。

除了成本,8 位 MCU 在市场上永葆活力的另一个重要原因源自它的不断变革,这使得 8 位 MCU 具有很高的市场适应性。8 位 MCU 曾进行的变革被总结称为"三次革命":第一次是 Philips 公司将 8 位 MCU CMOS 化,不仅降低了 8 位 MCU 的成本,还使它能采用各种封装形式,集成各种外设,从而不断丰富产品系列;第二次是 Atmel 公司将 Flash 技术引入 8 位 MCU,迅速降低了带存储器 MCU 产品的成本,大大简化了用户对 MCU 擦写的流程,使用户可以快速对产品程序进行修改,从而满足市场对更短开发周期的需求;第三次革命是 Philips、Atmel、Silicon Labs、ADI、TI 等公司使 8 位 MCU 成为一个片上系统,集成了数字、模拟、存储器、传感器、看门狗等多种技术,提高了产品的集成度和实用性。

Silicon Labs 公司改进了目前的 8051 核心,把它的运行速度提高到 100 MIPS,这一速度足以替代 16 位 MCU 甚至低端 DSP 产品。此外,他们的 MCU 可以集成 24 位 ADC 和 12 位 DAC、晶体振荡器和传感器等,方便了用户在某些领域的设计和制造,并可提高终端产品的可靠性。

这些变革都给 8 位 MCU 增添了新活力,预示它们还有更加广泛的发展空间。MCS-51 系列 8 位微处理器历经二十多年不被淘汰的事实,使我们相信,实用性强不见得就不典范;虽然功能器件过于灵活了,但用的人多了,也就有了规范,学习时还是有规律可循的。

MCS-51 系列的成功与 Intel 公司采取的技术开放性策略也是分不开的。目前,全世界有最著名的 70 余家半导体厂商获得了该系列内核的授权,生产了数以百计的、各具特色的该系列微控制器。包括其他优秀的微控制器在内,世界市场上目前有 4 千余种微控制器在销售。正是由于微控制器的普及应用,使得计算机技术深入到世界的每一个角落。

嵌入式处理器和微控制器与通用计算机中的 CPU,虽然功能定位有很大的差距,但它们毕竟是同源的。对于初学者来说,从本书的 MCS-51 系列微控制器入手,可以了解计算机运行的基本原理、基本的应用电路、基本的嵌入式编程技术,并可应用于工程实践,也可为以后深入学习高端的计算机硬件知识打下坚实的基础。

当前,Freescale(飞思卡尔)、AVR,PIC 等系列微控制器的发展也方兴未艾,而且各品牌都给出各种档次和适合不同应用的产品。在开发手段上也都非常具有竞争性。一个普遍的趋势就是良好的集成开发环境加 C 高级语言支持。本书以 MCS-51 为基础,介绍硬件开发的基本知识和汇编语言编程,再过渡到 C51 高级语言程序设计。相信读者在有了一定应用基础之后,将来换用其他系列微控制器,也不会遇到很大的困难。

1 计算机中的数和码

在计算机内部,数字使用二进制编码,通常只在输入输出环节采用十进制形式。可执行的程序代码或其他非数字信息也都以二进制形式编码,这样便于存取。本章介绍二进制数的数据表达、常用编码方法以及运算等要点。

1.1 有限字长的二进制数

1.1.1 二进制数

由数字电路构成的"0"、"1"状态是信息存储的基础。1 位二进制数可表示的信息量很小,但是随着位数的增加,数的表示范围迅速扩大。二进制采用位置表示法,展开式如下:

$$N_B = \sum_{i=-m}^{n-1} B_i \times 2^i$$

式中,B_i 表示第 i 位,可取值 0 或 1;m 表示小数位的位数;n 表示整数位的位数;

二进制的书写比较冗长,易出错,所以书写时常采用十六进制。它的展开式为:

$$N_H = \sum_{i=-m}^{n-1} H_i \times 16^i$$

式中,H_i 取值为 0~9、A、B、C、D、E、F 中的数。m 表示小数位的位数,n 表示整数位的位数。数字0~15分别用十进制、二进制和十六进制表示如表 1-1 所示。

表 1-1   数字 0~15 用各种数制表示

十进制	二进制	十六进制	十进制	二进制	十六进制
0	0000	0	8	1000	8
1	0001	1	9	1001	9
2	0010	2	10	1010	A
3	0011	3	11	1011	B
4	0100	4	12	1100	C
5	0101	5	13	1101	D
6	0110	6	14	1110	E
7	0111	7	15	1111	F

因为 $2^4 = 16$,所以并不需要另外设置十六进制的运算或控制部件。对照1-1表,每 4 位二进制数可记作 1 位十六进制数;反之,1 位十六进制数可以拆解为四位二进制数用以分析。因此,可以将十六进制数仅仅看做是二进制数的缩略记法。

1.1.2　数制及其表示方法

在本课程以及相关的程序设计中,常用到不同进制的数。规定在数的后面加"B"、"D"和"H",分别表示二进制数、十进制数和十六进制数。而十进制的"D"可以省略。

【例1-1】　数值101B、101D和101H分别是二进制、十进制和十六进制数;它们的真值分别为5、101、257。

【例1-2】　判断数字0110B、2B、2BH和B2H是否为正确的数的表达。

0110B是正确的二进制数;2B是错误的;2BH是正确的十六进制数。B2H是十六进制数,但如果出现在程序行中,会被当作标识符,为了避免这个问题,当十六进制数的首字符为字母时,规定在其前面添一个数字"0"作为标志,写作0B2H。

【例1-3】　分别求1101.101B、64.CH的真值。

$$1101.101B = 1 \times 2^3 + 1 \times 2^2 + 0 \times 2^1 + 1 \times 2^0 + 1 \times 2^{-1} + 0 \times 2^{-2} + 1 \times 2^{-3} = 13.625$$

$$64.CH = 6 \times 16^1 + 4 \times 16^0 + C \times 16^{-1} = 6 \times 16^1 + 4 \times 16^0 + 12 \times 16^{-1} = 100.75$$

【例1-4】　将二进制数110100110.101101B写作十六进制形式。

该数具有小数部分,以小数点为界,分别向左和向右每4位缩成1位十六进制数,不够4位则整数部分在左边添零,小数部分在右边添零:

110100110.101101B = 0001 1010 0110.1011 0100B = 1A6.B4H

1.1.3　有限字长的二进制数

二进制数的位数称为字长。字长影响数的表达范围或表达精度。计算机中的数都与硬件电路相对应,所有的数都是有限字长的。

由于历史的缘故,8位二进制数称为1个字节。计算机的字长是按8位(1字节)、16位(双字节),32位(四字节)……的规律发展的。这样做的好处是,两次8位的计算相当于一次16位的计算,而两次16位计算相当于一次32位的计算,依此类推,这样可充分发挥硬件的效率。

当实际需要的字长不大于计算机字长的情况下,CPU的指令直接支持基本的加、减、乘和除等运算;当所需字长大于计算机字长时,就必须通过软件的编程,才可以顺利实现运算和处理。

字长为n的无符号数。它可表示的数的范围是:

$$0 \leqslant X \leqslant 2^n - 1 \quad (n = 8, 16, 32, \cdots)$$

【例1-5】　分别求8位、16位无符号二进制数的表示范围。

对$n=8$,数的范围为$0 \sim 2^8 - 1$,即$0 \sim 255$,或写成00H～FFH(0x00～0xFF);

对$n=16$,数的范围为$0 \sim 2^{16} - 1$,即$0 \sim 65535$,或写成0000H～FFFFH(0x0000～0xFFFF)。

1.1.4　常用术语解释

1) 字节(Byte)

字节是计算机中的基本信息单位,由8位二进制数构成,缩写为B。计算机的存储容量是以字节为单位来衡量的。由于现代计算机的容量都比较大,所以实际还使用KB、MB、GB、TB

等容量单位。关系如下：1 KB = 1 024 B,1 MB = 1 024 KB,1 GB = 1 024 MB,1 TB = 1 024 GB。

2）位(bit)

计算机也常对存储的信息进行按位操作,不过位不是基本单位。但是某些特殊的存储器也使用位作为容量单位；在计算机网络通信中,由于信息是按位传输的,传输速度也以单位时间里传输的位数来衡量,所以,这些场合以位(bit)为单位。

1.2　十进制数到二进制数的转换

十进制数转换为二进制数时,由于 10 不是 2 的整数次方,常要采用倒除法,即"倒除 2 取余"法。

【例 1-6】　将 125 表示成二进制数。

图 1-1 是"倒除 2 取余"的具体过程,需进行到商为 0,余数按箭头方向排列,就得到了结果,即 125 = 01111101B。

这里最高位写 0 是为了扩展成为规定的字长(这里是 1 字节)。

如果是带小数的情况,则要将其整数部分与小数部分分开处理。整数部分的转换与上例相同,小数部分则采用"乘 2 顺取整"的方法,即每次将小数部分乘以 2,取出其整数部分,再将新得到的小数部分再乘以 2,重复上述计算,最先得到的积的整数部分为最高位,直至达到所要求的精度或小数部分为零时止。

```
2 │ 1 2 5
2 │  6 2  …1      0 1 1 1 1 1 0 1
2 │  3 1  …0
2 │  1 5  …1
2 │   7   …1
2 │   3   …1
2 │   1   …1
      0   …1
```

图 1-1

【例 1-7】　求 112.375 的二进制表达。

其中整数部分 112,按上例的方法,可得 112 = 1110000B;

小数部分是 0.375,转换方法如下：

$$0.375 \times 2 = 0.75 \cdots\cdots \text{整数} = 0 (\text{最高位})$$
$$0.75 \times 2 = 1.5 \cdots\cdots \text{整数} = 1$$
$$0.5 \times 2 = 1.0 \cdots\cdots \text{整数} = 1 (\text{最低位})$$

所以小数部分 0.375 = 0.011B。整数部分与小数部分拼接,就可得到：

$$112.375 = 1110000.011B = 01110000.0110B = 70.6H$$

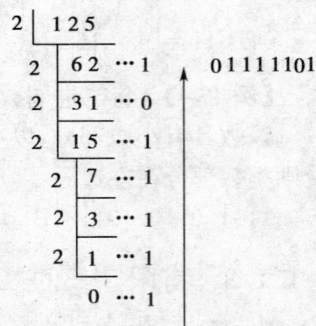

1.3　带符号二进制数的表示及其运算

无符号数编码比较简单,在确定的字长下,所有的位都用来表示数值。1 字节和 2 字节的无符号数分别对应于 C 语言的 unsigned char 和 unsigned int。

而对于带符号数,数学上其正负可分别使用符号"+"或"−"。但在计算机内部,符号只能由 0 和 1 来编码。带符号数有三种表示方法：原码、反码和补码。本教材只介绍原码与补码表示法。

1.3.1 带符号数的表示方法

1）原码

真值 X 的原码记为 $[X]_原$，在原码表示法中，符号位以最高位来表示，"0"表示正，"1"表示负，其余的位为数值部分，是 X 的绝对值。

【例 1-8】 已知 $X=+42, Y=-42$，求 1 字节的 $[X]_原$ 和 $[Y]_原$。

因为　$42 = 00101010B$；

所以　$[X]_原 = 00101010B$；

　　　$[Y]_原 = 10101010B$。

注意，在原码表示法中，真值 0 的原码有两种不同的形式，即 +0 和 -0：且 $[+0]_原 = 00000000B$，而 $[-0]_原 = 10000000B$。

原码表示法与其真值之间转换比较简单。在整数乘除法计算中，原码的数值和符号易于分开处理，有一定优势。

2）补码

原码表示的数在进行加减运算时比较麻烦：运算之前，先要判断运算性质、数的符号以及它们的绝对值大小，然后才能确定实际的运算是加法还是减法。如果是减，还要用绝对值大的数减去绝对值小的数，最后还要处理结果的正负。这将使运算器的设计变得异常复杂，降低了运算器的运算速度。

补码的引入正是为了便于代数运算，使带符号数可以直接相加、减。1 字节和 2 字节的补码分别对应于 C 语言中的 char 和 int。

根据代数的"相反数"概念，一对相反数之和为 0。在由电路实现的二进制运算中，有限字长恰好有可能使两个非 0 的二进制数的和为 0（忽略最高位的进位），并且如果已知一个数的编码，则在字长确定的情况下，其相反数的编码必存在而且唯一。

若规定正数的编码与原码相同，1 字节条件下，$00000000B\sim01111111B$ 为非负数，即 $0\sim+127$。任取一数如 +27，1 字节表示是 $00011011B$。其反码为 $11100100B$，在该反码的末位再加 1，得 $11100101B$，将它与 +27 的编码相加，可验证其结果为 0。也就是说，-27 用补码可表示为 $11100101B$。

由上述分析可得到一个结论，在补码表示法中，求某数的相反数的方法是：将该数按位取反，然后再在末位加 1。若需要表示一个负数，先求其绝对值的二进制表示，然后取反加 1 即可。

严格的补码定义来源于数学上的"模"运算。"模"是计量系统的计数范围。如字长为 n 位的计算机，模为 2^n，计量范围 $0\sim2^n-1$。

若模为 2^n，则对任一个数 X，在同余的意义下，有：

$$X = X + 2^n$$

补码定义为：

$$X = \begin{cases} X, & X > 0 \\ 2^n - |X|, & X < 0 \end{cases}$$

不难发现，这与硬件上忽略最高位的进（借）位是一致的。

真值 X 的补码记为$[X]_补$,对正数来说,其表示方法与原码相同(即当 $X>0$ 时,$[X]_补 = [X]_原$);对负数而言,先求其绝对值的二进制表示,再将其位取反,再在末位加 1。

【例 1-9】 已知真值 $X = +0110100$B,$Y = -75$,分别求 1 字节的$[X]_补$ 和$[Y]_补$。

解:正数的补码与其原码相同,故$[X]_补 = 00110100$B;

因为 $75 = 01001011$B,将其"取反加 1"后得 $-75 = 10110101$B。

1 字节补码表示的数的范围是 $-128 \sim +127$,参见表 1-2。

表 1-2　1 字节补码表示的数的范围

真　值	补　码	真　值	补　码
+0	00000000	-128	10000000
+1	00000001	-127	10000001
+2	00000010	⋮	⋮
⋮	⋮	-2	11111110
+127	01111111	-1	11111111

在补码表示法中,数 0 有唯一的形式,而 -128 为 10000000B。表中所有最高位为"1"的均为负数,因此,可以用该位来判断数的正负。但根据补码的定义,上述最高位不再是单纯的符号位,因为在补码体系中,数值与符号是统一编码的,并且直接参加运算。

带符号数的补码表示范围是 $-2^{n-1} \leqslant X \leqslant +2^{n-1}-1$($n = 8$、$16$、$32\cdots$)。

1.3.2　补码到真值的转换

若已知某数的补码表示,需要求出其真值,则可以先根据其最高位判断其符号,然后求取绝对值。当其最高位为"0"时,表示是一个正数,相当于正数的原码表示,真值可直接得出。如果最高位为"1",则它是一个负数,由于负数的绝对值等于它的相反数,而根据求相反数的办法,将该数按位取反,末位加 1。

【例 1-10】 已知 $[X]_补 = 00101110$B,$[Y]_补 = 11010010$B,分别求 X、Y 的真值。

00101110B 的最高位是 0,为正数,绝对值为 46,故真值 $X = +46$;

11010010B 的最高位是 1,确定它是一个负数;求绝对值:将该补码包括最高位按位取反得 00101101B,末位加 1 得 00101110B,即绝对值也是 46,所以真值 $Y = -46$。

1.3.3　补码的运算

在补码表示中,由于符号与数值是统一编码的,所以可以方便地进行代数运算,运算规则如下:

(1) 两数和的补码等于补码之和,即

$$[X+Y]_补 = [X]_补 + [Y]_补$$

(2) 两数差的补码等于补码之差,又等于第一个数的补码与第二个数负数的补码之和,即

$$[X-Y]_补 = [X]_补 - [Y]_补 = [X]_补 + [-Y]_补$$

【例 1-11】 已知 $X = +66$,$Y = -51$,求$[X+Y]_补$。

$[X]_补 = [+66]_补 = 01000010$B;

$[Y]_补 = [-51]_补 = 11001101$B;

$[X+Y]_补 = 01000010$B $+ 11001101$B $= 00001111$B($=+15$)。

【例 1-12】 已知 $X=-51, Y=+66$，求 $[X-Y]_补$。

$$[X-Y]_补 = 11001101B - 01000010B = 10001011B(=-117)。$$

当两个补码进行运算时，如果字长不统一，则需要将字长较短的数据进行字长扩展。

【例 1-13】 程序转移时若当前地址是 203FH，加一个偏移量转移至目标地址，且偏移量为 1 字节补码 98H，试计算目标地址。

程序目标地址的计算由硬件按补码进行，203FH 是 2 字节，偏移量是 1 字节，98H = 10011000B，它还是一个负数。现在需要先扩展补码 98H 至 2 字节，再进行加法运算。

补码字节扩展时，如果原数为正，高位字节添 00H；如果原数为负，则添 FFH。容易验证该规则保证扩展前后数的符号和绝对值保持不变。

目标地址为 203FH + FF98H = 1FD7H。

1.4 溢出及运算的有效性

表 1-3 给出了不同字长的整数的表达范围。如果数值超出其字长允许的范围时，就不能给出正确的表达。这在编程时就会得到一个语法错误的警告。如果两个数运算的结果超出了相应范围，我们就说发生了溢出。

表 1-3 字长为 n 时各种整数表示的数值范围

n	无符号数	原 码	补 码
8	0~255	0~±127	-128~+127
16	0~65 535	0~±32 767	-32 768~+32 767
32	0~4 294 967 295	0~±2 147 483 647	-2 147 483 648~+2 147 483 647

CPU 中的运算器能准确有效地发现运算结果的溢出与否，并给出必要的标志，以便后续程序能对计算出现的异常进行必要的处理。

1.4.1 无符号数与带符号数的溢出条件

对无符号数，加减运算溢出与否的判断比较简单，只要看最高位是否有进位就可以了。

对于带符号数运算，同号相加或异号相减是产生溢出的必要条件，但这并不充分。具体推理过程在《计算机组成原理》课程中有详细的阐述，这里只给出结论：在运算器的最高位和次高位同时出现进（借）位，或同时不出现进（借）位，则计算不出现溢出；反之，则出现溢出。

【例 1-14】 已知 $X=-32, Y=100$，按 1 字节计算，求 $[Y-X]_补$。

解： $[X]_补 = 11100000B, [Y]_补 = 01100100B$。

$$[Y-X]_补 = [Y]_补 - [X]_补 = 01100100B - 11100000B = 10000100B。$$

这里，正数减去负数结果为负数，显然出现了错误。事实上，$Y-X = 100-(-32) = 132$，这个结果大于 1 字节补码的表达范围。用竖式计算，可以发现在次高位没有借位，而最高位有借位。

【例 1-15】 已知 $X=72, Y=80$，求 $[Y+X]_补$。

解：$[X]_补 = 01001000B$，$[Y]_补 = 01010000B$。

$[Y+X]_补 = [Y]_补 + [X]_补 = 01010000B + 01001000B = 10011000B$。

即两正数相加，结果却为负数，显然又出现了错误。事实上，$Y+X = 80+72 = 152$，这个结果也大于 1 字节补码的表达范围。用竖式计算，可以发现在次高位有进位，而最高位没有进位。

1.4.2　进位标志 CY 与溢出标志 OV

上面讨论了溢出条件，直接使用这些结论是很不方便的。实际上运算器会给出运算溢出与否的相关标志，即进位标志 CY(Carry) 与溢出标志 OV(overflow)。

进位标志 CY：运算时最高位向更高位的进(借)位。如果 CY = 1，则有进(借)位；CY = 0，则没有。对于无符号运算来说，如果 CY = 0，则运算结果在规定的字长范围以内；如果 CY = 1，则运算结果不正确。所以，CY = 1 可用于无符号数运算时的溢出判断：CY = 1，有溢出；CY = 0，未溢出。

溢出标志 OV：这个标志是专为判断带符号数运算是否发生溢出而设置的，它已经从硬件上综合了带符号数溢出的条件。有了它，程序中的溢出判断就简单多了：OV = 1，有溢出；OV = 0，未溢出。

必须注意的是，由于一些早期计算机的特点，相关的教材给出了复杂的变通处理，其中的一些内容被沿用下来，给初学者带来混淆。这里所说的早期计算机的特点包括以下几点：

(1) 只有加法功能，没有减法功能。根据"减去一个数，等于加上它的相反数"，减法就可以实现了，但这样一来，对 CY 和 OV 标志的影响是不同的；

(2) 只有 CY 标志，而没有 OV 标志，需要通过其他标志结合软件方法来实现溢出判断。

通常用同一套运算器，既做无符号运算，又做带符号运算，这时，提交给运算器的数据是无符号数还是带符号数，运算器并不能辨别。但是运算器在提供结果的同时，给出 CY 和 OV 结果标志，程序员就能有选择地利用标志位，判断运算结果的有效性。

表 1-4 给出一组 8 位加法的典型例子。从中可以看到，同一组二进制数据进行加法运算，并给出了 CY 和 OV 标志。分别按无符号数和带符号数来理解，对是否溢出可能会有不同的判断。

表 1-4　标志位与运算有效性示例

运算器中的加法	按无符号数理解	按带符号数理解	给出的标志
0000 0011 +0000 1100 0000 1111	3 +12 15，正确	+3 +(+12) +15，正确	CY = 0, OV = 0
0000 0110 +1111 1100 [1] 0000 0010	6 +252 258>255，出错	+6 +(−4) +2，正确	CY = 1, OV = 0
0000 1000 +0111 1011 1000 0011	8 +123 131，正确	+8 +(+123) +131>+127，出错	CY = 0, OV = 1
1000 0111 +1111 0101 [1] 0111 1100	135 +245 380>255，出错	−121 +(−11) −132<−128，出错	CY = 1, OV = 1

1.5 BCD 码

十进制数用于计算机的输入/输出设备，人们也希望计算机能直接执行简单的十进制运算。BCD 码是用二进制编码的十进制数（Binary Coded Decimal），又分为压缩 BCD 码和非压缩 BCD 码两种。

压缩 BCD 码是用 4 位二进制数表示 1 位十进制数，1 个字节的高 4 位和低 4 位可以分别编码 1 位十进制数，这样 1 个字节的压缩 BCD 码可以表示十进制数 00—99。

非压缩 BCD 码只使用字节的低四位，高 4 位置 0，这样一个字节的非压缩 BCD 码只可以表示十进制数 0—9。

计算机中的 BCD 编码如表 1-5 所示。表中 1010—1111 没有使用，这是十进制与十六进制的区别，实际上就是 8421 码。

表 1-5   BCD 编码

二进制	0000	0001	0010	0011	0100	0101	0110	0111
十进制	0	1	2	3	4	5	6	7
二进制	1000	1001	1010	1011	1100	1101	1110	1111
十进制	8	9	—	—	—	—	—	—

【例 1-16】 分别写出数字 92 的压缩 BCD 码和非压缩 BCD 码。

根据表 1-5，数字 9、2 的编码分别为 1001B、0010B，所以 92 的压缩 BCD 码为 10010010B ＝ 92H。如果编写程序，数 92 以 BCD 码表示，则应写成 92H。此处 92H 只可按 BCD 码的规律求真值，而不能按普通十六进制数求真值。

而 92 的非压缩 BCD 码表示为 00001001 00000010B ＝ 0902H，需占用 2 个字节。

1.6 ASCII 码

计算机不仅要处理数值领域的问题，而且要处理非数值领域的问题，如文字、信息、文档资料等。文字符号信息等必须按照一定的标准，以二进制形式编码，才便于计算机处理、存储与交流。

ASCII（American Standard Code for Information Interchange）码实际是在早期的电报码的基础上形成的字符编码标准。西文的电报码只需要 7 位二进制数，但计算机科学家们考虑到数字 7 不是 2 的整数次方，于是规定以 8 位为 1 个字节，每个字节可容纳 1 个 ASCII 字符。现在使用的 ASCII 码也随之扩展成 8 位。

以 7 位二进制编码来表示 128 个可打印和不可打印的字符。其中数字 0～9 的 ASCII 码为 30H～39H，26 个英文大写字母 A～Z 的 ASCII 码为 41H～5AH，而 26 个英文小写字母 a～z 的 ASCII 码为 61H～7AH。需要注意的是，计算机如果需要打印出十六进制数，它们的 ASCII 码并不连续。

2 常用数字电路

本章概括介绍与微机硬件相关的常见电路，以便于后面的硬件学习。内容有基本逻辑电路、译码电路、时序电路、三态门与总线驱动电路等；最后简要概括了在计算机外围电路设计中使用的先进器件和相关信息。

电路的图形符号我们采用了近年来电路设计辅助软件中常见的形式。

2.1 逻辑电路

逻辑代数中有"与"、"或"和"非"三种基本逻辑运算。

2.1.1 与运算

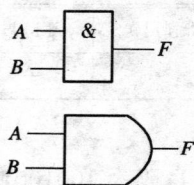

图 2-1 与门

表 2-1 与门真值表

A	B	F
0	0	0
0	1	0
1	0	0
1	1	1

图 2-1、表 2-1 为与门图形符号及真值表。逻辑关系是 $F = A \cdot B$。只有 A、B 同时为 1，输出才是 1，否则为 0。在设计硬件线路时，如果我们希望"当若干个条件同时满足时输出为……"，就要使用与门。与门的输入端可以多于两个，即 $F = A \cdot B \cdot C \cdots$。与门的输出极性如果取反，就成为与非门。

2.1.2 或运算

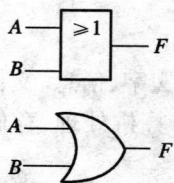

图 2-2 或门

表 2-2 或门真值表

A	B	F
0	0	0
0	1	1
1	0	1
1	1	1

图 2-2、表 2-2 为或门图形符号及真值表。$F = A + B$，A 或 B 中有任一个为 1，输出就是 1，否则为 0。在设计硬件线路时，如果我们希望"当任一条件满足时输出就为……"，就要使用或门。或门的输入端可以多于两个。即 $F = A + B + C \cdots$。或门的输出极性如果取反，就成为或非门。

2.1.3 非运算

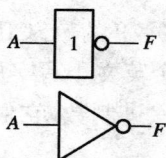

图 2-3 非门

表 2-3

A	F
0	1
1	0

图 2-3、表 2-3 为非门图形符号及真值表，输入与输出总是相反。

2.1.4 异或门

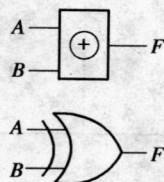

图 2-4 异或门

表 2-4 异或门真值表

A	B	F
0	0	0
0	1	1
1	0	1
1	1	0

图 2-4、表 2-4 为异或的图形符号以及真值表，$F = A \oplus B$，异或不是基本的逻辑关系，因为 $F = \overline{A} \cdot B + A \cdot \overline{B}$，可由"与"、"或"和"非"组合而成。它的实际意义是数字比较，如果 A、B 相同，输出为 0，相异则输出为 1。可以验证，逻辑变量 X 与 1 异或一次就成为 $\overline{X}$，再与 1 异或一次又会返回到原来的值 X。这是一个很有用的特性。

由一个异或门和一个与门，可以构成一位半加器（忽略来自低位的进位），而由半加器可以构成全加器。这样就逐步构成计算机的运算部件。计算机本质上是由高度复杂的数字电路构成的系统。

2.1.5 累加器

CPU 中的核心部件是如图 2-5 所示的累加器，它不仅能够执行加法运算，而且还能够执行减法、乘除和逻辑运算，是计算机中的关键部件。运算指令一般是取两个数值到累加器进行规定的运算，并给出根据相应的标志，供后续指令进行运算有效性判别。

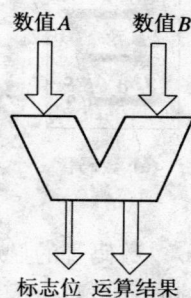

图 2-5 累加器

2.2 译码电路

译码是输入二进制数，在特定输入范围内，产生一组与数相对应的信息。编码则是与译码相反的过程。

2.2.1 地址译码

存储器中区别不同存储单元的二进制编码称为地址码，简称"地址"。设有 4 个存储单元，则地址分别为 00、01、10、11，只需要 2 根地址线；而 4 个存储器单元在同一时间内最多只能选中一个。若选中存储单元时，低电平有效，可选用图 2-6 所示的 2 输入 4 输出译码电路，简称 2-4 译码。

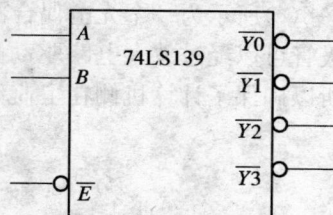

图 2-6 2-4 译码器

实现 2-4 译码的典型电路为 74LS139，表2-5 为其真值表。类似的还有 3-8 译码、4-16 译码等。当输入线数为 n 时，输出线数为 2^n。如果存储器的容量较大，译码就必须分级进行。图 2-6 中的 $\overline{E}$ 为使能信号线，可用于译码电路的级联。存储器芯片只将地址线引出，芯片内部自带译码，这样应用起来就方便了。

表 2-5　74LS139 的真值表

使　能	输　入		输　出			
$\overline{E}$	B	A	$\overline{Y_0}$	$\overline{Y_1}$	$\overline{Y_2}$	$\overline{Y_3}$
1	X	X	1	1	1	1
0	0	0	0	1	1	1
0	0	1	1	0	1	1
0	1	0	1	1	0	1
0	1	1	1	1	1	0

2.2.2　7 段数码管显示、译码

　　7 段数码管由发光二极管排列而成,如图 2-7 所示,为简单的数字显示元件。在仪器、仪表等方面用途广泛。数码管的七段段名依次为 a、b、c、d、e、f、g(如果算上 DP,则实际是 8 段),组合起来可以显示不同的阿拉伯数字和一些特殊的符号。

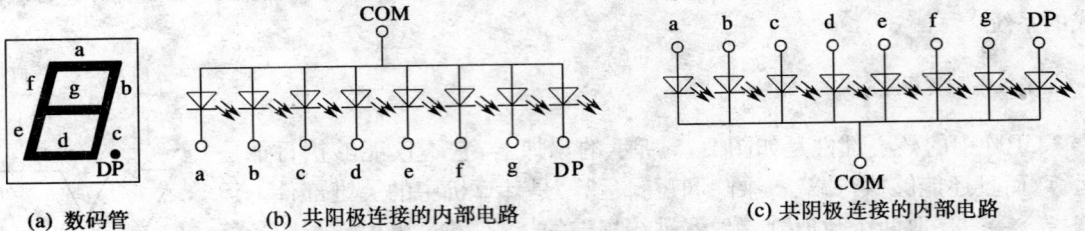

图 2-7　数码管及其内部电路

　　数码管的显示可以采用硬件 7 段译码器来控制。7 段译码的输入为 BCD 码(4 位信号线),输出对应于上述的 a~g。另外,a~g 加上 DP,正好可以用 1 个字节的信息来控制,所以也常用软件来译码,即根据欲显示的数通过查表获得所要的字型码。

2.2.3　简单的实验元件

1) 发光二极管

　　如图 2-8(a)的发光二极管上,阳极电压高于阴极,只要维持一定的电流(几毫安)就能正常发光。在图 2-8(b)中 A 端由计算机输出线控制,如果输出低电平,则发光;反之不发光。图 2-8(c)所示为一个光电偶合器件,它由发光管与光敏三极管组成。A 端由计算机控制,光敏三极管可以经过放大电路驱动大功率的电器。由于中间只是光的偶合,没有直接的电气联系。所以确保了计算机侧在工业环境下的可靠运行。

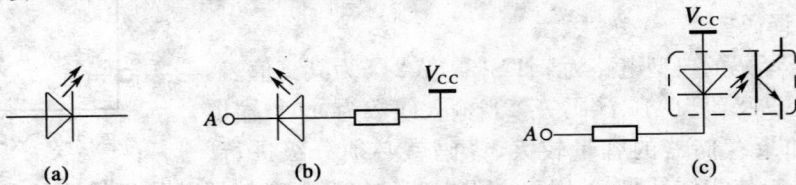

图 2-8　发光二极管

　　本课程以及相应的实验中,对发光管的控制,既有现实意义,又具有直观效果,因为通过它,可以了解计算机运行时的控制动作。

2）按键与 DIP 开关

按键如图 2-9(a)所示,被压下后接通;释放后恢复断开状态;开关则能保持通或断。DIP 开关如图 2-9(b)所示,图 2-9(c)是一组数量不等的组合开关的应用电路。此类元件在仪器面板上非常有用。

DIP(Double Insert Package)是元件封装形式,DIP 开关用于设定一个数字或仪器的工作方式等。

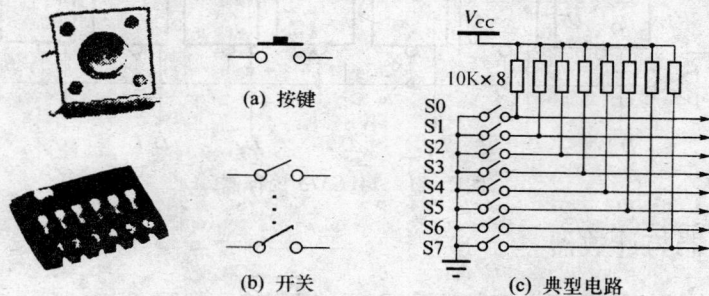

(a) 按键

(b) 开关

(c) 典型电路

图 2-9　DIP 开关的示例

2.3　时序电路

2.3.1　触发器

D 触发器或类似电路是计算机外围电路分析的基础,典型电路有 74LS74,功能图及其真值表分别如图 2-10 及表 2-6 所示。D 端的状态在一个时钟正跳变后,被锁存到输出端 Q 以及反相输出端 $\overline{Q}$,该状态在下一个时钟的正跳变之前被"记忆"。

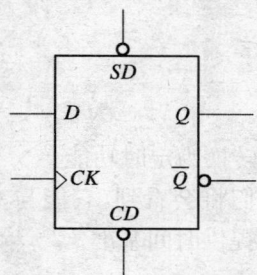

图 2-10　74LS74 触发器

表 2-6　74LS74 的真值表

输　　入				输　　出	
CLK	$\overline{SD}$	$\overline{CD}$	D	Q	$\overline{Q}$
X	0	1	X	1	0
X	1	0	X	0	1
X	0	0	X	1	1
↑	1	1	1	1	0
↑	1	1	0	0	1

在 D 触发器的基础上,可以构成锁存器、分频电路、计数器和延时电路等。

2.3.2　锁存器

计算机电路中常将 8 个 D 锁存器并联起来,可锁存多位数据。集成 8D 锁存器品种很多,典型的电路有 74LS373,74LS273 和 74LS377。其中 74LS373 的内部结构如图 2-11 所示,输出端还带有三态门。逻辑功能方面与上述的 74LS74 略有差异:锁存时钟端为高时,其输出始终跟随输入,而时钟端为低时,输出端的状态保持不变,也就是说时钟的下跳变将输入状态锁存到输出端。实际输出还取决于输出允许端($\overline{OE}$,低电平有效)。

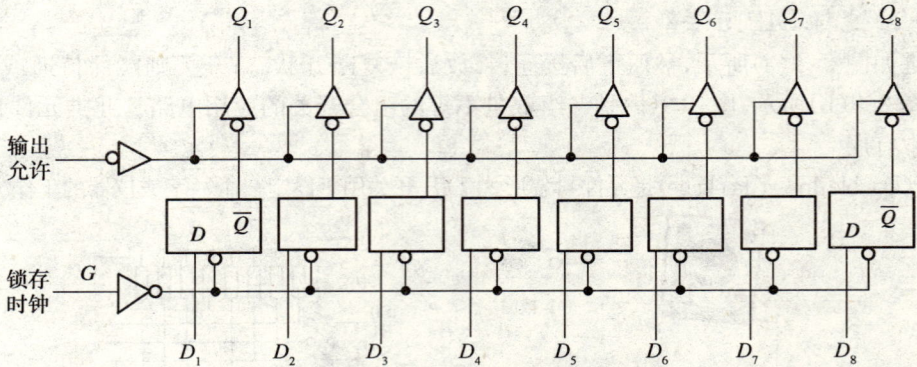

图 2-11　74LS373 锁存器

2.3.3　分频器与计数器

硬件计数器在计算机系统中有非常重要的应用价值。如图 2-12 所示,对输入脉冲信号,每一级 D 触发器实现一次二分频。如果将 D 触发器增加到 8 个,输出 Q_7、Q_6、$\cdots$、Q_0 并列观察,则恰好构成一个 8 位二进制计数器。

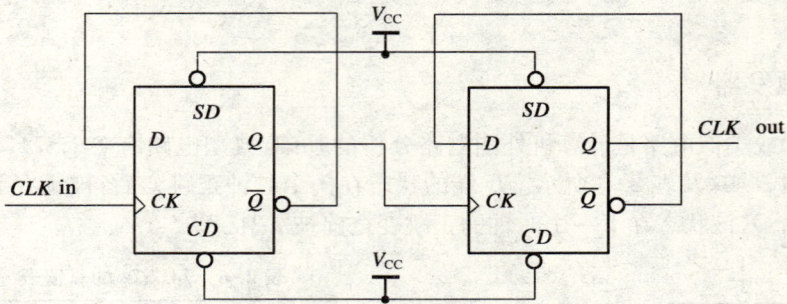

图 2-12　计数器

如果输入的脉冲信号的频率非常准确和稳定,则计数功能就转换为定时功能。

定时器/计数器在微机系统中有着十分重要的作用,后面我们将会看到,它能与 CPU 并行工作,有效地提高 CPU 的工作效率,并可为一切定时控制任务提供时间基准。

2.4　三态门和总线驱动

2.4.1　三态门

在一般的数字电路设计时,输出端不能并联。否则,如果在某个时刻,A 电路欲输出高电平,而 B 电路欲输出低电平,两者连接在一起,就在两个电路之间形成一条低阻抗的回路,造成电气冲突,可能导致器件的永久损坏。

在计算机系统中,大量逻辑部件使用公共信号线(也称为总线)相互连接,分时传送信号,则输出端必须能够并联,这就需要用到三态门,三态门是三状态输出门电路的简称。三态门的输出除了有高电平和低电平以外,还有第三态——高阻态。

图 2-13 中，以 74LS125 的两个三态门构成选择电路，A、B 为输入端，F 为两个输出端的并联。$\overline{E_A}$、$\overline{E_B}$ 为控制端，一般的应用是：当 $\overline{E_A}=0$ 时，$F=A$，选择 A 信号输出；而 $\overline{E_B}$ $=0$ 时，$F=B$，选择 B 信号输出；当 $\overline{E_A}$、$\overline{E_B}$ 同时为高电平（无效）时，F 呈高阻态；但如果 $\overline{E_A}$、$\overline{E_B}$ 同时为低电平，则两个三态门同时打开，仍可形成电气冲突，这是应当禁止的。

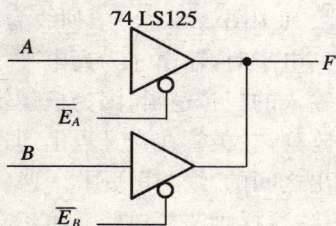

图 2-13　三态门构成的二选一电路

2.4.2　总线驱动

在硬件电路中，总线上挂接很多负载，如存储器、并行接口、A/D 接口、显示接口等，虽然三态门可以解决器件大量并联的逻辑联系，但器件的电气特性，即总线的负载能力，是硬件工程师必须考虑的。总线驱动器可以提高信号线的驱动能力。

在驱动 TTL 负载时，只需考虑驱动电流的大小；在驱动 CMOS 负载时，因 CMOS 负载的静态电流很小，所以更多地要作为电容性负载。

常用的总线驱动器是以三态门为基础的，典型的芯片有 74LS244 与 74LS245 等，其中前者为单向驱动，后者为双向驱动。驱动器还具有隔离作用，CPU 未访问的地址段，驱动器处于关闭状态，这样，CPU 侧总线受外界干扰的概率就小得多。

地址总线和控制总线大多是单向的，而数据总线则是双向的。具体的应用，将在后续章节中介绍。

2.5　数字电路设计中采用的先进技术

在以计算机为核心的数字系统中，处理器和存储器等主要使用超大规模集成电路。从应用角度看，还需要一定的外围电路设计。

前面介绍的是基本的逻辑电路和时序电路，是理解计算机电路的基础。在计算机外围电路的设计中，一些常用电路由于其用量大，价格低廉，仍被设计师采纳。但是从发展趋势看，外围电路也采用了许多先进的技术，这里略作介绍。

2.5.1　PROM/PAL/GAL

PROM 是可编程逻辑器件，其基本原理与组成如图 2-14 所示。

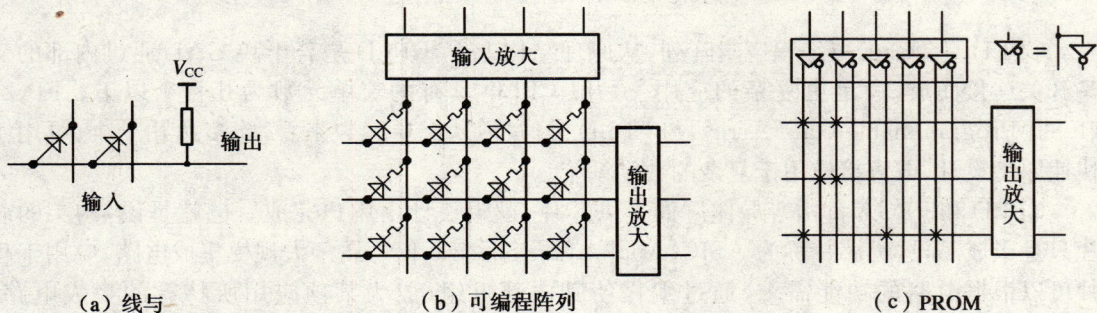

（a）线与　　　　　（b）可编程阵列　　　　　（c）PROM

图 2-14　PROM 基本原理与组成

　　其中图 2-14(a)中列线为输入,行线为输出,通过二极管在交叉点上连接。当两个输入都为高电平时,输出才为高电平,只要有一个输入为低电平,则输出就为低电平。这实际上构成两输入的"与"逻辑,因为该逻辑关系在输出线上形成,所以称为"线与"。图 2-14(b)构成了一个阵列,二极管在交叉点上通过熔丝连接,熔丝有选择的熔断或不熔断,就实现了不同输入与输出之间的"线与"。图 2-14(c)中每个输入通过反相器构成分相,打叉的点表示有二极管的连接,这样画法简单些。由于有反相的输入,可实现有意义的与逻辑。该图即为 PROM 的原理图。出厂状态下,所有熔丝都是连接的,借助于开发工具可生成其熔丝图映象,再下载到芯片中,即形成了用户所需要的特定逻辑关系。PROM 借用了只读存储器的概念,把输入看作地址,输出看作内容,不同的"地址单元"可"读出"不同的"内容"。

　　PAL(Programmable Aarray Logic)是 PROM 的发展。上述 PROM 只能形成"与"项,再将若干个"与"项相"或"——"或"项也为可编程,则可以实现更通用的逻辑阵列,见图 2-15。

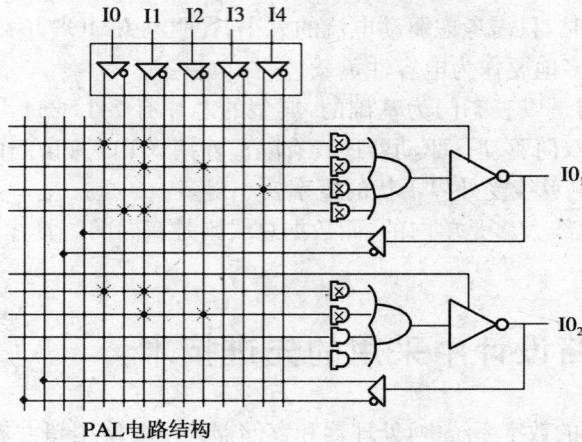

图 2-15　PAL 的结构

　　可见,PAL 不仅可以实现比较复杂的组合逻辑,而且其部分输出还可以作为内部反馈来用,或某些输出引脚编程为输入引脚来使用,其灵活性很大。

　　GAL(Gneric Array Logic)是在 PAL 基础上进一步发展而来的,在其或门和三态门之间,增加了宏单元 OLMC(Output Logic Macro Cell),并有时钟输入端可以编程为 D 触发器或锁存器之类,具有时序功能。

2.5.2　CPLD/FPGA

　　CPLD 是复杂的可编程逻辑阵列,从原理结构上看,CPLD 是若干块 GAL 通过内部的交叉开关连接而成,满足更复杂的应用。一般 CPLD 具有的宏单元数为几百个以下。FPGA(Field-Programmable Gate Array)与 CPLD 类似,但从宏单元数来看,能多达几千个,可用于快速原型设计,或直接应用于复杂的数字系统。

　　CPLD 和 FPGA 都由半导体厂商提供芯片,逻辑设计由用户完成。也就是说,购买的芯片只是半成品,这类芯片称为 ASIC(Application Specific IC),属于大规模集成电路,应用工程师可以根据电路的功能需求,通过编程使其内部重组,成为某项应用所特有的集成电路。ASIC 编程与早期工程师画电路原理图和印制线路板一样,是硬件设计的重要内容。

　　为配合可编程电路的开发,在数字设计方面推出了 HDL(Hardware Describe Language),

这是一种关于硬件电路的编程语言,可用来编写电路的逻辑设计,仿真一个电路的功能,并将编译得到的"代码"下载到芯片中,成为现实的功能电路。

2.5.3 数字系统中硬件方法与软件方法的特点与联系

在数字系统中,以纯硬件的方法,包括电路板设计,ASIC 技术的应用,来实现一些高速度的逻辑电路,电路中除了基本逻辑电路以外,还可能包括 PAL、GAL、CPLD 和 FPGA 等。

软件方法需要有一定的硬件基础,这就是计算机硬件。在计算机中,CPU 是核心部件,复杂程度极高,但它的功能部件,如运算器等都不是专用的,而是随着程序的推进,根据不同的指令代码,完成不同的计算。软件方法的特点是灵活性强。

人们通过不断提高 CPU 的时钟频率,可以加快程序的运行,以软件代替更多的硬件;另一方面,也在有限范围内,以硬件来提高响应速度。在控制领域的嵌入式系统设计中,任务在软件和硬件之间如何分配,要考虑到指标、实现成本和可靠性等诸多因素。

3 微处理器

我们知道,CPU 由运算器和控制器组成,是计算机的核心部件。最初的 CPU 由电子管构成,体积和功耗都很大。随着技术的进步,在经历了晶体管、集成电路、超大规模集成电路,终于我们可以在单一芯片上集成整个 CPU 的功能。

集成在单一芯片上的 CPU 被称为微处理器 MPU(Microprocessor Unit)。第一个微处理器是 Intel 公司于 1971 年推出的 4004,虽然字长只有 4 位,但它的开创了计算机技术的新纪元。

本章以简单的微处理器为背景,介绍 CPU 部分的功能及其运行原理。

3.1 微处理器系统的组成

无论计算机有多复杂,逻辑上都是由 CPU、存储器和输入/输出(I/O)接口构成,如图 3-1 所示。基于这个构成,对于通用型计算机来说,外部设备是按一定规格配置的;而对于特殊应用的计算机,外部设备是可选的,可简可繁。

以微处理器作为 CPU,包括存储器和 I/O 接口的系统称为微处理器系统。相对于微型计算机这一概念,它忽略了外在形式,更加突出系统的体系结构、运行原理和特点。

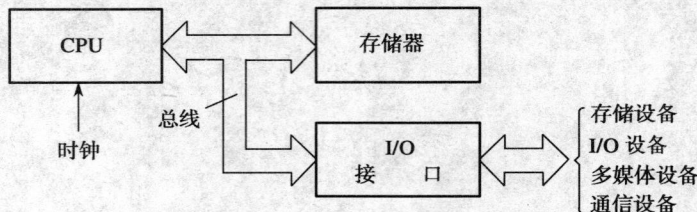

图 3-1　微处理器系统的组成

CPU 是微处理器系统的核心,其运算器实现计算和处理,控制器协调 CPU 内部的各个部件,并通过总线连接所有其他部件;

存储器用于存储程序代码和数据。程序的二进制代码在执行前必须存放在一段具有连续地址的存储器中。而程序中的变量或数组是根据算法的要求分配地址的,且地址不一定连续;

I/O 接口是计算机与外部世界的桥梁,实现 CPU 到外部设备之间的信息变换、传送以及必要的速度匹配。

微处理器需要外部提供时钟,表明计算机从本质上说,是一种高度复杂的数字电路系统。时钟的频率决定了运算处理的速度;而半导体工艺和功耗等限制了该速度的上限。从早期计算机每秒几百次到目前仅个人计算机就达到每秒亿次的处理能力,时钟速度给这一领域带来了深刻的变化。

但在控制方面应用时,时钟频率并非越高越好,因为时钟频率高,由数字电路的知识可知,相应的功耗就会增加,特别在移动应用中,功耗往往是关键指标。

3.2 总线及总线时序

图 3-1 中,CPU、存储器和 I/O 接口用总线(Bus)相连。总线是一组传递公共信号的导线,它简化了计算机各个部件的连接,如图 3-2 所示。总线又可以分为:

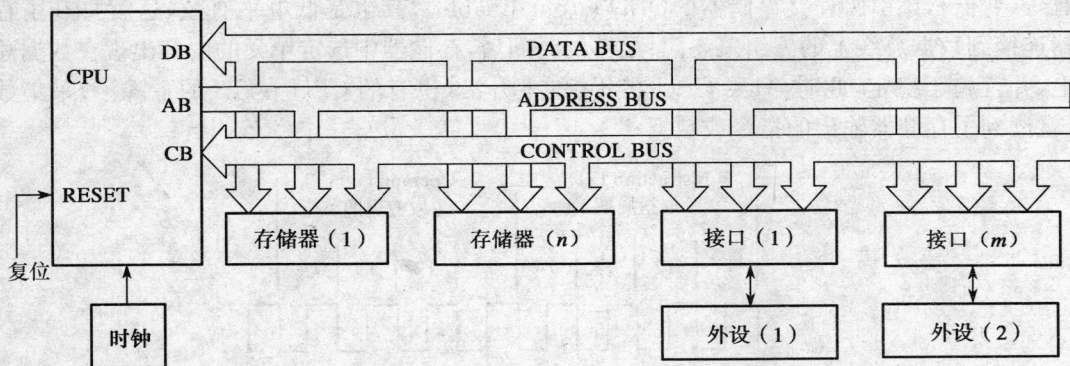

图 3-2 微机的总线结构

数据总线(DATA BUS)——在计算机各部件之间传递数据信号或程序代码;数据线的数目决定了计算机的字长;

地址总线(ADDRESS BUS)——在数据传输或程序代码访问(ACCESS)期间,给出相应存储器或 I/O 接口单元的物理地址。地址线的数目决定了计算机内存容量的限制。

控制总线(CONTROL BUS)——指示信息的传输方向,协调 CPU 与外部器件之间的信息传输。

在图 3-2 中,特别标出的复位(RESET)信号是控制总线之一。该信号很重要,当计算机上电或由按钮启动时,RESET 信号持续一定的时间,在此期间,CPU 得到足够数量的时钟,就使 CPU 所有的内部器件进入已知的初始状态。

CPU 内部以及 CPU 与计算机其他部件之间的任何信息传送,需要总线信号在时间上的正确配合才能实现。总线信号的协调变化关系称为时序。

时序以 CPU 时钟为参考,若干个时钟周期为一个总线周期。在一个总线周期中,CPU 可能从存储器中获得了指令代码,也可能与存储器或 I/O 发生一次数据传送,也可能是 CPU 完成一个内部操作。总线周期所执行的功能不同,则时序也不同。不同类型的 CPU 在完成同样的操作时,如从存储器读一个数,其时序也可能略有不同。

如图 3-3 所示为一个典型的时序图,图中是连续的两个机器周期,表达了 CPU 执行读存储器的指令。因为指令本身也存放在存储器中,所以 CPU 前一个总线周期用于获取该指令的机器码,而后一个总线周期从存储器取数。这两个总线周期中地址码是不同的,因为指令与数据存放在存储器的不同地址区域内。

AD0~AD7 是低 8 位地址线和 8 位数据线复用的总线。在每个总线周期的前期通过 CPU 发出的地址信号,后期再当作数据线使用;

地址锁存允许 ALE(Address Latch Enable)是 CPU 发出的信号。是当 AD0~AD7 的地址信号稳定有效时,其下降沿控制外部的锁存器将地信号锁存到系统的地址线 A0~A7 上;地址/数据线的复用减少了 CPU 的引脚,但需要利用 ALE 和外部锁存器,并影响到执行速度。

　　A8～A15 为高 8 位地址线,可直接作为系统地址线。A8～A15 与上述的 A0～A7 一起,构成 16 位地址总线;

　　$\overline{RD}$是低电平有效的信号,它与 ALE 一样,同属于控制总线。

　　图 3-3 中,地址线、数据线和控制线是相互配合的。其中地址信息最先有效,然后$\overline{RD}$信号再有效(变低),该引脚连接存储器的$\overline{OE}$(Output Enable),其也是低电平有效,这就打开了存储器连接到数据总线上的一组三态门;足够的时间后,存储器中选定单元的内容出现在数据总线上,并且趋于稳定,此时,只要 CPU 在 T4 的上升沿(也有的 CPU 在 T3 的下降沿)采集数据,就读到了存储器输出的指令或数据;

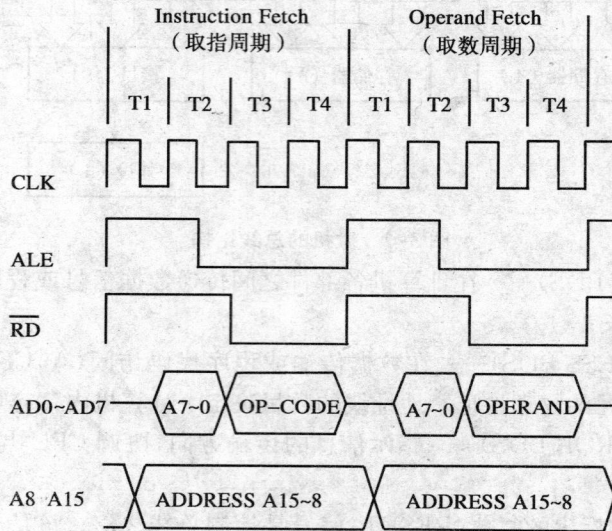

图 3-3　执行存储器读指令的两个机器周期

　　在一条指令的总线周期中,地址信息必须稳定不变。

　　CPU 在读到信号后,$\overline{RD}$信号撤销(变高),数据线进入高阻态。接下来,CPU 发出另外的地址信息,这就开始了下一条指令的总线周期。

　　图 3-4 为 CPU 写数据到存储器的时序图。这也由两个总线周期构成,其中第一个总线周期是取得指令,第二个总线周期是 CPU 写数据到存储器的某个单元中。

　　在写数据传送阶段,CPU 是数据的提供者,即数据源,存储器是数据的目的地。期间,数据总线是由 CPU 驱动的,$\overline{WR}$连接到存储器的$\overline{WE}$(Write Enable),在数据稳定的前提下,只要$\overline{WR}$有效的时间足够长(负脉冲的宽度),数据总线上的信息就被可靠地写入存储器的指定地址单元。$\overline{WR}$撤销后,又可以开始下一条指令的机器周期。

　　其他部分与存储器读是类似的,读者可自行分析。

　　传统的微处理器每执行一条指令,需要 1～N 个机器周期,执行同一指令需要的所有总线周期构成指令周期。

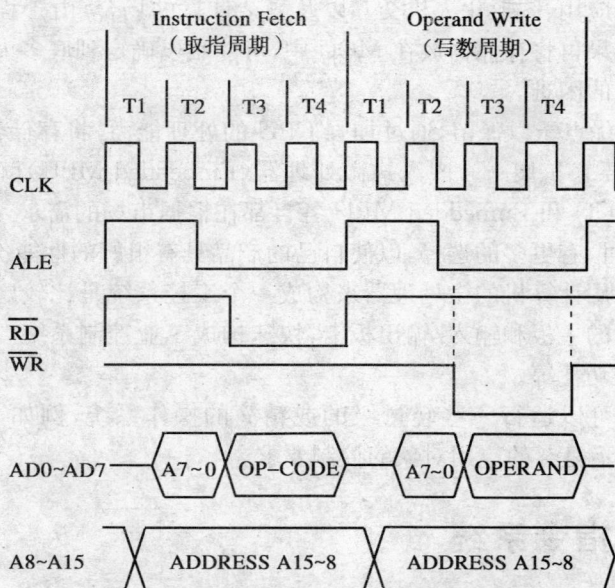

图 3-4　执行存储器写指令的两个机器周期

兼容计算机也可能只是对程序代码兼容,时序特征仍可能有很大差异。在设计一个微处理系统时,所选用的外围器件必须满足 CPU 的时序要求。

3.3　关于微处理器的基本概念

3.3.1　微控制器

发明微处理器的目标是为了制造个人计算机,这个目标很早就实现了。但是早期微处理器从其诞生起,还兼有工业应用和控制的用途。

从 1977 年开始,Intel 公司开发了专门用于控制领域的微控制器 MCU(Micro Control Unit),俗称单片机(Single Chip Computer)。它是 CPU、存储器以及 I/O 接口功能等的集成和融合。许多传统意义上的计算机外设功能及相关的接口电路已被集成在 MCU 中,"一个芯片就是一个完整意义上的计算机",这就是"单片机"称呼的由来。

MCU 大大简化了计算机技术在控制领域的应用。MCU 中集成的 I/O 接口功能也被称为"片上外设",即集成在芯片上的、传统上需要在外部扩展的外设接口。工程师在做设计时,由于该部分接口设计被简化,MCU 与外部设备可以直接连接,简化了电路板的设计,所以可以把更多的精力投入到编程和解决问题上。

这样,通用型 MPU 与 MCU 在设计时就具有不同的市场定位,形成了不同的分支,针对不同的要求各自向前发展,但又在技术上相互影响。

3.3.2　嵌入式微处理器

MCU 体积小巧,功能集成度高,适合于控制系统中的低端应用。而对于控制系统中的高端应用,特别是网络化应用、图形化人机交互以及复杂计算的场合,由于程序的复杂性提高了对存储容量的需求,如果再将存储器放在 MCU 中,可能难以确定到底多大的存储容量比较合适,这会导致市场定位的困难。

为此,将 MCU 的优点予以保留,通过加强 CPU 的处理能力,将存储器放到外部来,让应用工程师根据实际需要来扩展——嵌入式微处理器(Embedded MPU)就是在这样的指导思想下诞生的。当前,MCU 和 Embedded MPU 各自都在根据市场的需求,迅速发展着,这使得我们在进行系统设计时,有更多的选择,以使自己的产品具有很好的性能价格比。

通常,直接采用通用计算机的微处理器来构成一个工控系统是比较麻烦的。如果有此需要,可以直接购买成套的主板和输入/输出板卡,快速构成工业控制系统。这时需要考虑的突出问题是成本、体积和功耗等。

嵌入式微处理器可以运行一些轻量级的或精简的操作系统,例如,μC/OS、μCLinux、Windows CE 等,以满足复杂的应用对象的控制要求。

3.4　CPU 的指令系统

3.4.1　指令

指令(Instruction)是对 CPU 的最基本的操作命令。高级语言程序先通过编译,形成指令的序列,并逐条以机器码的形式存储,才能被 CPU 依次执行。

例如,高级语言中 Z ＝ X ＋ Y 这样的运算,CPU 必须分解成更为基本的步骤来处理:(1)从 X 所代表的存储器地址单元中取一个数到累加器;(2)将 Y 所代表的存储器地址单元中的数加到累加器中;(3)将累加器中的结果传送到 Z 所代表的存储器地址单元中。

利用上面的例子,可以写成如下指令行的形式:

MOV　　　A,X

ADD　　　A,Y

MOV　　　Z,A

其中 A 为累加器,而 X、Y、Z 各代表一个存储单元的地址。

3.4.2　指令的编码

指令具有两种编码形式:二进制和助记符(mnemonic)。

无论哪种表示方法,指令通常包含操作码(Operation Code)和操作数(Operand)两个部分。操作码代表该指令进行何种操作;操作数是被操作的对象——数或数的寻址方式(Addressing Mode),其中寻址方式是指令获得数据的途径。

指令的二进制编码适合于向内存加载并交由 CPU 执行;助记符以接近自然语言(英语)的形式表达指令的功能,并以一定的格式表达操作数,用于编写程序,便于人工识读和分析。

以助记符形式书写的程序称为汇编语言程序,将其转化为二进制形式的过程称为汇编;有时也有必要,将二进制代码转为助记符形式,这个过程称为反汇编。

对汇编语言源程序进行汇编,可以生成列表文件,其片段如图 3-5 所示,图中各列依次是:指令代码的存储地址、指令代码、标号、助记符、操作数。

```
0000   75813F                        MOV    SP,#3FH
0003   752008                        MOV    COUNT,#8
0006   753000                        MOV    TURN,#0

0009   D208                          SETB   XCHG
000B            CONTINUE:
000B   300827                        JNB    XCHG,EXIT

000E   0530                          INC    TURN
0010   1520                          DEC    COUNT
0012   8520F0                        MOV    B,COUNT
0015   D5F002                        DJNZ   B,GoOn
0018   0135                          AJMP   EXIT
001A   05F0            GoOn:         INC    B
001C   7810                          MOV    R0,#X
001E   7911                          MOV    R1,#(X+1)
0020   C208                          CLR    XCHG
0022            NEXT:
0022   C3                            CLR    C
0023   E6                            MOV    A,@R0
0024   97                            SUBB   A,@R1
0025   6007                          JZ     BY_PASS
```

图 3-5　一份列表文件的片段

从图 3-5 中,可以看到,不同的指令占据的字节数是不同的,如 MCS-51 系列 MCU 的指令有 1~3 个字节,而 8086CPU 的指令编码最多可达 6 个字节。

3.4.3　指令系统

CPU 能识别和执行的一整套指令称为指令系统(Instruction Set)。为了胜任有意义的任务,并兼顾到成本和应用定位,CPU 的指令系统中至少包含数据传送、算术运算、逻辑运算以及控制转移等几个指令类,实际指令的类别可能更多,每一类中的具体指令数目或多或少,反映出 CPU 不同的功能和特点。

3.4.4　指令的微操作

指令的微操作是 CPU 对指令的响应。CPU 每执行一条指令,首先通过一个或若干个总线周期,从存储器中取得该指令的机器码,并存放到指令寄存器(Instruction Register)中,在时钟的驱动下,指令被译码,并在 CPU 内外产生特定的时序信号,使 CPU 与存储器(或 I/O 接口部件)通过总线信号,产生一系列连贯的配合动作,从而完成指令码规定的功能。

对程序员而言,指令所对应的 CPU 的基本功能已不可分割。我们只要将指令代码有规律地存放到存储器中,由 CPU 依次响应,程序功能就通过一条条指令逐步实现。

对于 CPU 的设计者来说,不同的指令应具有不同的微操作,因此指令的译码成为 CPU

设计的重要方面。

3.4.5　指令的重叠执行

传统的微处理器每执行一条指令,总是先"取指"(获取指令代码)后执行,即取指与执行是串行的;如果将指令寄存器扩展成为指令队列,一条指令的执行就可与下条指令的取指并行进行,这有效地提高了 CPU 的性能。

现代微处理器设计中,在 CPU 设计中引入流水线(Pipe Line)结构,把指令的执行划分为更多不同的阶段,使若干条指令的不同执行阶段并行进行,结果在一个时钟周期中,甚至不到一个时钟周期,就能够(平均来说)执行完一条指令。如果一条指令的执行时间少于一个时钟周期(统计意义下),则该 CPU 称为超标量的 CPU。

3.4.6　执行速度方面的指标

衡量 CPU 执行速度的典型指标有主频(主时钟频率)和 MIPS。

主频是 CPU 能可靠工作的最高时钟频率,通常以 MHz 为单位。时钟速度越高,程序(指令)执行速度越快。但如果时钟频率高于规定值(超频),则因工艺限制或额外的功率损耗,CPU 将不能可靠工作,甚至因过热导致损坏。所以主频一定程度上体现出 CPU 的工艺水平;

MIPS 是每秒执行的(典型)指令条数,以兆为单位。因为不同的 CPU 的总线周期所需要的时钟周期是不同的,所以 MIPS 能更好地反映 CPU 的运行速度。

在嵌入式系统设计中,有时出于功耗的局限,取较低主频,如石英电子钟 CPU 的主频可低至 32.768kHz。也就是说,有时人们不单纯追求速度,因此也有采用 MIPS/MHz 这个指标的,即一兆时钟每秒执行的指令条数,以兆为单位。

MIPS 同时也被一家美国公司用作其嵌入式微处理器系列的名称。

3.4.7　精简指令计算机

精简指令计算机 RISC (Reduced Instruction Set Computer),代表一种先进的计算机发展方向。相对而言,传统的计算机因指令系统复杂,称为复杂指令系统计算机 CISC(Complicated Instruction Set Computer)。

RISC 简化了指令系统,这包括两个方面:首先将使用频度不高的、能被其他指令或指令的组合代替的指令,在设计时予以排除;其次,绝大部分指令的二进制编码是等长的,这有利于指令的译码和执行。

大部分 RISC 指令计算机具有流水线结构,基本上每个时钟可执行一条指令。

CISC 计算机的代码密度高,有些指令非常高效,可实现非常复杂的操作。

3.5　CPU 中的寄存器

寄存器(Register)是 CPU(或 MPU)中存储信息,参与数值运算、地址计算或完成特定功能的部件。常见的寄存器如图 3-6 所示,其中基本控制组的寄存器是与计算机运行原理密不可分的,即为任何类型的 CPU 所必须。

控制组

程序计数器（PC）

指令寄存器（IR）

程序状态字寄存器（PSW）

堆栈指针寄存器（SP）

控制逻辑

工作寄存器

地址寄存器

...

算术寄存器

...

算术逻辑单元（ALU）

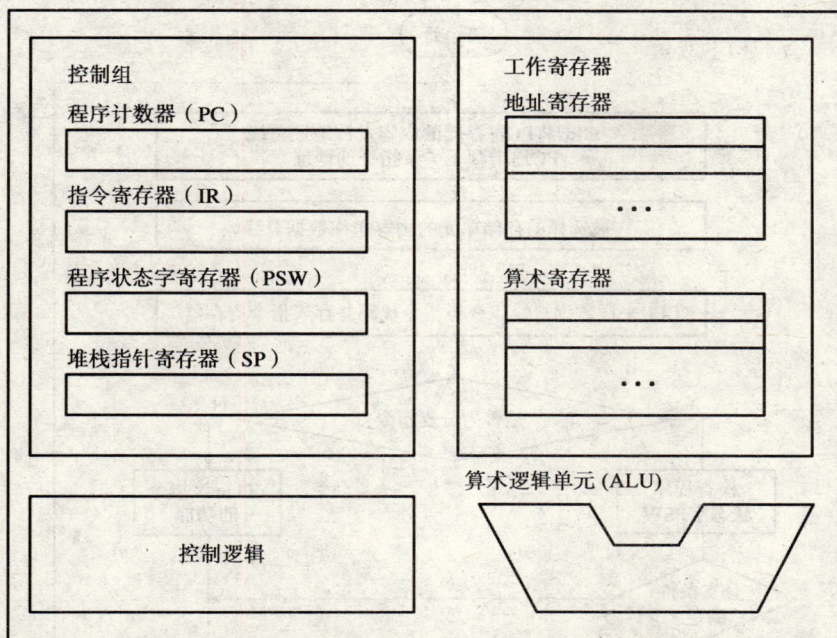

图 3-6　CPU 中典型的寄存器组成

为了执行计算功能，设置一组或几组通用工作寄存器，以方便用户在编程时临时存储信息；地址寄存器用于指令执行期间的自动地址计算。

需要注意的是，对一个具体的CPU，某个通用寄存器在与特定的指令相结合时，将具有特殊的功能。不同的微处理器根据其设计功能的定位，寄存器的数量和它们的功能是不同的，先进的微处理器中会设置更多的寄存器（有些寄存器是隐含的，程序不能直接访问它们），以实现复杂的功能。

3.5.1　寄存器与程序运行

控制组主要寄存器及其用途是：

（1）累加器 ACC(Accummulator)

该部件用于计算，包括数值计算和逻辑计算；程序指令通过特定的寄存器使用累加器。

（2）程序计数器 PC(Program Counter)

始终指向当前下一条指令在存储器中的地址。

（3）指令寄存器 IR(Instruction Registor)

CPU 从存储器获得的指令代码自动置于在 IR 中，进行译码并执行。

（4）程序状态字寄存器 PSW(Program State Word Registor)

CPU 执行指令，例如对数值进行运算，程序状态字寄存器就保存关于结果的正负、溢出等标志。后续指令可据此判断，决定程序流程的变化。

这些寄存器的功能体现在 CPU 的运行原理之中，见图 3-7。

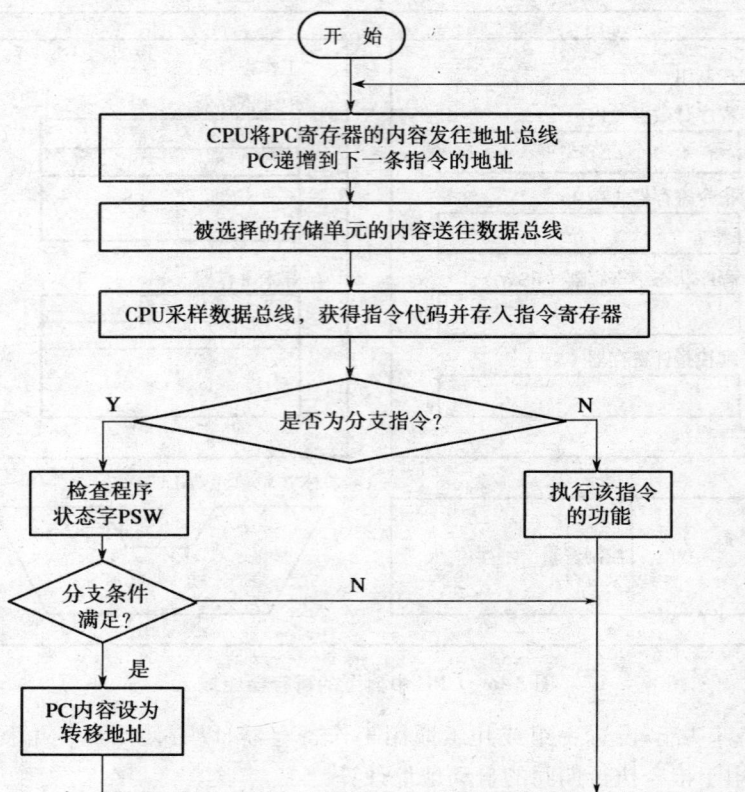

图 3-7　基本寄存器组与运行原理的关系[3]

3.5.2　堆栈及堆栈指示器

堆栈(Stack)及其堆栈指示器 SP(Stack Pointer)对于计算机运行原理来说，是非常重要的。

堆栈是在存储器中分配的、具有连续地址的一片存储区域。堆栈可以被看做一种特殊的数据结构，对堆栈的存取必须顺序进行。图 3-8(a)数据从一端进入，从另一端取出，即 FIFO(First In First Out)，常用于构成数据缓冲队列；而 3-8(b)数据从同一端进出，最先进入的数据必然最后才能取出，即 FILO(First In Last Out)。

CPU 以寄存器 SP(Stack Pointer)和特殊的寻址方式来支持 FILO 方式的堆栈操作。分配堆栈时，对 SP 寄存器初始化，使之包含一个有效的存储器地址，指向栈顶。

压栈指令(Push)先将 SP 向堆栈扩大的方向调整，留出

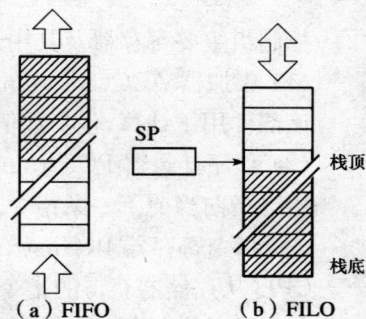

图 3-8　堆栈指示器

一个空位，再将某寄存器内容存储到 SP 指向的地址单元；弹栈指令(Pop)从当前堆栈顶部(由 SP 指向)的地址单元取数，恢复到指定的寄存器中，再将 SP 向堆栈缩小的方向调整。为了满足 FILO 的规则，SP 中的指针随 Push/Pop 指令的执行将自动调整，并始终指向栈顶。在 C/C++语言中，函数之间的参数传递就是利用堆栈实现的。

堆栈的另一重要应用如图 3-9 所示,当执行子程序调用指令时,PC 指针将发生跳跃,为了能从子程序 1 正确返回,先将 PC 的当前值作为断点地址(BREAK1),自动保存到堆栈;子程序 1 又调用一个子程序 2,同样自动保留断点地址(BREAK2)到堆栈中。这个例子中发生了嵌套调用。在这个过程中,寄存器 SP 将自动调整,始终指向栈顶。

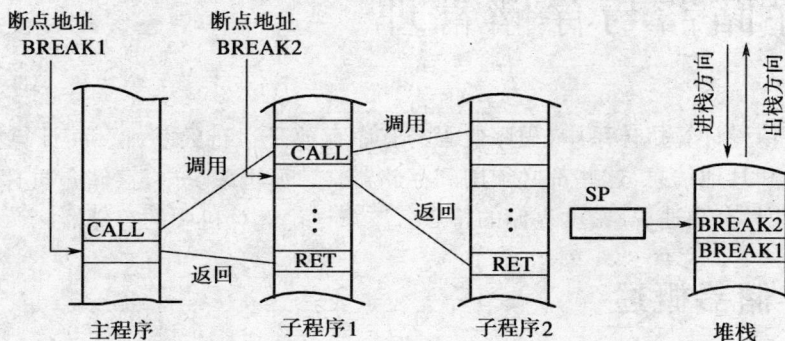

图 3-9 子程序调用与返回

子程序 2 返回时,从当前堆栈栈顶获得返回地址 BREAK2,实际上是断点内容弹出到 PC,同时 SP 自动调整后指向 BREAK1,当下一个条指令的微操作开始时,PC 的内容已是断点 2 的地址,即从断点 BREAK2 处继续取指令执行;在子程序 1 结束时,返回到主程序,从堆栈栈顶取得返回地址 BREAK1,同样返回到 BREAK1 处继续执行。

在这个子程序嵌套的情况下,由于 FILO 的堆栈特性,可以保证子程序逐级返回的正确性。

与堆栈有关的不当安排将导致程序运行中出现故障,有以下几种情况:

(1) 堆栈指针 SP 未初始化,或 SP 指向的存储器地址区没有物理存储器件;

(2) 堆栈溢出,SP 中的指针超出预期的范围进入数据区,破坏数据乃至程序代码;

(3) 子程序中,压栈和弹出不匹配,导致栈顶内容破坏,子程序返回到错误的地址。

当使用高级语言编程时,上述(1)和(3)的错识是可以避免的。

4 存储器与存储管理

在冯·诺依曼计算机体系中,程序代码的有序存放是运行的基础。而计算机程序还要存储和处理数据和其他信息,这些都必须用到存储器。计算机系统中,存储介质必须适合数字电路中的应用,并具有高速、高密度存储的特点。本章讨论计算机中的存储器。

4.1 存储器概述

4.1.1 内存与外存

在计算机系统中,存储器分为内部存储器和外部存储器两类,分别简称为内存和外存。内存也称为主存储器(Main Memory),是 CPU 通过总线可以直接访问的物理存储单元。任何程序任务在执行之前,其相关的部分代码以及初始数据必须预先储存在计算机的内存中。

为了适应 CPU 的高速随机访问,内存由各类半导体存储器构成,内存条是通用计算机中内存的主要部分。

另一类是各种大容量的外存。外存由存储介质和读/写装置构成,它们可以是一体化的,如计算机硬盘;也可以是分离的,如磁带和光盘等。外存普遍使用磁或光的原理,使其便于信号转换,且存储密度高。半导体"电子盘"也在兴起,因为其内部不需要旋转部件,使得其在工业、军事应用中抗震动和抗冲击能力大大提高;民品则主要应用于移动存储器。

在通用计算机中,内存与外存是相互依赖的。外存中的程序或数据先由操作系统装入内存,才能被 CPU 访问和处理。如运行大型程序,内存不够时,操作系统将暂时不使用的代码或数据调出到外存,腾出空间装入当前需要用到的代码或数据,使程序继续运行,这就是"虚拟内存"技术。

4.1.2 半导体存储器的结构

半导体存储器的构成原理如图 4-1 所示,图中地址线为 A0～A9,地址单元数为 2^{10};数据线为 D0～D3,只有 4 位。实际存储器的地址线和数据线由具体型号而定。图中,每一个存储单元由双极型或 MOS 型电路实现,并且以矩阵形式排列。存储器的地址线在芯片内部分成行、列地址,分别译码产生行、列选择线,行与列选择线均有效的存储单元被选中(如果使用单一译码方式,即地址线不分组,则译码器的输入线数为 10,而输出线数为 2^{10},这在实现上是有困难的)。

存储单元的各位位于不同的平面,共享同一套内部地址译码线路。

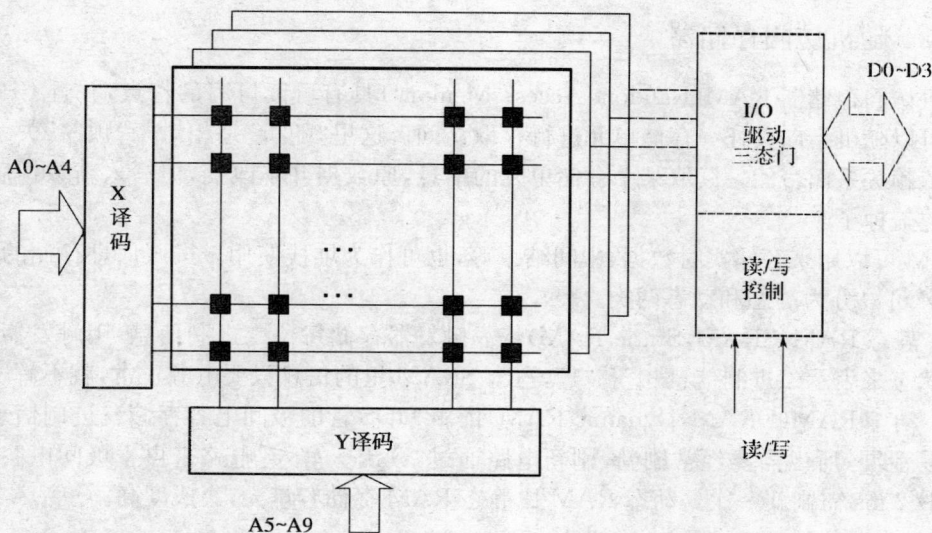

图 4-1 存储器的结构

在系统分析时,如图 4-1 所示的半导体存储器可以用一个简单的逻辑图表示,如图 4-2 所示。其中有一组单向的地址线,一组双向的数据线以及一些控制信号。根据地址线的数量,可以判断出它的存储单元数,而数据线数量就是存储单元的位数。

$\overline{CS}$用于选中芯片,低电平有效。如果$\overline{CS}$无效,则该芯片的数据线呈高阻态,与系统总线是隔离的;$\overline{WE}$是写允许,连接系统总线的“写”控制信号;$\overline{OE}$是输出允许,连接系统总线的“读”控制信号。

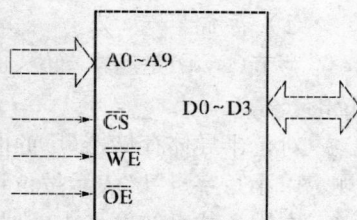

图 4-2 存储器框图

半导体存储器主要分为 ROM、RAM 两大类。RAM 又分为静态 RAM 和动态 RAM。

4.1.3 只读存储器

只读存储器 ROM(Read Only Memory)的特点是所存储的信息不易挥发,即使断电,也不会改变,故又称为非易失性存储器。只读是指在计算机系统的运行期间,信息内容不会改变。ROM 主要用来存储固定程序和常数表格。在程序运行之前,先要采用一定的方法将初始的信息存储进去。

ROM 按照生产工艺可以分为掩膜 ROM、PROM 和 EPROM 三类。

(1) 掩膜 ROM 中的初始信息是由半导体制造商在生产过程的最后一道掩膜工艺时,根据用户提出的存储内容决定 MOS 管的连接方式,然后把存储内容制作在芯片上,因而制造完毕后用户不能更改。掩膜 ROM 只适合于成熟产品的大批量生产。

(2) PROM(Programmable Read Only Memory)为可编程只读存储器,出厂时并未存储任何信息,用户可采用通用型编程器,将程序或数据一次性写入,以后无法更改。

(3) EPROM(Erasable Programmable Read Only Memory)是可擦除、可反复编程的只读存储器。采用通用型编程器,可将程序或数据写入,擦除 EPROM 需要用到紫外线灯光照射。更多实用的 ROM 见第 4.1.6 节。

4.1.4　随机访问存储器

随机访问存储器 RAM(Random Access Memory)具有可读可写的特点,并且 CPU 通过地址线可以随机指向其任一存储单元进行存取访问。这里"随机"是相对于"顺序"关系,也就是前后依赖关系而言的。读取某个存储单元的信息,原数据并不改变,但写入新数据后,原数据就被覆盖掉了。

RAM 可以用来存储实时数据、中间结果等,也可作为堆栈使用。按照信息存储的不同原理,RAM 可以分为静态和动态两类。

(1) 静态 RAM(SRAM,Static RAM)依靠触发器存储每位二进制信息,用触发器的两个稳定的状态来表示二进制信息"0"和"1",写入 SRAM 里的信息只要电源正常,就不辉发。

(2) 动态 RAM(DRAM,Dynamic RAM)依靠 MOS 管的极间电容存储二进制信息,由于电荷容易泄漏,所以需要经常刷新,刷新电路通过"读出—写入"电路来再生极间电容上的电荷。一般 2 ms 需刷新一次。动态 RAM 比静态 RAM 存储容量大,集成度高。

4.1.5　内存的主要性能指标

1) 存储容量

字节(Byte)是基本单位,也经常使用 KB、MB、GB。通常所指的存储容量是以字节为单位的。

对于半导体存储器,厂商因为历史原因,也有采用位(bit)为单位的。为了明确区分两者,规定以小写字母"b"表示按位计,而大写字母"B"表示以字节计。

在嵌入式系统开发中,常将存储器的容量表示为 $N \times M$,这时 N 为存储器的地址单元数,如果地址线数目是 n,则 $N = 2^n$,M 是存储单元的位数。

2) 读/写周期

读/写周期包括从地址信号有效、到数据稳定输出所需的时间,再加上一个短暂的恢复时间。恢复是指读/写控制信号撤销后地址信号仍需维持的一段时间,它使下一次访问能正常进行。

存储器存取速度必须尽可能接近 CPU 的要求,才能发挥好 CPU 的作用。就目前的发展趋势来看,CPU 的运行速度始终高于存储器,因为后者容量大,要达到同样的速度,面临成本的制约。先进的微处理器中设置了一定容量的高速缓冲存储器,来缓解 CPU 与存储器的速度差异。

3) 功耗

移动设备对功耗是十分敏感的。存储器功耗是设备功耗的一部分。通常,存储器功耗与其存取速度有关,速度越高,功耗越大。近年来各大芯片制造商相继推出低电压低功耗的存储芯片,如原来的 5V 电压,现已低至 3.3V、1.8V 等。但是由于更低的工作电压使得高电平与低电平之间的区分度变小,在工业应用时需要采取积极的抗干扰措施。

存储器的其他性能还包括可靠性、工作寿命等。

4.1.6　新型存储器

随着存储器制造技术和生产工艺的不断发展,一些新型的存储器日益普及,如 OTP

ROM、FLASH ROM、FRAM、NVSRAM 和新型动态存储器。

(1) OTP ROM(One Time Programmble ROM)是只能编程一次 PROM,但它使用 EPROM的制造工艺,出厂前可以进行 100% 的测试,编程信息在封装前被擦除,比传统的 PROM 可靠性有大幅度的提高;

(2) FLASH ROM 即闪存,是可以快速编程的 E^2PROM,而且易于擦除和重写,功耗很小。它的主要特点是在不加电的情况下能长期保持存储的信息。自 1988 年以来,全世界已有 40 多家半导体厂商生产闪速存储器,在 MP3、数码相机、U 盘等方面得到普及和应用。当前,单片 FLASH ROM 的集成度已能达到 1 GB 以上,同时价格也大幅度下降。串行的 FLASH ROM 由于读/写控制简单、容量大、价格低廉,正被仪器仪表和控制器广为采用,如用作工作参数的存储等。

在 FLASH 等技术的基础上发展出来的 ISP(In System Program)和 IAP(In Application Program)技术,可以方便地升级固化在嵌入式系统中的程序,而无须将芯片取下。甚至可以通过网络或电话线对已经交付的系统进行远程升级。

在以动态 RAM 为基础的通用计算机内存条技术方面,早期的快速页方式 FPM(Fast Page Mode),读写周期为 70 ns;可扩展数据输出方式 EDO(Extended Data Output)可达 60 ns;同步 DRAM,即 SDRAM(Synchronous DRAM)或 DDRAM(Double Data Rate SDRAM)能与系统总线时钟同步工作,读/写速度可达 10 ns,甚至 7 ns。

SDRAM 或 DDRAM 与先进的 MCU 配合,其内部的状态机在一次接收地址初值以后,可以连续读(写),且每读(写)一次,内部地址会自动递增。对应于总线的每一个时钟信号,可以存取一个(SDRAM)或两个(DDRAM)数据。

4.2 存储器的组织

4.2.1 存储器映象

存储器的每个独立的存储单元都被赋予一个唯一的地址,通过编址,存储器被组织起来,CPU 通过地址总线,寻址存储器的特定单元。

除非特别说明,计算机中的存储器总是以字节为单位编址。存储器地址是连续的,至少也是分段连续的,这样才便于设计程序,并简化算法。

存储器映象可用简图表示出按字节的编址,反应数据或程序代码的存储关系。如图 4-3(a) 所示为某计算机的存储器映象,通常 8 位计算机的 CPU(或 MCU),所能够访问的存储器地址范围是 0000~FFFFH,存储容量为 64 KB。

随着计算机字长的不断增加,地址线数量也必须相应的增加,以提升整体性能。

图 4-3(b)为一种存储器地址分配的映象。

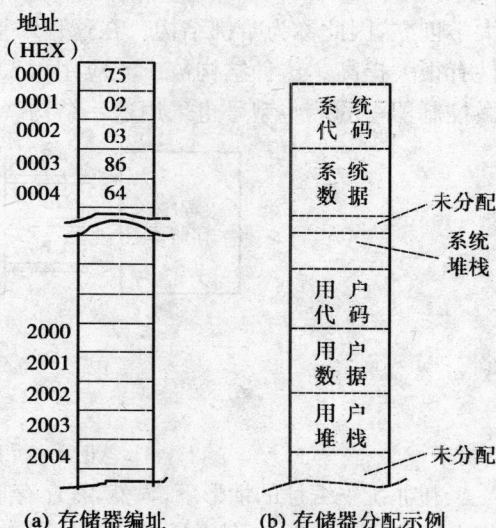

(a) 存储器编址　　(b) 存储器分配示例

图 4-3　存储器映象

其中系统代码用于管理计算机,它的运行需要系统代码段、数据段和堆栈段。用户程序也必须有自己的代码段、数据段和堆栈段。

4.2.2　存储器的地址空间

在图 4-3(b)表示的存储器映象中,可以看到一个统一的地址空间,所有的代码段、数据段和堆栈段都在该地址空间中分配。对于通用型计算机,有时程序比较复杂,但数据量不大;有时则可能刚好相反。不管出现怎样的情况,存储区间可以自由地分配为代码段或数据段,所以比较灵活,存储器的使用效率也高。

在上述的统一地址空间方案,如果程序在逻辑上没有问题,计算机的运行也正常,则自然没有什么坏处。但是如果程序中隐含一个错误,或在异常的干扰条件,CPU 也许会从数据段中提取信息当作指令代码来执行;也可能在操作数据段时,错误地修改了程序的代码,这都将导致无法预料的后果。

在没有存储保护的嵌入式系统中,上述致命错误可能带来严重后果,所以,一些嵌入式系统都单独设置一个程序代码空间,它与数据段、堆栈段完全独立,也是一种不错的选择。如图 4-4 所示。

某些嵌入式系统采用这样的存储安排,再加上其他容错技术,就可以有效避免灾害性事故的发生。通常,在拥有若干个独立地址空间时,地址线和数据线仍然可以分时共享,只要增添若干单独的控制线,就可以控制CPU 对不同存储器模块的访问。

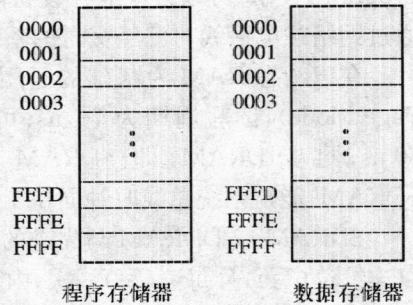

图 4-4　程序代码空间独立编址

4.2.3　哈佛结构

图 4-5 中,将程序代码空间从硬件上也完全独立出来,即 CPU 在访问程序代码和数据时,采用的是完全独立的总线。这种体系结构最先由哈佛大学创立,因此称为哈佛结构。在这种结构中,取代码与访问数据互不影响,因此,系统的实时性有很大提高。这种结构被广泛应用于 DSP(Data Signal Processing)处理器中。ARM 系列微控制器中的一些型号也采用这一结构。

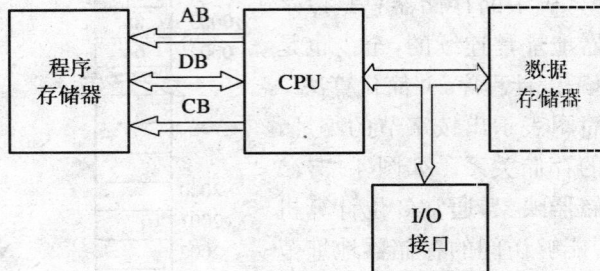

图 4-5　哈佛结构的系统组成

在非统一编址的情形下,显然,程序存储器空间或数据存储器空间通常得不到充分的利用。但在嵌入式系统中,硬件几乎是根据被控对象的复杂程度量身定做的,这就完全没有问题。

4.3 存储管理

4.3.1 逻辑地址与物理地址

物理地址是 CPU 执行程序时通过其地址总线向存储器模块发出的地址。在程序中直接处理物理地址的编程方法是很不方便的;虽然开发应用程序时,工具软件能最大限度地简化地址计算,这种编程方法仍然有其缺点。

逻辑地址就是在编程时,对于代码段、数据段和堆栈段,都将它们视为一个独立的段,并且每个段都从 0000H 地址开始。用逻辑地址写程序,思路就比较简单,并且有利于程序模块化。

运行以逻辑地址书写的程序,先编译或汇编得到若干个目标代码,再把不同模块中相同类型的段加以连接,最后形成可执行程序的存储映象文件,将其加载到内存中,就可以了。

4.3.2 存储器的段式管理

存储管理是为了使程序拥有更好的灵活性。在嵌入式系统中,有时不使用操作系统,有时操作系统必须与应用程序的代码连接成一个整体,且固化到 ROM 中运行。但拥有存储管理的计算机上可以运行高性能的操作系统,使用户程序的开发有一定的独立性。

段式管理就是把可分配的内存组织成为段,存储单元的地址是由段地址、段内偏移两部分构成。任何内存单元的物理地址是段地址和偏移量的线性组合。操作系统为应用程序分配并管理段地址,这样,应用程序只涉及段内偏移地址,也就是程序的逻辑地址。

应用程序在编译或汇编后所得到的程序代码,其实是程序执行时的内存映象,其中可能留有大量的相对地址,这些相对地址由操作系统在将其加载到内存的过程中填充完整,才能顺利执行。

如图 4-6 所示,通用计算机由于所安装的系统软件可多可少、或者操作系统版本不同,则在装载同一个应用软件到内存中执行时,实际可分配的存储器的开始地址是不同的,如图中的 SA1 和 SA2。

因为程序员编程只使用逻辑地址,如变量 VarX 在 A、B 计算机中的逻辑地址都为 LA。在 A、B 计算机内存中,变量 VarX 的物理地址分别是 PA1 = SA1 + LA,PA2 = SA2 + LA 。应用程序在执行时,其段地址可以不同,但不影响运行。这样做的好处是同一应用程序可以在不同的计算机上运行。

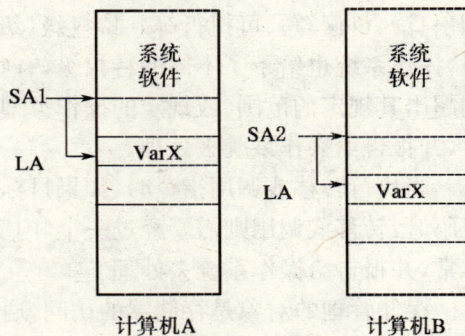

图 4-6 存储器的段式管理

4.3.3 存储器的页式管理

通用计算机中,通常能同时运行多个应用程序,这些应用程序对于操作系统而言就是一个个任务,它们的代码占据大量的存储空间;有时单个应用程序也可能很大,以至于不能被操作系统完整地装入内存。为了使这样的程序也能够顺利运行,操作系统需要将当前使用的代码或数据装入物理内存,而将暂时用不到的代码或数据保存在外部存储器上。

为此,存储器需要分成若干页,如 Windows 操作系统中将 4 KB 存储器作为 1 页。程序代码中的地址可以是虚拟地址,这个虚拟地址的容量可以远远大于物理地址可访问的范围。运行时,页式管理机构将虚拟地址映射到物理地址。如果 CPU 访问的页已在物理内存中,可以正常运行;而当 CPU 访问的页不在物理内存中时,就产生一个缺页异常,CPU 执行操作系统的一段异常处理代码,将暂时不使用的页保存到硬盘上(虚拟内存),再将当前请求的页调入到内存,使应用程序得以继续执行下去。

显然,在页式管理下,外部存储器的一部分作为计算机内存的延伸,在实际处理时,以时间(操作系统的调进调出)换取了空间。在程序员的角度看,应用程序可用的空间似乎是不受限制的。当然,如果实际物理内存过小,则操作系统就需要做频繁的调进调出,使应用程序事实上无法运行。

4.3.4 保护

在多任务运行环境中,各任务之间、任务与操作系统之间,都需要某种隔离。例如任务 A 的代码段不能够执行旨在破坏任务 B(代码、数据或堆栈)的任何指令,反之亦然;更不能破坏操作系统的运行环境,这就是保护。

另外,在多任务系统中,不同的任务可以共享同一段程序代码,例如在两个窗口中打开 Word 编辑功能,可共享代码以节约内存;同样也可能会共享数据等;另外任务可能需要调用相同的操作系统的功能。

为了在 CPU 级别实施保护功能,80386 的一个段的描述具有如下内容:

描述符	段基址(32 位)	段界限(16 位)	段属性(16 位)

其中的段基址是程序中某个段的开始地址;段界限是这个段的长度;段属性中包括段的类型(只读、可读/写、可执行等)、特权级(级别低的任务不能访问该段)等。CPU 运行的不同任务,操作系统也给予了不同的特权级,有些指令只在最高特权级才能执行。如果对存储器的访问超出其规定的范围、或规定的操作类型,或执行特权指令阶段任务的级别不够,都将发生异常,并报告给操作系统去处理。

当执行转移或调用指令时,如果目标地址在不同的段,或因为不同特权级的任务共享同段代码时,转移或调用则需要经过一个"门",通过特权检查和许可,才能顺利执行,否则也会出现异常,并报告给操作系统去处理。

存储管理的对象是存储器的访问,通用微处理器和高端的嵌入式微处理器一般都具有存储器管理功能,存储管理是 CPU 的组成部分。在低端的 MCU 和嵌入式微处理器上基本不使用存储管理机制,但是为了实现调试功能,有些也引入了地址映射功能,将某个物理地址范围映射为调试运行时所需要的另外的地址范围,这给某些应用带来极大的便利。

4.4 存储器扩展中的总线连接

前面提到内存的编址是以字节为单位的,在字长恰好为 1 个字节和字长大于 1 个字节(如16 位、32 位),数据总线、地址总线的安排是不同的。

4.4.1 8位字长存储器的扩展

以64 KB存储器扩展比较简单的情形为例。图4-7用8位的存储器,其中D0~D7是数据线,A0~A15为地址线。芯片的数据线、地址线与MPU系统的数据线、地址线对应相连就可以了。芯片的$\overline{\text{WE}}$(Write Enable,写允许)和$\overline{\text{OE}}$(Output Enable,输出允许)分别连接系统控制总线中的$\overline{\text{WR}}$(写)和$\overline{\text{RD}}$(读)。$\overline{\text{CS}}$是片选信号,在MPU系统中是从高位地址线译码获得,如A16,A17,…。如果系统地址总线没有A16及以上的地址线,$\overline{\text{CS}}$可简单接地。对芯片而言,$\overline{\text{CS}}$无效时,数据总线与系统的数据总线是隔离的。

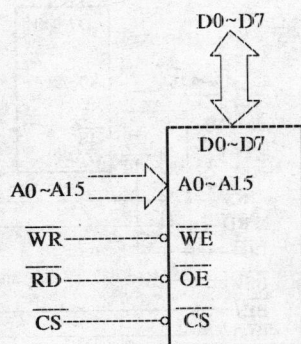

图4-7 8位的存储器

4.4.2 16位字长存储器的扩展

字长为16位时,仍然以64 KB存储器扩展为例,我们用两片32 KB×8的存储器来完成扩展,图4-8是连线图。从芯片的数据线和系统的数据线的关系看,两片8位的存储器拼接在一起,满足了系统字长16位的要求。

因为字长16位时,一个总线周期可以同时访问到2个字节,所以芯片的地址线A0~A14连接系统的A1~A15,而A0不直接连接存储器。

特别要注意的是,虽然数据总线是16位了,但在程序指令中,我们仍有可能只对某个字节(高8位或低8位)进行操作。在读周期,存储单元的数据不会被破坏,CPU只要

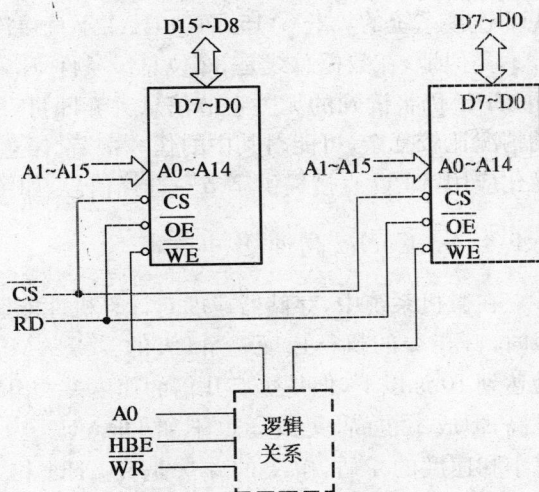

图4-8 两片32 KB×8存储器连线图

将读到的无关字节信息丢弃即可,所以$\overline{\text{OE}}$直接连接系统的$\overline{\text{RD}}$。

在写周期,如果是对字节写,因为地址线并联,如不采取措施,数据线上的无效信息就会写入到相邻地址中,造成信息丢失。为此,16位字长的CPU会提供HBE(High Byte Enable,高字节允许)或类似的信号线,它与A0地址线、$\overline{\text{WR}}$线一起,决定是写高字节还是写低字节,或是高低字节(16位)一起写。为此,需要在CPU与存储器之间,就写信号增加一个简单的逻辑电路。

4.4.3 32位字长存储器的扩展

字长为32位时,仍然以扩展64 KB存储器为例,我们选4片16 K×8的存储器来完成扩展,图4-9是连线图。从芯片的数据线和系统的数据线的关系看,4片8位的存储器拼接在一起,满足了字长32位的要求。

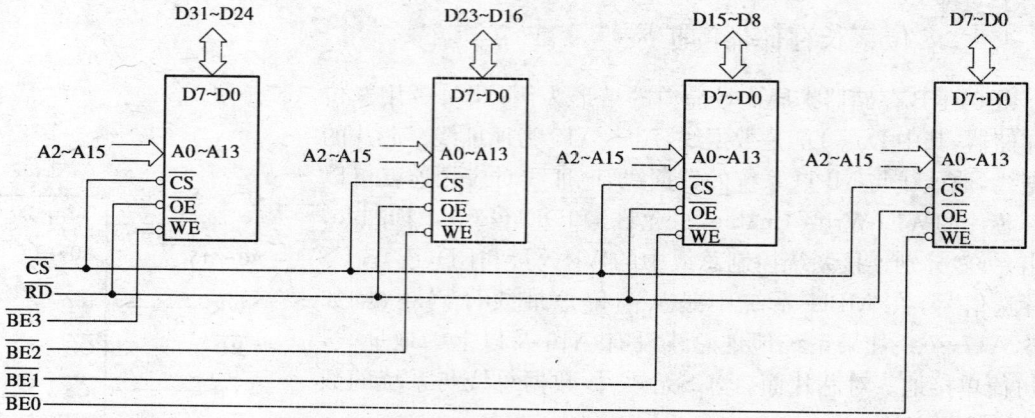

图 4-9　4 片 16 KB×8 存储器连线图

字长为 32 位时,CPU 一个总线周期可以同时访问到 4 个字节,所以芯片的地址线 A0～A13 连接系统的 A2～A15,而 A0、A1 不直接连接存储器。

类似地,在数据总线是 32 位总线条件下,我们仍有可能只对某个字节进行操作。在读周期,CPU 仍将读到的无关字节信息丢弃即可,所以 $\overline{OE}$ 线直接连接系统的 $\overline{RD}$;在写周期,32 位的情况比较复杂,可能对其中的任一字节、任意两个连续字节……直至全部 4 个字节写。为了简化应用,CPU 直接提供字节写选择信号,如图中的 $\overline{BE0}$～$\overline{BE3}$。

4.4.4　Cache 高速缓冲技术

在微机系统中,存储器速度对计算机性能影响很大。当 CPU 的时钟频率达到 GHz 数量级时,其指令的执行速度是 ns 级的。DRAM 虽然已经达到 10ns 以下,但是仍有几倍的速度差。SRAM 速度高,但成本也高,集成度也不如 DRAM。为了兼顾成本和速度的矛盾,解决的办法是在 CPU 和 DRAM 之间,加一块容量稍小、但速度能与 CPU 匹配的 SRAM,如图 4-10 所示。

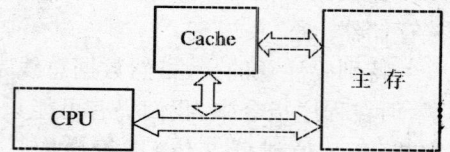

图 4-10　Cache 连接图

在这个结构中,假定 CPU 访问的代码或数据是在高速的 Cache 中,称为命中,则指令执行的速度将大大加快。如果所要访问的代码或数据不在 Cache 中,称为未命中,此时必须从主存中载入一块信息到 Cache 中,以便以后 CPU 在访问时能命中。

Cache 要在整体上提高计算机的性能,依据的是程序和代码的局部性原理。程序的局部性是指在一段较短的时间内,CPU 所访问的程序代码集中在较小的地址范围,因为程序代码本身是连续存放的,而且大多数程序会使用循环指令,所以程序的局部性是客观存在的;数据的局部性是指,在一段时间内,程序所访问的数据有一定的关联,编程时被集中分配在不大的地址范围内。

局部性原理使 Cache 的命中概率比较高,于是在统计意义上,大部分时间里,CPU 只与高速的 Cache 交换信息,使得 CPU 的等待时间大大减少,运行速度大幅度提高。

Cache 的更新是指其与速度相对较慢的主存储器交换信息。由于是以数据块为单位,在存储方面,SDRAM 或 DDRAM 均支持先进的猝发方式的读/写。在该方式下,开始一块数据访问时,只需要给出一个首地址,以后每访问 1 个字节或字,地址能自动递增,这样就避免每个总线周期都要给出地址信息,结果在每个时钟周期(不是总线周期)都可以传递与总线宽度相应的字节数。

Cache 有多种工作方式,在操作系统设定好的方式下,CPU 根据预定的策略自动管理 Cache 的运行,对用户的应用程序来说,逻辑上可以认为 Cache 是不存在的。而在实际上 CPU 执行效率提高了。

在低端嵌入式系统的程序开发中,根据程序指令所需要的机器周期数可以精确估计某段程序的执行时间,这对控制方面的应用是很有用的。而当 CPU 拥有 Cache 技术或者指令执行有流水线结构的支持时,若再考虑到操作系统的作用,一段用户程序的执行时间就难以预测。这时,精确定时必须依靠硬件。

5 计算机的输入/输出

计算机必须能够与外部世界交换信息,没有输入/输出的计算机是毫无存在价值的。本章介绍输入/输出。

通用计算机的输入/输出形式多种多样,使用越来越方便,这改变了我们的工作与生活。同样,在嵌入式系统中,输入/输出也非常重要。便捷的人机交互,使仪器仪表或控制器更加好用;与传感器、执行器的直接连接,使之能实现自动控制功能。

本章讨论一般的输入/输出概念,包括输入/输出端口的编址,输入/输出通道的数据传送方式,特别是 CPU 的中断概念。

5.1 输入/输出的概念

5.1.1 外部设备

通用计算机有丰富的外部设备,如显示器、键盘、硬盘和日益丰富的多媒体设备(如光盘、音响、语音输入)。外部设备简称"外设"。

除了计算机本身需要一些标准的输入/输出设备以外,在不同的应用领域,也有特殊的输入/输出设备,如超市购物时,我们可以看到特殊的键盘、读卡器等;再如出租车上的计价器有专用的显示器和微型打印机等。

在工业控制方面,开关、按钮、脉冲计数是典型的输入,它们相当于传感器;而动力电机、油泵电机、散热风扇、液压和气动阀等的控制是典型的输出,相当于执行器。

5.1.2 接口(Interface)与接口技术

外设是多种多样的,在通用计算机中一般都有标准的设备和标准的接口。而在嵌入式系统中根据实际输入、输出的形式和特点,作特殊的设计。

接口电路是连接计算机与外部设备的桥梁,其主要作用是实现信号的转换、电平的适配、信息的编码等。形形色色的外设通过接口连接到计算机系统总线上,CPU 就可以通过总线访问接口电路,实现数据传送和获得对外设的控制。

通用计算机的大量标准外设很多是智能化的,如键盘、硬盘和声卡等,有的内部就含嵌入式的 CPU,从而减轻主 CPU 的负担。

接口电路的设计和应用是硬件工程师的基本工作,必须既熟悉各种接口芯片的功能和应用技巧,又熟悉计算机运行的原理和特点,才能设计出满足性能指标的接口电路,相关的技术称为接口技术。

5.1.3 端口地址(Port Address)

计算机系统中必须有一系列的接口电路,才能满足计算机的输入/输出需要。为了使

CPU能访问接口电路,与存储器类似,也需要为接口编址。一套接口电路可能需要若干个地址,习惯上把接口的地址称为端口,以与存储器的地址有所区别。

CPU通过对端口的寻址来控制接口电路的输入或输出。根据信息的流向,端口操作有输入(Input)和输出(Output),简写为I/O。

从端口输入或输出的二进制信息,在特定的外设上,有不同的含义,这取决于具体的设备和硬件的连接。

图5-1是一台微型打印机与CPU的连接示例。图中左侧为CPU的总线,包括数据线、地址线和控制线;中间虚线部分是接口电路;右侧是外部设备。

接口部分包括锁存器和一组三态门。锁存器将CPU发送来的数据锁存起来,作为微型打印机的数据线;三态门打开时,打印机的状态经数据总线输入到CPU。锁存脉冲和三态门的开启信号是由端口地址线、读/写控制线经过控制逻辑产生的。上面的例子包含两个端口,一个是数据端口(只写),另一个是状态端口(只读)。

图 5-1 微型打印机与 CPU 总线的接口

CPU对特定的端口执行写(读)指令,则系统总线上产生必要的时序信号,这些时序信号再与接口部分的硬件电路配合,如果配合正确,就可以实现输出(输入)功能。如果配合得不好,或者有错误,就无法产生期望的输出(输入)。

5.1.4 端口及其编址方法

与存储器的编址类似,端口也是按字节编址的。8位端口占1个地址,16位端口占连续的2个地址,32位端口占4个,以此类推。

在大多数通用计算机的体系结构中,端口地址空间与存储器地址空间是完全独立的。在独立编址时,存储器操作不会影响到端口操作。虽然大多数情况下,存储器与端口共享同一组数据总线和地址总线,但控制总线却不同,这样在硬件上就能加以区别。独立编址时CPU需要一套关于输入/输出的特殊指令,如80X86体系就有IN和OUT指令。

另外的一些微控制器或以嵌入式微处理器为核心的体系结构中,将端口与存储器安排在同一空间,形成所谓的统一编址。此时,不仅它们地址线是相同的,而且控制线也相同,所有针对存储器的操作指令也就可以作用于端口。在MCS-51系列系统设计时,扩展I/O就占用了外部存储器的地址,访问此类端口只需要执行存储器操作指令。

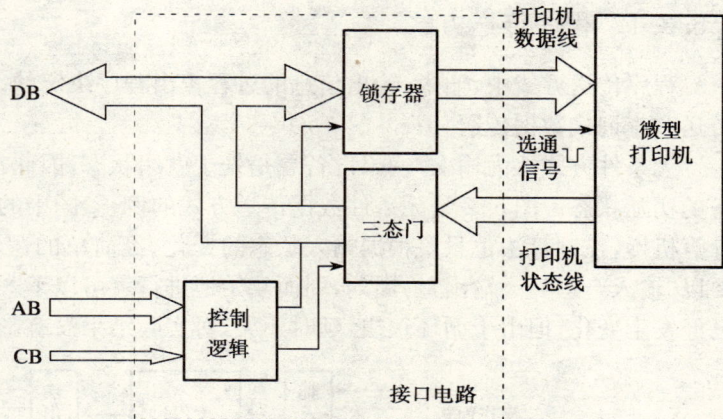

5.2   输入/输出的数据传输方式

根据控制系统的特点,计算机与输入/输出设备之间的信息传输特点和要求是不同的,且对接口电路的设计方案、程序的编写都有着十分重要的影响。数据传送方式分为:程序传送方式、中断传送方式和 DMA 方式。

5.2.1   程序传送方式

程序传送方式中,输入/输出信息的过程仅由程序决定的。这又细分为两种:无条件数据传送和查询式数据传送。

无条件方式认为输入/输出设备总是处于就绪状态,因此在输入/输出之前,不需要了解设备的实际状态。图 5-2 是无条件数据传送方式的例子,图中的输入/输出设备的动作速度远比计算机慢,控制算法也只是根据输入状态的变化,经简单的逻辑运算,就产生对应的输出。只要以"输入—运算—输出"为周期,周而复始地进行就可以了。即使某一次的运算过程中,输入已经发生变化,但由于循环很快,延时不大,对实际结果没有影响。

图 5-2   无条件输入输出方式

查询式的传输,我们仍以图 5-1 中的微型打印机接口为例。如果要打印某字符,只需要向数据端口发送该字符的 ASCII 码。如果打印机正忙、或者缺纸,就必须等待。为此,在发送 ASCII 码之前,要先查询状态端口,获得状态信息。如果条件不满足,则循环读状态口,判断条件,直至条件满足,才可以向数据口实际传送数据;

其次,每发送一个字符以后,必须"通知"打印机有一个数据已经出现在打印机的数据线上。图中的选通信号就是在字符已经锁存后向打印机发一个脉冲信号。这种约定使打印机不会多打印或漏打印字符。

由此可见,查询方式中,CPU 与接口之间、在接口与外设之间,都需要一定的联络信号,用来控制信息的正确传送(顺序、字符数量)。

这个例子中,CPU 与外设之间通过查询,协调了信息流量,保证了数据的正确传输。但是查询过程中 CPU 的绝大部分时间是在等待(周而复始地读状态口并判断),不仅 CPU 的效率很低,而且这一编程模式也使 CPU 的其他控制任务被延缓。

5.2.2   中断概述

中断(Interrupt)是微机运行原理的重要组成部分,用于响应特定的事件。图 5-3 为中断过程和返回的略图。

程序正常运行期间,如发生某个事件,则中止正常的执行流程,在自动保护断点到堆栈之后,转入到该事件的处理程序。事件处理的代码称为中断服务程序 ISR(Interrupt Service Routine)。事件处理完毕再返回到断点处,继续正常的流程。与子程序调用所不同的是,断点的位置是随机的。

　　为了实现中断功能,CPU 提供了必要的机制,即在 CPU 执行程序指令的同时,内部电路始终监视 CPU 内外的特定事件。如果某些事件发生,则向 CPU 请求中断,并用特定的方法转到预先安排的事件处理代码段执行;

　　程序员编写 ISR 并将相应的代码驻留在规定的位置上。这样,一旦规定的事件发生,ISR 就能自动得到执行的机会,且不影响主程序的算法和流程。

　　引起中断的事件称为中断源。一个实际的微处理器系统具有多个中断源;当多个中断源同时请求中断时,应该先响应哪个中断源的请求? 或者已经在执行 ISR,又有一个事件发生,是不是允许再响应一个中断请求,即形成中断嵌套? 为了解决这些问题,微处理器系统中,一般具有中断优先级管理器,该管理器同时也兼管中断源的屏蔽。这使中断系统具有最大的灵活性。

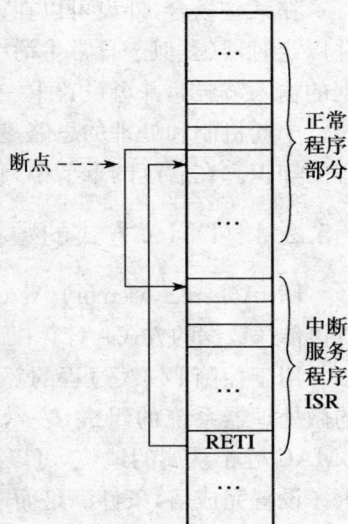

图 5-3　中断过程和返回

5.2.3　中断传送方式

　　中断方式数据传送,要通过电路设计将输入/输出的就绪信息转变为一个中断源。如图5-4为典型的支持中断方式数据传送的接口,其中图(a)为输出、(b)为输入。

　　图 5-4(a)中的接口部分有一个输出数据缓冲器,其执行步骤为:① CPU 向其写一个数,则 OBF(Output Buffer Full)有效;② 外设响应发出 ACK(Acknowlege)信号并取走数据;③ 输出缓冲器空,使 OBF 无效并向 CPU 发一个 INTR(Interrupt Request)中断请求;④ CPU 在其 ISR 中发送下一个数据到输出缓冲器;

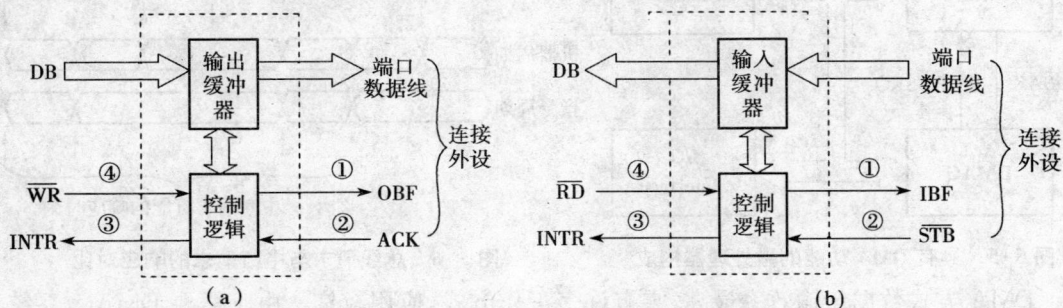

图 5-4　支持中断方式数据传送的数字接口

　　图 5-4(b)中的接口部分有一个输入数据缓冲器,其执行步骤为:① 外设向其写入一个数,用选通信号将其锁存;② 接口立即向设备发出 IBF(Input Buffer Full)指示信号;③ 向 CPU 发一个 INTR(Interrupt Request)中断请求;④ CPU 在其 ISR 中读取输入缓冲器;并使 IBF 无效,外设可以向空输入缓冲器装载下一个数。

　　通过响应中断,宏观上程序的流程没有变化,数据的输入与输出是在 ISR 中就实现的。这样做,避免了 CPU 的等待,在外设速度很慢的场合,中断使得 CPU 与外设并行工作,有效地提高了 CPU 的利用率。

在某些场合,外设可以在期待的时间内处于就绪状态,那么就可以设置一个外部定时器,并以定时器(类似于日常生活中的闹铃)的输出作为 CPU 的中断源,在相应的 ISR 中进行数据的输入/输出,并可设置下一次的定时参数。

中断机制和处理的思路显然来源于日常生活的经验。在实际应用中,包括硬件电路和编程的知识。在后续的章节中,我们将结合具体的微控制器或微处理器作介绍。

5.2.4　DMA 方式的数据传送

DMA(Direct Memory Access)即直接存储器访问,是外部设备与存储器之间不经过 CPU 而直接传送数据的方式。计算机硬盘与内存之间的大量数据传送就是通过 DMA 方式实现的。

用于控制 DMA 过程的部件称为 DMAC(DMA Controller)。图 5-5 所示为带有 DMAC 的微处理器系统的组成,表示 CPU、DMAC、存储器和外设的联系。开始 DMA 传送之前,DMAC 处于从属的地位,可以接收来自 CPU 的方式设置、命令、数据传送的开始地址和计数等。设置完成后,条件满足而需要传送数据时,先向 CPU 发出总线请求信号 BUSRQ,CPU 在现行总线周期结束后,响应总线请求,释放总线的控制权,并给出响应信号 BUSAK,DMAC 在得到响应后,暂时接管系统的数据线、地址线和大部分控制线,通过必要的时序实现数据传送。DMAC 按规定的方式,一次传送 1 个字节或完整的一个数据块,并在传送结束后将总线的控制权交还给 CPU。

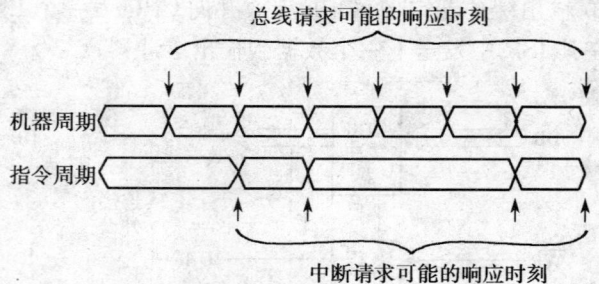

图 5-6 为 CPU 对于总线请求与中断请求,可能的响应时刻对比的示例。指令周期中画出了某个时段,CPU 正在依次执行 2 周期指令、1 周期指令、3 周期指令和 1 周期指令。图中说明,总线请求在每一个机器周期以后都可能响应(一般情况),而中断请求一定是一条指令完整执行以后才能给予响应。

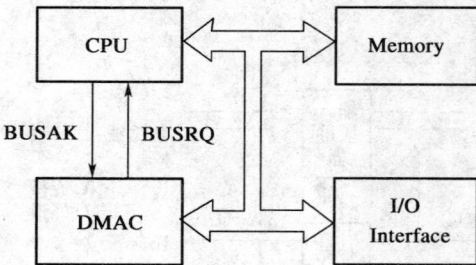

图 5-5　具有 DMA 功能的微处理器构成　　图 5-6　总线请求与中断请求的响应对比

DMA 方式数据传输效率最高,它有许多工作方式,应用较广。由于需要 DMAC,系统总线的控制也比较复杂,以往 DMA 方式只在通用机上使用。现在,较高性能的嵌入式处理器也集成了 DMAC 功能,可以为其数字部件服务。

图 5-7 是 DMA 方式读和写期间的功能示意。图(a)为读,数据从外设传送到存储器;图(b)为写,数据从存储器传送到外设。

在图 5-7(a)中,外设经由接口请求 DMA 数据传输,DMAC 的总线请求获得响应后,由 DMAC 开始一个 DMA 总线周期,在该周期中,它发出存储器地址信号,接着,DMA 响应信号 DAC打开接口中的数据缓冲器,使数据出现在数据总线上,稍后发出 MEMW(存储器写信号),将数据线上的信息写到存储器;然后 DMAC 中的地址加 1,计数减 1,结束 DMA 周期,并为下一次 DMA 数据传输做好准备。

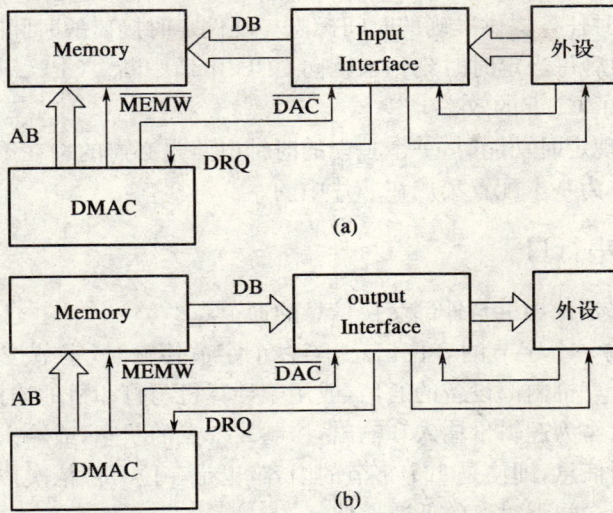

(a)

(b)

图 5-7　DMA 方式读和写期间的功能示意

　　类似地,在图 5-7(b)中的 DMA 周期中,它也向地址线发出存储器地址信号,接着,发送 $\overline{\text{MEMR}}$ 读信号,使存储器中选定的地址单元的内容输出到数据总线上,再由 DMA 响应信号 $\overline{\text{DAC}}$ 将数据锁存到输出接口中的数据缓冲器,然后接口电路将数据输出到外设上。DMAC 中的地址加 1,计数减 1,结束 DMA 周期,并为下一次 DMA 数据传输做好准备。

　　DMAC 也可以做存储器到存储器之间的数据传送,此时,DMAC 控制器每传送一个数据,必须产生两个连续的 DMA 周期,前一次是从源地址读,读到的数据先保存到暂存器中;后一次是写,将暂存器中的数据写到目的地址。

5.3　常用数字接口部件

　　对于计算机或基于计算机技术的控制器来说,有些接口部件是常用的,也是必需的,甚至对计算机本身的运行是不可或缺的;另一些虽只用在控制方面,但使用非常广泛,并且也已经成为控制领域的标准。这里我们先作一简要概括介绍。

5.3.1　定时器/计数器

　　定时器/计数器(Timer/Counter)是常用的接口部件,其核心是硬件计数器,它能对输入脉冲计数。如果脉冲频率很准确,就转变成定时功能。由于这个原因,"定时"或"计数"两个术语有时就混用了,实际上定时/计数是同一部件的两个功能。

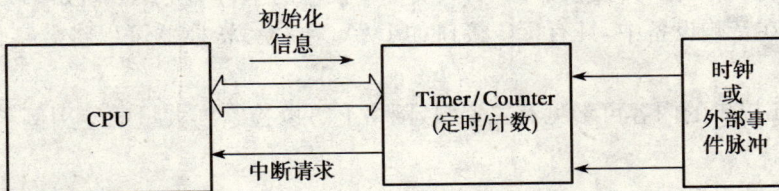

图 5-8　定时/计数接口部件

　　定时器可作为操作系统任务切换的时间基准,也可为文件系统提供时间标记。在控制领域,主要是为程序的定时任务提供准确的时间标志。硬件定时接口的时间间隔是可编程的,由CPU对其初始化,启动后每当定时时刻到来就向CPU申请中断。CPU只在响应定时中断时处理相关的任务,提高了CPU的效率。

　　如图5-8所示,实现定时功能时,一个独立的时钟电路是必需的。在单片机或嵌入式处理器中,定时/计数器是作为基本配置集成在芯片中的。

5.3.2　并行口和串行口

　　并行口和串行口都是计算机与外部交换信息的通道。

　　并行口可同时传输一个字节的8位信息,当多个字节传输时,字节按一定的顺序依次传输。并行口主要用于计算机内部设备的通信,或用于计算机与打印机的连接。在控制领域中,一个8位的并行口可以作为逻辑量输入和输出,控制8个点的状态,或输入8个点的状态。

　　串行口是按位传送信息,即使是1个字节的内容,也是一位一位依次传输的。计算机上传统的串行口用于计算机之间点对点的低速通信。

　　在同等技术条件下,并行口传输速度高,但成本也高;串行口传输速度慢,但成本相对要低些,适合远距离信息传输。串行口在线路带宽很高的前提下,特别是在当前,以光纤为介质时,通信速度已经很高了。网络接口就其物理层看,属于串行通信的范畴;通用计算机上流行的USB(Universal Serials Bus)、1394口等都是串行口,它们正逐步取代打印机口(属于并行口)和传统的串行口。

　　在工业应用中,传统的串行口仍然是设备间通信的标准接口。应用最为广泛的是异步串行收发控制器UART(Universal Asynchronous Receiver-Transmitter),它是当前许多微控制器上的标准部件。

　　有关UART通信及相关的内容,详见本书有关章节。

5.3.3　I^2C和SPI

　　I^2C(Links Between Integrated Circuits)为一种在集成电路芯片之间(通常在同一块线路板上)通信的规范,使用双线通信;SPI(Serial Peripheral Interface)是另一种常见的芯片间串行通信规范。

　　这些接口主要应用在嵌入式系统,微控制器利用其通用I/O口的一些线,用软件模拟一个通信规范,或者其内部集成一个标准的I^2C通信控制部件,这样就可以与具有同样规范的芯片通信,实现复杂的控制功能。这种接口的特点是连线较少。具有该类接口的功能芯片很丰富。如在较新的电视机中,就实现了芯片间的通信,使外部电路得到简化,并可用主芯片方便地实现智能控制。在许多智能仪器内部,具有I^2C接口的串行E^2PROM(如AT24XX)可以存储工作参数。在音响设备中,具有I^2C接口的D/A(数/模)转换器可以将数字信号还原成声音信号。

　　I^2C和SPI接口的内容可参见有关资料,网络上可以检索到大量的应用例子,有很多示范程序可以参考。

6 MCS-51 系列微控制器

通用计算机中的微处理器,如 80X86 系列的 Pentium 和 Core 系列等,一直在向高端发展。以它们为核心的电脑主板的开发是通过专业化团队合作完成的。依靠个人的力量,短时间不易掌握。而微控制器应用面广、实用性也非常强,比较适合初学者学习,并可以通过实践环节掌握其应用。

微控制器在单一芯片内包含了 CPU(运算、控制)、RAM(数据存储)、ROM(程序存储)、输入/输出接口(串行、并行)等,这就具备了计算机的基本部件,许多微控制器还集成了 A/D、D/A 等常用接口功能。这样,就可以广泛地应用于工业控制、仪器仪表、家用电器、通信和娱乐等领域。

从本章起讨论 MCS-51 系列微控制器的结构和组成、存储器组织、指令系统、汇编语言编程、总线扩展及 MCS-51 系列的典型应用。

6.1 MCS-51 系列微控制器概述

MCS-51 系列微控制器是 20 世纪 80 年代初由 Intel 公司出品的,这一系列的早期品种有8031、8051、8751、8032、8052、8752 等,是该系列的典型型号。在该系列微控制器取得成功以后,Intel 公司采取了很好的策略,即将 MCS-51 的核心技术授权给很多大型的半导体公司,使他们能够以 8051 为核心,通过增、减功能或重新设计,满足不同的市场需求。ATMEL公司利用 MCS-51 的核,融入其先进的 FLASH ROM 技术,使得程序代码的固化和修改变得非常便捷,其中 AT89C5X 系列就是近十几年在我国非常流行的单片机;Philips 公司对该系列的功能进行了大量的充实和提高;ADI 公司的 Adu C 系列和 Cygnal(已合并到 Silicon 公司)的C8051F 系列也是基于这一系列的内核,它们集成了高精度的 A/D 和 D/A 功能,带有 SoC(System on Chip)的色彩。

所有这些,使得以 MCS-51 为核心的单片机现仍牢牢掌握着 8 位单片机的大部分市场。
MCS-51 的内部总体结构框图如图 6-1 所示。其基本特性如下:
- CPU 字长 8 位,另包含了一个布尔处理器;
- 内含时钟电路,外接石英晶体即可工作。系统时钟频率从直流至一百兆以内;
- FLASH ROM:几 K 到 64K 字节(存放程序代码);
- 内部 RAM:基本型与增强型的容量分别为 128 B 和 256 B;
- 定时器:基本型和增强型分别有 2 个和 3 个 16 位的定时器/计数器;
- 并行 I/O 口:P0~P3,4 个 8 位并行 I/O;
- 串行口:全双工的串行口 1 个;
- 中断系统:5~6 个中断源,两个优先级。

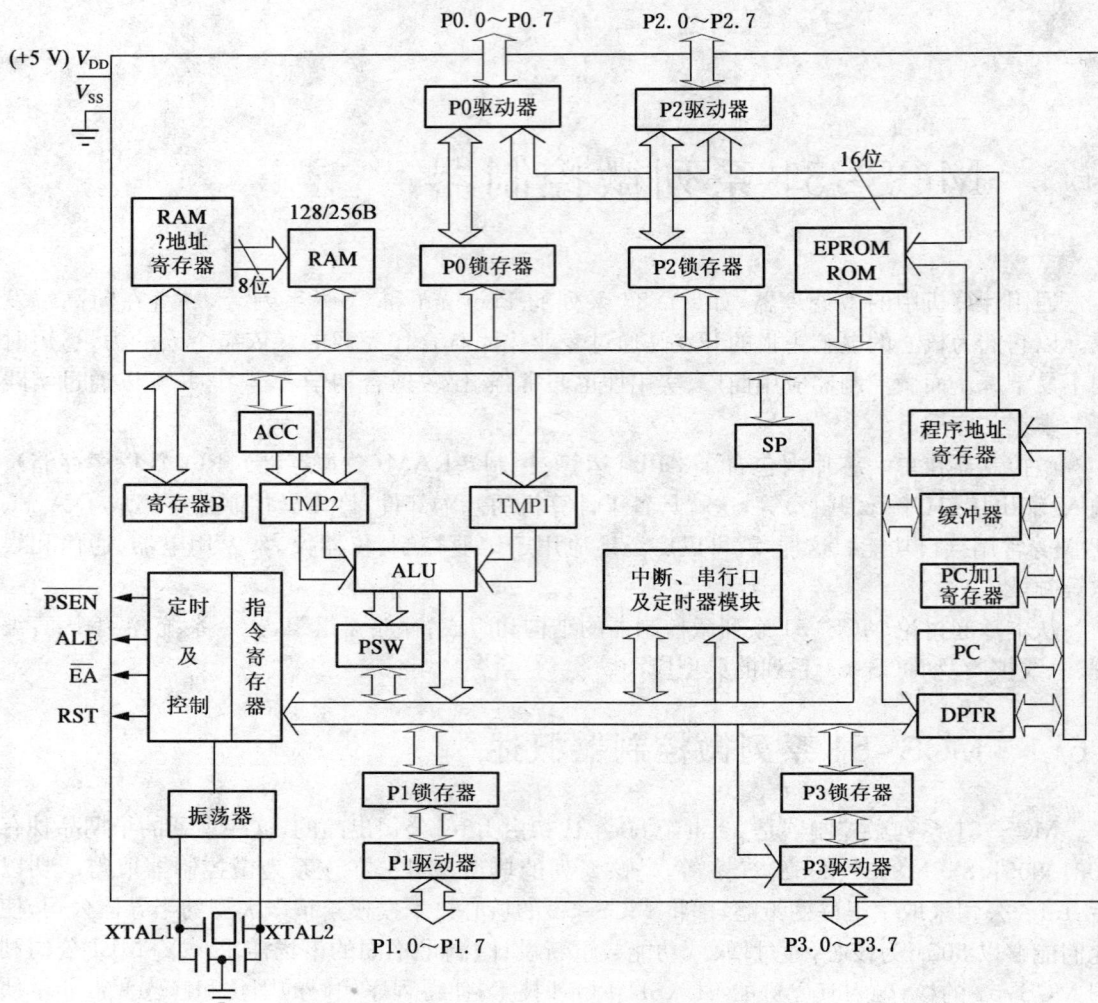

图 6-1　MCS-51 总体结构框图

6.2　CPU 结构

　　CPU 由运算器和控制器组成。该系列的 CPU 字长为 8 位,并包含一个专门进行位操作的布尔处理机,所以分以下三个部分介绍。

6.2.1　运算器

　　图 6-1 中以 8 位的 ALU(算术/逻辑运算部件)为核心,暂存器 TEMP1、TEMP2、寄存器 A(ACC)、寄存器 B、程序状态字寄存器 PSW 以及布尔处理机,就组成了整个运算器的主体部分。

　　ALU 是算术逻辑单元,它在暂存器 TEMP1、TEMP2 的配合下,主要完成下列功能:

　　算术运算:加、带进位加、带借位减、乘、二一十进制调整;

　　逻辑运算:与、或、异或、求反、清 0;

移位功能:对累加器 ACC(或带进位位 C)进行逐位的循环左、右移位。

ACC 是 8 位累加器,因为设计方面的缘故,ACC 与 ALU 紧密关联。ACC 按寄存器寻址时写成 A,指同一个部件,使用极为频繁;

寄存器 B 可以配合寄存器 A 完成乘法和除法操作。不做乘除法时,可以作为一个通用寄存器使用。

表 6-1 PSW 寄存器

PSW	PSW.7	PSW.6	PSW.5	PSW.4	PSW.3	PSW.2	PSW.1	PSW.0
(D0H)	CY	AC	F0	RS1	RS0	OV	—	P

PSW 是 8 位程序状态字寄存器,如向寄存器 A 送数、进行算术或逻辑运算,将影响其中的一些标志位。PSW 寄存器的各位如下:

CY:进位标志,如果运算在最高位发生进(借)位。则该位为"1"状态,否则为"0";

AC:辅助进位标志,也称为半进位标志,反映了两个 8 位数运算时,低四位是否向高四位进位,如有则 AC=1,否则 AC=0。该标志用于 BCD 码加法后的调整,由相应的指令使用,用户一般不需要直接检查和使用该 AC 标志位;

OV:溢出标志位,运算指令影响该标志,按带符号数的运算来理解,OV=1 表示溢出,OV=0 表示无溢出。

奇偶标志 P:反映累加器 ACC 内容的奇偶性。这里的奇偶性是指 ACC 的 8 位二进制数中,"1"的个数为奇数还是偶数。P=1 表示"1"的个数是奇数,P=0 为偶数。

所述标志所指令的具体影响情况,详见第 7 章的指令系统。

RS1、RS0:构成二进制编码 00,01,10,11,用于选择寄存器组。有 4 组通用寄存器 R0~R7 可供选择。

F0:用户标志,可供程序自由使用。

6.2.2 布尔处理机

布尔处理机是 MCS-51 系列 CPU 的一个重要组成部分。它借用 CY 作为 1 位的累加器,有 17 条专用的位操作指令,支持逻辑运算,有效范围是对可位寻址的 RAM 以及可位寻址的特殊功能寄存器的位。另外,由于位寻址功能的存在,转移指令不仅可以依据 PSW 的各标志位的状态,还可以把位地址空间中的任何一位用作判断条件,执行等于 1 转移、等于 0 转移等功能,详细内容见第 7 章的指令系统。

6.2.3 控制器

控制器包括定时控制逻辑、指令寄存器、指令译码器、数据地址指针 DPTR、程序计数器 PC、堆栈指针 SP 以及 RAM 地址寄存器、16 位地址缓冲器等。在时钟的驱动下,指令代码被译码成时序信号,协调 CPU 内部寄存器之间进行数据传送、数据运算等操作,对外部发出地址锁存(ALE),外部程序存储器选通(PSEN)以及对外部数据存储器的读(RD)、写(WR)等控制信号。

1) 时钟电路

控制器的时序信号需要时钟驱动。时钟可以由两种方式产生,一种是内部方式,另一种是外部方式,如图 6-2(a)、(b)所示。

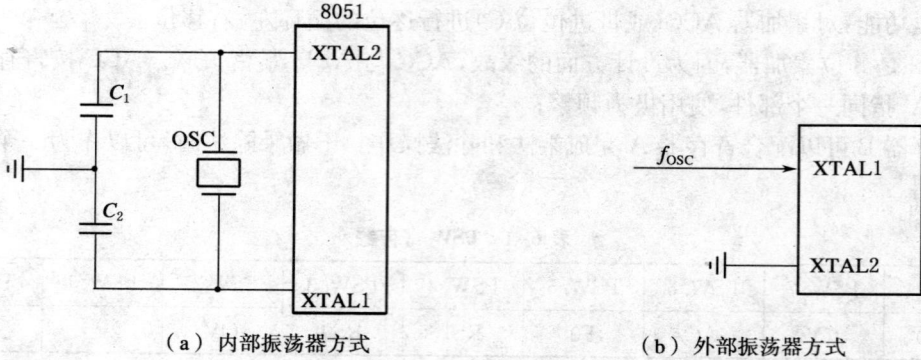

（a）内部振荡器方式　　　　　　　（b）外部振荡器方式

图 6-2　时钟电路及其应用

图 6-2 中 XTAL1、XTAL2 分别为芯片内部振荡电路的输入端和输出端。若采用内部振荡器方式，只需在 XTAL1、XTAL2 引脚上外接石英晶体，即可组成谐振回路，且振荡频率与外加晶体的标称频率相同。C_1、C_2 为负载电容，在 5～30 pF 之间选择，对时钟频率有微调作用，可提高振荡电路的稳定性。

若有现成时钟，可采用外部时钟方式，把 XTAL2 接地（可能需要悬空，视具体型号而定），时钟由 XTAL1 引脚提供。

2）复位及复位状态

复位使微控制器处于确定的起始状态，并从此开始运行。MCS-51 系列的 RST 引脚为复位端，该引脚连续保持 2 个机器周期（24 个时钟振荡周期）以上的高电平，可使其复位。复位期间不产生 ALE 及 PSEN 信号，并且内部 RAM 处于不断电状态，其中的数据信息不会丢失，复位后内部各寄存器的内容见表 6-2。复位只影响 SFR 的内容，而内部 RAM 中的数据不受影响。

表 6-2　复位后各寄存器的状态

寄存器	寄存器状态	寄存器	寄存器状态
PC	0000H	TMOD	00H
ACC	00H	TCON	00H
B	00H	TH0	00H
PSW	00H	TL0	00H
SP	07H	TH1	00H
DPTR	0000H	TL1	00H
P0～P3	FFH	SCON	00H
IP	XX000000B	SBUF	XXXXH
IE	0XX00000B	PCON	0XXXXXXXB

注：X 表示不确定。

图 6-3（a）为一个 RC 上电复位兼按钮复位电路；图 6-3（b）是微控制器内部的复位电路结构。施密特触发器既对信号波形整形，也可以抑制 RST 引脚的噪声。RC 电路在上电期间，给出的信号波形服从指数衰减规律，经斯密特触发器整形，当引脚电压高于门限值时，输出高

电平,以后输出低电平。

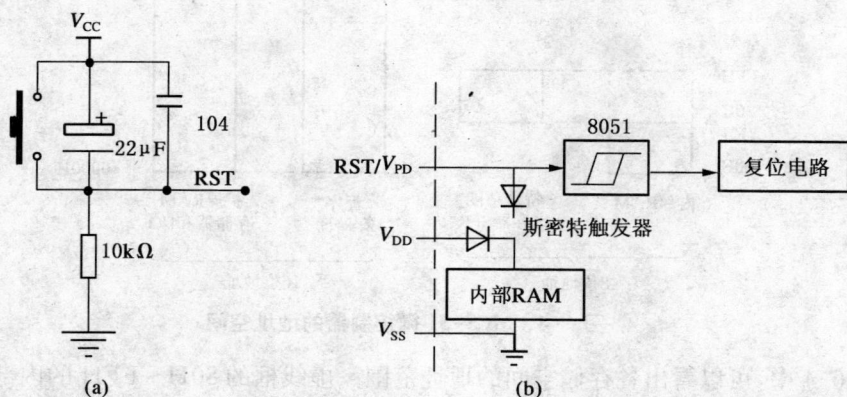

图 6-3　8051 的复位电路

　　实际系统中,可以根据系统工作的可靠性要求选择专用的复位电路(芯片),如带有电源电压监视和看门狗(Watchdog)功能的复位电路。目前流行的专用复位芯片,如 MAX813L 具有上电复位、Watchdog 输出、掉电电压监视、手动复位等多种功能。

　　3) 控制寄存器

　　PC:程序计数器,16 位,表明其程序地址空间最大为 $2^{16}=64$ KB。在复位后 PC 的初值是0000H。这是程序开始执行的地址。

　　SP:堆栈指针寄存器,8 位。MCS-51 的堆栈是向上生成的,即字节数据压栈时,指针 SP 加 1,字节数据出栈时,指针 SP 减 1。复位时初值为 07H,一般程序需要根据实际情况重新初始化 SP。

　　需要指出的是,该系列单片机的内部 RAM 容量最多为 256 B,堆栈又必须分配在内部RAM 中,所以这个堆栈是很小的。这限制了复杂的应用,但符合其应用定位。

　　DPTR:数据指针寄存器,16 位,提供对外部 RAM(I/O)的访问。由于内部 RAM 很小,在数据量较大的应用中,允许扩展外部 RAM(I/O),扩展地址空间最大也为 $2^{16}=64$ KB,而且与前述的程序地址空间相互独立。

　　DPTR 在不作数据指针期间,可以当作两个 8 位的通用寄存器使用,其高位为 DPH,低位为 DPL。

6.3　MCS-51 的存储器组织

　　MCS-51 的存储器的组织与通用计算机相比,有很大的差距。它采用哈佛体系结构,拥有三个独立的地址空间:内部数据存储器及特殊功能寄存器、程序存储器、外部扩展数据存储器和 I/O。访问这几个空间的地址线虽然也共享,但是采用不同的控制线、不同的指令和寻址方式加以区分。其存储器配置如图 6-4 所示。

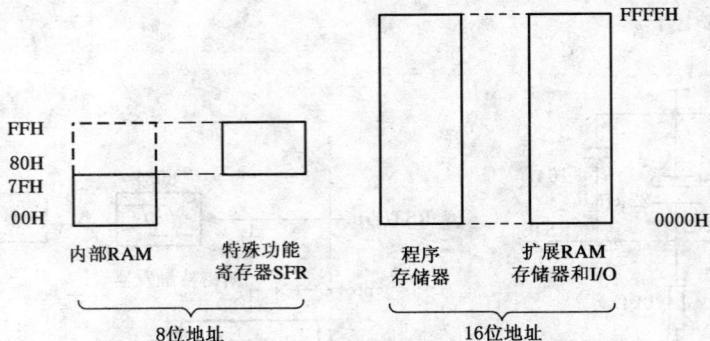

图 6-4　MCS-51 微控制器的地址空间

从图 6-4 中,可以看出各存储空间的地址范围。虚线框的 80H～FFH 的内部 RAM,对于 AT89C51 等型号是不存在的,而 AT89C52 就存在。特殊功能寄存器在 80H～FFH 地址范围内离散分布,这是一种特殊的安排,未使用的地址是为新增功能而保留的,已设计的功能则地址固定,保持不同型号之间的某些兼容性;

片内程序存储器的实际容量也不同,现有 2 KB～64 KB 的型号可供选择。

扩展 RAM 是根据需要,在芯片外部扩展存储器芯片以后才具有的。一些较新型的产品,片内集成了几 K 的 RAM,并占用扩展 RAM 存储空间。图 6-4 说明 MCS-51 的核所能拥有的存储空间。

程序区与数据区相隔离的结果是,程序不能像在通用计算机上那样,先加载后执行,而是执行固定的程序。这对程序调试方法而言,带来了麻烦。但对于仪器仪表的应用来说,由于产品本身的专用性,这就不成为问题;相反,还提高了运行的可靠性。CPU 决不会从数据空间取得数据当作指令代码来执行;程序代码也不会被可能出现的误操作破坏。

6.3.1　程序存储器

程序存储器用来存放程序,也可以存放常数和数据表格,采用 16 位地址线,地址范围是 0000H～FFFFH。访问程序存储器采用单独的控制线,而地址线和数据线与数据存储器共用。

AT89S51 内部具有 4 KB FLASH ROM,地址范围是 0000H ～ 0FFFH, 而 AT89S52 是 8 KB,地址范围是 0000H～1FFFH。如果应用程序复杂,过去的处理的办法是在外部扩展,外部程序存储的地址要与内部的连续,最大可达到 64 KB 的容量,见图 6-5,图中括号内是针对 AT89S52。

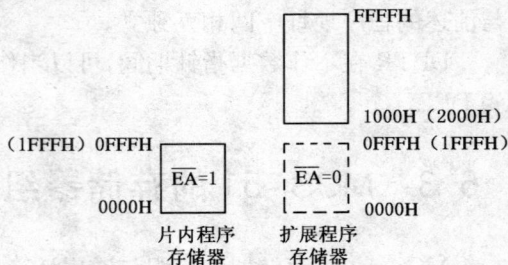

图 6-5　程序存储器的配置

图中EA是关于存储器的外部配置引脚。早期,由于 FLASH ROM 技术未普及,用户在开发样机时,不大使用内部的程序 ROM,因为外部存储芯片坏了容易更换,且那时存储器芯片价格低。为此,Intel 公司也推出了内部完全没有 ROM 的 8031 芯片,即所有程序代码都要放在外部的 ROM 中。

这样,如果片内有一部分程序代码空间被使用,则低地址区的程序代码要固化在微控制器内部,而其余部分必须固化到外部的 ROM 芯片中,或者全部的程序代码都固化在外部存储器中。对片内低地址区的程序 ROM 是否使用,就是由这个$\overline{EA}$(External Available,低电平有效)提供选择:如果使用片内程序存储器,$\overline{EA}$接高电平,否则接低电平。而当 CPU 访问的存储器范围超过其片内程序存储器范围时,忽略该引脚的状态,自动从外部存储器中获取指令代码。

目前,FLASH ROM 技术已相当普及,并且成本也很低,对 MCS-51 微控制器的新型器件来说,内部程序 ROM 有 2 KB～64 KB 可选,当然就没有必要扩展外部的程序 ROM 了,但为了保持对老产品的兼容性,该引脚继续存在,用内部的 FLASH ROM 作为程序区,$\overline{EA}$总是接高电平就可以了。

6.3.2　内部数据存储器

内部数据存储器(内部 RAM)是与 CPU 集成的,因此存取速度快,效率高,但容量很少,是非常宝贵的片内资源。内部数据存储器采用 8 位地址寻址。AT89S51 内部 RAM 为 128 B,地址范围为 00H～7FH;AT89S52 又增加了另外的 128 KB,地址范围为 80H～FFH。但特殊功能寄存器的编址范围也是 80H～FFH,CPU 通过不同的寻址方式加以区分。

内部 RAM(地址范围 00H～7FH)又可分为不同的功能区。其分配见表 6-3。

表 6-3　内部 RAM 地址分配

字节地址	功 能 分 配								特 点
FFH～80H	特殊功能寄存器(SFR)区,共 128 个字节单元								只占用其中的 21 个单元
7FH～30H	普通 RAM								只能字节寻址
2FH	7F	7E	7D	7C	7B	7A	79	78	
2EH	77	76	75	74	73	72	71	70	
2DH	6F	6E	6D	6C	6B	6A	69	68	可位寻址(位地址 00～7FH,共 128 个位)也可字节寻址(字节地址 20H～2FH,共 16 个字节)
2CH	67	66	65	64	63	62	61	60	
⋮	⋯⋯								
21H	0F	0E	0D	0C	0B	0A	09	08	
20H	07	06	05	04	03	02	01	00	
1FH～18H	R7～R0 工作寄存区组 3								工作寄存器区,最多可分配 4 组,每组 8 个寄存器
17H～10H	R7～R0 工作寄存区组 2								
0FH～08H	R7～R0 工作寄存区组 1								
07H～00H	R7～R0 工作寄存区组 0								

00H～1FH:32 个字节,普通 RAM 兼工作寄存器。寄存器使用比较频繁,因为指令系统在寄存器上实现更多的功能,所以通常希望寄存器多一些。但在简单应用中,程序只用很少的寄存器,那么多余的仍然可以作为普通 RAM 使用,这样就节约了硬件资源。

作为普通 RAM,每个存储单元可按地址访问。作为工作寄存器,32 个字节单元分为四组,每组均命名为 R0～R7。程序在不同的运行阶段选择不同的组,PSW 中的 RS1、RS0 构成的二进制编码 00、01、10、11 分别选定一组工作寄存器。

例如：当前 RS1、RS0 的值为 00，指定第 0 组工作寄存器，则 R0～R7 分别对应内部 RAM 的 00H～07H 单元，此时修改 RS1、RS0 的值为 01，则指定第 1 组工作寄存器，R0～R7 分别对应内部 RAM 的 08H～0FH 单元。系统复位时，默认使用第 0 组。

通过寄存器组的切换，在响应中断时可以快速保护现场和恢复现场，减少堆栈的使用（MCS-51 的堆栈范围很小）。

20H～2FH：可位寻址区，共 16 个字节。虽可作为普通 RAM 来使用，但这样没有体现位寻址的优点。所谓位寻址，是指这个区段的每一个字节均可按位访问。

位地址编码是实现位寻址的条件。每个字节有 8 位，从低到高依次为 D0～D7，则 20H 字节地址的各位的位地址分别为 00H，01H，…，07H；21H 字节地址的各位的位地址分别为 08H，09H，…，0FH；依此类推，直到 2FH 字节地址，其各位的位地址分别为 78H，79H，…，7FH。

以上共 128 位，各有位地址编码，可供单独访问。位寻址功能对工程控制中简单的开关量信号来说是很有价值的。例如有 5 台电动机，描述它们的状态只需要 5 位二进制数。如果以普通 RAM 字节存储的话，程序判别或修改其中一台电机的状态比较麻烦，因为它们不支持单独访问。如果五台电机的状态保存在 5 个 RAM 字节中，则浪费资源。而采用位寻址，只需定义 5 个变量，每个都是一位，各分配一个位地址就可以了。配合丰富的位操作指令，可以对这些位进行置"1"、清"0"、测试、取反等操作，极大地强化了单片机的控制功能。

某些特殊功能寄存器中的位也具有位寻址功能，保留的位地址为 80H～FFH，可为这些位编地址。这样位地址的范围扩充到 00H～FFH。

位地址编码和字节地址编码都是 00H～FFH，但使用不同的地址机构，位操作指令使用位地址，而字节操作指令使用字节地址，CPU 不会混淆两者的界限。当然，程序可以通过特殊的安排，在可位寻址空间分配字节变量进行某种共享。

30H～7FH：普通的内部 RAM，共 80 单元。它与 00H～1FH 区间内未作为寄存器、20H～2FH 区间内未作为可位寻址区的 RAM 字节一起，为程序提供自由的内部 RAM 空间，可以分配为变量、临时数据和堆栈。由于 MCS-51 堆栈是向上生长的，所以通常将变量和临时数据分配在较低地址，而剩余的空间分配为堆栈。

如图 6-6 所示，堆栈指针初始化 SP 必须考虑已分配的变量，如果堆栈与程序数据区交叉或重叠，将造成难以预料的结果：堆栈内容被破坏，程序不能从子程序或中断中返回到正确的断点执行。而数据被破坏，程序运行将出现严重错误，这在工业控制中，是极其危险的。

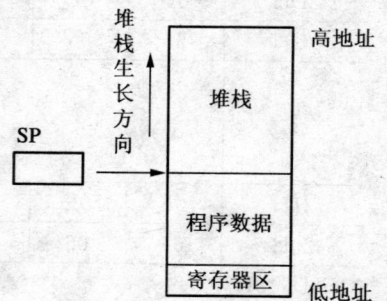

图 6-6　RAM 的应用

6.3.3　特殊功能寄存器

MCS-51 系列微型控制器中，CPU 和外部接口所用到的寄存器都是编了地址的。这些寄存器称为特殊功能寄存器（Special Function Registers，SFR），最基本的共有 21 个，它们离散地分布在 80H～FFH 地址范围。这些特殊功能寄存器包括前面已经介绍过的 ACC、B、PSW 和 DPTR 以及支持片上外设功能的锁存器和各种控制寄存器等，详见表 6-4、表 6-5 所示。表中许多内容,特别是与片上外设功能相联系的 SFR,这里只大致了解,以后的章节中再详细介绍。

表 6-4　特殊功能寄存器地址分配

字节地址	符号	位地址/位定义							
		D7	D6	D5	D4	D3	D2	D1	D0
F0H *	B	F7	F6	F5	F4	F3	F2	F1	F0
E0H *	ACC	E7	E6	E5	E4	E3	E2	E1	E0
D0H *	PSW	D7	D6	D5	D4	D3	D2	D1	D0
		CY	AC	F0	RS1	RS0	OV		P
B8H *	IP	BF	BE	BD	BC	BB	BA	B9	B8
					PS	PT1	PX1	PT0	PX0
B0H *	P3	B7	B6	B5	B4	B3	B2	B1	B0
		P3.0	P3.1	P3.2	P3.3	P3.4	P3.5	P3.6	P3.7
A8H *	IE	AF	AE	AD	AC	AB	AA	A9	A8
		EA			ES	ET1	EX1	ET0	EX0
A0H *	P2	A7	A6	A5	A4	A3	A2	A1	A0
		P2.7	P2.6	P2.5	P2.4	P2.3	P2.2	P2.1	P2.0
99H	SBUF								
98H *	SCON	9F	9E	9D	9C	9B	9A	99	98
		SM0	SM1	SM2	REN	TB8	RB8	T1	R1
90H *	P1	97	96	95	94	93	92	91	90
		P1.7	P1.6	P1.5	P1.4	P1.3	P1.2	P1.1	P1.0
8DH	TH1								
8CH	TH0								
8BH	TL1								
8AH	TL0								
89H	TMOD	GATE	C/$\overline{T}$	M1	M0	GATE	C/$\overline{T}$	M1	M0
88H *	TCON	8F	8E	8D	8C	8B	8A	89	88
		TF1	TR1	TF0	TR0	IE1	IT1	IE0	IT0
87H	PCON	SMOD				GF1	GF0	PD	IDL
83H	DPH								
82H	DPL								
81H	SP	87	86	85	84	83	82	81	80
80H *	P0	P0.7	P0.6	P0.5	P0.4	P0.3	P0.2	P0.1	P0.0

注:＊号标注的单元可以位寻址,位地址为80H～7FH。

特殊功能寄存器的符号及名称如表 6-5 所示。

表 6-5　特殊功能寄存器的符号及名称

寄存器符号	寄存器名称	寄存器符号	寄存器名称
P0	I/O 端口 0	DPL	数据指针低字节
SP	堆栈指针	DPH	数据指针高字节
PCON	电源控制及波特率选择	SBUF	串行数据缓存
TCON	定时/计数器控制	P2	I/O 端口 2
TMOD	定时/计数器方式选择	IE	端口允许控制
TL0	定时/计数器 0(低字节)	P3	I/O 端口 3
TL1	定时/计数器 1(低字节)	IP	中断优先级控制
TH0	定时/计数器 0(高字节)	PSW	程序状态字
TH1	定时/计数器 1(高字节)	ACC	累加器
P1	I/O 端口 1	B	寄存器 B
SCON	串行口控制		

6.3.4　外部数据存储器和 I/O

MCS-51 系列微控制器的内部 RAM 容量比较小,在数据量较大的测控应用中,可以扩充外部 RAM,且容量也可达到 $2^{16}=64$ KB,由于控制线与程序存储器不同,并有单独的寻址方式,所以这个空间也是独立于其他地址空间的。另外还可以在这个地址空间中,通过存储器映象法扩充外部 I/O 端口。MCS-51 系列没有独立的 I/O 的地址空间。

我们已经知道,以微控制器为核心的系统常称为单片机系统,那么在外部扩充了存储器或传统的计算机外部芯片后,原则上就不再是真正意义上的单片机了。但工程上仍然习惯于用单片机这个称呼,即使实际已是单片机的扩展应用。

扩展外部数据存储器或程序存储器,都需要用到总线。当微控制器的多功能引脚用作数据线、地址线和控制线以后,复用在同一管脚上的普通 I/O 功能将不可使用。因此,在设计一个实际的微控制器的应用系统时,这个损失必须考虑在内。

6.4　MCS-51 系列微控制器的引脚功能 P0～P3

MCS-51 系列微控制器的具体型号很多,图 6-7 是最常见的 AT89S51 的引脚图,可以作为学习相关硬件的出发点。图(a)是引脚排列图,做线路板时必须确保各管脚的几何位置关系,否则元件安装到线路板上就不能正常工作;图(b)是逻辑图,通常用于原理设计。

该微控制器具有四个 8 位并行 I/O 口。分别记作 P0、P1、P2 和 P3,并分别与特殊功能寄存器 P0～P3 对应。每个口都包含一个 8 位锁存器、驱动器和两组三态缓冲器。为了叙述方便,以下将这四个并行口和相关的锁存器都笼统地表示为 P0、P1、P2 和 P3。

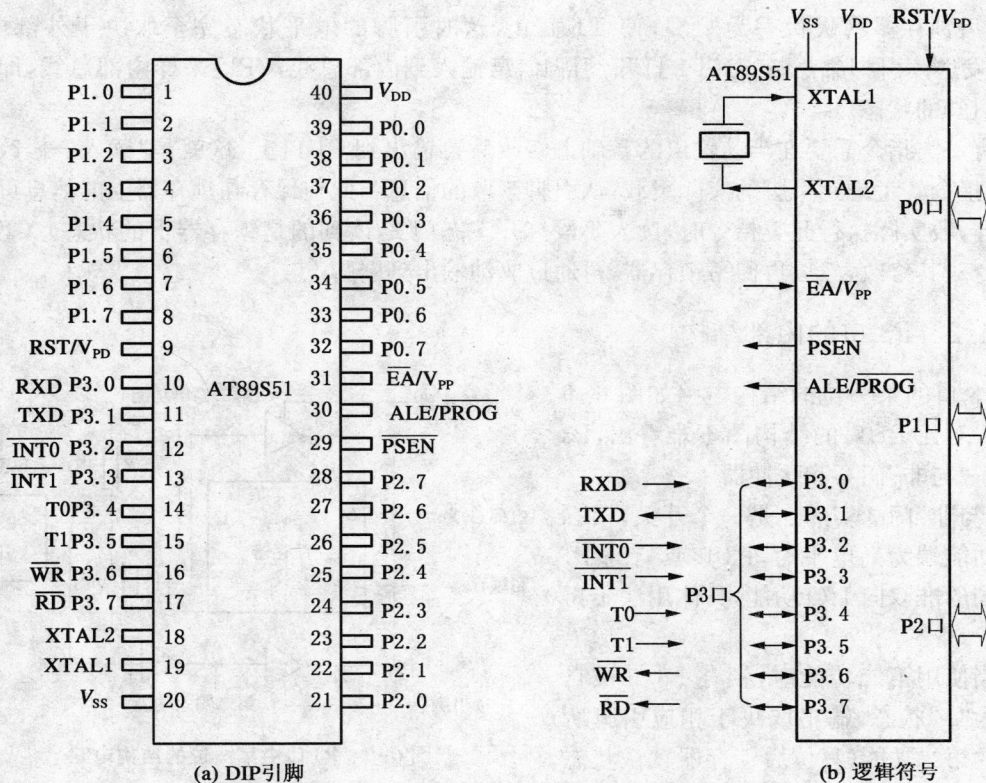

(a) DIP引脚

(b) 逻辑符号

图 6-7 AT89CS51 的引脚图

P0~P3 口均可以作为准双向通用 I/O 口,即可以用作输入,输出或双向口;输出有锁存功能,输入有三态缓冲功能,但无锁存功能。它们既可以按字节寻址,也可以按位寻址。即同一并行口的引脚可以单独控制,并可以独立地作为输入或输出。

上述简单的 I/O 一般称为第一功能。P0、P2 和 P3 口还有复用的第二功能。在一些增强型产品中,还有更多的复合功能。

P0~P3 口的结构类似,但又各有特色。掌握它们的特点,熟知其硬件结构和相关的编程,就可正确合理地设计出性价比高的应用系统。以下根据端口的复杂程度,由简单的开始依次介绍。

6.4.1 P1 口的内部结构

P1 口是一个"准双向"口,其某一位的结构如图 6-8所示,由一个锁存器和两个三态门等组成。

执行输出指令时数据通过内部总线和写锁存器信号,锁存到 Q 和 $\bar{Q}$ 端,由场效应管和上拉电阻的作用,在管脚 P1.n 上产生输出信号,如果锁存器的状态为"1",则引脚上为高电平,反之为低电平。

输入时,必须先由软件将锁存器写为"1"状态

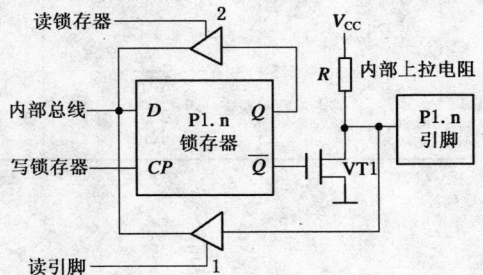

图 6-8 P1 口中某一位的结构电路

（复位后锁存器默认状态为"1"），使 T1 截止，这时引脚的电平状态完全取决于外部电路。CPU 发送读引脚命令，三态门 1 打开，引脚信息输入到内部总线，CPU 采样内部总线，即得到输入引脚的状态。

有一类指令需要在当前输出的基础上修改后再输出到 P1 口上，这就是"读入—修改—输出"类指令。考虑到引脚的实际负载，从引脚读取的信息与此前保存在锁存器上的信息可能会有差异，故实际执行此类指令时，读入阶段打开三态门 2，读到的是锁存器上的状态。CPU 根据指令对其修改，然后再回写锁存器，再通过驱动输出到引脚上。

6.4.2　P3 口的内部结构

P3 口的某一位的结构电路如图 6-9 所示。对比 P1 口的结构图不难看出，P3 口多了"与非"门 3 和缓冲器 4。

"与非"门 3 实际上是一个开关，第二输出功能端为高电平时，P3 口具有与 P1 口相同的准双向 I/O 功能，具体用法不再赘述。

当使用第二功能时，锁存 P3.n 被自动写为"1"状态，输出取决于相应引脚所具有的第二功能（复位后锁存器默认状态为"1"）。P3 口的第一功能和第二功能对照表如表 6-6 所示。

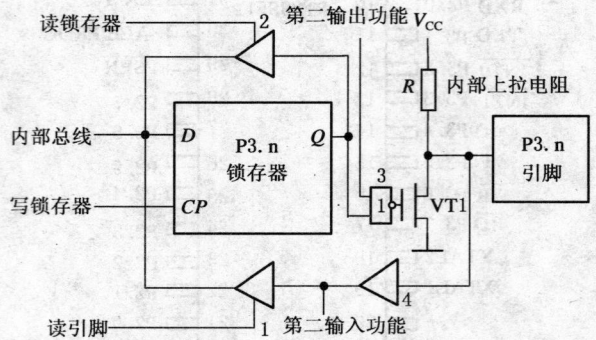

图 6-9　P3 口中某一位的结构电路

表 6-6　P3 口的功能复用

第一功能	第二功能		
	名　称	功能描述	方　向
P3.0	RxD	串行通信输入	I
P3.1	TxD	串行通信输出	O
P3.2	$\overline{INT0}$	外部中断输入"0"	I
P3.3	$\overline{INT1}$	外部中断输入"1"	I
P3.4	T0	定时器/计数器 T0 外部输入	I
P3.5	T1	定时器/计数器 T1 外部输入	I
P3.6	$\overline{WR}$	扩展 RAM 写控制信号	O
P3.7	$\overline{RD}$	扩展 RAM 读控制信号	O

6.4.3 P2口的内部结构

P2口的某一位的结构电路如图6-10所示。P2可以作为准双向I/O口,此时功能上与P1、P3相同。在系统需要外部扩充存储器时(程序存储器或数据存储器),P2充当高8位地址线。

多路开关MUX在CPU的控制下自动转换:当指令的取指和执行涉及外部总线操作,并且需要输出高8位地址时,MUX自动接通地址线。

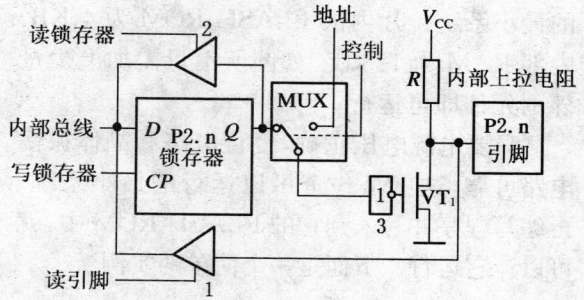

图6-10 P2口中某一位的结构电路

虽然MUX可以在内部自动切换,但连接到外部的引脚是同一组,所以P2口不能既作为普通端口,又作为地址总线的高8位。

6.4.4 P0口的内部结构

P0口的结构相对更加复杂,电路如图6-11所示。P0口既可以作为准双向的I/O口使用;又可在系统需要外部扩充时,作为分时使用的数据总线和低8位地址线。

多路开关MUX在CPU的控制下自动转换,切换到端口功能或总线功能。

当MUX连接到锁存器时,P0是准双向口。注意到P0的输出结构,VT$_2$在做端口使用时处于截止状态,输出端

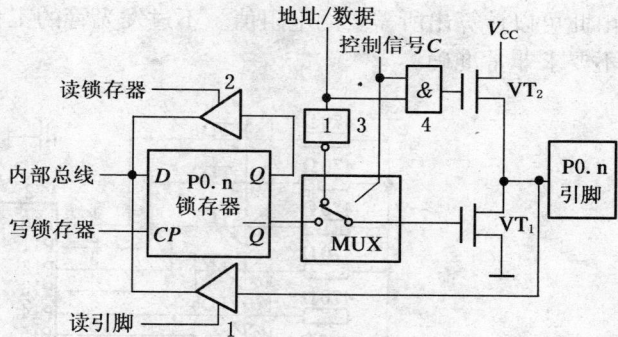

图6-11 P0口中某一位的结构电路

类似于OC门,必须在引脚的外部加上上拉电阻才能产生确定的输出,这在硬件设计时必须注意。

在控制信号C=1时作为总线,每个总线周期先输出低8位地址信息,再作为数据总线。在输出数据或地址时,因为"非"门3的作用,VT$_1$和VT$_2$的导通和截止总是相反的,由此构成推挽式输出,能产生确定的输出,因此P0口作总线使用时不需要外加上拉电阻。当从总线读数据时,数据从三态门1读入。

综上所述,P0口的输出级与P1~P3口的输出级在结构上不同。实际上它们的带负载能力也不相同。

6.5 单片方式以及总线扩展方式

6.5.1 单片方式

微控制器系统设计时,应尽可能使硬件比较简单,充分发挥片上功能的作用。最好是

仅用一个芯片来构成一个简单的应用系统。如图 6-12 所示为基于 AT89S51 的微控制器的最小系统。片内的 FLASH ROM 为 4 KB、内部 RAM 为 128 B。如图所示只需加上少量外围元件即可运行。

　　只要电源电压正确,复位电路和晶体振荡电路可靠,这就是一个可以运行的最小系统。再编写程序并写入到它的 FLASH ROM 中,就可以让它运行。下面是一个简单的实例。

6.5.2　应用示例

　　我们的第一个任务是用单片机点亮一串 LED 发光二极管,如图 6-13 所示。显然,这串 LED 的阴极分别连接 P1 口的各个部位,如

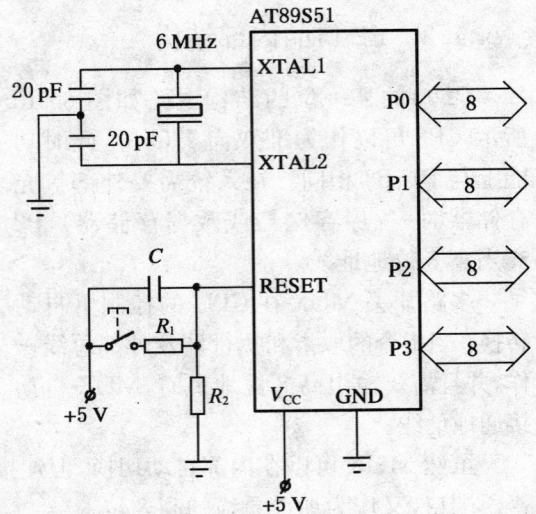

图 6-12　最小微控制器线路

P1.0 ~ 1.7(1 ~ 8 脚)。图中电阻是限制电流的。普通发光管正常工作时约为 1.8 V/10 mA,由此可以计算出所需要的电阻值。不过发光管的工作电流范围比较宽,所以图中电阻的数值不要求非常准确。

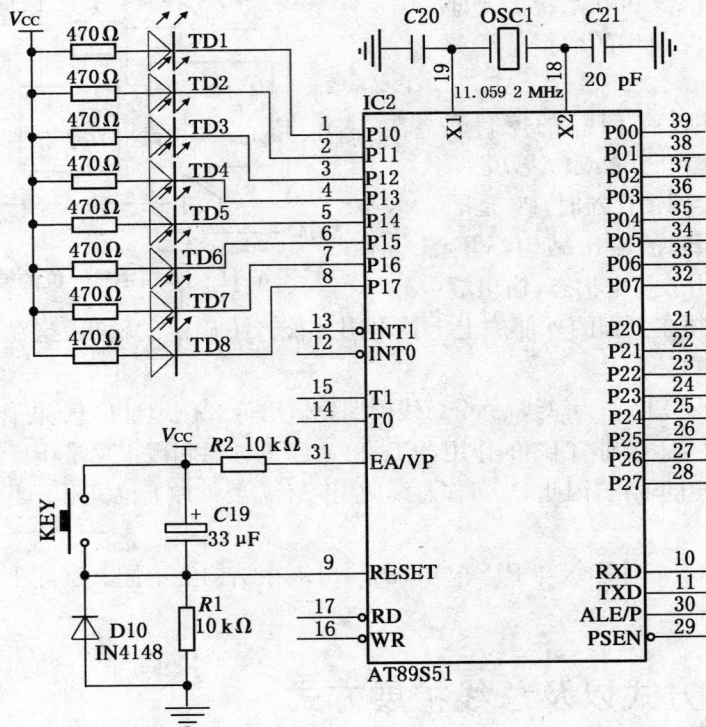

图 6-13　应用示例

　　当对应 P1 口的管脚为高电平时,LED 不发光;低电平时,LED 才发光。
　　若需改变发光管的状态。只要向 P1 口送数就可以了。先用一条第 7 章将要介绍的指令

MOV P1，♯0FEH

该指令将数 0FEH，也就是 11111110B，送到 P1 口，结果 P1.0 得到一个低电平，对应的发光管被点亮，而其他的则没有被点亮。

另外，P1 口的各位还可以按位控制，SETB 和 CLR 指令分别可以使一个管脚变高或变低，如使 P1.0 变"高"和变"低"的指令分别为 SETB P1.0 和 CLR P1.0。

在实际应用中，完成同样的功能，可以使用不同的指令，这要根据控制的具体情况决定。下面是一个能使 P1.0 引脚上的发光管不断闪烁的简单程序，它由主程序的循环和子程序的延时构成。程序行中分号";"到行末的都是注解，只是增加了可读性，不会影响所生成的机器码。

```
; 主程序：
LOOP：  SETB P1.0      ; P1.0 变高电平，发光管熄灭
        CALL DELAY     ; 调用子程序，延时
        CLR P1.0       ; P1.0 变低，发光管点亮
        CALL DELAY     ; 调用子程序，延时
        AJMP LOOP      ; 跳转到 LOOP 标号处执行
; 以下子程序，通过双重循环计数，利用指令执行所需的时间形成延时：
DELAY：MOV R7，♯250    ; 外循环初值送 R7 寄存器
    D1：MOV R6，♯250    ; 内循环初值送 R6 寄存器
    D2：DJNZ R6，D2     ; 内循环 R6 的值减一，不为零跳转到 D2 继续执行
        DJNZ R7，D1     ; 外循环 R7 的值减一，不为零跳转到 D1 继续执行
        RET            ; 返回调用者（这里是主程序）
        END            ; 程序结束，说明性的伪指令
```

在学习了第 7 章指令系统之后，我们就能够充分理解上述程序的含义；通过编程和实验，将程序变成微控制器中 CPU 能"读懂"的机器码，再下载到芯片中，该芯片就能独立运行。

6.5.3　单片机的总线扩展

从应用者的角度看，希望微控制器有许多不同的规格可以选用，既有足够强的功能，但又要避免为多余的功能付费。而设计和生产微处理器的公司，则根据一定的市场定位，尽可能减少规格，达到规模效益。通常把常用的功能设计在内部，而不常用的功能，留给用户自行扩展。

为了使单片机具有扩展能力，它的系统总线通过引脚引出。通过系统总线，就可方便地扩展各种外部数字器件。在扩展方式下，MCS-51 微控制器的外部总线引脚占据了 P0 口、P2 口以及 P3 口的一些引脚。

总线扩展方式的应用，包括总线的形成、基于总线的接口技术，它是微机原理的重要组成部分。为了本书的系统性，这些内容将在第 11 章中介绍。

7 MCS-51 指令系统

Intel 公司为 MCS-51 系列微控制器设计了一套实用而有效的指令系统。按该体系的规定,因为特殊功能寄存器都是按地址访问的,所以每当新增功能时,就新增若干个与此相关的寄存器,只需要分配一定的地址,而不需要新增加指令。这样,它的指令系统就相对比较稳定,实际器件的功能却可有很大的提升。

指令系统包括几个功能类,每个功能类有几种格式(助记符不同),每种格式有一种或几种寻址方式的组合。这样不免看起来庞杂,学习时要注重理解,并记忆一些常用指令。掌握指令系统的主要途径在于反复实践。

MCS-51 采用的是 CISC 指令结构,但是指令的助记符均来自其功能的英文缩写(3~4 个字母),有一定基础后可以比较容易地通过"附会"来帮助记忆。

7.1 MCS-51 指令概述

7.1.1 指令分类

MCS-51 指令系统有 111 条指令,按功能可分为以下五大类:

(1) 数据传送类指令,共 28 条;
(2) 算术运算类指令,共 24 条;
(3) 逻辑运算类指令,共 25 条;
(4) 控制转移类指令,共 17 条;
(5) 布尔处理类指令,共 17 条。

该指令系统使用 42 种操作码,以助记符来描述 33 种操作功能,其中一些操作具有多种寻址方式。

指令按编码长度分为:单字节(49 条)、双字节(45 条)和三字节(17 条)。按机器周期数分为:单周期(64 条)、双周期(45 条)和四周期(2 条)。机器周期反映了指令执行的相对时间。MCS-51 指令中大多数为单周期指令,而每个机器周期为 12 个时钟周期。如果时钟频率取 12 MHz,则处理速度接近 1 MIPS(以典型指令计,每个机器周期为 1 μs)。

7.1.2 书写格式与缩略符

指令仅包含操作码和操作数,但在实际应用和示例中,通常按汇编语言编程的格式书写。按规定每行程序只写一条指令,并包含以下内容:

[标号:]　　　操作码　　　[操作数]　　　[,操作数]　　　[;注解]

方括号表示该字段是可选的。

标号代表所在行的存储地址。标号以字母开始,最多 31 个字符(字母或数字),指令行的标号后面跟冒号。

操作码是必需的。操作数的数目由指令功能决定,有的指令不需要操作数,一般有 1～2 个操作数。

注解是功能说明。在本章的指令系统学习期间,注解用于解释指令的功能;在编程应用阶段,注解部分是说明指令行在程序段中的作用,目的是便于阅读程序。

MCS-51 指令系统的文档中使用如下缩略语或符号:

Rn——当前寄存器组的工作寄存器之一,n 可取 0～7,表示 R0～R7 之一;

@Ri——以当前寄存器组的 Ri 为间接寻址寄存器,i 只取 0 或 1;

@——间址符,意义及其读音均等同为英文单词"at";

direct——8 位直接地址:00H～7FH 为内部 RAM 地址;80H～FFH 为特殊功能寄存器(SFR)地址;

bit——内部 RAM 或部分特殊功能寄存器的可寻址位的地址;

(X)——X 中的内容;

((X))——由 X 间接寻址的单元中的内容;

←　箭头左边的内容被箭头右边的内容所代替;

←→　表示数据交换;

addr11——11 位的目的地址,用于 ACALL 和 AJMP 指令中;

rel——8 位的带符号的偏移量,用于 SJMP 和所有的条件转移指令。

7.1.3　寻址方式

MCS-51 系列指令具有七种寻址方式,如表 7-1 所示。

表 7-1　MCS-51 系列指令寻址方式

寻址方式	描　　　述
寄存器寻址	以寄存器为访问对象,如 Rn、A、B、DPTR、C
寄存器间接寻址	内部 RAM 存取,地址指针寄存器 Ri,写成@Ri 外部 RAM 存取,地址指针寄存器 DPTR、Ri,分别写成@DPTR、@Ri
直接寻址	内部 RAM(00H～7FH)、SFR(80H～FFH)存取,指令包含一个 8 位地址码
立即寻址	指令的常数部分
基址变址寻址	取程序存储器中的数,即在@A+PC、@A+DPTR 中
相对寻址	程序转移方式控制
位寻址	存取位寻址空间中的单个二进制位

1) 寄存器寻址(Registor addressing)

操作数是某一个寄存器的内容,该寻址方式称之为寄存器寻址。通用寄存器 R0～R7,累加器 A、B、DPTR 和进位位 C(布尔处理器中作累加器)都可用寄存器寻址方式访问。二进制形式的指令编码中隐含有寄存器的识别信息。例如:

MOV　A,R0　　　;当前寄存器组 R0 的内容传送给寄存器 A

当前寄存器组的选择由 PSW 中 RS1、RS0 两位的状态确定,以后如无必要不再赘述。

2) 寄存器间接寻址(Indirect Registor addressing)

寄存器中存有操作对象的地址,CPU 从该寄存器获得地址,据此访问存储器中的内容。

相关寄存器简称为间址寄存器,R0、R1 和 DPTR 都可用作间址寄存器。其中 R0 和 R1 可提供 8 位地址,DPTR 可提供 16 位地址。

为了与寄存器寻址相区别,需在寄存器的名称前面加"@"标志。例如:

MOV　　A,@Ri　　　;Ri 为 8 位间址,取该地址单元内容送寄存器 A

MOVX　　@DPTR,A　;DPTR 为 16 位间址,寄存器 A 的内容送扩展 RAM 相应地址

3) 直接寻址(Direct addressing)

操作数的地址直接编码在指令中,故称之为直接寻址。直接地址是片内 RAM 或特殊功能寄存器的地址。例如:

MOV　A,3AH　　　　;内部 RAM 3AH 地址单元的内容传送给 A

INC　　B　　　　　　;增量指令,使寄存器 B(SFR 地址 F0H)内容加 1

以特殊功能寄存器为操作对象的指令,都是直接寻址的。只是这些地址不便于记忆,实际编程时,以特殊功能寄存器名代替,如 ACC,B,P1,PSW…这看上去很像寄存器寻址,但寻址方式归类却是不同的。

4) 立即寻址(Immediate addressing)

指令中的常数称为立即数,编码在操作码字节之后,存放在代码空间,是指令的组成部分。CPU 完整取得一条这样的指令的同时,也就"立即"得到了该项常数,故称为立即寻址。

立即寻址的指令是双字节或三字节指令,第一个字节是操作码,后跟 8 位或 16 位立即数。为了与直接地址相区别,在立即数前面加"♯"标志。例如:

MOV　　A,♯7AH　　　　　　;8 位立即数 7AH 送给 A

MOV　　DPTR,♯0A000H　　;16 位立即数 0A000H 送给 DPTR

5) 基址变址寻址(Based Indexed addressing)

这种寻址方式以 16 位程序计数器 PC 或数据指针 DPTR 作为基址寄存器(Base Register),以 8 位累加器 A 作为变址寄存器(Index Register),两者的内容相加形成新的 16 位存储器地址作为操作数的地址。这种寻址方式特别适用于查表操作。例如:

MOVC　　A,@A+DPTR

包含在 A 中的 8 位地址与 DPTR 中的 16 位地址相加,得到新的 16 位地址,在代码空间取相应地址单元的内容送寄存器 A。该指令执行前后,A 的内容被改变。

6) 相对寻址(Relative addressing)

在 MCS-51 指令系统中,相对寻址不用于操作数的寻址,只用于控制转移指令,是程序目标地址的形成方法之一。以当前指令的下方一条指令的地址为源地址;若转移条件满足,则将指令中的偏移量与源地址相加,形成新目标地址赋予 PC,实现跳转;若转移条件不满足,则程序顺序执行;如发生跳转的话:

目标地址=源地址+rel

rel 是一个带符号的 8 位二进制补码,范围是 -128~+127。

源地址=当前指令存储地址+该指令的字节数=下一条指令的开始地址

7) 位寻址(bit addressing)

位寻址是对片内 RAM 的位寻址区和某些可位寻址的特殊功能寄存器进行按位操作的寻址方式。需要指出,位地址与直接寻址中的字节地址形式相同,是由操作码来区别。例如:

MOV　　C,3AH　;把位地址为 3AH 的 1 位数送位进位位 C

7.2　数据传送类指令

数据传送类指令是最常用、最基本的一类指令。据统计,在实用的 CISC 程序中,由数据传送类指令所形成的代码可占全部代码的 60%～70%。

数据传送类指令分为两类,一类为单纯的数据传送,即将源操作数传送给目的操作数,而源操作数不变;另一类为数据交换,即源操作数和目的操作数相互交换位置,表示为"源操作数 ←→ 目的操作数"。

按寻址方式的组合方式,可将数据传送类指令分为内部数据传送指令和外部数据传送指令。

数据传送指令用到的助记符有 MOV、MOVX、MOVC、XCH、XCHD、POP、PUSH 等七种。

图 7-1 为 MOV 指令可以进行数据传输的路径。寄存器 A 与 CPU 中的累加器联系最为紧密,指令系统围绕它设计的功能最多,所以单独列出(若在指令中写为 A,则为寄存器寻址;写作 ACC,则为直接寻址,ACC 代替其在 SFR 中的直接地址);#data8 和 #data16 分别表示 8 位和 16 位立即数,立即数只能作为源操作数,所以以单向箭头表示传输路径,其他的传输均是双向的。

16 位立即数传送到 DPTR 寄存器,是唯一一条 16 位传送指令。

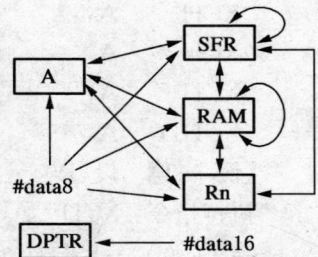

图 7-1　MOV 指令的数据传送

在掌握上述基本特点后,就只剩下操作数与寻址方式的组合了。并不是所有的操作数都可以使用任何可能的组合,这涉及 CPU 的性能价格比的问题。在初学时只要记忆常用的一些。通常在计算机上输入和调试程序时,发现错误当场更正就可以了。

7.2.1　内部数据传送指令

指令格式:MOV dest,src　; dest ← src

这里 dest 是 destination 的缩写,表示目的操作数;src 是 source 的缩写,代表源操作数。在有两个或以上的操作数时,通常最左边的是目的操作数,后面跟源操作数。

(1) 立即数送寄存器 A 和内部数据存储器(Rn、内部 RAM、SFR)

```
MOV    A,      #data      ;(A) ← #data
MOV    direct, #data      ;(direct) ← #data
MOV    @Ri,    #data      ;((Ri)) ← #data,i 取 0 或 1
MOV    Rn,     #data      ;(Rn) ← #data,n 取 0～7
MOV    DPTR,   #data16    ;(DPTR) ← #data16
```

（2）寄存器 A 与 Rn、内部 RAM、SFR 之间的数据传送

```
MOV    A,       direct    ；(A) ← (direct)
MOV    direct,  A         ；(direct) ← (A)
MOV    A,       @Ri       ；(A) ← ((Ri)),i 取 0 或 1
MOV    @Ri,     A         ；((Ri)) ← (A),i 取 0 或 1
MOV    A,       Rn        ；(A) ← (Rn),n 取 0～7
MOV    Rn,      A         ；(Rn) ← (A),n 取 0～7
```

（3）内部 RAM、Rn、SFR 相互之间的数据传送

```
MOV    direct,  direct    ；(direct) ← (direct)
MOV    direct,  @Ri       ；(direct) ← ((Ri)),i 取 0 或 1
MOV    @Ri,     direct    ；((Ri)) ← (direct),i 取 0 或 1
MOV    direct,  Rn        ；(direct) ← (Rn)
MOV    Rn,      direct    ；(Rn) ← (direct),n 取 0～7
```

指令中，direct 表示直接地址。♯data 表示立即数，A 是寄存器。@Ri 表示寄存器间接寻址。((Ri))←♯data 表示把立即数送到由 Ri 寄存器间址的 RAM 单元中去。

（4）字节交换指令 XCH 以及半字节交换指令 XCHD

```
XCH    A,       direct    ；(A) ↔ (direct)
XCH    A,       @Ri       ；(A) ↔ ((Rt)),i 取 0 或 1
XCH    A,       Rn        ；(A) ↔ (Rn),n 取 0～7
XCHD   A,       @Ri       ；(A3～A0) ↔ ((Ri)3～0)
```

【例 7-1】 设(R0)＝20H,(A)＝4EH,内部 RAM(20H)＝85H。

执行指令：XCH A,@R0

结果：(A)＝85H,(20H)＝4EH,实现 A 与 20H 存储单元内容互换。

【例 7-2】 设(R0)＝30H,寄存器 A 中的内容为 46H,内部 RAM 30H 单元的内容为 85H。

执行指令：XCHD A,@R0

结果：(30H)＝86H,(A)＝45H,实现了低 4 位内容互换,而高 4 位内容不变。

7.2.2 栈操作指令

1）进栈指令

PUSH   direct   ；(SP) ← (SP)＋1,((SP)) ← (direct)

功能：先将堆栈指针 SP 加 1,然后将直接地址 direct 中的内容送到 SP 所指的堆栈栈顶。复位后 SP 的默认值是 07,如果不对其进行修改,则实际堆栈空间是从 08H 开始的。

2）出栈指令

POP   direct   ；(direct) ← ((SP)),(SP) ← (SP)－1

功能：先将 SP 所指的堆栈栈顶的内容送到直接地址 direct 指向的单元中。然后堆栈指针 SP 减 1。

【例 7-3】 在中断响应时,(SP)＝26H,数据指针 DPTR 的内容为 0213H。执行下列指令：

PUSH   DPL   ；(SP)＋1 → (SP)＝27H,(DPL)＝13H → (27H)

PUSH　DPH　　　；(SP)＋1 → (SP) ＝ 28H,(DPH) ＝ 02H → (28H)

执行结果：内部 RAM(27H) ＝ 13H,(28H) ＝ 02H,(SP) ＝ 28H

DPL 和 DPH 分别是 DPTR 的低 8 位和高 8 位,这里单独使用。因为,本指令系统的堆栈只支持 8 位操作,16 位的 DPTR 保存到堆栈就只能分两次实现了。

需要强调的是,PUSH 指令的操作数只能是直接寻址,以下指令是合法的：

PUSH　ACC　　　；ACC 为累加器,ACC 表示直接地址

POP　　B　　　　；B 为特殊功能寄存器,有直接地址

PUSH　01H　　　；01H 为直接地址

但下列两条指令是错误的：

PUSH　A　　　　；A 为寄存器

PUSH　R1　　　　；R1 为寄存器

【例 7-4】　设(SP)＝62H,内部 RAM 的 61H～62H 中的内容分别为 23H、01H,执行下列指令的结果怎样?

POP　　DPH　　　；① 源操作数在当前栈项,(SP) ＝ 62H,而(62H) ＝ 01H,src ＝ 01H

　　　　　　　　　；② (DPH) ← src,∴(DPH) ＝ 01H

　　　　　　　　　；③ SP ← (SP)－1,∴(SP) ＝ 61H

POP　　DPL　　　；① 类似地：src ＝ ((SP)) ＝ (61H) ＝ 23H

　　　　　　　　　；② DPL ← src,∴(DPL) ＝ 23H

　　　　　　　　　；③ SP ← (SP)－1,∴(SP) ＝ 60H

前两条指令执行结果为(DPTR)＝0123H。

7.2.3　外部数据传送指令

扩展 RAM 和程序存储器 ROM 均使用 16 位地址总线,容量大可以存储较多的信息,但访问速度不及内部,所以用了一组比较简单的指令。内核只能通过寄存器 A 与扩展 RAM 或程序存储器传送数据,且对程序存储器 ROM 只能读不能写。外部 RAM 不同单元之间以及内部与外部 RAM 之间的任何数据传送只能通过寄存器 A 间接进行。

(1) 外部 RAM 与寄存器 A 之间的数据传送指令

MOVX　A.　　　　@DPTR　　　；(A) ← ((DPTR))

MOVX　A.　　　　@Ri　　　　；(A) ← ((Ri))

MOVX　@DPTR,　A　　　　；((DPTR)) ← (A)

MOVX　@Ri,　　A　　　　；((Ri)) ← (A)

(2) 外部 ROM 向寄存器 A 传送指令

MOVC　A,　　@A＋PC　　；(PC) ← (PC)＋1,(A) ← ((A)＋(PC))

MOVC　A,　　@A＋DPTR　；(A) ← ((A)＋(DPTR))

这是一组很有用的查表指令,我们在以后章节中给出完善的示例。其实所有指令的执行都会影响到 PC 寄存器(原理见第 3 章)。这里特别写出来,是因为此类指令执行的结果与 PC 的当前值有关。

7.3　运算类指令

算术运算类指令主要完成加、减、乘、除四则运算以及加 1、减 1 和二→十进制调整。算术运算类指令用到的助记符有 ADD、ADDC、INC、DA、DEC、SUBB、MUL 和 DIV 八种。

1) 加法指令

ADD	A,	#data	;(A) ← (A)+#data
ADD	A,	direct	;(A) ← (A)+(direct)
ADD	A,	@Ri	;(A) ← (A)+((Ri))
ADD	A,	Rn	;(A) ← (A)+(Rn)

2) 带进位加法指令

ADDC	A,	#data	;(A) ← (A)+#data+(CY)
ADDC	A,	direct	;(A) ← (A)+(direct)+(CY)
ADDC	A,	@Ri	;(A) ← (A)+((Ri))+(CY)
ADDC	A,	Rn	;(A) ← (A)+(Rn)+(CY)

3) 带借位减法指令

SUBB	A,	#data	;(A) ← (A)−data−(CY)
SUBB	A,	direct	;(A) ← (A)−(direct)−(CY)
SUBB	A,	@Ri	;(A) ← (A)−((Ri))−(CY)
SUBB	A,	Rn	;(A) ← (A)−(Rn)−(CY)

加减指令会影响状态寄存器 PSW 中的进位位 CY、辅助进位位 AC、溢出位 OV 和奇偶位 P。指令并不区分带符号数和无符号数,所以程序员要按自己的理解,根据 CY 或 OV 判断运算的有效性(详见第 1.4 节)。

减法指令只有带借位一种选择。在不需要借位,而又无法预测 CY 的场合,就必须在减法指令前增加一条"CLR　C"指令,这条指令的功能是清除进位标志,在后面的位操作指令中能找到。

4) 乘法指令

$$\text{MUL}\quad AB;\ \left.\begin{array}{l}(A)\ 0\text{—}7\\(B)\ 8\text{—}15\end{array}\right\} ← (A)×(B)$$

该指令执行两个 8 位无符号整数相乘,操作数分别在寄存器 A 和器 B 中。16 位乘积的低字节存放在寄存器 A 中,高字节存放在寄存器 B 中,如乘积大于 255(FFH),则使溢出标志位 OV 置 1,否则 OV 清 0。运算结果总使进位标志位 CY 清 0。

5) 除法指令

$$\text{DIV}\quad AB;\ \left.\begin{array}{l}(A)\ 商\\(B)\ 余数\end{array}\right\} ← (A)/(B)$$

功能是寄存器 A 中的 8 位无符号整数除以寄存器 B 中的 8 位无符号整数,所得的商存放在 A 中,余数存放在 B 中,标志位 CY 和 OV 均清 0。若除数(B 中内容)为 00H。则执行后结果为不定值,溢出标志位 OV 置被 1。在任何情况下,进位标志位 CY 总清 0。

6）加 1 指令

```
INC      A          ;(A) ← (A)+1
INC      direct     ;(direct) ← (direct)+1
INC      @Ri        ;((Ri)) ← ((Ri))+1
INC      Rn         ;(Rn) ← (Rn)+1
INC      DPTR       ;(DPTR) ← (DPTR)+1
```

7）减 1 指令

```
DEC      A          ;(A) ← (A)-1
DEC      direct     ;(direct) ← (direct)-1
DEC      @Ri        ;((Ri)) ← ((Ri))-1
DEC      Rn         ;(Rn) ← (Rn)-1
```

加 1 和减 1 指令不影响 PSW 中的 CY、AC 和 OV，但影响 P 标志标志位。事实上，这两条指令也称为增量指令，增量分别为 +1 和 -1，它们主要是为了支持程序中的地址计算。对 DPTR 寄存器的增量指令是唯一的一条 16 位运算指令。缺少"DEC DPTR"对应用来说，可算得上是一大遗憾。

【例 7-5】 多字节加法运算问题。2 个 8 字节无符号数分别存放在内部 RAM 的 30H 和 38H 开始的连续地址单元，且低位在前，高位在后。假定计算结果仍不超过 8 字节的范围，并要求将结果放在 38H 开始的连续 8 个存储单元。试编写该程序段。

```
        MOV     B,     #8        ;计数初值
        MOV     R0,    #30H      ;第一操作数起始地址
        MOV     R1,    #38H      ;第二操作数和结果起始地址
        CLR     C                ;清除进位位
REPEAT:
        MOV     A,     @R0       ;取加数到 A
        ADDC    A,     @R1       ;带进位加法
        MOV     @R1,   A         ;存结果
        INC     R0               ;地址调整
        INC     R1               ;地址调整
        DJNZ    B,     REPEAT    ;B 内容减 1,若不等于 0 则跳转
```

上述程序的循环中，如果数值运算与地址处理都同等地影响标志位，则程序的逻辑就会出现问题。DJNZ 将在控制类指令中详细介绍。

8）二-十进制调整指令

如果两个压缩型 BCD 码按二进制数相加，则结果可能不再是 BCD 码。解决这个问题的途径有两个：一是设立单独的 BCD 码加法指令；二是仍使用二进制加法指令，但对结果作某种调整并且提供指令支持，使结果成为正确的 BCD 码。本指令系统采用的是后者，调整指令格式固定如下：

```
DA      A
```

调整指令根据二进制与十进制的差别，对加法运算的结果加上 00H、06H、60H 或 66H。

具体地说,若相加后累加器低 4 位大于 9 或辅助进位位 AC=1,则低 4 位加 6 调整;若累加器高 4 位大于 9 或进位位 CY=1,则高 4 位加 6 调整;若两者同时发生或高 4 位虽等于 9 但低 4 位修正后有进位,则应进行加 66H 修正。

调整是依据 AC、CY 等标志位的状态自动进行的,只要参加运算的两数确为 BCD 码,且在加法之后、调整指令之前 AC、CY 未遭破坏,就可以保证结果正确。

本指令系统没有关于减法的 BCD 码调整指令,在需要进行 BCD 码减法时,通常将减法转换为加法来做。例如 1 字节 BCD 码减去 37,可以转换为加上 63(100−37=63)。这样安排是出于 CPU 性能价格比的考虑。在 80X86 系列微处理器指令系统中,不仅拥有加、减法的 BCD 码调整,还拥有乘除法的 BCD 码调整指令,因为 80X86 是定位于通用计算机的,需要强大的计算能力。

7.4　逻辑运算类指令

逻辑运算类指令包括双操作数指令和单操作数指令。其中双操作数指令有"与"、"或"、"异或";单操作数指令有"清除"、"求反"、"移位"等。在此类指令中,有以寄存器 A 为目的操作数的,将影响 P 标志,其他标志不受影响;若目的操作数不是 A,则对标志无任何影响。

1)"与"、"或"和"异或"指令

"与"操作包含 6 条指令,助记符为 ANL,其中有一个操作数为累加器 A。指令如下:

```
ANL     A,Rn
ANL     A,@Ri
ANL     A,direct
ANL     A,#data
ANL     direct,A
ANL     direct,#data
```

功能是把源操作数与目的操作数按位进行"与",结果存于目的操作数,相当于 C 语言中的"&"运算。

【例 7-6】　设 (A) = 36H,(R4) = 0FH。

执行指令:　ANL　A,R4

执行结果:　　(A) = 00110110B
∧ (R4) = 00001111B
　　　　(A) = 00000110B

通常用"与"的办法将某一数据的若干位清 0,这称为屏蔽。上例就是用数 0FH 屏蔽寄存器 A 的高 4 位。如果将 36H 视为数字"6"的 ASCII 码,则通过屏蔽高 4 位(按二进制看),就得到真值 06H。

上述指令中将 ANL 换成 ORL,就得到一组"或"指令,也是按位逻辑运算,相当于 C 语言中的"|"运算。指令如下:

```
ORL     A,Rn
ORL     A,@Ri
ORL     A,direct
```

```
ORL      A,♯data
ORL      direct,A
ORL      direct,♯data
```

【例 7-7】　设（A）＝41H。

执行指令：　ORL　A,♯20H

执行结果：　（A）＝01000001B

　　　　　　∨ data＝00100000B

　　　　　　──────────────

　　　　　　（A）＝01100001B

某位"或"0 则该位保持不变；"或"1 则该位被置 1。本题结果（A）＝61H,此题将字母'A'的 ASCII 码变成字母'a'的 ASCII 码,即大写变成了小写。

　　助记符换成 XRL,就得到一组"异或"指令,也是按位逻辑运算,相当于 C 语言中的"^"运算。指令如下：

```
XRL      A,Rn
XRL      A,@Ri
XRL      A,direct
XRL      A,♯data
XRL      direct,A
XRL      direct,♯data
```

【例 7-8】　已知外部 RAM 1000H 单元中有一个数（不妨设为 7BH）,要将高 4 位取反,低 4 位不变,试编写程序实现之。

　　程序段如下：

```
MOV      DPTR,  ♯1000H      ;将地址 1000H 送 DPTR
MOVX     A,  @DPTR          ;(A)←7BH
XRL      A,  ♯0F0H          ;(A)←(A)⊕0F0H
MOVX     @DPTR,A            ;将结果送回 1000H 单元
…
```

执行结果：　　（A）＝01111011B

　　　　　　⊕ 0F0H＝11110000B

　　　　　　──────────────

　　　　　　（A）＝10001011B

某位"异或"1 则该位取反,"异或"0 则该位保持不变。（A）＝8BH。

2）移位指令

MC5-51 有 5 条对寄存器 A 中数据进行移位的指令：

RL　A　；寄存器左环移

RLC　A　；寄存器通过 CY 左环移

RR　A　；寄存器右环移

RRC　A　；寄存器通过 CY 右环移

SWAP A　；寄存器 A 高 4 位与低 4 位内容互换

每条指令的操作过程如图 7-2 所示。

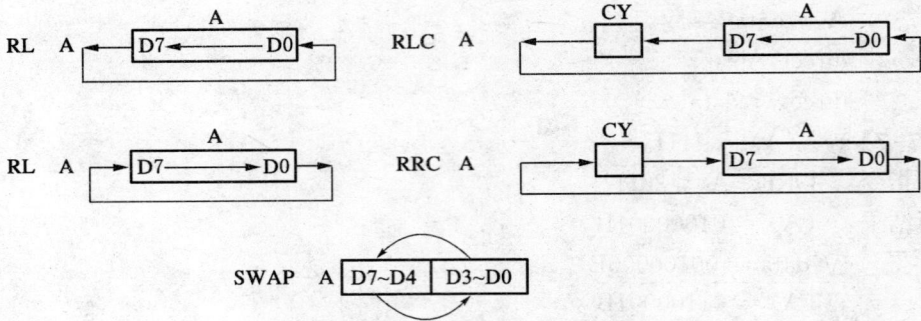

图 7-2　寄存器移位指令示意图

【例 7-9】　执行下面的程序段,观察寄存器 A 中内容的变化。

```
MOV     A,#01H      ;(A)←01H
RL      A           ;(A)左移1位,(A)=02H
RL      A           ;(A)左移1位,(A)=04H
RL      A           ;(A)左移1位,(A)=08H
```

经过三次左环移,A 的内容从 01H 变为 08H。由此可见,寄存器每左移 1 位相当于乘 2;同理,右移 1 位相当于除 2。

　　3) 清零、取反指令

CLR　A　;(A)←0,寄存器 A 清 0

CPL　A　;(A)←($\overline{A}$),寄存器 A 的内容按位取反,相当于 C 语言中的"～"

以上两条指令均不影响标志位。

【例 7-10】　分析下段程序执行结果。

```
MOV     A,#0FH      ;(A)←0FH
CPL     A           ;(A)←0F0H
CLR     A           ;(A)←00H
```

执行结果:(A)=00H

7.5　控制类指令

　　控制类用于程序流程的控制,使程序具有灵活性和"智能"。程序转移的本质是无条件或有条件地使 PC 指针发生跳变。从寻址角度看,它是寻址目的执行地址的,而目的地址始终都在程序代码的空间。具体有长调用/转换,绝对调用/转移,相对转移,间接转移等。这些均给用户提供了很大方便。

7.5.1　程序转移指令

　　此类指令将一个新的目标地址放到 CPU 的 PC 寄存器中,则下一指令周期 CPU 依据新的 PC 值访问程序存储器,转移就自然发生了。

　　1) 无条件转移指令

　　为了节约存储代码,并加快运行效率,无条件跳转有若干种助记符形式,编码也相应的体现出差异。MCS-51 的转移指令根据源地址与目标地址的相对关系,有长短之分,也有寻址方式的不同。

(1) 长转移指令

指令格式　　　LJMP　　addr16

操作功能　　　(PC) ← addr16

目的地址与当前地址无关。addr16 是 16 位目的地址,直接编码在指令码中,指令执行后地址码更新了 PC 指针,可以在 64 KB 地址范围内任意跳转。以上指令的编码为 3 字节,执行时间为 3 个机器周期。

(2) 绝对转移指令

指令格式　　　AJMP　　addr11

操作功能　　　$(PC)_{11-0}$ ← addr11

本指令假定源地址与目标地址之间相对靠得"较近",跳转范围并不太大,仅仅是 PC 指针的低 11 位发生变化,高 5 位保持不变。就是说,如果将 64 KB 代码空间按 2 KB 大小为单位,划分为 32 个页面,则本指令实现同一页面内的转移。该指令的编码如图 7-3 所示,是 2 字节 2 周期指令。这里"绝对"一词来自英文的 Absolute,似乎与汉语中的"绝对"并不对应。

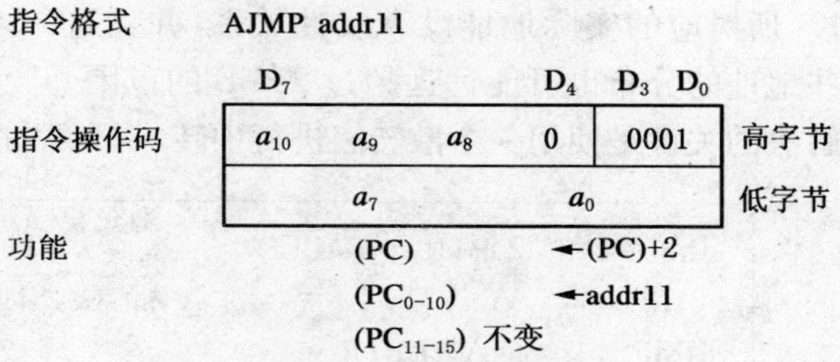

指令格式	AJMP addr11					
	D_7			D_4	D_3　D_0	
指令操作码	a_{10}	a_9	a_8	0	0001	高字节
			a_7		a_0	低字节
功能	(PC)　　　　←(PC)+2					
	(PC_{0-10})　　←addr11					
	(PC_{11-15}) 不变					

图 7-3　绝对跳转指令编码

(3) 相对转移指令

指令格式　　SJMP　rel

操作功能　　　(PC) ← (PC) + 2

　　　　　　　(PC) ← (PC) + rel

相对转移指令除了跳转范围更小以外,寻址方式也与上面两项不同,其目标地址与当前执行地址有关。执行该指令先要取指,指令本身为双字节,取指完毕但尚未执行时,根据 CPU 的微操作的特点,(PC)的内容已经自动递增成下一条指令的地址了,我们称之为源地址,这就是上面功能说明中的(PC)←(PC)+2。

偏移量 rel 是由汇编工具软件预先计算好的,计算依据是源地址与目标地址(程序语句中的标号)之间的"距离",这包含了源地址与目的地址之间所有指令字节数的统计,因此手工计算是容易出错的。

偏移量是一字节补码(-128～+127),可正可负,在将其加到(PC)中去之前,CPU 将该偏移量带符号扩展为 16 位。但是如果从现行指令的首地址算起,该范围就是-126～+129,因为该指令本身为 2 节字。这条指令的突出优点是使用灵活。

(4) 间接转移指令

指令格式　　　JMP　@A+DPTR

功能　　　　　(PC) ← ((A) + (DPTR))

该指令以寄存器 A 与数据指针寄存器 DPTR 的内容相加作为目标地址,更新 PC 指针。采用相对寻址,可以根据 A 的内容跳转到不同的入口地址。执行后 A、DPTR 中的内容均不改变,也不影响任何标志位。

这条指令可以支持 C 语言中的 switch/case 的功能,也称为散转指令。具体应用中,由一系列跳转指令构成散转表,DPTR 指向该表的首地址,A 的内容决定转移至哪一项,即选择哪一个分支。关于实现技巧,以下举例说明。

【例 7 - 11】 寄存器 A 的内容可能为 0～5 这六个数中的一个,根据其值对应转移到 K0～K5 六个分支程序,如图 7 - 4 所示,试编程。

累加器 A 为 8 位,理论上,相对转移指令最多可实现 256 B 范围的选择转移。因为 K0、K1、…、K5 对应于实际程序中的不同处理,其代码长度可能不尽相同,使标号 K0、K1、…、K5 所对应的实际地址没有线性关系,并且这些地址的分布也可能远远超过 256 B 的范围。

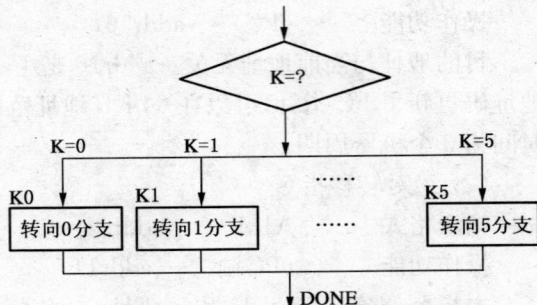

图 7 - 4　分支程序的转移要求

解决的关键是使用一个散转表进行中转,下列程序中 TABLE 即为散转表。

```
MOV      DPTR,♯TABLE
ADD      A,A              ;A 内容乘 2,因为散转表每一项为一条双字节转移指令
JMP      @A＋DPTR
TABLE:   AJMP   K0         ;散转表,第 0 项,转 K0 执行
         AJMP   K1         ;散转表,第 1 项,转 K1 执行
           ⋮                          ⋮
         AJMP   K5         ;散转表,末项,转 K5 执行
K0:      …                ;K0 分支实际入口
         AJMP   DONE       ;K0 分支结束,转出
K1:      …                ;K1 分支实际入口
         AJMP   DONE       ;K1 分支结束,转出
           ⋮
K5:      …                ;K5 分支实际入口
         AJMP   DONE       ;K5 分支结束,转出(此为最后一项,也可省去跳转)
DONE:
```

2) 条件转移指令

这类指令与无条件转移指令的不同之处在于它依赖程序状态字寄存器中的条件标志位。转移与否取决于条件测试的结果,且采用的是相对寻址方式。转移的范围和实现过程类似于相对转移。

MCS-51 的条件转移指令实际上很丰富,主要有以下一些:① 依据寄存器 A 的内容是否为 0 进行转移;② 依据 PSW 中的标志位进行转移;③ 根据可位寻址的任何一个位进行转移。在 MCS-51 的原始资料中将第 3 种归入了位操作指令类。我们也遵循这样的习惯,那么下面列出的条件转移指令就显得不多了。

(1) 根据寄存器 A 内容是否为 0 的转移指令

指令格式

JZ   rel   ；（A）=0 转移，否则顺序执行。

JNZ   rel   ；（A）≠0 转移，否则顺序执行。

JZ、JNZ 的转移条件刚好相反。两条指令在执行过程中不破坏 A 中内容，不影响标志位。在许多微处理器中，运算结果是否为零，是程序状态字寄存器中的一个重要标志。但 MCS-51 对此处理上是不同的：它的 PSW 中没有 Z(zero)标志，JZ/JNZ 指令也不依赖运算，即使只用 MOV 指令向累加器送一个数，也可以用 JZ/JNZ 来测试它是否为 0，并以此决定转移与否。

【例 7-12】 统计外部 RAM 中地址范围为 1000H～10FFH 的字单元中 0 的个数。统计值存放到 R7 中，编写程序段。

解：一个字单元为双字节，相当于 C 语言中的 int 或 unsigned int。题中给出的是地址范围（按字节编址），地址数有（10FFH－1000H）+1=100H 个，所以字的个数为 80H，统计的开始地址为 1000H。程序如下：

```
            MOV     R7,#0           ；统计值清 0
            MOV     DPTR,#1000H     ；置首地址
            MOV     B,#80H          ；置循环变量
REPEAT：    MOV     A,@DPTR         ；取字的高位
            INC     DPTR            ；地址调整
            MOV     R0,A            ；暂存在 R0
            MOV     A,@DPTR         ；取字的低位
            INC     DPTR            ；地址调整
            ORL     A,R0            ；字的高位、低位相或
            JNZ     NEXT            ；如果不为 0,跳过统计
            INC     R7              ；统计值加 1
NEXT：      DJNZ    B,REPEAT        ；判断结束条件
```

这里需要注意，由多字节构成的数据，从地址增长方向看，如果是高位字节在前，这个安排称为 big-endian；反之，如果是低位字节在前，则称位 little-endian。仅对 MCS-51 的指令系统本身而言，它没有什么意义。但是如果使用高级语言和汇编语言混合编程，就必须遵循统一的规定。C51 高级语言遵循的是 big-endian。

（2）根据进位标志位转移

JC   rel   ；CY=1 时转移, PC ←(PC)+2+rel,否则顺序执行

JNC   rel   ；CY=0 时转移, PC ←(PC)+2+rel,否则顺序执行

【例 7-13】 变量 X 存放在 20H 单元内,函数值 Y 存放在 21H 单元中,试按下式的要求给 Y 赋值。

$$Y = \begin{cases} 1, & X > 0 \\ 0, & X = 0 \\ -1, & X < 0 \end{cases}$$

本题的程序流程见图 7-5。

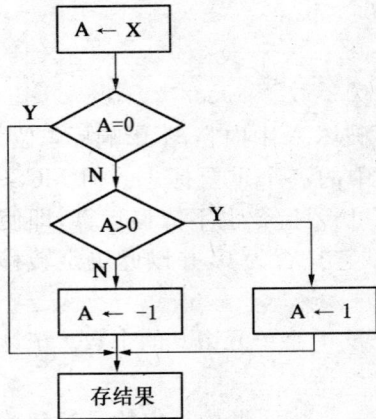

图 7-5　分支及流程图

MOV	A,	20H	; A ← X
JZ	DONE		; 若 X=0,则转 DONE
RLC	A		
JNC	POSI		; 若 X>0,则转 POSI
MOV	A,	#0FFH	; 若 X<0,则 Y=−1
SJMP	DONE		
POSI:	MOV	A,	#01H　; 若 X>0,则 Y=1
DONE:	MOV	21H,	A　　　; 存函数值

这个程序的特征是先比较判断,然后按比较结果赋值,这实际是三分支归一的流程,因此,至少要用两个转移指令。初学者很容易犯的一个错误是,漏掉了其中的 SJMP DONE 语句,因为流程图中没有明显的转移痕迹。

(3) 比较转移指令

比较转移指令共有四条,均为 3 字节 2 周期指令。

CJNE　　　　A,#data,rel

CJNE　　　　A,direct,rel

CJNE　　　　@Ri,#data,rel

CJNE　　　　Rn,#data,rel

比较转移指令比较目的操作数和源操作数,如果不相等则转移,否则顺序执行;并且若目的操作数大于源操作数,则标志位 CY 置 0,反之则 CY 置 1;这样,与后续指令相结合,就可以进一步判断大小。比较功能实际上是通过目的操作数减去源操作数而实现的,也按此运算影响 CY 标志位,但是该减法的结果不送给目的操作数,故目的操作数保持不变。

CJNE 指令采用相对寻址方式得到转移地址,转移范围在(相对于源地址)−128~+127 范围之内。

(4) 循环转移指令

该类指令共两条,功能是先将目的操作数减"1",再与"0"比较,不为零则跳转,否则顺序执行。转移地址采用相对寻址方式得到,指令执行时不影响任何标志位。指令格式如下:

DJNZ　　　　direct,　rel

DJNZ　　　　Rn,　　rel

这类指令在前面的例子中已多次用到,主要用来控制循环次数,是使用频度较高的指令。前面的示例中,我们只用寄存器 B 作循环计数,现在我们知道,所有可直接寻址的寄存器、通用寄存器 Rn 都可以用作循环计数。

另外,在实际编程时,目的地址是以标号代替的,偏移量由汇编工具软件自动计算。

【例 7-14】　内部 RAM 自 30H 单元开始存

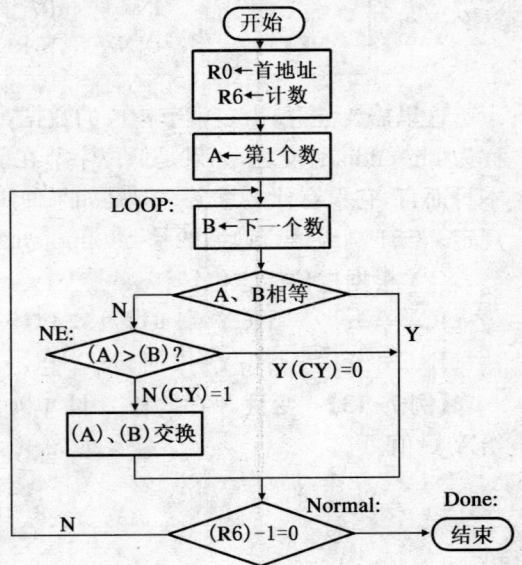

图 7-6　分支及流程图

放 8 个无符号字节型数据,试找出其中的最大数,并将其存放在 R7 中。

解:查找极值的主要工作是进行数值大小的比较。先将第 1 个数作为最大数的试探值,则从第 2 个数起,逐个与之比较,后面的数如果比试探值更大,则将这个更大的数作为新的试探值。当所有数据参与比较完毕,最大值就已取得,见图 7-6。参考程序如下:

```
            MOV     R0,      ♯30H      ;数据区首地址
            MOV     R6,      ♯08H      ;数据区长度
            MOV     A,       @R0       ;读第一个数
            DEC     R6
LOOP:       INC     R0
            MOV     B,       @R0       ;读下一个数
            CJNE    A,B,     NEQ       ;数值比较,不相等转移
Normal:     DJNZ    R6,      LOOP      ;相等,继续循环,直到计数为 0
            SJMP    DONE               ;最大数送 A,转结束处理,
NEQ:        JNC     Normal             ;不等且大于,不交换
            XCH     A,       B         ;不等且小于,交换,最大值送 A
            SJMP    Normal             ;交换过,转正常处理
DONE:       MOV     R7,      A         ;最大值送 R7
```

7.5.2　子程序调用和返回指令

子程序可用来完成常用功能,可供多处反复调用,或"打包"一系列相关操作。后者主要是出于结构化编程的需要,提高程序的可维护性。指令系统必须支持子程序的调用和返回,MCS-51 指令系统也不例外,它拥有调用指令两条,返回指令一条,另外还有一条中断返回指令。

调用指令中的一条是长调用指令(LCALL),子程序入口地址的寻址范围是整个 64 KB 代码空间;另一条是绝对调用指令(ACALL),源地址与目标地址必须在以 2 KB 为大小的同一个页面中。上述调用指令与无条件转移中的 LJMP、AJMP 在目标地址的寻址方面有类似性,但是单纯的转移不需要考虑返回,而调用必须考虑返回。

1) 长调用指令

指令格式　LCALL　addr16

指令功能　$(PC) \leftarrow (PC)+3$

　　　　　$(SP) \leftarrow (SP)+1,((SP)) \leftarrow (PC_{0-7})$

　　　　　$(SP) \leftarrow (SP)+1,((SP)) \leftarrow (PC_{8-15})$

　　　　　$(PC) \leftarrow addr16$

上述$(PC) \leftarrow (PC)+3$是因为该指令本身为 3 字节指令,取指时硬件使 PC 递增得到了源地址。CPU 进行指令译码,获得转移地址,并知悉返回要求。执行时,先将源地址分低 8 位和高 8 位依次自动保存到堆栈,然后 PC 被赋值为子程序的目标地址。在下一个指令周期,新指令从子程序的入口地址获取,CPU 的控制权暂时归子程序所有,如此实现了转移到子程序的功能。该指令执行时需要 2 个机器周期,不影响标志位。

addr16 在实际编程时只需要提供一个与子程序入口相联系的标号。

2）绝对调用指令

指令格式　ACALL addr11

指令功能　$(PC) \leftarrow (PC) + 2$

$(SP) \leftarrow (SP) + 1, ((SP)) \leftarrow (PC_{0-7})$

$(SP) \leftarrow (SP) + 1, ((SP)) \leftarrow (PC_{8-15})$

$(PC_{0-10}) \leftarrow addr11, (PC_{11-15})$ 保持不变

绝对调用指令与长调用指令类似，差别仅在于绝对调用指令的编码可以缩短为 2 字节，其他与长调用完全类似。

实际应用中，可以简单地用 CALL 代替 LCALL 和 ACALL，大多数汇编工具软件能智能地确定实际使用长调用还是绝对调用。

3）返回指令

指令格式　RET

指令功能　$(PC_{8-15}) \leftarrow ((SP)), (SP) \leftarrow (SP) - 1$

$(PC_{0-7}) \leftarrow ((SP)), (SP) \leftarrow (SP) - 1$

RET 用于子程序返回。该指令的功能是从堆栈栈顶弹出断点地址，使 CPU 的控制权交回到原调用者。

RET 指令可以安排在子程序结束处，也可以安排在其他合适的位置；一个子程序至少有一条 RET 指令，为了节省不必要的跳转，也可以放置多条 RET 指令。但执行流程上，RET 指令与 CALL 指令必须配对，若仅执行调用而无返回，或仅执行返回而无调用，则堆栈不能保证提供正确的断点，这将引起程序的逻辑错误，并且这种逻辑错误是汇编工具软件无法发现的。

【例 7-15】　在内部 RAM 的 10H 字节单元中存有 2 位十六进制数，试将其转换为 ASCII 码，并存放于 11H 和 12H 两个单元中。试以主程序、子程序结构编写程序。

主程序（MAIN）：

	MOV	SP,	♯3FH	；初始化堆栈,重要
MAIN：	MOV	A,	10H	；取十六进制数
	SWAP	A		；高低半字节交换
	ANL	A,	♯0FH	；屏蔽无关位,得 16 进制数的高位
	ACALL	HEX2ASC		；调用转换子程序
	MOV	11H,	R7	；保存 16 进制数高位的 ASCII 码
	MOV	A,	10H	；再取原十六进制数
	ANL	A,	♯0FH	；屏蔽无关位,得 16 进制数的低位
	ACALL	HEX2ASC		；调用转换子程序
	MOV	12H,	R7	；保存 16 进制数高位的 ASCII 码
DONE：	…			

；子程序（HASC）：

```
HEX2ASC:                                    ；输入参数在累加器 A
         ADD      A,        ＃2             ；变址加 2
         MOVC     A,        @A＋PC          ；查表指令
         MOV      R7,       A               ；返回值在 R7
         RET
ASCTAB:  DB       30H,31H,32H,33H,34H,35H,36H,37H    ；0～7 的 ASCII 码
         DB       38H,39H,41H,42H,43H,44H,45H,46H    ；8,9,A～F 的 ASCII 码
```

本例子程序中，将变址寄存器内容 A 加 2，是为了使查表指令 MOVC 能跨越它下面的两条指令（各为 1 字节），正确地取得 ASCII 码表中的数据。"DB"是在代码段定义常数表（见下一章）

4）中断返回指令

指令格式　RETI

该指令的功能描述虽然形式上与 RET 指令相同，此处省写。但是因为该指令涉及 CPU 的中断状态记忆，而这对编程者是不透明的，因此该指令的机器码与 RET 的肯定不同，内部行为有差别的，不能互相替代。

中断返回指令的应用将在第 9 章中断部分讲述。

5）空操作指令

指令格式　NOP

功能　　　(PC) ← (PC)＋1

执行本指令使(PC)正常递增，以便访问下一条指令。NOP 是 No operation（无操作）的意思，也不影响任何标志位。作为单周期指令，该指令的价值在于产生少许延时，在控制领域非常有用。

7.6　位操作指令

7.6.1　位操作与位地址

具有位操作功能是 MCS-51 微控制器的显著特点，位操作指令的操作数都是 RAM 或 SFR 中的可寻址位。位操作指令包括位的传送、逻辑运算和处理、基于位测试的转移等。

位操作使用了一个布尔处理器，相当于一个 1 bit 处理器。位操作指令执行期间，PSW 中的 CY 标志位充当布尔处理器的累加器 C。位操作类指令是 MCS-51 指令系统的一个子集，支持完善的位操作功能。由于以上原因，MCS-51 核中相当于另有一个 CPU，虽然这个认识不太科学，但不无道理。位操作数只取"0"或"1"，可以代表"真"和"假"，对应于工程控制中的开关信号，实用意义明显。

位寻址空间的 00H～7FH 与内部 RAM 的 20H～2FH 这 16 个字节共享；可分配为 128 个位变量。

位地址在 80H～FFH 范围内，对应于特殊功能寄存器的各位，且各位均有其特殊的含义，

不能作变量分配使用。

位地址的写法有以下几种:

(1) 直接位地址方式

用两位十六进制数直接给出位地址。如 07H 表示 20H 字节地址单元的 D7 位;D6H 为 PSW 的 D6 位。这里的位地址与字节地址的区别要依靠指令的上下文识别。

(2) "."操作符方式

以字节地址和位中间用"."隔开形式书写。如 20H.7、PSW.6、ACC.7 等,它们分别表示 20H 字节单元的 D7 位、PSW 的 D6 位和 ACC 的最高位。

(3) 使用预定义名

特殊功能寄存器中,可位寻址的各位均有与其功能相关的预定义的符号,程序书写时可以用预定义符号代替位的地址,这使记忆简化。如 RS1、RS0、TI、RI 等。一般预定义名遵循 MCU 原厂商的约定符号,这样源程序兼容性好。

用户也可以对具体程序中要使用的一些位进行预定义,这需要用到第 8 章的伪指令。

位操作指令所用的助记符有 MOV、SETB、ANL、ORL、JC、JNC、JB、JNB 和 JBC 共 11 种。

7.6.2　位传送指令

MOV　　　C,bit; CY←(bit)

MOV　　　bit,C; (bit)←CY

这里 bit 是直接寻址,需要提供有效的位地址。

在位数据传送时,如果目的操作数涉及的位是 P0~P3 中的某个,则 CPU 读入整个 8 位端口,修改后送回到端口,即内部执行了"读—修改—写"操作,这样使得其他相邻的位不受影响(见 6.4.1)。

7.6.3　位状态控制指令

CLR　　　C　　　; CY←0,清除进位位

CLR　　　bit　　; (bit)←0,清除直接寻址位

SETB　　　C　　　; CY←1,置 1 进位位

SETB　　　bit　　; (bit)←1,置 1 直接寻址位

CPL　　　C　　　; CY←$\overline{(CY)}$,取反进位位

CPL　　　bit　　; (bit)←$\overline{(bit)}$,取反直接寻址位

7.6.4　位逻辑运算指令

这些指令均以 C 为目的操作数。

ANL　　　C,bit　　　; CY←(CY)∧(bit)

ANL　　　C,/bit　　　; CY←(CY)∧$\overline{(bit)}$

ORL　　　C,bit　　　; CY←(CY)∨(bit)

ORL　　　C,/bit　　　;CY←(CY)∨$\overline{(bit)}$

上述指令中有两条,可以使源操作数先取反,再与 CY 进行运算,这就使它的应用更加灵

活。不过,系统没有提供异或指令。在需要异或的情况下,可以按下面例子进行。

【例 7-16】 试以软件实现 $Z = X \oplus Y$,其中 X、Y、Z 分别为 P1 口的 P1.0、P1.1 和 P1.2。X、Y 为输入,Z 为输出。

$Z = X \oplus Y = (X \wedge \bar{Y}) \vee (\bar{X} \wedge Y)$,PSW 中的 F0 作为用户标志,用于记录中间结果。

```
X               BIT      P1.0      ;
Y               BIT      P1.1      ;     伪指令 BIT,提供 bit 空间的一般等价关系,
Z               BIT      P1.2      ;     符号说明,见下一章
LOOP：          MOV      C,  X     ; 1
                ANL      C, /Y     ; 2
                MOV      F0, C     ; 1
                MOV      C, Y      ; 1
                ANL      C, /X     ; 2
                ORL      C, F0     ; 2
                MOV      Z, C      ; 1
                SJMP     LOOP      ; 2
```

该段程序循环执行,就实现了异或功能。用软件实现的好处是灵活,修改软件就形成新的逻辑关系。注释部分列出各条指令的机器周期数,因此可以统计出整个循环需要的周期数是 12 个机器周期。如果 CPU 时钟为 24 MHz,则一个循环所需要的时间是 6 μs。这个速度对机电系统控制系统已经足够了,因为许多机械式继电器的动作时间都在 10 ms 左右;与数字电路实现的硬件逻辑功能相比,这样的响应速度就太低了,一般普通数字电路的延时仅几 ns。

7.6.5　基于位测试的控制转移指令

```
JB       bit, rel
JNB      bit, rel
JBC      bit, rel
```

指令测试直接寻址的位,JB 为当(bit)＝1 时转移;而 JNB 在(bit)＝0 时转移;JBC 为当(bit)＝1 时转移,但在转移发生前,清 0 被测试位。如果转移条件满足,由 rel 提供相对寻址的偏移量。

因已将 JC/JNC 指令归在控制转移类指令中叙述过,这里不再重复。

以上指令大幅度扩展了条件转移指令的测试条件,方便了我们的编程和应用。

8 汇编语言程序设计

上一章我们写了一些程序的片段,本章介绍汇编语言程序设计。指令构成了全部的可执行语句,但是仅仅有指令,还不能构成一门有效的编程语言。

汇编语言程序由指令和伪指令(Directives)构成。伪指令是说明性的语句,它的语法作用很多,例如,向汇编器说明存储器的安排、为程序变量分配地址、以标号代替程序转移或调用的入口地址、支持模块化编程等。

汇编器是一种工具软件,它帮助我们将助记符形式的指令翻译成为机器码,代替手工地址计算,并产生可执行的程序代码的映象文件。该文件下载到微控制器的程序 ROM 以后,就可以正确运行。

关于 MCS-51 的汇编工具软件有很多,本书采用 Intel 公司的 ASM51 宏汇编,它支持模块化编程,也可自然地与 C51 高级语言模块一起,实现混合编程。

本书的第 15 章介绍 C51。

8.1 汇编语言语句结构

汇编语言由若干个模块构成,每个模块又可以有若干个段,在各类数据段中可以定义变量;在代码段中可以写出主程序和一系列子程序。构成程序语言的要素有变量、常量、表达式和语句,必须遵守必要的词法、语法和固定的格式。我们从程序行开始介绍。

8.1.1 程序行的组成

【例 8-1】 图 8-1 先给出一个简单的程序示例,它在控制 P1 口上的一组发光二极管依次轮流点亮,即实现流水灯功能。

```
X          DATA      08H           ；指定 X 到内部 RAM 的 08H 地址上
           CSEG      AT  0000H     ；说明一个绝对定位的段
           MOV       SP,#0FH       ；初始化堆栈
           MOV       X,#80H        ；初始化 X
Loop:      MOV       A,X           ；X 循环左移 1 位
           RL        A
           MOV       X,A
           CPL       A             ；X 的值通过 A 取反
           MOV       P1,A          ；然后输出至 P1
           CALL      DELAY         ；调用 1 s 延时
           SJMP      Loop          ；实现无限循环

DELAY:     MOV       P1,#80H       ；一个延时子程序
L3：       MOV       R2,#60H
L2：       MOV       R3,#26H
L1：       DJNZ      R3,L1
           DJNZ      R2,L2
           DJNZ      R1,L3
           RET
           END                     ；模块结束说明
```

图 8-1 简单的程序示例

可以看出,示例的大部分程序行实际上就是由指令写成的。最前面两行与最后的一行是伪指令,借助于注解,我们很容易猜出它们的用途。

第一行将变量 X 分配到内部 RAM 的 08H 地址;

第二行说明它的后面是一个程序段,该程序段必须绝对定位于以 0000H 开始的地址单元(这是需要的,因为 MCS-51 复位后从 0000H 处开始取指执行程序);

末行指示程序(模块)结束,指示汇编器不再继续往下汇编(请注意,不是程序运行到此结束)。

与该程序相对应的硬件电路见第 6.5.2 节的应用示例。

伪指令不产生机器码,但它指示汇编器如何生成代码,确定代码段和各种数据段的存储位置,完成常数转换和符号地址的自动计算等。

在汇编语言程序中,每个程序行由一条指令或伪指令构成,通常书写格式如下:

[标号][:]操作码[操作数][;注释]

(1)程序行由标号、操作码、操作数、注释四部分组成。必须要有操作码,其他部分可选;

(2)操作码是指令或伪指令的助记符;

(3)操作数取决于指令或伪指令的需要,可以没有、有一个或有多个。如果有多个,前后以逗号隔开;

(4)标号位于语句的开始,必须以字母开头,由字母和数字组成,它代表一个地址。在 ASM-51 中,若标号涉及地址分配,则后跟冒号":",如果只是一般的等价关系,就不需要冒号。如例 8-1 中 DATA 伪指令使 X 等价于 08H,后面程序行中 X 都可以用 08H 代替,是一般等价关系;

(5)注释不是对指令的简单解释,而是说明该行在程序中的作用,有利于阅读。

8.1.2 宏汇编中的常数

指令中出现的常数可以写成十进制、十六进制、二进制数和字符串。具体格式如下:

● 十进制数以 D 结尾(可以省略),如 34D 或 34;

● 十六进制数以 H 结尾,如 57H,如果最高位以 A~F 开头,其前必须加数字 0,如#0A3H;

● 二进制数以 B 结尾,如 10010011B;

● 字符或字符串用单引号引出,如'A','ABCD',这样可代替 ASCII 码,免去手工查表的麻烦。

需要注意的是,凡写成十进制的,汇编器自动将其转换为计算机中的二进制表达,调试工具软件将其按十六进制显示。汇编器会自动选择足够的字长来保存中间数据,再将该数据表达为指令中的一部分,超出规定字长的高位信息自动丢失。

8.1.3 宏汇编中的表达式

表达式中可以有运算符号,包括加减乘除等,还可以带括号。不过这些运算的作用仅仅是减少手工计算。例如:

X EQU 20H

MOV A,#HIGH(X-100H)

MOV B,#LOW(X-100H)

理解的关键是,运算一般按 16 位进行,因此 X-100H=20H-100H=FF20H

HIGH、LOW 分别表示取高字节和取低字节的伪指令,再考虑"#",则上面两行程序等价于:

```
MOV   A,#0FFH
MOV   B,#20H
```

表达式中的运算是在汇编阶段算出，而上一章中讲到的运算类指令则是由目标 CPU 执行的。

8.2 伪指令

ASM51 宏汇编语言可以使用的伪指令相当丰富，这里将介绍段定义伪指令、符号定义伪指令、保留地址伪指令、模块连接伪指令等。

8.2.1 段定义伪指令

在宏汇编中，程序代码、存储变量分配都是按段来进行的，段定义的格式如下：

1) segment SEGMENT class

其中 segment 是段名，由程序员指定。class 是类型，表示在哪个存储空间，选项及意义如表 8-1 所示。

表 8-1 段类型 class 的指定

class	存储空间和范围
BIT	位寻址空间（内部 RAM 20H……2FH）
CODE	程序代码空间
DATA	直接寻址的内部 RAM（0~7FH）和 SFR 寄存器（位于 80H~0FFH）
IDATA	间接寻址的内部 RAM（0~0FFH）
XDATA	扩展的外部 RAM 空间，用 MOVX 指令访问

2) RSEG segment

RSEG 将一个段说明为可重新定位的相对段，其中 segment 是被说明的段名。一个可重新定位的段，如果是代码段，其所有标号所代表的地址是相对的；如果是数据段，则变量的地址是相对的。连接程序在将多个模块的同类段合并时，生成具有绝对地址的可执行程序。

【例 8-2】 编写一个子程序，它能将 1 字节的 BCD 码数据转换成二进制数，并且该子程序可以被 C51 作为函数调用。

程序如图 8-2 所示。这里用 SEGMENT 说明了一个名为"BCDBIN1"的段；再用"RSEG"说明该段是可重定位的；标号"_BCD2BIN"是子程序的入口。

用汇编语言编写 C51 函数，必须以函数名为

```
              PUBLIC      _BCD2BIN
BCDBIN1   SEGMENT    CODE
              RSEG        BCDBIN1
_BCD2BIN:  MOV         A,R7
              ANL         A,#0F0H
              SWAP        A
              MOV         B,#10
              MUL         AB
              MOV         B,A
              MOV         A,R7
              ANL         A,#0FH
              ADD         A,B
              MOV         R7,A
              RET
              END
```

图 8-2 从 BCD 码到二进制的转换

子程序标号；当使用寄存器传递参数时，该标号之前必须添加一个下划线。当参数为一字节时，使用 R7 传递；当返回值为一字节时，也通过 R7 返回给调用者。

C51 与 ASM51 之间的参数传递与返回值都有严格的规定,常用见第 15 章,更详细的可以查看联机文档。

PUBLIC 为伪指令,它使被说明的标号可以被外部的模块引用。

3)BSEG、CSEG、DSEG、ISEG、XSEG

这些伪指令是绝对定位的段说明,绝对定位的段不需要段名,但必须使用 AT 给出定位地址,绝对定位的段说明如下:

BSEG AT address 绝对定位的位寻址段
CSEG AT address 绝对定位的代码段
DSEG AT address 绝对定位的直接寻址内部 RAM 的数据段
ISEG AT address 绝对定位的间接寻址内部 RAM 的数据段
XSEG AT address 绝对定位的外部 RAM 数据段

在这些伪指令中,CSEG 最常用,如例 8-1 中,代码段就是绝对定位在 0000H 地址单元的。其次,XSEG 也是比较有用,例如在单片机外部扩展了微型打印机,占用了端口地址 FF00H 和 FF01H,前者为数据口,后者为状态口,则可以定义如下:

microPRT XSEG AT 0FF00h
PRT_DATA: DS 1
PRT_STS: DS 1

DS 也是伪指令,用法见第 8.2.3 节。

8.2.2 符号定义伪指令

1)symbol EQU expression

symbol 为标号,不带冒号;expression 为表达式,EQU 表示等价,它们使程序书写简单,可读性强。

例如:

LIMIT EQU 120
VALUE EQU LIMIT−20+'A'

后续的程序里就可以用 LIMIT 和 VALUE 等符号代替复杂的表达式,并且这些符号可以多次使用,且当表达式的值需要修改时,只要在 EQU 语句中统一修改就可以了。不过仍然需要注意以下两条指令的差异:

MOV A, LIMIT
MOV A, #LIMIT

在前一行,LIMIT 是直接寻址的地址,后一行为立即寻址。

2)地址指定伪指令 BIT、CODE、DATA、IDATA、XDATA

这组伪指令后跟地址表达式,具体格式如下:

symbol BIT bit_address 指定一个位地址
symbol CODE code_address 指定一个代码空间的 ROM 地址
symbol DATA data_address 指定一个直接寻址的内部 RAM 地址
symbol IDATA idata_address 指定一个间接寻址的内部 RAM 地址
symbol XDATA xdata_address 指定一个外部 RAM 空间的 RAM 地址

这里,某空间的地址单元被赋予一个符号 Symbol。它比 EQU 伪指令更增加了可读性,符号位于哪一个地址空间是一目了然的;另外在多模块编程时,这一个模块中定义的符号可以在其他模块中被引用。

8.2.3　存储单元定义并初始化

程序可能需要定义一些变量,并且变量具有初始值。这在具有操作系统的运行环境下是可以做到的,操作系统在将程序的存储映象装入到内存时,会根据需要给变量赋初值。

然而,在没有操作系统并且是以 ROM 方式运行的嵌入式系统中,变量的初始化只能由指令来实现,伪指令对此无能为力。那么,用伪指令定义的带初值的存储单元,就只能是常量了,并且还一定是在 ROM 空间中。关于变量请参看第 8.2.4 节。

定义带初值的存储单元有两条伪指令 DB 和 DW,分别定义字节和字(双字节)。格式如下:

label：DB expression

label：DW expression

这里定义的字节是实际分配了地址的,所以标号要带":"。在 ROM 区定义一个常数表格,具有很好的实用价值。

【例 8-3】　编写一个月份天数查询子程序,输入参数为月份,返回值为天数。

公历 1 年 12 个月,各月份天数的规律性不强,可以利用 DB 建立一个对照表,查表就可以得到各月份的数据,程序如图 8-3 所示。

该例子的特点是把相关的代码与常数表格集成在同一个代码段中;程序中 DB 行定义了若干个数据,也可以让 DB 另起一行。这里读者可以思考以下两个问题:

(1) 指令"DEC　A"在这里的用途;

(2) 如果指令"MOVC A,@A＋DPTR"换成"MOVC A,@A＋PC",则程序需要做哪些变化?

MCS-51 的计算功能不强,所以编程时,常将一些函数按自变量一定的间隔先算出函数,并做成表格;也可以将规律性差的数据做成表格,程序运行期间以查表代计算。所以查表指令是非常实用的。

```
        PUBLIC   _DAYS
DAYTAB  SEGMENT  CODE
        RSEG     DAYTAB
_DAYS:  MOV      A,R7
        DEC      A
        MOV      DPTR, #MonTab
        MOVC     A, @A+DPTR
        MOV      R7, A
        RET
MonTab: DB  31,28,31,30,31,30
        DB  31,31,30,31,30,31
        END
```

图 8-3　月份天数查询子程序

对于 DW 伪指令,它定义的数是双字节的,但 MCS-51 的 CPU 是 8 位字长,所以要注意访问顺序,例如:

```
mDataW: DW    1234H
        MOV   DPTR, #mDataW
        CLR   A
        MOVC  A,@A+DPTR    ;取得高位数据
        MOV   TH0,A        ;送到 TH0
        CLR   A
        INC   DPTR
        MOVC  A,@A+DPTR    ;取得低位字节
        MOV   TL0,A        ;送到 TL0
        ……
```

这个例子表明,在 ASM-51 中,一个字的高位数据占有较低地址,而其低位数据却占有较高地址(Big-Endian)。在其他微处理器中,也可能是如此,也可能与此相反,应用时必须先弄清楚。另外,这个程序中需要两次使用"CLR A",否则就会出错。这段程序效率不高,如果改为如下的程序段,就比较简单。

```
mDataW  EQU   1234H
        MOV        TH0,#HIGH(mDataW)        ; 送到 TH0
        MOV        TL0,#LOW(mDataW)         ; 送到 TL0
        ......
```

由此可见在解决实际问题时,要灵活应用不同的伪指令。

8.2.4 保留地址伪指令

前已述及,在没有操作系统,并且是以 ROM 方式运行的嵌入式系统中,变量的初始化只能由指令来实现,那么伪指令能做的就是为各变量保留规定的空间,而由程序中的指令来赋初值。

定义不带初值的存储单元有 DBIT 和 DS 两条伪指令,分别定义位和字节。

1) label:DBIT expression

label 为标号,位变量名;expression 表示连续保留多少个位。例如,定义一个位变量构成的段可以写成:

```
FLAGS        SEGMENT      BIT
             RSEG         FLAGS
MOTOR_ON:    DBIT 1       ; reserve 1 bit
FAN_ON:      DBIT 1       ; reserve 1 bit
```

2) label:DS expression

label 为标号,在内部 RAM 中定义,字节型变量名;expression 表示连续保留多少个字节。例如,定义内部变量构成的数据段可以写成:

```
GLOBAL_DAT   SEGMENT      DATA
             RSEG         FLAGS
POINTER:     DS           1          ; 保留 1 字节
DATABUF:     DS           5          ; 保留 5 字节
```

【例 8-4】 从输入设备上连续读到 4 个字符,其是以 ASCII 码形式表示的十六进制数,已存储为数据段中的 4 个连续字节,且高位在前,低位在后;要求将其转变成双字节的十六进制数,并存放到同一数据段中。试定义该数据段,并编程。

十六进制数包括数字 0~9 以及 A~F,其 ASCII 码分别为 30H~39H 以及 41H~46H,也就是说数字 0~9 与 A~F 的 ASCII 码不是连续的。数字的 ASCII 码比数字本身大 30H,所以只要减 30H 就可以了;然而字母的 ASCII 码比其表示的十六进制数大 37H,这样算法就不同。

    MCS-51 系列的指令系统,数值比较及判断指令功能不丰富,所以画出流程图如图 8-4 所示,根据该流程,先将 ASCII 码装入累加器 A,采用 CJNE 指令判断 ASCII 码与'9'是否相等,如果不相等再看是大于'9'还是小于'9'(利用该指令对 CY 的影响),根据'>'和'≤'做减法,这样思路就清楚了。另外需要注意的是,减法指令只有带借位的一种,所以,编程的时候需要细致,记住在做减法前,要根据需要清除进位位。

    以下是完整的程序代码,程序开头部分先定义了数据段,然后才是一个程序段。

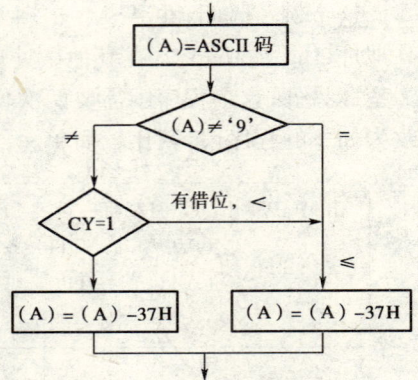

图 8-4 分支及流程图

```
M_DATA    SEGMENT    DATA
          RSEG       M_DATA
ASCII:    DS         4              ;保留 4 个字节作 ASCII 码字符存储
VALUE:    DS         2              ;保留 2 字节存结果

ASC2BIN   SEGMENT    CODE
          RSEG       ASC2BIN
;------------------------------------------------------------
TRANS:    MOV        R0,♯ASCII      ;设置指针
          MOV        B,♯4           ;设置计数
Next:     MOV        A,@R0          ;取 ASCII 码
          CJNE       A,♯39H,Isnot 9 ;与'9'相比较
LessEqu9:
          CLR        C
          SUBB       A,♯30H         ;-30H
          SJMP       SaveDat
Isnot9:   JC         LessEqu9       ;如果 CY=1,则小于'9'否则大于'9'
          SUBB       A,♯37H         ;-37H
SaveDat:  MOV        @R0,A          ;保存在原位
          INC        R0             ;指针调整
          DJNZ       B,Next         ;转下一个,直至结束
;------------------------------------------------------------
          MOV        R0,♯ASCII      ;重置 ASCII 码
          MOV        A,@R0
          SWAP       A
          INC        R0
          ORL        A,@R0
          MOV        VALUE,A         ;将前 2 个字节合并为 1 个保存
          INC        R0
          MOV        A,@R0
          SWAP       A
          INC        R0
          ORL        A,@R0
          MOV        VALUE+1,A       ;将后 2 个字节合并为 1 个并保存
          RET
;------------------------------------------------------------
          END
```

上述程序分为两个部分。其中第一部分将 ASCII 码字符串变成十六进制数放在原来的位置上,仍为 4 字节;第二部分将得到的数两两合并成 2 字节,存放到 VALUE 开始的两个连续存储单元。

第一部分的难点是根据数的大小,选择不同的算法。由于指令不够丰富,这一段的流程对初学者比较复杂,但作为汇编语言的基本功,还是要求读者理解和掌握;这个算法的缺点是破坏了原始的 ASCII 码字符串信息,如果这一点在实际应用中不被允许的话,就必须修改程序,增加代码的长度,或者增加临时数据。

8.2.5 模块连接伪指令

1) NAME modulename

modulename 为模块名。缺省时汇编器将源程序的文件名作为模块名。模块名的一个用处是在连接时,指出错误出现在哪个模块中,如果出错的话。

2) PUBLIC symbol

symbol 是公共标号,具有全局意义,可以是子程序的入口标号、变量名等。在任何模块中定义的标号,经 PUBLIC 说明后,就可以供其他模块引用。

3) EXTRN class (symbol1, symbol2, ⋯)

EXTRN 是 external 的缩写,说明本模块需要引用外部模块定义的各类标号或变量名,这些标号可构成一个列表,放在括号中,如上面的 symbol1、symbol2 等;

这些标号在定义它们的模块中必须是被申明为 PUBLIC 的,否则在多模块连接时会找不到对应的标号,而给出出错信息。

class 是存储类型信息(BIT、CODE、DATA、IDATA、XDATA 之一)。虽然这些标号的类型在定义它们的模块中已经说明,但是在汇编阶段,各模块是独立处理的,所以仍需要说明标号的类型。

如果引用的标号有不同的类型,则每一类要单独用一个 EXTRN 来说明。同一类可以合用一个,也可以有多个 EXTRN 语句说明,也可以每个标号使用一个 EXTRN 语句。例如,在某个程序模块的开头,有如下说明:

EXTRN CODE (PUT_CRLF), DATA (BUFFER)

EXTRN CODE(BINASC, ASCBIN)

第一行说明本模块引用一个子程序,名为"PUT_CRLF",它是由其他模块定义的;BUFF-ER 只是内部 RAM 属性,是其他模块中定义的变量。第二行也是说明两个由其他模块定义的子程序。

8.2.6 其他伪指令

1) $ 伪指令

$ 是当前段的地址计数,计数发生在汇编器对某个段施行汇编或存储器分配的过程中。$ 是动态变化的,程序行中引用这一计数,可以避免手工计算。以下是两个基本应用。

(1) 指令序列中的应用

  ……

  JB　P1.0，$　;

  ……

这里 JB 是可执行指令，而 $ 在汇编阶段决定。$ 的初值由当前段的起点地址决定，随着指令被逐条翻译成机器码，根据每条指令的编码长度分配字节数，代码空间被逐个字节分配，相应的，$ 也逐步递增。当汇编到"JB…"这一行时，$ 就代表该条指令的存放的地址。按这种理解，可以改写上面的指令序列为：

  ……

WAIT_HERE：　JB　P1.0，WAIT_HERE

  ……

这就容易理解了，即是一条目标地址比较特殊的条件转移指令而已，当 P1.0 为 1 时，程序就在这里等待，相当于原地踏步；当 P1.0 为 0 时，就继续向下执行。

(2) 伪指令序列中的应用

CharTab：　　　DB 03H,9fH,25H,0dH,99H,49H,41H,1fH

     DB 01H,09H,11H,0c1H,63H,85H,61H,71H

COUNT　　　EQU $ — CharTab

在这一段中，$ 显然是汇编到 COUNT 时的地址计数值，CharTab 代表常数表格的开始地址，两个地址的差，显然就是该常数表的字节数，所以汇编的结果是 COUNT=16。

需要注意的是，这里 COUNT 后面用的是 EQU 伪指令，是个符号，没有为它实际分配地址单元；如果将 EQU 换成 DB，就需要为它分配一个字节单元。这与后面的 COUNT 指令作何种理解，关系很大。

如果 COUNT 后面是 EQU，则 ♯COUNT 可以表示一个立即数；如果 COUNT 后面是 DB，则该字节只有使用 MOVC 指令才能访问。

 2) ORG expression 伪指令

修改起点伪指令。在当前段遇到 ORG 指令，则地址计数 $ 将被修改为 ORG 后面的表达式，并且存储器的分配也从新的地址开始。例如：

ORG　　0200H

INC　　A

则指令"INC　A"将存放在 0200H 地址单元，后面的指令汇编为机器码再依次顺序存放。

 3) END 伪指令

汇编结束，该语句后面的指令被忽略。

8.3　常用程序设计方法

上一节在介绍伪指令的同时，已经给出了几个程序的例子，包括一些编程技巧；本节再介绍一些常用功能的实现方法，使读者对汇编语言的使用有一个比较完整的认识。

8.3.1　最大值、最小值问题

工程应用中，经常需要在一个数据块中寻找最大值或最小值。对 N 个数取最大值，基本的方法是先取第一个数，假设其为最大，然后将后面的 $N-1$ 个数与其比较，实际上如果后面的数更大，就将这个更大的数作为当前的最大数，并继续比较下去，直至循环结束，就得到了最大值。求最小值的方法类似。

但是实际问题中，这些数据可能是无符号数，也可能是带符号数。这会影响到指令的运用和判断标志的差异。在 MCS-51 指令系统中，由于其判断功能较弱，还要采取一定的技巧。

【例 8-5】　在 32 个 8 位无符号数中求最大值，这些数存放在扩展 RAM 的 1000H～101FH 地址单元中。要求最大值存放在内部 RAM 的 40H 地址单元中，该最大值所在地址存放在内部 RAM 的 41H、42H 中，参考程序如下：

```
          PUBLIC    FIND_MAX
          PUBLIC    MAX,ADDR
          DSEG      AT 40H；         ;定义内部 RAM 的一个绝对段
MAX：     DS 1                       ;保留 1 字节用于存放最大值
ADDR：    DS 2                       ;保留 2 字节用于记最大值所在地址
          XSEG      AT 1000H         ;在扩展 RAM 中定义绝对段
BUFF：    DS 32
PR_MAX：  SEGMENT   CODE             ;定义一个代码段
          RSEG      PR_MAX           ;是可重定位的段
FIND_MAX：MOV       DPTR,#BUFF       ;数据块的首地址
          MOVX      A,@DPTR          ;取数
          MOV       MAX,A            ;当最大值的试探值存放
          MOV       ADDR,DPH         ;存放高位地址
          MOV       ADDR+1,DPL       ;存放低位地址
          MOV       B,#31            ;计数,32 个数比较 31 次
NEXT：    INC       DPTR             ;地址调整
          MOVX      A,@DPTR          ;取下一个数
          CJNE      A,MAX,NEQ        ;比较,不相等转移
EQUAL：   SJMP      SKIP             ;相等,跳过交换
NEQ：     JC        SKIP             ;如(A)<MAX,跳过交换
          MOV       MAX,A            ;否则(A)>MAX,试探值被更大的数替换
          MOV       ADDR,DPH         ;存放地址高位
          MOV       ADDR+1,DPL       ;存放地址低位
SKIP：    DJNZ      B,NEXT           ;结束判断
          RET                       ;返回
          END
```

该程序是一个独立的模块，可编辑和存储为 *.ASM 文件，并被独立地汇编。FIND_MAX 子程序可被其他模块调用。MAX、ADDR 标号可以被其他模块引用。

如果是带符号数（补码）进行比较，每个数都临时加上 80H，则带符号数比较就转变成无符号数比较。当然，保存结果时还要用原始的数据，并且原来的数据块的内容都不应被破坏，

请读者自行完成。

8.3.2　多分支转移问题

【例8-6】 从扩展 RAM 的 0000H 开始存有 200 个字节的数据，数值范围为 0~9，试编程对这些数据进行统计，0~9 各自的个数依次存放在内部 RAM 的连续的 10 个地址单元。

方法一，程序片段如下：

```
RESULT      SEGMENT    DATA      ;定义一个内部数据段
            RSEG       RESULT    ;该段地址可以重定位
Zero:       DS   1
One:        DS   1
            ......                ;为节约篇幅用省略号,正式编程不可这样,下同
Nine:       DS   1
XSEG        AT         0000H      ;定义扩展 RAM 中的绝对段
NUM:        DS   200
            ......
            MOV        DPTR,#NUM
            MOV        B,#200
NEXT:       MOVX       A,@DPTR
            CJNE       A,#0,T_ONE
            INC        Zero
            SJMP       FINISH
T_ONE:      CJNE       A,#1,T_TWO
            INC        One
            SJMP       FINISH
T_TWO:      CJNE       A,#2,T_THREE
            INC        Two
            SJMP       FINISH
T_THREE:
            ......
            CJNE       A,#8,T_NINE
            INC        Eight
            SJMP       FINISH
T_NINE:     INC        Nine
FINISH:     INC        DPTR
            DJNZ       B,NEXT
            ......
```

上述方法看起来程序很长（类似的语句已用省略号代替），但程序结构简单易懂。这个程序的执行速度比较慢，而且与被统计的数据有关。如果取到数字 0，则只需一个判断就完成统计了；如果取到数字 9，则前面的所有判断都要遍历。所以整个程序的执行速度是不确定的，效率也不高。

下面的方法使用 JMP @A+DPTR 指令来实现多分支转移，避免了多重判断，提高了程序的运行速度。

方法二,程序片段如下:

```
RESULT      SEGMENT     DATA
            RSEG        RESULT
Zero:       DS 1
One:        DS 1
……
Nine:       DS 1
            XSEG        AT 0
NUM:        DS 200
……
            MOV         DPTR,♯NUM
            MOV         B,♯200
NEXT:       MOVX        A,@DPTR         ;取数据 N 到 A
            PUSH        DPH             ;保存 DPTR
            PUSH        DPL
            RL          A               ;两次左移 A 的内容乘以 4
            RL          A               ;
            MOV         DPTR,♯T_ZERO    ;取第一个标号的地址到 DPTR
            JMP         @A+DPTR         ;转移到(DPTR)+ 4×N
T_ZERO:     INC         Zero            ;从本项起,每一个处理用两条指令
            SJMP        FINISH          ;共 4 个字节
T_ONE:      INC         One
            SJMP        FINISH
T_TWO:      INC         Two
            SJMP        FINISH
……
T_NINE:     INC         Nine
            SJMP        FINISH
FINISH:     POP         DPL             ;恢复作为数据指针 DPTR 的内容
            POP         DPH
            INC         DPTR            ;指针调整
            DJNZ        B,NEXT          ;循环
……
```

在后一方法中,JMP @A+DPTR 指令的应用是关键。指令中 A 的内容与 DPTR 的内容相加,形成转移的目标地址。标号 T_ZERO、T_ONE、…、T_NINE 下的处理都类似,而相应指令的字节数累计都是 4,所以这些标号所代表的地址之间具有线性关系;

每次 A 的内容取自外部 RAM,是要统计的数,其值在 0～9 之间;转移前将其内容乘以 4;再将标号 T_ZERO 代表的地址送到 DPTR 中,则恰好能根据统计的要求转移到正确的目标地址。

上面 DPTR 被交叉使用,既作外部数据存储器指针;又作散转的基地址。为了避免冲突,程序用堆栈来保存和恢复数据指针。

如果进行每一项处理时,字节数相同,但不是 4,而是更多,那么对 A 左移两次就不正确了,这样就要采取别的算法;如果各标号所需要的处理字节数各不相等,那么对于 A 用什么算

法都不合适。

如果在实际应用中,确实碰到散转后的处理各不相同的要求,我们可以通过"中转"来实现,具体方法如下(只写出与中转有关的部分):

```
            RL       A           ;执行前 A 取自外部 RAM
            MOV      DPTR,#T_0   ;转到中转段
    T_0:    AJMP     T_ZERO      ;中转到 T_ZERO,2 字节
    T_1:    AJMP     T_ONE       ;中转到 T_ONE, 2 字节
            …
    T_9:    AJMP     T_NINE      ;中转到 T_NINE,2 字节
    ;实际处理部分
    T_ZERO:
            …                    ;0 的处理,字节数不限
            SJMP     FINISH
    T_ONE:  …                    ;1 的处理,字节数不限
            SJMP     FINISH
            …
    T_NINE: …                    ;9 的处理,字节数不限
            SJMP     FINISH
```

这里,每一条中转指令均采用了 AJMP,这是 2 字节指令,因此,"RL　A"指令只要一条,即 A 的内容乘 2 就可以了。

需要注意采用中转指令的风险。本题中,万一取到的数不在 0~9 之间,就会出现意想不到的错误;另外,对散转指令的应用,累加器 A 有 8 位,按上述中转方式,最多只可以转到 128 个地址。

8.3.3　二进制数据转为 BCD 码的问题

【例 8-7】 将 1 个字节的二进制数转换为 BCD 码,设数的真值在 0~99 之间。

这个问题比较简单,设二进制数为 X,则 X 除以 10,其商为十位,其余数为个位。程序如下(按 C51 的约定写成函数的形式,函数名为 BIN2BCDB,参数和返回值均通过 R7 传递)。

```
            PUBLIC   _BIN2BCDB
BIN2BCD     SEGMENT  CODE
            RSEG     BIN2BCD
_BIN2BCDB:  MOV      A,R7
            MOV      B,#10
            DIV      AB          ;注意 AB 为寄存器对写法,中间无逗号
            SWAP     A           ;商调整到高 4 位
            ORL      A,B         ;与余数"或",用加指令也一样
            MOV      R7,A        ;结果放在 R7 中返回
            RET
            END                  ;一个模块中可以有若干函数,END 必须放在最后
```

这个程序是很简单的,但如果采用 C51 高级语言来编写,则必须做两次除法,第一次用"/"得到商,第二次用"%"得余数,是重复计算,但是高级语言只能如此。从这个例子看,汇编语言确有优势。这个模块还可以借助开发环境的功能生成库函数,供 C51 或汇编模块调用。

【例 8-8】　将 1 字节的二进制数转换为 BCD 码,真值的范围不限。

由于真值没有限制,所以它的结果最多是 255,程序必须按 3 位 BCD 数来设计。BCD 码的 3 位就必须是双字节的,程序如下(仍写成 C51 函数,函数名为 BIN2BCDW,以 R7 作参数传递。双字节结果数据是通过 R6、R7 两个寄存器返回,其中 R6 为高字节)。

```
            PUBLIC    _BIN2BCDW
BIN2BCDW    SEGMENT   CODE
            RSEG      BIN2BCDW
_BIN2BCDW:  MOV       A,R7
            MOV       B,#10
            DIV       AB        ;商在 A;余数是个位,在 B
            PUSH      B         ;个位压栈
            MOV       B,#10
            DIV       AB        ;再除,商在 A 是百位;余数是十位,在 B
            MOV       R6,A      ;将百位放在 R6 中
            MOV       A,B       ;取十位到 A
            SWAP      A         ;十位移到 A 的高 4 位上
            POP       B         ;取回个位
            ORL       A,B       ;十位与个位相或,相加也一样
            MOV       R7,A      ;结果放在 R7 中返回
            RET
```

【例 8-9】　将双字节的二进制数转换为 BCD 码,真值的范围不限。

本题数的范围最大为 65 535,BCD 码需要 3 个字节。原理上可以用上面的例子类推,但是 MCS-51 指令系统中没有双字节除以 1 个字节的指令,所以本例需要一定的技巧。

二进制数据的真值 N 可以表示为 $\sum B_i \times 2^i$; $i=0,\cdots,n-1$; $B_i=0,1$。和式也可以表示成另一种形式:

$$(\cdots(((B_{n-1} \times 2)+B_{n-2}) \times 2+B_{n-2})\cdots+B_1)+B_0$$

如图 8-5 有三个抽象的寄存器,右边的寄存器存放一个待转换的二进制数。将该数向参考寄存器逐次移位,且当原先的 LSB 恰好移到参考寄存器的最低位就结束,则原来的二进制数只是转移到新的位置,其他不变。但这个移位过程可以看做是参考寄存器中的内容乘以 2 再加上尾随的二进制位,是按迭代公式进行的数据重建。

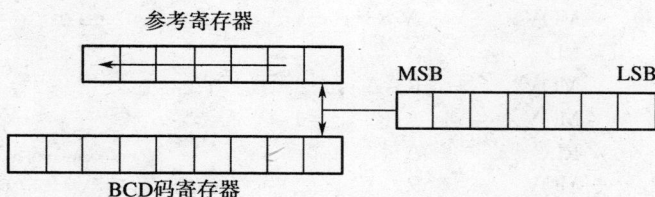

图 8-5　双字节二进制数转为 BCD 码原理图

同理,只要将同一个二进制数放到 BCD 码寄存器中重建,即可实现数据转换。在 BCD 码寄存器中的乘 2 运算,必须符合 BCD 码的运算规律。设 BCD 码寄存器中的数为 X,则 2X=X+X,每次加法都要做一次 BCD 码调整,再在末位加上尾随的 0 或 1,当原先的 LSB 到达 BCD

码寄存器的最低位时转换结束。

图 8-5 中有参考寄存器是为了便于分析,实际上并不需要。以下是转换子程序,仍写成 C51 函数形式,输入参数为 2 字节,在 R6、R7 中;返回值为 4 字节,在 R4、R5、R6、R7 中(与 C51 的数据类型 long 相对应,本例的结果不超过 3 字节)。

	PUBLIC	_BINXBCD	
? PR? _BINXBCD?	SEGMENT CODE		
	RSEG	? PR? _BINXBCD?	
_BINXBCD:	MOV	A,R6	;输入参数,高位转存 R2
	MOV	R2,A	
	MOV	A,R7	;输入参数,低位转存 R3
	MOV	R3,A	
	CLR	A	
	MOV	R4,A	;BCD 寄存器由 R4~R7 构成
	MOV	R5,A	;R4 为最高位
	MOV	R6,A	
	MOV	R7,A	;R7 为最低位
	MOV	B,♯16	;移位 16 次即可
BITBCD:	MOV	A,R7	;4 字节,BCD 乘 2 运算
	ADD	A,R7	
	DA	A	
	MOV	R7,A	
	MOV	A,R6	
	ADDC	A,R6	
	DA	A	
	MOV	R6,A	
	MOV	A,R5	
	ADDC	A,R5	
	DA	A	
	MOV	R5,A	
	MOV	A,R4	;关于 R4 的这 4 行
	ADDC	A,R4	;可做可不做,因为
	DA	A	;2 字节数转为 BCD 码
	MOV	R4,A	;结果不超过 3 个字节
	CLR	C	;双字节二进制数移位
	MOV	A,R3	
	RLC	A	
	MOV	R3,A	
	MOV	A,R2	
	RLC	A	
	MOV	R2,A	
	JNC	SKIP_ADD	;若最高移出位为 0,则跳过加运算
	INC	R7	;结果加 1
SKIP_ADD:	DJNZ	B,BITBCD	
	RET		

8.4 模块化程序设计

汇编语言编程在算法的高效率方面是无可比拟的。但是这不仅要求编程人员对指令系统非常娴熟,具有长时间的经验积累,而且还必须得到模块化编程环境的支持。在对复杂任务编程时,如果只用单模块方式编程,可能程序语句会达到上万行。这既不容易管理,也容易出错。

模块化编程就是将任务划分到不同的模块中去实现,一个模块为一个文件,它们各自独立地编译或汇编成目标码,然后连接成一个可执行的代码文件。模块化编程使得单个源程序文件的规模和复杂程度受到控制,可化整为零地逐个编写和调试,最后合成总体,有利于团队开发。

在工程开发中,常用模块还可以被将来的新项目重复使用,可以通过不断的完善、积少成多,形成用户自己的函数库,这样编写大型任务就得心应手了。

应用 C51 开发 MCS-51 系列的程序已经成为趋势。所以应用宏汇编 ASM-51 编写程序,如果初学者一开始就注意到它与 C51 的接口,就可以事半功倍。

8.4.1 ASM-51 编程环境下的文件类型

1)源文件

编辑一个文本文件,扩展名为 ＊.ASM、＊.A51 或 ＊.SRC,均表示源文件。前面的例子在集成开发环境下输入并保存,通常使用 ＊.ASM 扩展名。＊.SRC 通常是由高级语言模块生成的汇编源程序,通过手工优化,可以替代原来的高级语言模块,以获得较好的性能。

2)列表文件、目标文件和库文件

汇编源文件,可以产生列表文件,扩展名为 ＊.LST。列表文件中,列出了源文件所对应的行的地址分配、指令的机器码、源程序的行号和源程序行的内容(含标号、助记符、操作数等,如果原来有注释,则注释也被列出)。图 8-6 是与图 8-2 对应的源文件的列表文件的片段。

	1		PUBLIC	_BCD2BIN
	2	BCDBIN1	SEGMENT	CODE
————	3		RSEG	BCDBIN1
0000 EF	4	_BCD2BIN:	MOV	A,R7
0001 54F0	5		ANL	A,＃0F0h
0003 C4	6		SWAP	A
0004 75F00A	7		MOV	B,＃10
0007 A4	8		MUL	AB
0008 F5F0	9		MOV	B,A
000A EF	10		MOV	A,R7
000B 540F	11		ANL	A,＃0Fh
000D 25F0	12		ADD	A,B
000F FF	13		MOV	R7,A
0010 22	14		RET	

图 8-6 列表文件的片断

如果汇编源程序有错误,列表文件中将包含错误位置的信息;如果汇编正确,可以生成目标文件,文件的扩展名为 ＊.OBJ。如果有必要,还可以生成自己的库文件 ＊.LIB。

3）映象文件和可执行代码文件

连接目标文件(＊.OBJ)和库文件(＊.LIB)就可生成映象文件,扩展名为 ＊.M51。各模块中相同属性的段被连接在一起。在映象文件中,将列出各程序段(代码段、数据段、堆栈段等)的起始地址和长度,也会列出各类型在存储空间的占用情况。如果连接没有问题,就进一步生成可执行的程序代码(＊.HEX)。

8.4.2　各种文件的关系及生成流程

ASM-51 汇编语言程序和 C51 程序都可以通过汇编或编译形成 OBJ 文件;一些 OBJ 文件可以形成 LIB 文件,成为函数库,取代 OBJ 文件;各模块的 OBJ 文件与库文件连接定位后就生成可执行程序的代码文件(HEX)。如图 8-7 所示。

在 MCS-51 程序开发方面,Keil 公司的 μVersion 软件提供强大的支持。它在 Windows 操作系统下运行,界面友好,提供了从源程序编辑、编译(C51)和汇编、连接定位到模拟调试在内的集成化开发环境。

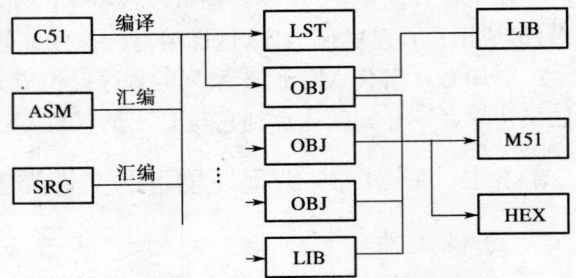

图 8-7　文件的关系及生成流程

关于该软件应用于程序开发的具体过程,我们将在第 16 章中介绍。

8.4.3　由两个模块构成的程序示例

【例 8-10】 循环地从 P3 口读入 1 字节二进制数,转变成 BCD 码之后输出到 P1 口。这不是一个复杂的问题,但是作为示例我们仍按模块化的方法来实现。先看主程序:模块 1,文件名 ml.asm。

```
            EXTRN    CODE(_BIN2BCD)
STACK       SEGMENT  IDATA      ;在间接寻址空间说明一个堆栈段
            RSEG     STACK
TOP:        DS       1          ;形式上分配一个字节
            CSEG  AT  0000H      ;绝对定位的段,复位时 PC=0000H
            LJMP     START;跳转到可重定位的段,必要性见下一章
m_MAIN      SEGMENT  CODE
            RSEG     m_MAIN
START:      MOV      SP,#(TOP-1)  ;初始化堆栈
FOREVER:    MOV      R7,P3
            CALL     _BIN2BCD
            MOV      P1,R7
            SJMP     FOREVER
            END
```

在这个模块中,间接寻址空间定义了一个堆栈段,它是可重定位的,并形式地分配了1个字节的空间。实际在运行过程中,堆栈栈顶的位置是由程序动态决定的;而堆栈的起点,需要在内部 RAM 中分配。如果是手工分配,就要统计所有模块分别使用了多少个字节的 RAM(包括寄存器和可位寻址段),很容易出错,例如堆栈区和变量区重叠,程序无法执行;也可能堆栈区与变量区离开很远,使内部 RAM 不能被充分利用。本例堆栈段在连接阶段才决定堆栈的实际起点,免除了手工计算。

在这个模块中,需要用到子程序_BIN2BCD,它是在外部定义的。

还要注意一点,主程序执行的是无限循环,这在嵌入式系统中很普遍。如果没有类似的无限循环,按微机的运行原理,PC 指针终将指向程序代码范围之外,即可能从 ROM 中取得随机数,并作为代码继续执行,从而导致失控。

二进制数转变成 BCD 码,我们直接利用例 8-7 的程序作为模块 2(文件名 m2. asm 这里不再重写)。

例 8-7 的程序中 PUBLIC 使得_BIN2BCD 在外部可见。在 Keil51 集成开发环境下,创建一个工程,文件名为 Mof2. uv2、再将上述两个汇编语言程序文件分别输入并添加到工程中去。分别汇编之后,得到相应的列表文件和目标文件。以下分别是两个模块的列表文件片段。

M1. asm 的列表文件片段:文件名 m1. lst。

```
LOC   OBJ          LINE      SOURCE
                   1                   EXTRN      CODE(_BIN2BCDB)
                   2         STACK     SEGMENT    IDATA
----               3                   RSEG       STACK
0000               4         TOP:      DS         1
----               5                   CSEG       AT 0000H
0000  020000    F  6                   LJMP       START
                   7         m_MAIN    SEGMENT    CODE
----               8                   RSEG       m_MAIN
0000  758100    F  9         START:    MOV        SP,#(TOP-1)
0003  AFB0          10        FOREVER:  MOV        R7,P3
0005  120000    F   11                  CALL       _BIN2BCDB
0008  8F90          12                  MOV        P1,R7
000A  80F7          13                  SJMP       FOREVER
                   14                  END
A51   MACRO ASSEMBLER  M1
```

M2. asm 的列表文件片段。

```
LOC   OBJ                LINE        SOURCE
                          1                      PUBLIC      _BIN2BCDB
                          2          BIN2BCD SEGMENT   CODE
————                      3                      RSEG        BIN2BCD
0000                      4          _BIN2BCDB:
0000  EF                  5                      MOV         A,R7
0001  75F00A              6                      MOV         B,#10
0004  84                  7                      DIV         AB
0005  C4                  8                      SWAP        A
0006  45F0                9                      ORL         A,B
0008  FF                  10                     MOV         R7,A
0009  22                  11                     RET
                          12                     END
A51    MACRO ASSEMBLER   M2
```

其中由 M1. asm 生成的列表文件中,凡标有"F"的行,其机器码中的地址是相对地址。LST 文件供程序员分析之用。对应于 LST 文件,OBJ 文件则是供后续连接/定位用的。集成环境内部执行 BL51 应用程序,将 OBJ 文件(如果有需要,还可以有库文件)连接起来,并将所有的相对地址转变为绝对地址,形成可执行程序,映象文件也给出了大量的有用信息。

存储器映象文件的文件名为 Mof2. M51 内容如下:

```
BL51 BANKED LINKER/LOCATER V5.00, INVOKED BY:
D:\KEIL\C51\BIN\BL51.EXE m1.obj, m2.obj TO Mof 2
INPUT MODULES INCLUDED:
m1.obj (M1)
m2.obj (M2)
LINK MAP OF MODULE: Mof 2 (M1)
    TYPE    BASE      LENGTH     RELOCATION      SEGMENT NAME
    ————————————————————————————————————————————

    * * * * * * *   D A T A    M E M O R Y   * * * * * * *
    REG     0000H     0008H      ABSOLUTE        "REG BANK 0"
    IDATA   0008H     0001H      UNIT            STACK

    * * * * * * *   C O D E    M E M O R Y   * * * * * * *
    CODE    0000H     0003H      ABSOLUTE
    CODE    0003H     000CH      UNIT            M_MAIN
    CODE    000FH     000AH      UNIT            BIN2BCD
```

从中可以看出整个程序由 m1.obj 和 m2.obj 两个模块组成;程序代码由三段构成,列出了各段的起始地址和长度;内部 RAM 的占用情况是寄存器用了 8 个字节,其余为堆栈。如果我们的程序再复杂一些,还会出现 DATA 段、XDATA 段等等。

可执行程序的代码文件的文件名是 Mof2. hex,内容如下:

```
: 03000000020003F8
: 0C000300758107AFB012000F8F9080F7DE
: 0A000F00EF75F00A84C445F0FF22EB
: 00000001FF
```

HEX 文件是常用的机器码文件,其格式和规定很容易找到。在 Keil 环境下,打开反汇编窗口,就可以更直观地看到这个程序的所有指令、机器码及地址分配(见图 8-8)。

```
C: 0x0000      020003        LJMP        START(C: 0003)
                           START:
C: 0x0003      758107        MOV         SP(0x81),#0x07
                           FOREVER:
C: 0x0006      AFB0          MOV         R7,P3(0xB0)
C: 0x0008      12000F        LCALL       BIN2BCDB(C:000F)
C: 0x000B      8F90          MOV         P1(0x90),R7
C: 0x000D      80F7          SJMP        FOREVER(C: 0006)
                           BIN2BCDB:
C: 0x000F      EF            MOV         A,R7
C: 0x0010      75F00A        MOV         B(0xF0),#0x0A
C: 0x0013      84            DIV         AB
C: 0x0014      C4            SWAP        A
C: 0x0015      45F0          ORL         A,B(0xF0)
C: 0x0017      FF            MOV         R7,A
C: 0x0018      22            RET
C: 0x0019      00            NOP
C: 0x001A      00            NOP
```

图 8-8   指令、机器码及地址分配

在图 8-8 中,所有伪指令、表达式都已不复存在,所有的相对地址也已经被绝对地址所代替。

9 MCS-51 的定时器/计数器与中断系统

定时器/计数器、中断控制器是 MCS-51 的核心部件。定时器/计数器是可编程(Programmable)的多功能部件,通过编程,可以工作于不同的方式,应用非常灵活。

定时器/计数器可以作为中断源,与其他中断源一起,通过片上集成的中断系统,请求CPU 的中断服务。CPU 在程序运行期间,能以中断响应的方式,处理由定时器/计数器产生的外部事件。这使 MCS-51 能满足很多测控领域的要求。

中断技术的应用非常广泛,多功能数字部件包括定时器/计数器、串行通信等,都离不开中断技术。在与控制相关的编程应用中,必须理解和掌握中断技术。中断技术并不高深莫测,结合具体的应用,是容易掌握的。

各种功能部件的应用都与特殊功能寄存器(SFR)相联系。访问 SFR 就能实现对功能部件的控制,包括工作方式的初始化等。通过练习,熟练应用片内部件,是微控制器应用系统设计的重要方面。

本章所讨论的定时器/计数器、中断技术必须相互结合才能体现出实用价值。再就是需要结合实际例子,通过实践环节,才能深入领会,达到举一反三的学习效果。

9.1 MCS-51 的定时器/计数器

定时器/计数器的原理如图 9-1 所示,核心是一个硬件的加(减)计数器,它能对脉冲信号计数。GATE 的作用是便于对计数过程进行控制。如果对外部的事件脉冲计数,则是计数器;如果脉冲频率非常稳定(例如图中 f_{osc} 来自晶体振荡电路,经过一定的预分频),则是定时器。

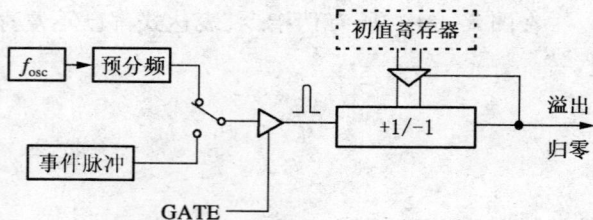

图 9-1 定时器与计数器的原理

初值寄存器是可编程的,它提供计数器或定时器的初始数值,当加(减)计数器产生溢出(归零)时产生一个输出信号,这可提供给 CPU,作为一个状态标志或中断事件。

9.1.1 定时器/计数器的结构

AT89S51 有 T0 和 T1 两个定时器/计数器,AT89S52 有 T0、T1 和 T2 三个定时器/计数器。在作外部事件计数时,T0 和 T1 的外部事件脉冲输入分别占用 P3.4 和 P3.5 引脚,如果还用到外部引脚实现 GATE 功能,则还要分别占用 P3.2 和 P3.3。

计数器在每个机器周期的 S5P2 时刻对 T0 和 T1 引脚采样,两个相邻的机器周期内,前一次采样到高电平,后一次采样到低电平(检测到一个下降沿),计数器加 1。这种机制,要求时间脉冲有一定宽度,计数脉冲频率不能超过 CPU 时钟频率的 1/24。

作定时器时,是通过对机器周期的计数来实现的,相当于对 CPU 时钟作 1/12 的预分频。例如 CPU 时钟是 12 MHz,则计数频率为 1 MHz,计数器中每一个码,对应于 1 μs。

T0 和 T1 都是加计数器。其工作方式的设定是通过一些控制寄存器实现的。

1) 工作方式控制寄存器(TMOD)

TMOD 是不可位寻址的特殊功能寄存器。其各位含义如下:

TMOD(89H)

D7	D6	D5	D4	D3	D2	D1	D0
GATE	C/$\overline{\text{T}}$	M1	M0	GATE	C/$\overline{\text{T}}$	M1	M0

在该寄存器中,高 4 位和低 4 位分别控制 T1 和 T0 的工作方式。其中:

GATE:门控选择位。GATE=0,不使用外部引脚作门控信号;GATE=1,则计数过程由外部引脚 INT0(INT1)控制。

C/$\overline{\text{T}}$:定时方式/计数方式选择控制位。C/$\overline{\text{T}}$=0,则为定时方式;若 C/$\overline{\text{T}}$=1,则为计数方式。

M1、M0:构成工作方式的编码,00、01、10 和 11 分别代表选择方式 0、1、2 和 3。关于这几种方式,将在后面介绍。

2) 定时器控制寄存器(TCON)

TCON 是可位寻址的特殊功能寄存器。其各位含义如下:

TCON(88H)

D7	D6	D5	D4	D3	D2	D1	D0
TF1	TR1	TF0	TR0	IE1	IT1	IE0	IT0

TR0/TR1:定时器/计数器运行控制位。置"0"则停止计数;置"1"则启动计数。

TF0/TF1:定时器/计数器溢出标志位,也作为中断源。该位为 1 表示定时/计数值到,后续的计数脉冲可导致该位自动清"0"。

理论上可用软件查询 TF0/TF1,以了解定时/计数值是否到达,但是 CPU 就必须时刻不断的查询,否则非常容易错过,这样定时器/计数器的意义就不大了。事实上,定时/计数功能总是与中断相联系,这样才能提高 CPU 的性能。

低 4 位与外部中断有关,留待中断部分解释(见第 9.4 节),暂时不用的各位可以送入默认值"0"。

9.1.2　定时器/计数器的工作方式

T0 和 T1 的方式由 TMOD 中的 M1 和 M0 设定,T0 有方式 0～3;T1 只有方式 0～2。

表 9-1　定时器工作方式的选择

M1	M0	工作方式	功　　能
0	0	方式 0	13 位定时器/计数器
0	1	方式 1	16 位定时器/计数器
1	0	方式 2	初值自动重新装入的 8 位定时器/计数器
1	1	方式 3	T1 用作波特率时钟时,T0 分成两个独立的 8 位定时器/计数器

1）方式 0、方式 1

图 9-2(a)为方式 0 的简图,特殊功能寄存器 TLi 的低 5 位和 THi 构成 13 位计数器(其中 i 取 0 或 1,分别代表 T0 或 T1,下同),计数或定时的最大范围为 2^{13}。

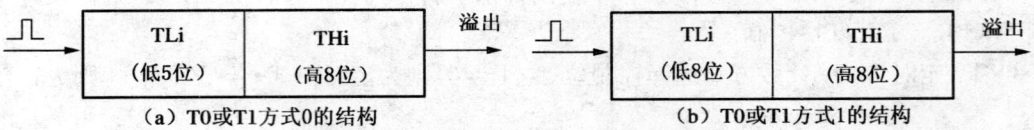

图 9-2　方式 0、方式 1 的计数器硬件构成

图 9-2(b)为方式 1 的简图,特殊功能寄存器 TLi 和 THi 构成 16 位计数器。计数或定时的最大范围均为 2^{16}。

两种方式仅最大计数范围有差别,其他方面完全类似。TLi 和 THi 由软件装入一定的初值,对脉冲计数,直到溢出,TFi 置位,向 CPU 申请中断;与此同时,作为硬件计数器,TLi 和 THi 的内容自动归零。

由于溢出时计数器也归零,并且方式 0,1 没有专门的初值寄存器,软件需要为其下一次计数重置初值,否则下一次默认从 0 开始计数。

脉冲计数的路径和控制方法见图 9-3。

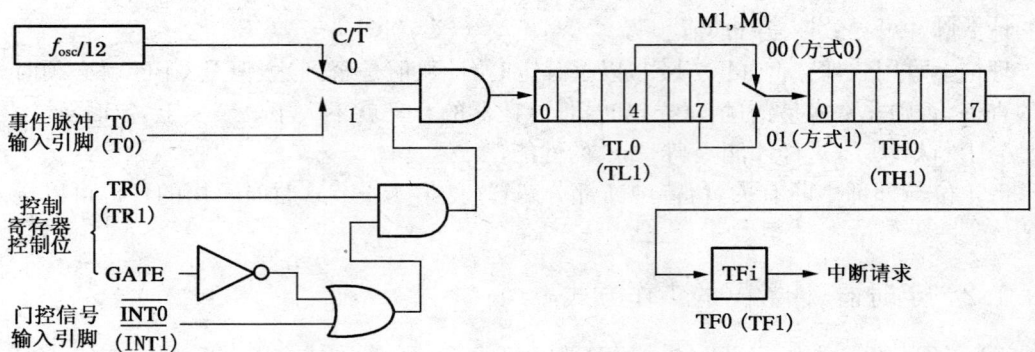

图 9-3　方式 0、方式 1 的信号路径及其控制

图 9-3 中直观地表明了 GATE、C/$\overline{\text{T}}$、M1、M0 位的意义以及启动位 TR0(TR1)和溢出位 TF0(TF1)的意义。

当 TMOD 寄存器的 C/$\overline{\text{T}}$ = 0 时,对机器周期($f_{\text{osc}}/12$)计数,是定时功能;C/$\overline{\text{T}}$ = 1 时,对

外部引脚上的脉冲信号(事件)计数,是计数功能。

当 GATE=0 时,不使用外部引脚作门控信号,定时器/计数器的启/停仅由 TR0(TR1)决定。置"1"则启动,清"0"则停止;

当 GATE=1 时,TR0(TR1)和引脚 INT0(INT1)共同开启/停止 T0(T1)。利用这个特性,若选择定时方式,就可以测量 INT0(INT1)上的输入脉冲宽度。

2) 方式 0、方式 1 的初值

MCS-51 的定时器采用加计数器,计数器由特殊功能寄存器 TL0(TL1)和 TH0(TH1)构成,并且是可读可写的。

计数方式下,如果计数器初值是 0,启动后,CPU 可以在以后任何时机读出计数值。不过这里可能会存在一个问题:CPU 读数时,外部计数脉冲可能正在使计数值增加,因此可能会有 1 个码的误差;而计数器由高位(THi)和低位(TLi)构成,CPU 却只有 8 位,这就需要分两次读。举例来说如果当前数值为 01FFH,假设先读高位,读到 01H,这时外部脉冲使计数器加 1,计数值就翻转为 0200H,此时程序再读低位,得 00H;程序中将高位和低位拼起来,结果是 0100H,与此时计数的实际值相差 100H,这个误差在控制中将造成难以预料的后果。如果改为先读低字节,后读高字节,这种情况也难避免,读者可以自行分析。在工程应用中,如果需要读取这样的数,可以将整个过程重复,直到连续两次的读数相等。

更多的应用场合我们需要固定计数或定时值,可以先设定初值,由硬件自动计数,计数值一到就溢出,接着通过中断请求 CPU 处理。这样就可以避免直接去读计数值。

为此,对于期望的计数值,有如下简单的关系:

$$初值 = 计数器容量 - 计数值$$

方式 0 时,计数器容量为 $2^{13}=8\,192$,而方式 1 时,计数器容量为 $2^{16}=65\,536$。

在用作定时器时,还需要考虑 CPU 的时钟频率,因为定时方式实际是硬件对 $f_{osc}/12$ 的计数。在第 9.1.3 节中用一个实例,说明定时器应用的初始化过程。

3) 方式 2

方式 2 为重装自动初值的 8 位定时器/计数器,定时器 T0(T1)工作于方式 2 的结构如图 9-4 所示(i 为 0 或 1,分别代表 T0 和 T1)。

图 9-4 中显示,TLi 作为 8 位计数寄存器,THi 作为 8 位初值寄存器,THi 中的数据是由 CPU 通过指令设置,不受计数过程影响。当 TLi 计数溢出时,TFi 被置位,并向 CPU 请求中断;同时 THi 的初值被重新装入 TLi 中,用于重新计数。

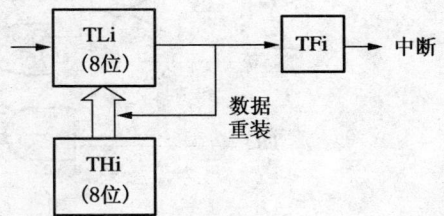

图 9-4 T0(T1)工作于方式 2 的结构

图 9-5 中,脉冲信号的路径和控制方法与方式 0、方式 1 完全类似。由于初值可以由硬件自动重装,所以定时精度很高,可以用作精确的可编程分频器。但是 THi 和 TLi 分工后,计数范围显著缩小,最大计数容量为 $2^8=256$。

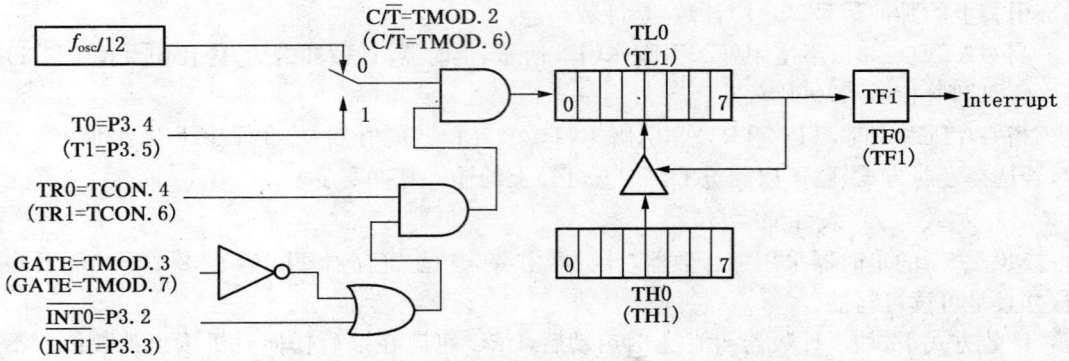

图 9-5　方式 2 的信号路径及其控制

MCS-51 微控制器中的 T1 工作于方式 2 时,通常被用作串行通信接口的波特率发生器,T1 与串行口形成了实际上的固定搭配。相关的应用将在串行通信的有关章节介绍。

4) 方式 3

如图 9-6 所示,T0 可工作于方式 3。该方式下,分别以 TH0 和 TL0 为中心,各构成一个 8 位的定时器/计数器。TL0 占用其自身的方式控制位、运行控制位和中断源,可工作于定时和计数方式;而 TH0 占用原属于 T1 的运行控制位 TR1、溢出标志 TF1 和中断源,并且只能作定时之用。

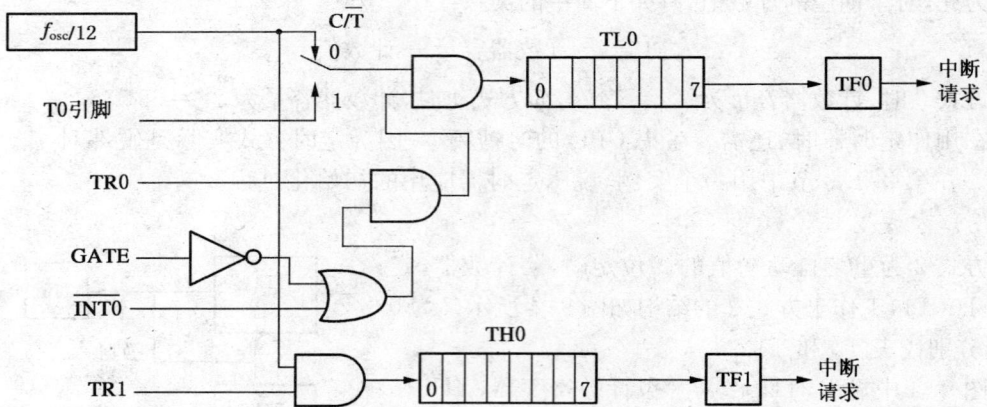

图 9-6　方式 3 的信号路径及其控制

此时的定时器 T1,其自身的 TR1、TF1 和中断源被"剥夺",但仍可工作于方式 0、方式 1、方式 2:在 T0 进入方式 3 时,T1 被启动,而 T0 退出方式 3 时,T1 被停止,即其取代了原来运行控制位 TR1 的功能;由于此时 T1 只作串行通信的可编程波特率发生器,也就不需要 TF1 作中断源。

实际应用中,只有 T1 用作波特率发生器时,T0 才工作于方式 3,以增加一个定时器。由于其计数范围较小,这种方式的应用其实并不普遍。

9.1.3　定时器/计数器 T0 和 T1 的应用实例

【**例 9-1**】　某 MCS-51 微控制器应用系统,时钟频率为 12 MHz,初始化时定时器 T0,使其每隔 5 ms 发出一个中断请求。

首先选定时方式,已知 CPU 时钟频率为 12 MHz,计数脉冲频率为 $f_{osc}/12 = 12$ MHz$/12 = 1$ MHz。计数周期为其倒数,即 $1\ \mu s$。5 ms $= 5\ 000\ \mu s$,所以需要的计数值是 5 000。如果选方式 0,则计数器容量为 $2^{13} = 8\ 192$,初值$=8\ 192-5\ 000=3\ 192$(即 01100011,11000 B 高 8 位与低 5 位用逗号隔开)。

按方式 0 初始化语句:

```
MOV      TMOD,#00000000B          ;T0,无 GATE,定时,方式 0
MOV      TH0,#01100011B           ;置高 8 位初值
MOV      TL0,#00011000B           ;置低 5 位初值,高 3 位置 0
SETB     ET0                      ;允许 T0 中断
SETB     EA                       ;CPU 开放中断
SETB     TR0                      ;启动定时器 T0
```

如果选方式 1,则计数器容量为 $2^{16}=65\ 536$,初值$=65\ 536-5\ 000=60\ 536=$EC 78H;
按方式 1 初始化语句:

```
MOV      TMOD,#00000001B          ;T0,无 GATE,定时,方式 1
MOV      TH0,#0ECH                ;高 8 位初值
MOV      TL0,#78H                 ;低 8 位初值
SETB     ET0                      ;允许 T0 中断
SETB     EA                       ;CPU 开放中断
SETB     TR0                      ;启动定时器 T0
```

在 C51 中以上两种初始化方法分别写成:

```
TMOD=0;   //方式 0
TH0=0x63;
TL0=0x18;          和
ET0=1;
EA=1;
TR0=1;
```

```
TMOD=1;   //方式 1
TH0=0xEC;
TL0=0x78;
ET0=1;
EA=1;
TR0=1;
```

在这个具体应用中,方式 0 和方式 1 的最大定时间隔分别为 $8\ 192\ \mu s$(8.192 ms)和 $65\ 536\ \mu s$(65.536 ms);这里只需要 5 ms 就够了,所以两种方式都可以选用。如果定时间隔要求提高到10 ms(或者仍然为 5 ms 但 CPU 时钟提高到 24 MHz)显然就只能采用方式 1 了。

初始化编程,启动了中断,有关的指令注解中已说明。以下是中断部分,不妨在学过下一章以后再回过来阅读。需要特别注意的是在中断部分需要重置初值。

5 ms 定时/中断服务程序中的关键语句:

```
MOV        TH0,＃0ECH              ;方式 1 重置高位初值
MOV        TL0,＃78H               ;方式 1 重置低位初值
……                                ;中断处理
RETI       ;中断返回
```

需要注意的是,TMOD 控制着 T0 和 T1 的方式,在初始化 T0 和 T1 之一时,上述方法可能影响到另外一个定时器的工作方式,解决的办法是两个定时器一并设置,或者采用以下方法(以 T0,设置为无 GATE,定时,方式 1 为例)向 TMOD 送数:

```
MOV        A,TMOD                  ;T0,无 GATE,定时,方式 0
ANL        A,＃0F0H                ;置高 8 位初值
ORL        A,＃01H                 ;置低 8 位初值
MOV        TMOD,A                  ;重置低位初值,与初始化部分相同
```

以上方法非常有利于程序的结构化,在模块化编程时,这是个非常好的习惯,如果采用高级语言编程,也可以参考这个思路。

例 9-1 无论选方式 0 或方式 1,由于中断响应过程需要若干个机器周期,且机器周期数可能是不确定的,则中断部分重置初值就不能做到"及时",这样就必然造成误差,所以定时精度不高。

【例 9-2】　以 P1.0、P1.1、P1.3 分别控制三相步进电机的 A、B、C 三相,使其依次通电,通电规律为"A—AB—B—BC—C—CA—A—……",换相时间间隔为 0.5 ms(CPU 时钟为 6 MHz)。用 T0 采用定时、查询方式工作。

CPU 时钟为 6 MHz,则计数频率为 6 MHz / 12＝0.5 MHz,周期为 2 μs;定时间隔为 0.5 ms＝500 μs,要求的计数值为 500 μs /2 μs＝250。只需要 8 位就够了,选用方式 2。

初值为 $2^8-250=6$。

各相通电的规律可以用查表的方法实现,根据通电规律和 A、B、C 与 P1.0、P1.1、P1.2 的对应关系,可以构成数据表如下:

00000001B、00000011B、00000010B、00000110B、00000100B、00000101B

或 1、3、2、6、4、5(十进制)。

依次取表中数据送到 P1 口就可以了。为查表设置一个指针变量 X,每次取数后指针加 1,当指针等于 6 就回到 0。送数的间隔由 T0 定时器决定,可以通过查询 TF0 得到。

程序如下:

```
            CSEG     AT  0000H
            LJMP     START
MAIN_C      SEGMENT  CODE
            RSEG     MAIN_C
START:      MOV      P1,＃0              ;步进电机各相断电
            MOV      TMOD,＃00000010B    ;T0,无 GATE,定时,方式 2
            MOV      TH0,＃6             ;置初值寄存器初值
            MOV      TL0,＃6             ;置计数器初值,保证第一次正确,以后重载
            SETB     TR0                ;启动定时器 T0
```

```
            MOV      B,#0              ;表指针清 0
            MOV      DPTR,#TABLE       ;表首地址设置
LOOP:       JNB      TF0,LOOP          ;(TF0)= 0,等待
            CLR      TF0
            MOV      A,B
            MOVC     A,@A+DPTR         ;查表指令
            MOV      P1,A              ;送数,步进电机通电相序变化
            INC      B                 ;表指针+1,调整
            MOV      A,#5              ;表指针比较值
            CLR      C
            SUBB     A,B               ;用减法比较
            JNC      LOOP              ;无进位,(B)≤5,继续
            MOV      B,#0              ;否则,(B)←0
            SJMP     LOOP
TABLE:      DB 1,3,2,6,4,5             ;通电相序表
            END
```

本例因采用方式 2,初值可以自动重载,简化了软件。

另外以减法代替比较指令 CJNE,体现了编程时的灵活性。从算法角度分析,B 的内容总是在 0~5 之间循环,一旦达到 6 就清为 0。

用 C51 重写这段程序如下:

```
#include<reg51.h>
unsigned char code TABLE[6]={1,3,2,6,4,5};
unsigned char i;
void main (void)
{
  P1=0;
  TMOD=2;              //T0 方式 2
  TH0=6;               //初值寄存器置初值 6
  TL0=6;               //计数器,首次置初值 6
  TR0=1;
  i  =0;
  while (1)
  {
    while (!TF0){}
    P1=TABLE[i++];
    if (i>=6) i=0;   //i 正常条件下不会大于 6,此处是为容错
  }
}
```

【例 9-3】 在某牛奶自动灌装线上,每检测到 20 瓶,产生一个装箱指令脉冲,使相关设备动作。试用 MCS-51 微控制器的计数器实现该控制要求。检测信号从 T1 引脚(P3.5)输入,

指令脉冲从 P1.2 输出。

在牛奶自动灌装线上装有传感装置，每检测到一瓶牛奶就向 T1 引脚发送一个脉冲信号，使用计数功能就可实现该控制要求。因为 T1 引脚属于 T1 计数器，所以选 T1 的方式 2 来完成该任务。

初值为 $256-20=236=$ ECH。程序如下：

```
        CSEG   AT 0000H
        CLR    P1.2              ;清除输出
        MOV    TMOD, #60H        ;T1,无 GATE,计数,方式 2
        MOV    TL1, #0ECH        ;初值
        MOV    TH1, #0ECH        ;初值
        SETB   TR1               ;启动
WAIT:   JBC TF1, OUT             ;未满转输出
        SJMP   WAIT              ;否则等待
OUT:    SETB   P1.2              ;输出脉冲上升沿
        NOP                      ;
        NOP                      ;}稍加等待,使脉冲有一定宽度
        NOP                      ;
        CLR    P1.2              ;输出脉冲下降沿
        AJMP   WAIT              ;转下一个循环
        END
```

本章此前的例题都回避了中断，然而，实用程序是很少能不使用中断。结合了中断的定时器的应用举例，将安排在中断介绍之后。关于 T1 用作波特率发生器的例子，将放在第 10 章的通信编程中介绍。

9.2　增强型 MCS-51 的 T2 定时器

由于前面提到的关于 T0 和 T1 的种种局限性，在增强型 MCS-51 微控制器中增加了 16 位多功能定时器/计数器 T2。它可以实现 16 位带初值自动重装的定时/计数、外部信号控制下的计数值捕捉和波特率发生器等功能。

关于 T2 的特殊寄存器有：T2CON、TH2、TL2、RCAP2H、RCAP2L。T2 实现计数、捕捉等功能，相关的外部引脚与 P1 口的 P1.0(T2) 和 P1.1(T2EX) 复用。

9.2.1　控制寄存器

定时器 T2 的方式、运行控制以及标志位等都在 T2CON 中实现，其各位含义如下：

T2CON(C8H)

D7	D6	D5	D4	D3	D2	D1	D0
TF2	EXF2	RCLK	TCLK	EXEN2	TR2	C/$\overline{\text{T2}}$	CP/RL2

关于方式和运行控制位,因为相互的关联,故按表 9-2 的编码来区别并使用。

表 9-2 定时器 2 的工作方式

RCLK	TCLK	CP/RL2	TR2	方　式	
0	0	0	1	16 位自动装载	
0	0	1	1	16 位捕捉	
0	1	×	1	波特率 发生器	T2 提供发送时钟
1	0	×	1		T2 提供接收时钟
1	1	×	1		T2 提供发送和接收时钟
×	×	×	0	禁　止	

其他控制位和标志位的意义如下:

C/$\overline{T2}$:为 1 时为计数方式,为 0 时为定时方式。

TF2:溢出中断标志。用于自动装载和捕捉方式,当计数满时被置 1,并可以请求 CPU 中断。该位硬件不会自动清零,所以要由软件清零。在波特率发生器方式下,TF2 位被忽略。

EXF2:T2 的外部中断标志,该外部中断的输入引脚是 T2EX(P1.1)。

EXEN2:T2 外部中断的使能位,可允许或禁止 T2EX(P1.1)上的中断。

9.2.2　T2 的 16 位自动装载方式

16 位自动装载方式下,16 位的计数器由 TH2、TL2 构成,而初值寄存器由 RCAP2H 和 RCAP2L 构成。在计数过程中,可自动重载初值,这与 T0 或 T1 的方式 2 类似,但计数范围达到 16 位。另外实际电路还提供更多的灵活性,见图 9-9 所示。

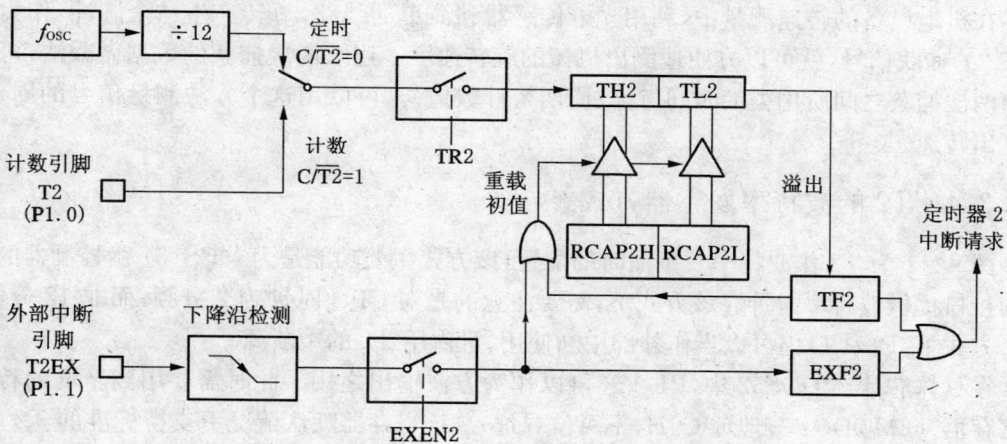

图 9-9　16 位自动重载方式

图 9-9 中,C/$\overline{T2}$控制是计数方式还是定时方式;TR2 控制计数开始或停止;TF2＝1 表示计数满溢出,可请求中断,并重载初值;在外部引脚 T2EX 的下跳变时,如果 EXEN2 位为 1,也

可导致中断,并重装初值。CPU 在中断响应中,可以查询 TF2 和 EXF2,以判断中断原因。

9.2.3　T2 的 16 位捕获方式

16 位捕获方式下,由 TH2、TL2 构成 16 位的计数器,由 RCAP2H 和 RCAP2L 构成 16 位捕获寄存器。见图 9-10 所示,计数过程中,当外部引脚触发捕获动作,16 位计数值的值由硬件锁存到捕获寄存器中,供 CPU 读取,这时计数器内的数据可能还在动态增加,但经捕获的数据直到下一次捕获新数据之前,都是不变的。这避免了直接读计数器可能带来的读数误差和捕获错误数据的风险。

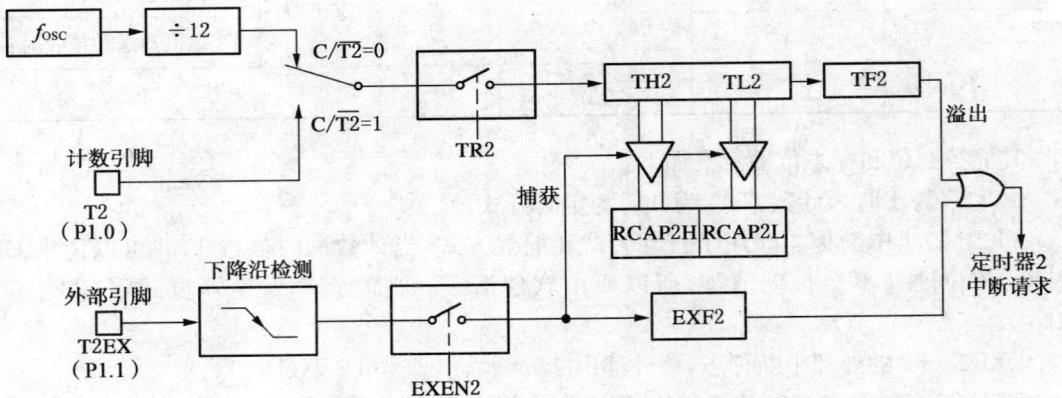

图 9-10　16 位自动捕获方式

图 9-10 中,C/T2仍然是选择计数还是定时;TR2 控制计数开始或停止;计数满溢出,TF2 =1,可请求中断,但初值不自动重装;在外部引脚 T2EX 的下跳变时,如果 EXEN2 位为 1,可触发捕获动作,并向 CPU 申请中断。CPU 响应后,可在捕获寄存器中读出捕获到的计数数据,也可以查询 TF2 和 EXF2,以判断中断原因。

在机电设备的转速测量中,利用光电传感器和简单的线路,每转产生一个脉冲,作为定时器 T2 的捕获信号,就可以方便地测出机械的旋转速度。连续两次捕获的数据做减法,可以计算出两次捕获之间所用去的时间(计数周期×计数值)。可以用这个方法测量信号的周期,再计算出转速。

9.2.4　T2 的波特率发生器方式

图 9-11 为 T2 作波特率发生器时的配置,该方式主要功能是为 MCS-51 微控制器的串行通信接口提供波特率时钟。该方式下,需要注意的是对 CPU 时钟为 2 分频,而非 12 分频,在这个方式下,P1.1 口仍可以当作外部中断使用,且占用 T2 的中断源。

在具体芯片 AT89S52 中,P1.1 还可以作为方波输出之用。此时需要用到新增的特殊功能寄存器 T2MOD(字节地址 C9H,不可位寻址)。该寄存器默认情况下支持标准的 T2 应用,因此可以忽略。T2MOD.0 设为 1 时,使 T2 作减计数器,而默认的都是加计数器;T2MOD.1 就是图 9-11 中用到的控制位 T2OE;这个寄存器的其他位未定义,都是保留位,程序需要将保留位置 0,以保证兼容性。

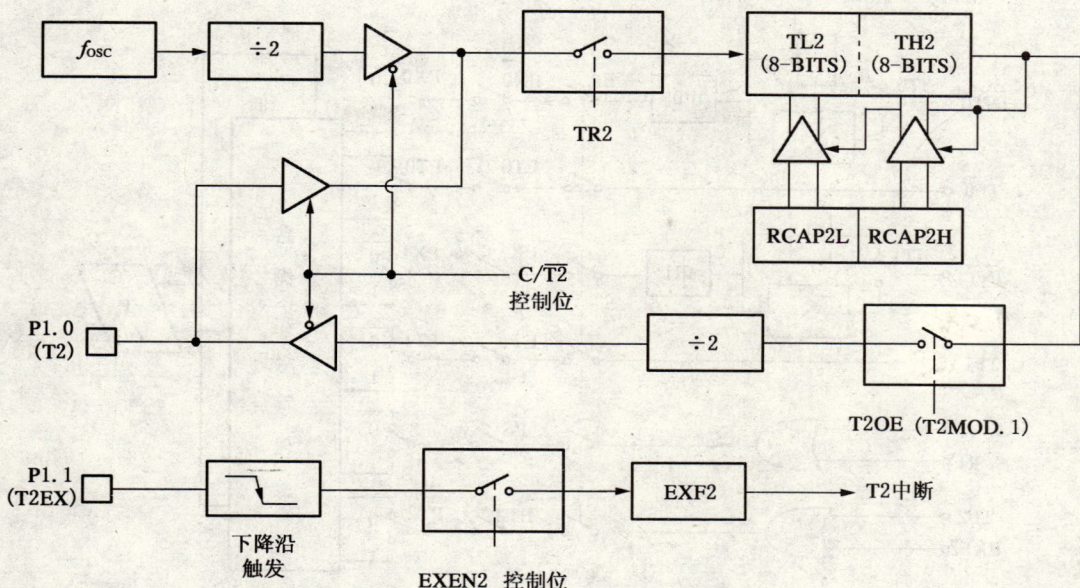

图 9-11 AT 89S52 的波特率工作方式

根据表 9-5,波特率发生器方式下,TCLK 和 RCLK 有 01、10 或 11 三种编码,01 编码时只为发送提供时钟,此时如有接收要求,其接收时钟由 T1 定时器提供;10 编码时只为接收提供时钟,此时如有发送要求,其发送时钟由 T1 定时器提供;11 方式同时为接收和提供时钟,T1 被完整地保留下来,为复杂程序提供定时功能。

T2 用作波特率的情况比较多,为此,我们将在第 10 章给出应用例题。

9.3 MCS-51 的中断系统

9.3.1 中断源

MCS-51 的中断源有外部中断源 $\overline{INT0}$、$\overline{INT1}$,定时器中断源 T0、T1 和串行口中断,AT89S52 还多一个 T2 定时器中断源。在以 MCS-51 为基础的一些最新产品中,已经拥有十几个中断源,大大方便了嵌入式应用。

图 9-12 画出了 6 个基本的中断源。$\overline{INT0}$ 是外部引脚,而芯片内部有一个控制位 IT0,可以选择外部中断的触发方式:当 IT1=0 时,为低电平触发;当 IT0=1 时,为脉冲下降沿触发;$\overline{INT0}$ 中断的内部标志位是 IE0。$\overline{INT1}$ 也是外部引脚,类似地还有 IT1 和 IE1。

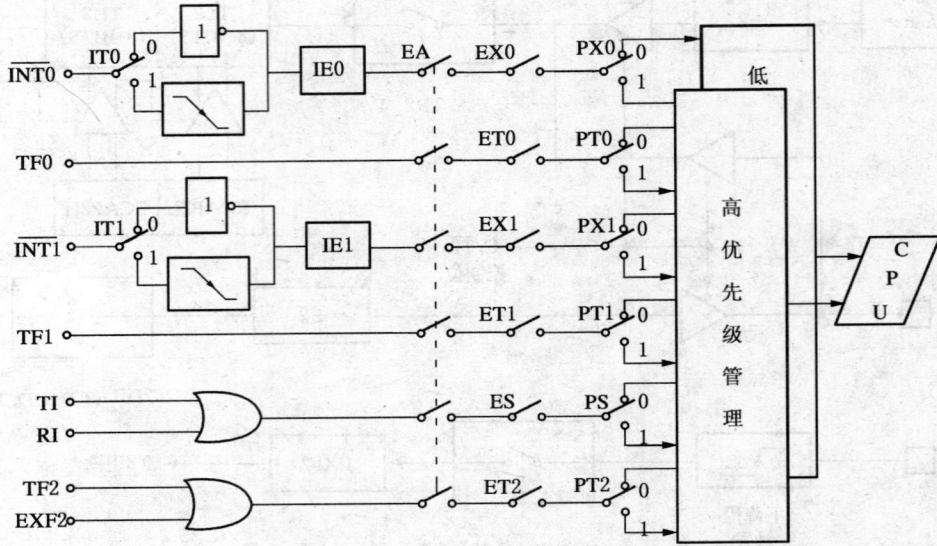

图 9-12　MCS-51 中断系统总图

　　控制位 IT0、IT1 以及标志位 IE0、IE1 恰好被安排在特殊功能寄存器 TCON 的低 4 位。TCON 是定时器 T0 和 T1 的寄存器,现重画如下:

TCON(88H)

D7	D6	D5	D4	D3	D2	D1	D0
TF1	TR1	TF0	TR0	IE1	IT1	IE0	IT0

　　其中,TF0、TF1 分别是定时器的溢出标志,同时被编码在 TCON 寄存器中。它们虽然可以被软件查询,但只有作为中断请求源,才更具实用意义。

　　TI 和 RI 分别是串行通信控制器的发送就绪和接收就绪标志位,除了可以被软件查询以外,这里以"或"逻辑,合并成一个中断源。

9.3.2　中断源的屏蔽

　　图 9-12 显示了 MCS-51 中断系统的屏蔽控制位,这些控制位被编码在中断允许寄存器 IE 中,该寄存器可位寻址,置 1 为允许,清 0 为禁止。各功能位的意义归纳如下:

IE(A8H)

D7	D6	D5	D4	D3	D2	D1	D0
EA	—	ET2	ES	ET1	EX1	ET0	EX0

　　EA:CPU 中断允许控制位;
　　EX0、EX1:分别为外部中断$\overline{INT0}$、$\overline{INT1}$的允许控制位;
　　ET0、ET1、ET2:分别为定时器/计数器 T0、T1 和 T2 的中断允许控制位;
　　ES:串行口发送/接收中断允许控制位。

复位后 IE 的初始值是 00H,即默认状态下所有中断都是关闭的。当一个或几个中断源需要开放时,必须改变 IE 的值,其既可按字节地址访问,也可按位访问。

9.3.3　中断的优先级

程序员一般将紧急的、如不及时处理就会贻误时机或致中断信息丢失的,定为高优先级中断,使之能被及时响应,并且不会被中断嵌套所困扰;反之,费时较多、不紧急、或经判断不会导致信息严重丢失的,定为低优先中断,它们在执行过程可能会遇到中断嵌套。

中断的优先级管理是中断系统的重要方面。MCS-51 系列设置 2 个优先级,任一中断源均可设置为高优先级或低优先级。优先级寄存器 IP 中的每一位对应一个中断源,置 1 为高优先级,清 0 为低优先级。IP 也具有位寻址功能,可通过软件设置。IP 寄存器中各位的编码如下:

IP(B8H)

D7	D6	D5	D4	D3	D2	D1	D0
×	×	PT2	PS	PT1	PX1	PT0	PX0

PT2(IP.5):定时器/计数器 2 的中断优先级设置位;

PS(IP.4):串行通信中断优先级设置位;

PT1(IP.3):定时器/计数器 1 中断优先级设置位;

PX1(IP.2):外部中断 1($\overline{INT1}$)中断优先级设置位;

PT0(IP.1):定时器/计数器 0 终端优先级设置位;

PX0(IP.0):外部中断 0($\overline{INT0}$)中断优先级设置位;

中断优先级是 CPU 响应中断的策略安排。首先,当同时发生两个或两个以上相同优先级的中断请求时,MCS-51 按预定的查询顺序确定先响应哪一个中断请求。表 9-3 列出同级优先顺序;其次,在低优先级中断服务程序正在处理期间,高优先级的中断源的请求能够继续得到响应,就形成中断嵌套。换言之,现行中断处理期间,同级或低优先级的中断源的请求要延后到现行中断处理结束,才能被响应;同级内优先顺序不作为中断嵌套的依据。

表 9-3　中断优先级与中断向量

中断源	类型号 n	中断源名称	同级优先顺序	中断向量
IE0	0	外部中断 0($\overline{INT0}$)	最高	0003H
TF0	1	定时器/计数器 0 溢出中断(T0)		000BH
IE1	2	外部中断 1($\overline{INT1}$)		0013H
IF1	3	定时器/计数器 1 溢出中断(T1)		001BH
RI+TI	4	串行通信中断		0023H
TF2+EXF2	5	定时器/计数器 2 溢出中断(T2)	最低	002BH

为了实现上述规定,MCS-51 系列的中断系统中设有两个不可寻址的中断优先级状态触发器,其中之一用来指示正在响应高优先级的中断,并阻止所有其他中断的请求;另一个用于

指示正在响应低优先级的中断,允许响应高优先级中断源的请求,并阻止同级中断源的请求。

【例 9-4】 已知复位后 MCS-51 的 CPU 执行过以下与中断相关的操作(注释后面的括号内为对应的 C51 语句):

```
CLR    PX0        ; INT0 设为中低优先级(PX0＝0;)
SETB   EX0        ; INT0 中断允许(EX0＝1;)
SETB   PT0        ; T0 设为高优先级(PT0＝1;)
SETB   ET0        ; T0 中断允许(ET0＝1;)
CLR    PX1        ; INT1 设为低优先级(PX1＝0;)
SETB   EX1        ; INT1 中断允许(EX1＝1;)
SETB   EA         ; CPU 开放中断(EA＝1;)
```

试回答下列问题

(1) INT0,INT1 同时请求中断,CPU 先响应哪一个?

(2) 如果 INT0,T0 同时请求中断,CPU 先响应哪一个?

(3) INT1 中断已在响应,又发生 INT0 中断请求,能否发生中断嵌套?

(4) 如果有嵌套发生,会有几种可能?

答案:(1) INT0。因为 INT0,INT1 同为低优先级,而 INT0 在同级中优先顺序在前;(2) T0。因为 T0 优先级高,而 INT0 优先级低;(3) 不会。虽然在同级内 INT0 自然顺序先于 INT1,但同级不能嵌套,必须等到 INT1 的中断服务结束之后,CPU 才能响应 INT1 中断;(4) 两种可能。即低优先级的中断 INT0 或 INT1 之一已经在响应,又发生了高优先级的中断 T0,CPU 会继续响应 T0,形成中断嵌套。

本例中由于其他中断源没有被开启,默认处于屏蔽状态,因为不需要考虑。

9.3.4　中断向量

中断向量是指一组中断源与一组中断服务程序入口地址的一一对应关系。这涉及到中断源发出中断请求后,CPU 能否以预定的机制,寻址到特定的中断服务程序入口的问题。

表 9-3 的最后一列给出了 MCS-51 的基本中断源的向量地址,向量地址都是固定值,因此中断响应后期,程序转移比较简单。而一些通用计算机中的微处理器具有复杂的中断向量寻址方式。

向量地址在程序存储器的 0003H～0032H 范围内,且每个中断向量仅间隔 8 个字节。如果按表 9-3 中类型号 n 推算,则中断向量地址为 $8 \times n + 3$。

中断服务程序必须根据其向量地址绝对定位,才能保证 CPU 在响应中断时,能寻址到相应的代码。必须注意到相邻向量地址之间的间隔只有 8 个字节,这对复杂的事件处理,远远不够,所以在宏汇编语言中,采取绝对定位段与相对定位段结合的写法。T0 的中断服务程序如下:

```
        CSEG AT 000Bh          ;申明一个绝对定位的代码段,开始于 000BH
        LJMP T0_SER            ;跳转到 T0 中断服务程序的主体部分

T0_ISR   SEGMENT CODE          ;为 T0 中断服务程序说明一个代码段
        RSEG   T0_ISR          ;说明该段可以相对定位,为可移动的段
T0_SER:                        ;标号说明这里是 T0 中断服务程序的主体部分
        ……                    ;中断处理
        RETI                   ;中断返回
```

通过 LJMP 指令和标号的中转,将中断服务程序的主体部分交由汇编和连接器灵活安排。

仿照以上方法,其他中断服务程序也可作类似的安排。但如果某项中断处理确实非常简单,能够在 8 个字节中实现所有的处理,那么就不需要用 LJMP 指令中转了。毕竟,LJMP 指令是 2 机器周期指令,它会使 CPU 对事件地处理推迟 2 个机器周期。

此外,MCS-51 复位后的启动地址是 0000H,与 INT0 的向量地址仅 3 个字节的间隔,恰好只能放一条 LJMP 指令。类似地,主程序如下:

```
        CSEG      AT 0000h     ;主程序,定位于 0000H
        LJMP      START        ;跳转到 START,主程序的主体部分

m_Main SEGMENT CODE            ;为主程序说明一个代码段
        RSEG   m_Main          ;说明该段可以相对定位,为可移动的段
START:                         ;标号意思是说这里是主程序真正的开始
        ……
        ……
```

9.3.5　中断响应的条件和过程

MCS-51 的 CPU 在每一个机器周期的 S5P2 状态都采样外部中断,并将状态锁存在 IE0、IE1,同时也检测其他中断源的请求。如果中断响应条件得到满足,则下一个机器周期开始一个中断响应过程。中断响应条件如下:

(1) 当前 CPU 不在响应同级或更高优先级的中断;

(2) 现行机器周期已是当前指令的最后一个机器周期,也就是说现行指令必须完整地执行,然后才能在下一个机器周期开始响应过程。反之,就需要等待若干个机器周期,才能进入中断响应周期;

(3) 当前指令不应该是中断返回 RETI,也不应该是访问 IE、IP 寄存器的指令,因为这些指令本身可能改变 CPU 中断系统的状态。CPU 设计者为了避免复杂情况的出现,规定在此类特殊指令之后,至少再执行一条普通指令,然后才能再响应中断。

在上述条件满足、或经额外的等待后条件已满足,CPU 将在下一个机器周期中按优先级(包括同级内的优先顺序)查询各中断源的请求,并激活相对最优先的中断。

激活中断的方法其实很简单:利用硬件的方法,向指令寄存器插入一条长调用指令,并且以中断向量为其目标地址。这样做的结果,就会像子程序调用那样,自动保留程序断点到堆栈中,为返回作好准备。因为断点保护的缘故,又需费时两个机器周期。

下面的一个机器周期,CPU 就转到向量地址处取指执行了。

图 9-13 归纳了中断响应过程。其中中断响应实际占 3 个机器周期,此前的等待不确定,遇到一般指令,最少 0 个机器周期,最多 3 个机器周期。如果遇到特殊指令,就比较复杂了。倘若遇到相对高优先级中断正在处理,那么只有等其处理完并返回主程序之后才有响应的机会。

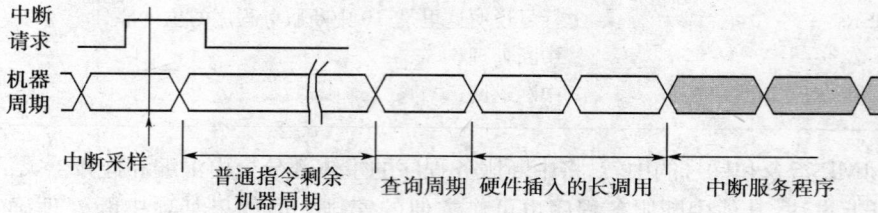

图 9-13   中断响应过程

9.3.6   中断服务程序的特点和编写要求

中断服务程序是一种特殊的子程序,它驻留在代码段,但在程序的其他部分找不到调用者。实际上是由某个事件(由外部引脚或特殊功能部件)激活了中断,CPU 进入响应过程由硬件提供调用,从而进入中断服务子程序。事件处理完毕由 RETI 指令返回到断点运行。

我们无法预料中断在何时产生,断点在何处形成。而进入中断以后,也无从推测被中断的程序段当前正在使用哪些资源,如通用寄存器、累加器和程序状态字寄存器等。而这些资源在中断子程序里也会用到。如果不采取措施,中断返回后,被中断的程序部分就会出错。因此采取措施如下。

1)保护现场

刚进入中断服务程序时,把将要使用的所有寄存器的内容压入堆栈。需要注意的是,其一般必须包括 PSW,也许中断服务程序中没有直接用到它,但很多指令对其中的标志位会产生影响,也就是说,我们隐含地可能使用到它。

例外的是,通用寄存器 R0~R7 的保护方法不是压栈,而是整体切换到另一组。

MCS-51 的设计者将通用寄存器分成 4 组,建议第 0 组留给普通程序,第 1 组留给低优先级中断,第 2 组留给高优先级中断,第 3 组不作规定。他们相信,这样做比将通用寄存器的内容压到容量非常有限的堆栈中要好得多。于是类似于"PUSH Rn"的指令也废除了。如果你非要将通用寄存器的内容压到堆栈中去,也不是没有办法,你可以这样做:

```
USING BANK              ;实际编程时 BANK=0~3,对应于 4 个通用寄存器组
PUSH   ARn              ;ARn 作为 Rn 的直接地址,n=0~7
……
POP   ARn               ;同上
```

这里,USING 伪指令和"ARn"的写法很好地结合,在规范和严谨的前提下,使得程序开发人员的创造性智慧得以充分发挥。

注意 USING 伪指令并不修改 PSW 中关于寄存器组选择的 RS1、RS0 位,因为它不是真正的指令。

2)恢复现场

恢复现场的工作是在中断返回之前,把保护到堆栈中的寄存器内容用弹栈指令恢复,弹栈

的顺序必须与压栈的顺序相反,即先入后出。

　　另外,需要确认通用寄存器的组选择也恢复到原来的状态。如果保护现场和恢复现场的手段比较规范,这是自然就能实现的(见下面的框架程序)。

　　3) 关中断和开中断

　　一般来说,优先级仔细考虑过的 MCS-51 中断服务程序,在进入中断以后,不进行开关中断的操作。但是在低优先级中断服务程序中,可能会有一段特殊的指令,为了适应特定的控制功能,CPU 执行时必须一气呵成,不得有停顿;为了避免高优先级中断在敏感时间段产生中断嵌套,只能临时关一下中断。即要求关键代码执行前先关中断,执行完关键代码后立即开中断,以允许中断系统继续发挥作用。

　　另外需要了解一点,一些微处理器(当然不是指 MCS-51)的中断机制可能不同,如80X86系列,它一旦响应中断,硬件就自动关闭中断,那么如果希望允许中断嵌套,使更高优先级的中断能被响应,也需要用指令开中断才行。这时,它的标准处理过程是这样的:"保护现场—开中断—中断处理—关中断—恢复现场—开中断—返回"。注意到它要多开一次中断,因为有一次硬件的默认关中断在先,但总体上仍然是平衡的。

　　还是回到 MCS-51,在前面例 9-1 的基础上,给出一个关于定时器 T0 的中断服务程序的框架,并选定 T0 定时工作在方式 1,低优先级中断。

```
            CSEG      AT 000BH          ;中断服务程序按向量地址定位
            LJMP      T0_SER            ;跳转到实际处理的入口

T0_ISR      SEGMENT CODE                ;T0 中断服务程序的代码段
            RSEG      T0_ISR            ;指定为可重定位段
            USING     1                 ;如果后面代码中出现 ARn 的写法,均指 BANK 1
T0_SER:     MOV       TH0,#0ECh         ;重置初值,独占性资源,不需要保护,方式 0 时为 63H
            MOV       TL0,#78 h         ;同上,方式 0 时为 18H
            PUSH      ACC               ;以下保护累加器,特殊功能寄存器
            PUSH      B
            PUSH      DPH               ;DPTR 高 8 位入栈
            PUSH      DPL               ;DPTR 低 8 位入栈
            PUSH      PSW               ;保护所有的标志位及通用寄存器组选择位 RS1、RS0
            CLR       RS1               ;修改 PSW 中 RS1,RS0 的编码为 01
            SETB      RS0               ;为低优先级中断选择 BANK 1 为其工作寄存器组
            ……                          ;关于定时中断的事务处理写在这里
            POP       PSW               ;恢复标志,也恢复原来工作寄存器组的选择
            POP       DPL               ;其他恢复工作
            POP       DPH
            POP       B
            POP       ACC
            RET
```

C51 使用中断函数,由编译器提供适当的连接代码,避免了矢量地址、现场保护与恢复等复杂的手工安排。

9.3.7　数码管动态显示技术

本节我们剖析一个在工业仪表、家电产品中应用十分广泛的数码管动态显示技术,同时将它作为中断应用的一个例子。

【例 9-5】 动态数码管显示技术。

图 9-14 利用 MCS-51 的 P1 口和 P3 口的部分位,构成了的 4 数码显示电路。

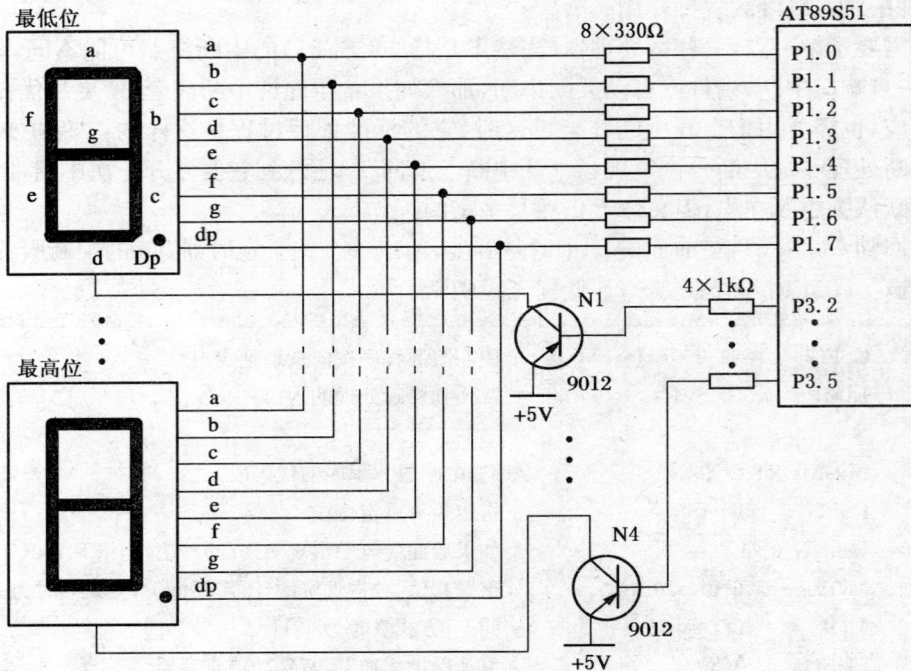

图 9-14　4 数码显子电路

(1) 电路分析

N1～N4 为 PNP 型三极管,如果 P3.2～P3.5 之一为低电平时,则对应三极管的 U_{be} 正向偏置,有可能导通;反之 $U_{be} \approx 0$,对应的三极管不能导通。又根据第 2.2.2 节数码管内部的等效电路,可判断出该电路中所使用的数码管一定是共阳极接法,即 a～g、Dp 等发光二极管的阳极必定连在一起,并与上述三极管的集电极相连;而发光二极管的阴极则由 P1 口的各位来控制。当 P1 口的某位为低时,相应的段发光。P1 口的各位通过限流电阻,保证各发光管的工作电压处于安全范围。

(2) 显示原理

图 9-14 中,4 个数码管的段控制线是并联的,如果 4 个三极管又都导通,那么这 4 个数码管就都显示相同的内容,这没有什么用处。解决的办法是让 4 个数码管轮番显示,即让 N1～N4 轮流导通,且每次只导通一个,而 P1 口的段码也同步切换,这样就可以看到 4 个数码管循环显示,并且每一位都可以显示不同的内容。将循环的频率逐渐加快,到一定程度,由于人眼的视觉残留现象,就产生 4 位同时显示,且各位内容不同的感觉。这就是经典的数码管动态显

示原理。

人的视觉残留是具有统计意义的生理指标。当显示循环在 20 ms 内完成时,即频率达到 50 Hz,就可达到相当满意的显示效果,实际应用时,指标还可适当放宽。

（3）程序任务分析

如果每 20 ms 显示一遍,每一位分配 5 ms,如此循环往复,若用软件延时,CPU 的时间就主要用于延时了,这对仪表或控制器的应用来说,是不可接受的。为此,我们必须采用中断技术。

利用 T0 每 5 ms 产生一次定时中断,这在例 9-1 中已经做到了,中断服务程序的框架在第 9.3.6 节中已经准备好。下面主要分析程序需要用到的数据结构、程序功能划分及各部分的配合。这看起来比较复杂,我们把思路表示在图 9-15 中,再逐步分析。

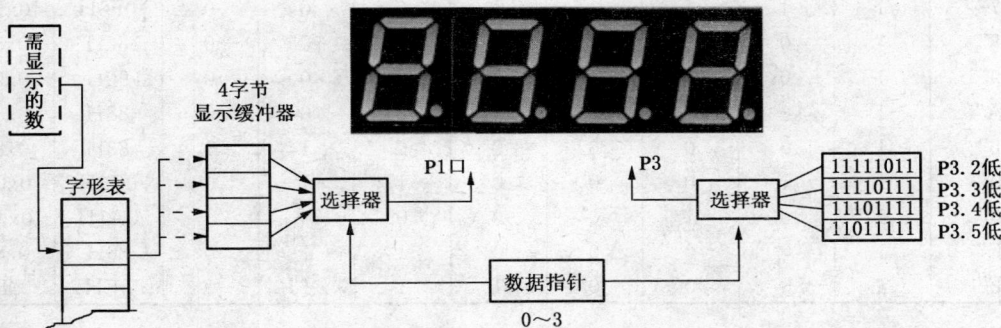

图 9-15　程序的主要思路

若主程序需要显示十进制数,则各位都是 0~9 之间的数;如果是十六进制数,还会有 A~F。这些数不能直接送到 P1 口,因为对应于要显示的数,需要确定数码管上具体的笔画组合。先把数字和笔画的对应关系做成一个表,称为字形表,然后程序就可以根据要求查表,决定怎样显示某个数字。

为了使显示工作由中断驱动"自动进行",我们设立一个 4 字节的显示缓冲器,主程序只要把需显示于各位的字形预先存放到这个缓冲区,就可以转而去做其他的任务,具体显示由中断来完成。

中断服务程序的任务是这样规划的:在程序中预设一个数据指针,每次进入中断服务程序就根据该指针实现一位的显示,然后使这个指针递增,并限制其在 0~3 之间循环;中断周期性地出现,显示就一位一位地进行。

显示一位是比较简单的,根据指针从显示缓冲器中取出一个数字的字形码送到 P1 口,就控制了笔画;位显示控制码预先做成一个 4 字节常数表,依据同一指针,在这个表中"同步"选取一个码送到 P3 口,就完成了显示位的选择。

以上"同步"是不严格的,因为指令顺序执行会带来若干机器周期的差别。只是宏观上我们暂时忽略这个差别而已。

以上采取的是化整为零的方法,化整为零在计算机编程中,并不是偶然的需要,而是一种普遍的方法。根本的原因在于 CPU 的工作方式与人脑处理问题的方式存在很大的差异,策略往往不等于算法,把复杂问题化整为零,才能发挥 CPU 的效率,而各部分之间的配合是编程的关键。

（4）字形表

根据硬件线路,列出表 9-4,表中最后一列就是我们需要的字形表。

表 9-4　字形表

| 显示字符 | Dp | g | f | e | d | c | b | a | 汇编 | C51 |
	P0.7	P0.6	P0.5	P0.4	P0.3	P0.2	P0.1	P0.0		
"0"	1	1	0	0	0	0	0	0	0C0H	0xC0
"1"	1	1	1	1	1	0	0	1	0F9H	0xF9
"2"	1	0	1	0	0	1	0	0	0A4H	0xA4
"3"	1	0	1	1	0	0	0	0	0B0H	0xB0
"4"	1	0	0	1	1	0	0	1	99H	0x99
"5"	1	0	0	1	0	0	1	0	92H	0x92
"6"	1	0	0	0	0	0	1	0	82H	0x82
"7"	1	1	1	1	1	0	0	0	0F8H	0xF8
"8"	1	0	0	0	0	0	0	0	80H	0x80
"9"	1	0	0	1	0	0	0	0	90H	0x90
"A"	1	0	0	0	1	0	0	0	88H	0x88
"b"	1	0	0	0	0	0	1	1	83H	0x83
"C"	1	1	0	0	0	1	1	0	0C6H	0xC6
"d"	1	0	1	0	0	0	0	1	0A1H	0xA1
"E"	1	0	0	0	0	1	1	0	86H	0x86
"F"	1	0	0	0	1	1	1	0	8EH	0x8E

　　下面是完成数码管动态显示的程序。可以看到,主程序在完成初始化之后几乎无事可做,这表明已为实际应用预留了宝贵的 CPU 时间。CPU 可以在主程序中做检测和控制;而需要显示的数字,通过查表,送到显示缓冲区,其余的实现是由中断机制完成。在主程序看来,显示就像是"自动完成"的。

　　1) 主程序模块(汇编)

```
        EXTRN     CODE(InitT0)      ;T0 初始化子程序在本模块外部被定义
        EXTRN     DATA(DispBuf)     ;显示缓冲区数据在本模块的外部被定义

        CSEG      AT  0000H         ;复位地址
        LJMP      START

m_Main  SEGMENT   CODE              ;主程序
        RSEG      m_Main
START:
        MOV       SP,#40H           ;初始化堆栈指针
        MOV       R0,#DispBuf       ;取显示缓冲区地址作为指针
        CLR       A                 ;在显示缓冲区填 0,1,2,3 的初始字形
        MOV       B,#4
        MOV       DPTR,#CharTab     ;字形表地址
mLoop:
        PUSH      ACC               ;保护,因为下条指针将破坏 A 的内容
        MOVC      A,@A+DPTR         ;查字形表
        MOV       @R0,A             ;送显示缓冲区
```

```
            POP         ACC              ；恢复
            INC         A
            INC         R0
            DJNZ        B,mLoop          ；填充完 4 个字节就结束

            CALL        InitT0           ；调用外部初始化 T0 的程序
            SETB        EA               ；开放 CPU 中断
Lamp：
            ；主循环，可以加入你的程序
            SJMP    Lamp
；以下为字形表
CharTab： DB 0c0H,0f9H,0a4H,0b0H,099H,092H,082H,0f8H
            DB 080H,090H,088H,083H,0C6H,0A1H,086H,08EH
            END
```

2）T0 模块（汇编）

```
            PUBLIC    InitT0           ；公共子程序声明
            PUBLIC    DispBuf          ；公共数据声明
T0Data      SEGMENT    DATA            ；数据段
            RSEG       T0Data
pBuf：      DS  1
DispBuf：   DS  4
            CSEG      AT  1 * 8＋3      ；T0 中断服务程序入口
            LJMP      T0_ISR
T0Code      SEGMENT    CODE            ；初始化 T0 子程序
            RSEG       T0Code
；————————————————————————————————————————
；  T0 Initial                         ；初始化 T0 的子程序
；————————————————————————————————————————
InitT0：    MOV        pBuf,＃0         ；初始化显示指针
            MOV        A,TMOD
            ANL        A,＃0F0H
            ORL        A,＃00000001B
            MOV        TMOD,A
            MOV        TH0,＃0ECH
            MOV        TL0,＃078H
            SETB       TR0              ；启动定时
            SETB       ET0              ；允许定时器 T0 中断
            CLR        PT0              ；优先级为低
            RET
```

```
;  ————————————————————————————————
;  T0 ISR        T0 中断服务程序的主体部分
;  ————————————————————————————————
T0_ISR：      MOV      TH0,#0ECH
             MOV      TL0,#78H
             MOV      P1,#0FFH          ;关显示
             MOV      P3,#0FFH          ;关显示
             PUSH     ACC
             PUSH     PSW
             PUSH     DPL
             PUSH     DPH
             PUSH     B
DispLay：     MOV      B,R0
             MOV      A,pBuf            ;取显示指针
             ADD      A,#DispBuf        ;加显示缓冲区首地址
             MOV      R0,A
             MOV      A,@R0             ;取字形码数据
             MOV      P1,A              ;送 P1 口显示
             MOV      A,pBuf            ;再取显示指针
             MOV      DPTR,#LedSel      ;位控制字常数表首地址
             MOVC     A,@A+DPTR         ;查表获得当前位控制字
             MOV      P3,A              ;送 P3 口
Pointer_Adapt：
             INC      pBuf              ;显示指针递增
             ANL      pBuf,#3           ;显示指针仅在 0~3 之间变化
Exit_T0：
             MOV      R0,B
             POP      B
             POP      DPH
             POP      DPL
             POP      PSW
             POP      ACC
             RETI
LedSel：      DB 0FBH,0F7H,0EFH,0DFH
             END
```

注：T0 中断中,工作寄存器只用了 R0,借用 B 来保存和恢复数据,就没有另外选用一组工作寄存器。

本例的 C51 版本见附表 D-1。

定时中断具有一种周期性,利用全程变量,如上例中的数据指针,可以实现某种循环性的任务。

9.3.8　定时器应用的其他示例

【例 9-6】　T1 定时器用作中断扩展。

MCS-51 微控制器的外部中断数量有限,有时需要将不使用的定时器当作外部中断使用。

如图 9-16 所示,设为计数方式,方式 2,初值与计数值都是 FFH。这样,只要外部引脚上输入一个负脉冲,就可以使计数器溢出。

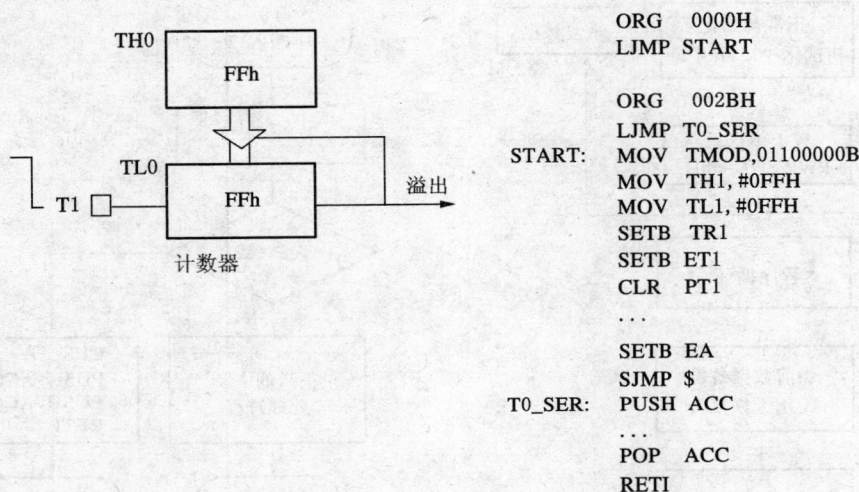

```
            ORG    0000H
            LJMP   START

            ORG    002BH
            LJMP   T0_SER
START:      MOV    TMOD,01100000B
            MOV    TH1, #0FFH
            MOV    TL1, #0FFH
            SETB   TR1
            SETB   ET1
            CLR    PT1
            ...
            SETB   EA
            SJMP   $
T0_SER:     PUSH   ACC
            ...
            POP    ACC
            RETI
```

图 9-16　T1 定时器用作中断扩展

【例 9-7】　由定时器 T0 实现的 WatchDog 功能。

（1）概念

WatchDog 也叫看门狗功能,依赖看门狗定时器(WDT)。这是每个嵌入式系统都必须具有的功能。它能在不被察觉的情况下,将失控的系统强行拉回到正常状态。MCS-51系列微控制器的最新型产品基本都已经具有 WDT,但一些老型号不具有这个功能,我们这里用定时器中断模拟实现 WDT 功能。

（2）原理

程序框图如图 9-17 所示。图(a)为主程序流程图,图(b)为 T0 中断服务程序。软件设置一个全程变量 Tc,如果主程序循环每次都顺利执行,则每次总是将该变量清为 0;而每进入 T0 中断一次,Tc 就加 1;由于主程序和中断服务程序的共同作用,正常时 Tc 累加都不会超过某个值,譬如图中 Tc≥16 总不会成立。但是当主程序因为干扰或算法错误,不能在规定时间内完成主循环,甚至发生死机现象,则 Tc 就不能被及时清除。现场经验表明,此时定时器能照常工作,于是 Tc 累加就超过一定的值,框图中 Tc≥16 就可能成立。于是就有一个特殊的中断返回路径:

CLR	A	；清 0 寄存器,同时也是累加器 ACC
PUSH	ACC	；栈顶压一个 0
PUSH	ACC	；栈顶再压一个 0
RETI		；中断返回,但返回后(PC)=0000H,相当于重新复位

主程序

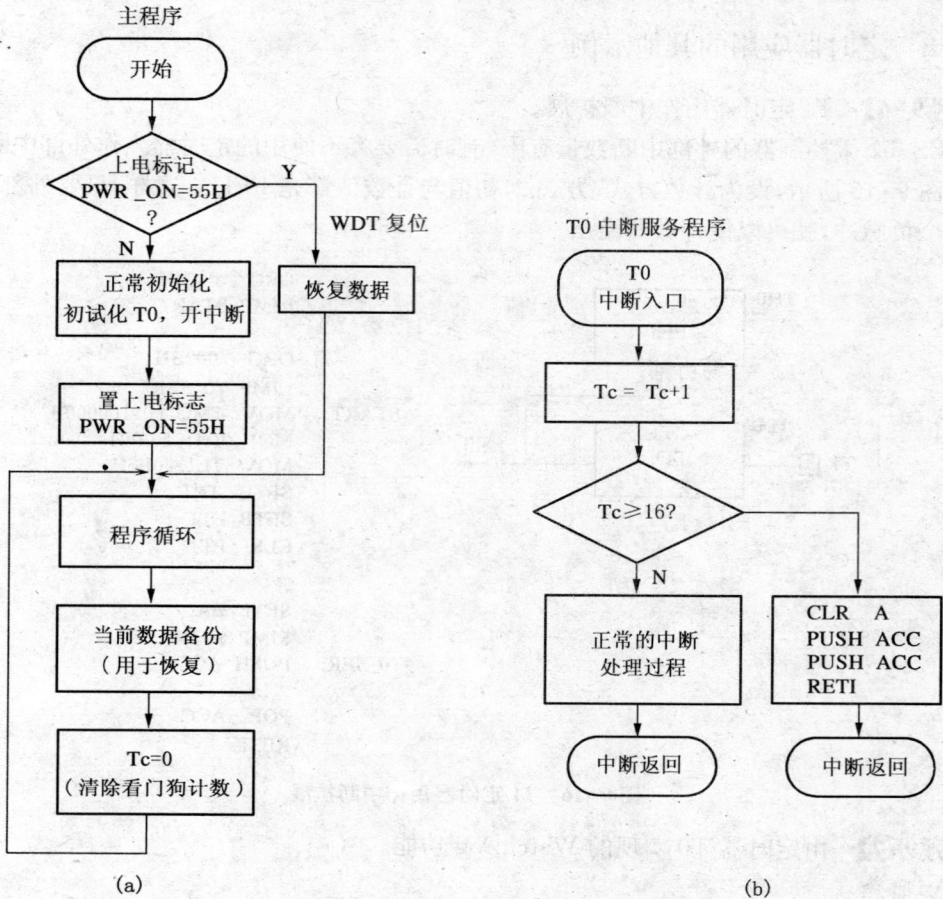

图 9-17　带 WatchDog 功能的程序框图

这里强制性地把(PC)置为 0,并且清除了不向用户开放的内部中断标志。

(3) 程序的上电复位与看门狗复位

显然,上电复位是一切从 0 开始,需要做一切必要的初始化工作。如果是看门狗复位,则某些工作已经进行到一定阶段,不能从头开始,此时要做的工作不是初始化,而是数据恢复。为了有可信的数据恢复,在主程序的每一个循环中,都必须记录重要的运行数据。以防万一失控后,WDT 复位时提供有用的数据,使控制过程接着上一次正确的结果继续执行。

笔者参与的某电厂汽轮机组状态监视和故障诊断项目组就遇到过微控制器系统被干扰每一两天就产生死机的现象,采用这个方法后,系统运行"正常",没有可以察觉的停顿,而且这个程序中,正常的定时器功能没有损失。该功能经过了工业现场的考验。

10 MCS-51 的串行通信

MCS-51 的串行通信控制器也是多功能部件,它可以将 CPU 的并行数据变成串行数据发送出去,也可以接收串行信息,转变成并行数据传送给 CPU 处理。其最普遍的用途是计算机通信。

计算机通信可以使分布在不同地理位置上的各种形态的计算机联系成一个整体,发挥各自的优势,又能共享资源。例如,嵌入式系统内存和外设资源都较少,不能运行非常庞大的程序,但环境适应性好,可靠性强;而通用机功能强大,但对运行环境的要求较高。在复杂的工业自动化系统中,可利用各种类型的计算机构成层次型控制,而通信是联系各部分的纽带。

10.1 串行通信基本概念

10.1.1 通信方式

计算机通信可以分为并行通信和串行通信。信息传输是以字符为单位,当一个字符的所有位同时传输就称为并行通信;而组成字符的各位依次传输称为串行通信。在同等技术条件下,并行传输方式速度快,但成本也高。距离稍远时一般多采用串行通信。我们日常使用的网络线上传输的就是串行的信息。

串行通信有很多分类方法,按信息流向可以分为以下三种。

1) 单工方式

在单工方式下,信息按照一个固定的方向传送。例如设备 A 为发送方,设备 B 为接收方,信息传输方向固定不变,如图 10-1(a)所示。

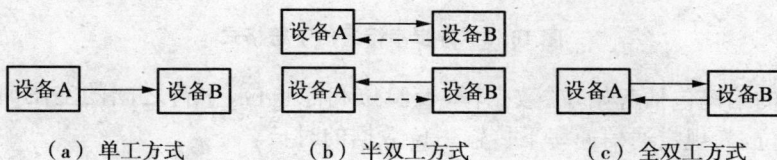

(a) 单工方式   (b) 半双工方式   (c) 全双工方式

图 10-1 通信方式

2) 半双工方式

如图 10-1(b)所示,相互通信的设备均有发送器和接收器,通过共享同一个信息通道,可以双向传输信息,如数据可以由 A 发送到 B,也可由 B 发送给 A,但不能同时进行。半双工通信由程序软件控制收发功能的切换,优点是节省通信成本。

3) 全双工方式

如图 10-1(c)所示,全双工方式采用独立的收发通道,实现完全的双向传输。这样,通信设备可以同时进行接收和发送。网络线联结的电脑与路由器(或交换器)之间是全双工通信。MCS-51 支持全双工串行通信口。

串行通信是将构成数据或字符的每个二进制码位,按照一定的顺序逐位传输。按照传输期间对各位信息的控制方式,串行通信可以分为同步通信和异步通信。

1) 同步通信方式

同步通信的本质是发送方在传输每一个信息位期间,都发送一个时钟信号;接收方就利用该同步时钟来采样数据线,这样就保证了发送设备与接收设备之间严格的同步。当然,具体实现同步的方法很多:最简单的是数据和时钟各使用独立的导线;其次是数据与时钟分别调制到不同的频率再在同一导线传输;再其次是将数据和时钟按一定规则编码,然后传输;还有只传送数据,而接收设备利用锁相环从变化的数据信息中产生出同步时钟等等。

由于同步时钟的存在,同步通信是按位传输的。同步通信需要设定同步字符(SYNC),以便在信息流中插入独特的二进制码序列,为接收方标识一个信息帧的开始;在通信空闲时间,同步字符也用于填充发送。除此以外,通信线上传输的其他所有位,都是有效的信息位。

同步通信成本高,常用于信息量大、速度要求较高的场合。更多的信息可参见各种关于通信的文献。

2) 异步通信方式

异步通信方式是按字符编码后发送,收发双方约定大致相同的通信速率,时钟不需要严格相同,也不被传送。每个字符按如图 10-2 所示的方式编码。

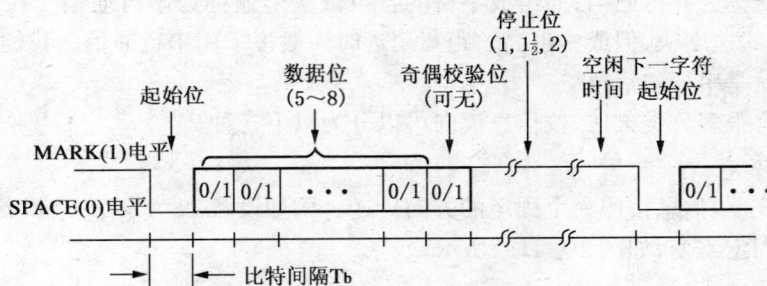

图 10-2　异步串行通信字符格式

每个字符的编码包括起始位、数据位、校验位和停止位,字符之间的空闲时间为高电平。以下所说的一位,为规定通信速率下传输一位数据的时长。

起始位:插入到待发送的字符之前,占一位,低电平。

数据位:标准规定数据可以是 5 位、6 位、7 位或 8 位,但现代设备已经不使用 5 位或 6 位了。数据位编码规定低位在前,高位在后,并且传送都按照这个顺序。

校验位:此位可以没有。如果有,可选择奇校验或偶校验。该位用于数据检错,通信双方约定必须一致。

停止位:用于表示字符的结束,使字符与字符之间能很好地隔离,高电平。停止位可以用 1、$1\frac{1}{2}$、2 位。

接收端检测到通信线路由高到低的电平跳变(起始位)后,延时 0.5 位确认起始位,然后每隔一位的时间采样,依次得到数据位、校验位和停止位。只要双方收发时钟的相对误差不太大,那么正常情况下,由起始位开始的接收过程应能收到正确的校验位、停止位(高电平),否则就认为校验错或字符成帧错。停止位的存在使得时钟误差不会累积到下一字符。

异步通信方式下字符与字符的间隙不固定,但字符内部编码格式总是固定的,即每个字符均需起始位、校验位和停止位等附加位,因而传输效率不如同步通信。

10.1.2　串行通信的波特率

波特率是通信领域的术语,表示单位时间内在一个通信信道上传输的状态数。例如,用红、黄、蓝和绿 4 种不同颜色的光作为 4 种不同的状态,在光纤中交替传输,每秒钟传输的颜色数就是波特率。如果上述 4 种颜色的编码分别为 00、01、10、11,则每种颜色携带 2 位二进制数。每秒钟传递的二进制位数称为比特率(bit/s),则此时比特率恰好是波特率的 2 倍。如果采用 8 种颜色,可编码 3 位二进制数,则比特率将是波特率的 3 倍。

如果不考虑实际通信中的调制(Modulate)和解调(Demodulate),计算机直接传输的信号只有高、低电平(逻辑 0 或 1),那么,比特率就等于波特率。

由于波特率概念处于信息的物理传输层面,必须计入上述的起始、校验位和停止位等附加位。异步串行通信的波特率可以选取以下标准值:110、150、300、600、1 200、2 400、4 800、9 600、19 200、38 400、57 600、115 200。

在异步通信中,接收与发送设备之间规定相同的字符编码方式以及相同的波特率。

【例 10-1】　某异步通信的波特率为 4 800,8 个数据位,无校验位,1 个停止位。试估算 1 个字符传输所需要的时间。

起始位 1 位,8 位数据位,无校验位,1 个停止位,则一个字符的编码为 $1+8+0+1=10$ 位。波特率为 4 800,即 4 800 bit/s,传输 10 bit 所需要的时间是 $10/4\,800 \approx 0.002\,083$ s,即 2.083 ms。

如果是不间断传输,以这样的波特率,每秒可以传输的字符数目为 $4\,800/10=480$ 个 。

串行通信控制器是利用波特率时钟发生器,控制二进制移位的速率。将内部并行的数据一位一位地移出到传输线上,这就是串行发送;反之,采样传输线,将得到的串行信号一位一位地移入变成内部并行数据,这就是串行接收。

一般通信时,上行(发)和下行(收)的数据速率都相同,所以只需一个定时器作波特率时钟,即 MCS-51 的 T1 或 T2 任选一个就可以了。如果上行和下行是针对不同的设备,上行只发,下行只收,可能波特率会不一致,这需要两个相互独立时钟,可以同时使用 T1 和 T2,这时定时器的占用比较多,对其他功能会有一定的影响。目前,一些先进的 MCS-51 系列微控制器有独立的专用波特率发生器,这样就不占用宝贵的定时器资源,当然,价格相对较高些。

10.1.3　异步串行通信的常用物理标准

在异步串行通信中,控制器所使用的编码仍然是 TTL 兼容电平,逻辑"1"为高电平,逻辑"0"为低电平。实际上,逻辑"1"和逻辑"0"的电压区分度只有 $2\sim3$ V,这不适于稍长距离的传输。

实际计算机之间的串行通信普遍采用 RS-232 电平标准,又称 EIA RS-232-C。它是 1970 年由美国电子工业协会(EIA)联合贝尔系统、调制解调器(Modem)厂家及计算机终端生产厂家共同制定的用于串行通信的标准。

这个标准中使用了"数据终端设备(DTE)"和"数据通信设备(DCE)"两个术语。其中数据终端设备(DTE)是通信的发起者,可以是一台通用计算机,也可以是嵌入式计算机,或 MCS-51 微控制器应用系统。数据通信设备(DCE)是用于解决数据远传的装置,可以是各种形式的 Modem,以支持通过电话线、无线电(微波或卫星)、光纤、红外收发等进行远距离。

DTE 和 DCE 之间的连接遵循 RS-232-C 标准。标准规定了相应的连接器为 DB-25 针连接器,但因为很多信号线不太用到,它逐渐被 DB-9 的 9 芯连接器代替;在电气特性方面规定:任何一条信号线的电压编码均为负逻辑。即逻辑"1"为 $-3\sim-15$ V;逻辑"0"为 $+3\sim+15$ V。传输电缆长度也有严格的规定,但是偏于保守。实践表明,波特率为 9 600 的情况下,可靠通信的距离可达 15 m 左右,如果距离增加,波特率要适当降低;反之,则波特率可以提高。

表 10-1 是 IBM-PC 台式机上仍在使用的、遵循 RS-232 标准的 DB-9 连接器中引线的信号名称、文字符号、信号流向、功能。

表 10-1 9 针接口线的信号说明(DB9)

引　脚	信号名称	符　号	流　向	功　能
1	载波检测	DCD	DTE←DCE	表示 DCE 接收到远程载波
2	接收数据	RXD	DTE←DCE	DTE 接收串行数据
3	发送数据	TXD	DTE→DCE	DTE 发送串行数据
4	数据终端准备好	DTR	DTE→DCE	DTE 准备好
5	信号地	GND		信号公共地
6	数据设备准备好	DSR	DTE←DCE	DCE 准备好
7	请求发送	RTS	DTE→DCE	DTE 请求 DCE 将线路切换到发送方式
8	允许发送	CTS	DTE←DCE	DCE 告诉 DTE 线路已接通可以发送数据
9	振铃指示	RI	DTE←DCE	DCE 与线路接通,出现振铃

如果不使用 Modem 通信控制器,例如计算机之间直接通信,通常就只使用 RXD、TXD 和 GND 这三条信号线,分别为接收、发送和参考线。

10.2 MCS-51 的串行通信控制器

MCS-51 包含一个多功能的串行口,既可作为 UART(Universal Asynchronous Receive Transmitter 通用异步收发器)之用,支持全双工数据通信,也可作为同步移位寄存器扩展之用。

作 UART 时,该通信控制器硬件上不支持奇偶校验,但它支持一种特殊的 9 位数据通信方式,该第 9 位数据完全可以与软件结合实现所需要的奇偶校验。9 位通信更重要的价值是它支持多个微控制器在工业现场以通信总线的方式组网。

串行口功能所使用的引脚有 TXD 和 RXD,它们分别与作为通用 I/O 口的 P3.0 和 P3.1 复用。与串行口操作有关的特殊功能寄存器有:数据缓冲器 SBUF、串行口控制寄存器 SCON、电源控制器 PCON。另外波特率时钟借助于定时器 T1 或 T2。

10.2.1 与串行通信相关的特殊功能寄存器的用法介绍

1) 数据缓冲器 SBUF

SBUF 是串行通信的数据缓冲器,物理上是两个,其中一个是发送数据缓冲器(只写),另一个是接收数据缓冲器(只读),字节地址都为 99H,SBUF 是它们共同的预定义符号。

作为发送数据缓冲器的 SBUF,CPU 向它写入待发送的数据,最后变成串行数据在外部引脚上输出;向 SBUF 中写入一个新的数据必须等到上一个数据发送结束,否则就会出现发送错误。

作为接收数据缓冲器的 SBUF,暂存由串并转换器接收到的数据,供 CPU 读取。SBUF 与串并转换器构成接收通道的双缓冲结构,在接收过程中,如果一个字符接收完毕,串并转换器将该字符锁存到 SBUF,但如果 SBUF 中收到的字符没有被 CPU 及时读取,就会发生数据的重叠——数据丢失。

2) 串行口控制寄存器 SCON

SCON 用于控制串行口的工作方式,字节地址为 98H,可位寻址。其各位的定义如下:

D7	D6	D5	D4	D3	D2	D1	D0
SM0	SM1	SM2	REN	TB8	RB8	TI	RI

SM0、SM1 为串行口工作方式选择位,由软件设定。共有 4 种工作方式,如表 10-2 所示。表中 f_{osc} 是 MCS-51 的振荡器频率。

表 10-2 串行口工作方式

SM0	SM1	方 式	功能说明	波特率
0	0	0	移位寄存器输入/输出	$f_{osc}/12$,固定
0	1	1	8 位数据 UART 方式	T1 溢出率/n,$n=32$ 或 16,可变
1	0	2	9 位数据 UART 方式	f_{osc}/n,$n=64$ 或 32,固定
1	1	3	9 位数据 UART 方式	T1 溢出率/n,$n=32$ 或 16,可变

SM2 为多机通信控制位,一般可简单地置 0。多机通信时的功能和用法,我们集中在第 10.3.4 节介绍。

REN 为允许接收控制位,由软件设定。REN = 1 时允许接收数据,REN = 0 时禁止接收数据。

TB8 是 9 位数据通信(方式 2、方式 3)发送时的第 9 位数据,可用软件置位或复位。它尾

随 SBUF 中的 8 位数据，并在停止位之前被发送出去的。通过软件，TB8 可作字符发送时的奇偶校验位，也可作多机通信的地址指示位。

RB8 是 9 位数据通信（方式 2、方式 3）接收到的第 9 位数据，配合软件，可对接收到的数据作奇偶校验。在多机通信时用于区分接收到的是地址还是数据。

TI 是发送缓冲器空标志位，也可作中断标志。为 1 时表示缓冲器已空，它在字符的停止位发出后由硬件置位，意味着可以发送下一字符。TI 必须由软件清 0。

RI 是接收就绪标志位，也可作中断标志。为 1 时表示接收到一个完整的字符，CPU 可以在 SBUF 中读刚刚收到的数据。该标志由硬件置位。RI 也必须由软件清 0。

复位时，SCON 各位被清零。

3）电源控制寄存器 PCON

PCON 的字节地址为 87H，没有位寻址功能。当复位时，SMOD 位被清零。

D7	D6	D5	D4	D3	D2	D1	D0
SMOD	—	—	—	GF1	GF0	PD	IDL

PCON 主要用于控制 CMOS 型 MCS-51 芯片的低功耗操作。其中与串行口有关的只有第 7 位 SMOD。该位影响控制串行口方式 1、方式 2、方式 3 时的波特率。

10.2.2　串行口的工作方式

1）方式 0——移位寄存器 I/O 方式

方式 0 是串行同步方式，多作移位寄存器扩展之用。RXD 作串行 I/O 数据线，TXD 作串行时钟（输出）。8 位数据 I/O 的顺序是低位在前，高位在后。图 10-3 为方式 0 的时序图。

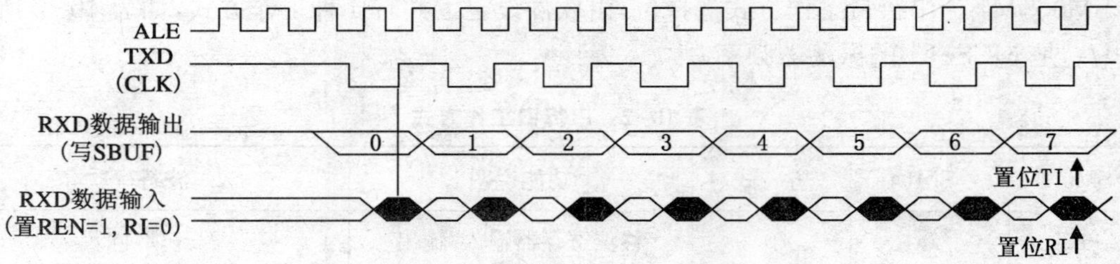

图 10-3　串行口方式 0 的 I/O 时序

ALE 的频率是 CPU 时钟频率的 1/6，TXD 的频率又是 ALE 的一半，TXD 的时钟频率为 $f_{osc}/12$。这就是同步方式时的波特率，它是固定值。

CPU 写 SBUF 时，就开启一个 8 位字符的移位发送，依次输出字符的 D0、D1、…、D7 各位，结束时 TI 置位。可以粗略地看到，数据线上每一位数据的输出，在时钟（TXD）下降沿之前已经达到稳定状态，且保持到时钟上升沿之后，然后数据线上输出下一位。这个对选择外部元件与之配合是非常重要的。

方式 0 的输入在接收允许位 REN＝1 和接收就绪位 RI＝0 时开始，数据线由外部驱动，串行口内的移位寄存器只是在时钟（TXD）的上升沿采样数据线。外部电路要确保该采样时刻之前,数据线已经稳定,并且此后能再维持一段时间,见图 10-3 中涂黑的部分。远离采样时刻的时间段内,数据线上的状态不重要。

方式 0 主要用于 I/O 扩展,也可以用于两个同样的 MCS-51 微控制器之间的同步通信。

2) 方式 1——8 位异步串行通信方式

传送 8 位数据位,按照异步通信编码规定,硬件自动插入 1 位起始位,1 位停止位,见图 10-2。TXD 为发送引脚,RXD 为接收引脚。CPU 写 SBUF 激活一个字符的发送过程。发送一个字符前,软件要将 TI 清 0,发送完成后硬件置 TI 为 1。这样如果检测到 TI=1,就说明前一个字符发送完毕,可以发送下一个数据。软件可以利用 TI 作发送流量控制。

异步接收时,需设置接收允许位 REN=1。开始接收前 RI 必须清 0,当硬件接收到一个字符后,自动置 RI=1。如果检测到 RI=1,说明已经有一个字符存到 SBUF 中,CPU 可以读取。在中断方式,RI 和 TI 相成,合成一个中断源,在中断服务子程序中,软件查询 TI 和 RI,区分是发送中断还是接收中断。

方式 1 的波特率是可改变的,这取决于定时器 T1 或 T2 的溢出速率。如图 10-4 所示,串行接收过程中,硬件对一个位进行了多次采样,以进行数字滤波,增加数据的准确性。由于这个原因,通常波特率时钟频率是波特率的若干倍,这个倍率称为波特率因子,MCS-51 的波特率因子取固定值 16。

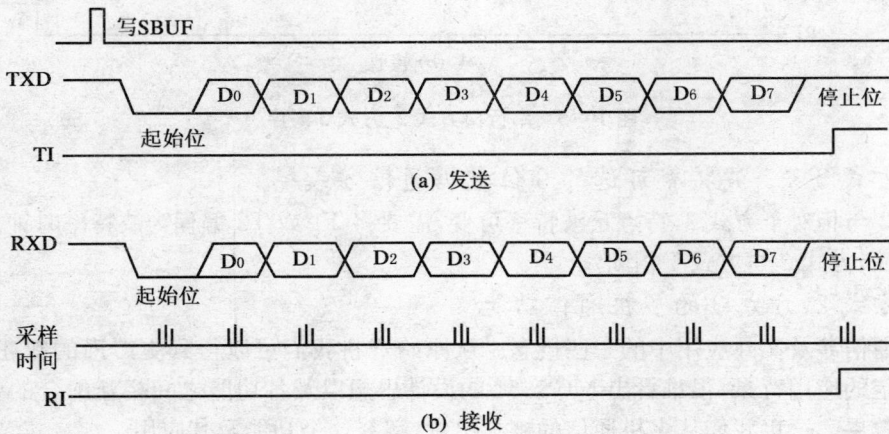

图 10-4 串行口方式 1 时序

3) 方式 2——波特率固定的 9 位数据通信方式

方式 2 与方式 1 相比,波特率固定,不需要使用 T1 或 T2 作波特率发生器,可以节省资源。如果参与通信的收发各方都采用同样的微控制器,并且 CPU 时钟也相同,那么用这种方式通信就是很好的选择。

此时的波特率按照如下公式计算:

$$波特率 = 2^{\text{SMOD}} \times f_{\text{osc}}/64$$

f_{osc} 即是 CPU 时钟频率,SMOD 是电源控制寄存器中的最高位,SMOD=1 时的波特率比 SMOD=0 时增加一倍。

　　而 9 位通信,比方式 1 多了一位,这个第 9 位数据编码在停止位之前。算上起始位和停止位,实际发送 11 位。引脚的使用同方式 1。发送时,可编程位 TB8 可赋为 0 或 1;接收方将收到的第 9 位数据保存在 RB8 位。

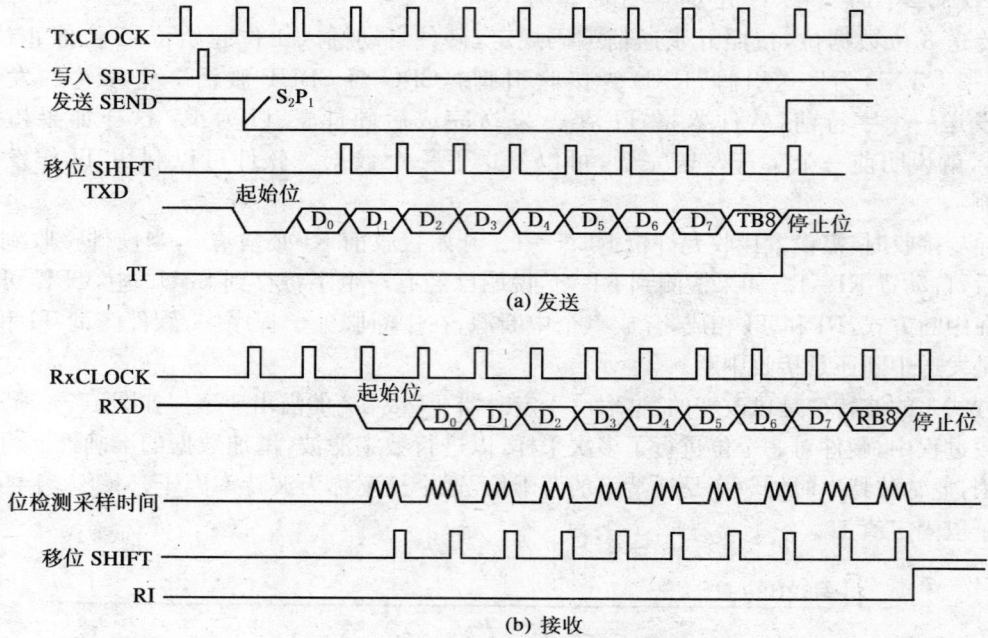

(a) 发送

(b) 接收

图 10-5　串行口方式 2、方式 3 时序

　　4) 方式 3——波特率可选的 9 位数据通信方式

　　方式 3 与相对于方式 2,特点是波特率可变,需要将 T1 或 T2 编程为波特率时钟。在波特率设置方面,方式 3 与方式 1 相同。

　　5) 方式 2、方式 3 的多机通信功能

　　多机通信涉及实际应用中的一些概念。从原始资料我们可以得到更严谨的叙述,但是如果没有一定的应用背景,很难看出 MCS-51 的设计思想以及各功能之间相互配合的要求和随之而来的效果。这里我们从多机通信的概念出发,解释这个功能及其应用。

　　如图 10-6 所示,一台 MCS-51 主机(Master),带 n 台 MCS-51 从机(Slave)。这些微控制器各实现一定的控制和检测功能,现通过串行口,以总线方式构成主从式连接(这里暂时忽略其总线的驱动),构成一个小的网络。在工业现场它们分工合作,作为分布式控制系统,具有很高的实用价值。

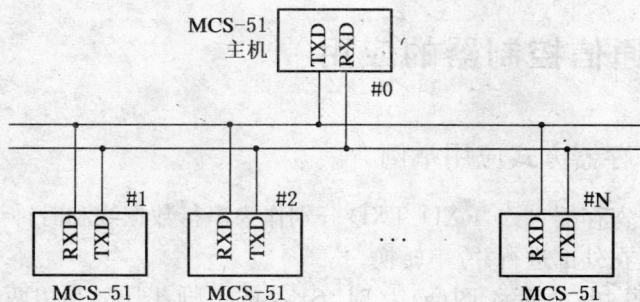

图 10-6　多机通信的情形

主机与各从机之间有大量的数据通信的需求。在总线型网络中,我们把发送数据的设备称为"讲者",接收数据的设备称为"听者",管理通信的设备称为"控者"。实际上,在不同的阶段,一个具体的设备可在"讲者"、"听者"和"控者"之间动态改变角色。

为了提高通信效率,主机和每一台从机都需要有一个独特的编号,称为地址号,起到身份标识的作用。讲者发送每一帧数据之前,前面都加上听者的地址码,起呼叫作用。听者接收到一个与本机相符的地址码,就接听数据,否则就忽略后面的数据,但继续监视总线上发送的每一个地址码。

为此,MCS-51 规定用 9 位通信方式的第 9 位来区别数据和地址。讲者发送时,先置 TB8 ＝1 发送地址,再使 TB8＝0 发送数据;在听者接收时,若 RB8＝1,表明收到的是地址,而 RB8＝0,表明收到的是数据。

这样,总线上的信息总是地址、数据频繁地交替出现,并遵循上述的约定。但是设备毕竟比不上人的智慧,如果没有进一步的措施,仍然无法解决通信效率问题:在中断方式下,大量无关的数据都要先接收下来,再用软件来过滤。而我们已经知道,每次中断响应需要一定的开销,在网上节点设备很多时,会导致 CPU 不堪重负,无法完成其基本的测控任务;如果用软件查询的方法接收有用和没用的数据,则更没有效率可言。

为此,MCS-51 为多机通信作了一个特殊安排,这就是 SCON 中的多机通信控制位 SM2。可以通过软件的设置,在物理层屏蔽掉无关数据,减少不必要的中断请求,使节点设备的 CPU 处于比较"安静"的环境中,就提高了通信效率。

对听者(接收设备)来说,REN＝1 是必要的,串行中断也是开放的,否则它根本不在接收状态。在这个假定下,置 SM2＝1,就处于只接收地址的状态,也即收到 RB8＝1 才申请中断,如果是数据,即 RB8＝0,硬件就屏蔽掉这个数据。如果收到的一个地址经判断符合本机地址,则以用软件清 SM2＝0,后面不论收到的字符是数据(RB8＝0)还是地址(RB8＝1),都可以申请 CPU 的中断。

如何在 9 位通信中有效地使用 SM2 控制位,还有一个技巧问题。图 10-7 给出多机通信时中断方式接收的流程,供初学者分析,在后面的例题中还将用到。

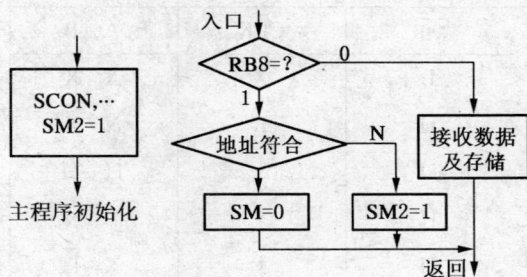

图 10-7　多机通信时中断方式接收流程

10.3 串行通信控制器的应用

10.3.1 移位寄存器方式应用举例

方式 0 就是移位寄存器方式,RXD、TXD 分别作为串行数据线和时钟线,输出是在外部进行串/并转换,输入是在外部进行并/串转换。

【例 10-2】 如图 10-8 所示,图(a)为 74LS164 的引脚,图(b)利用两片 74LS164 可以扩展出两个 8 位的并行输出口,用于两位数码管的静态显示。

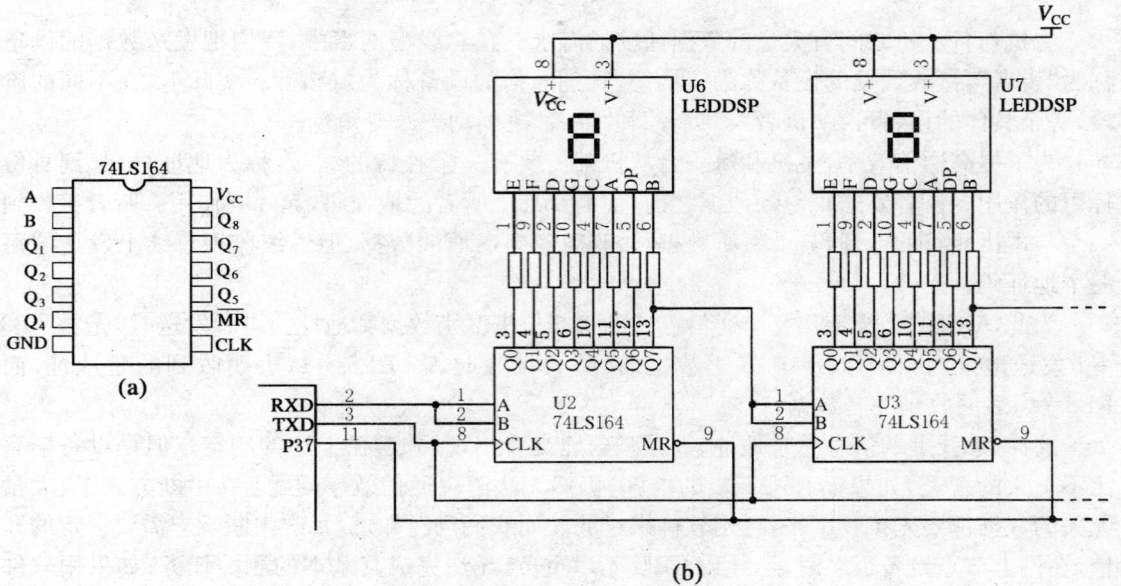

图 10-8 利用两片 74LS164 求展出两个 8 位的并行输出口

这两片 74LS164 是级联的,实际上可以按类似方式继续扩充。假设扩充了 4 位数码管(图中只画出两位),试编写显示子程序。74LS164 真值表如表 10-3 所示。

表 10-3 74LS164 真值表

输 入			输 出			
$\overline{MR}$	CLK	A B	Q_0	Q_1	...	Q_7
L	X	X X	L	L	...	L
H	L	X X	Q_0^n	Q_1^n	...	Q_7^n
H	↑	H H	H	Q_0^n	...	Q_6^n
H	↑	L X	L	Q_0^n	...	Q_6^n
H	↑	X L	L	Q_0^n	...	Q_6^n

注:A、B 在芯片内部是相与的关系。时钟使所有的低位向高位移一位,而 Q_0 上升沿锁存了 A∧B 的状态。

　　首先对线路图进行一些分析。这里 74LS164 与数码管的连接是按照线路板上布线方便为原则,这给字形表制作带来一些麻烦。可如此考虑,移位寄存器方式下数据按先低位后高位的顺序输出,在 74LS164 上,数据从 A(B)端进入,在时钟脉冲作用下依次从低位 Q_0 向高位 Q_7 移位,所以一个字节完整输出后,数据的最低位(LSB)最先输出,移位次数最多,结果出现在 Q_7,而数据的最高位(MSB)最后输出,出现在 Q_0。这样,就可以根据数据的位与数码管笔画的对应关系列出本例所特有的字形表如表 10-4 所示。

表 10-4　字形表

显示字符	E Q_0 (MSB)	F Q_1	D Q_2	G Q_3	C Q_4	A Q_5	Dp Q_6	B Q_7 (LSB)	汇编	C51
0	0	0	0	1	0	0	1	0	12H	0x12
1	1	1	1	1	0	1	1	0	F6H	0xF6
2	0	1	0	0	1	0	1	0	4AH	0x4A
3	1	1	0	0	0	0	1	0	C2H	0xC2
4	1	0	1	0	0	1	1	0	A6H	0xA6
5	1	0	0	0	0	0	1	1	83H	0x83
6	0	0	0	0	0	0	1	1	03H	0x03
7	1	1	1	1	0	0	1	0	F2H	0xF2
8	0	0	0	0	0	0	1	0	02H	0x02
9	1	0	0	0	0	0	1	0	82H	0x82
A	0	0	1	0	0	0	1	0	22H	0x22
B	0	0	0	0	0	1	1	1	07H	0x07
C	0	0	0	1	1	0	1	1	1BH	0x1B
D	0	0	0	1	0	1	1	0	16H	0x16
E	0	0	0	0	0	0	1	1	0BH	0x0B
F	0	0	1	0	1	0	1	1	2BH	0x2B

　　在级联时,最后输出的一个字节,其内容显示在离 RXD 最近的一只 74LS164 芯片上,我们把它当作显示的最高位;最先输出的字节,移位的最远,把它当作显示的最低位。这样整个显示内容也是低位在前,高位在后。

　　假定需要显示的 4 位数为十六进制 0~F(如果 A~F 不用,就是十进制),由低位到高位存放在标号为 DispBuf 的 4 字节数据区,则程序如下:

m_Data	SEGMENT	DATA	
	RSEG	m_Data	
DispBuf:	DS	4	
Disp	SEGMENT	CODE	
	RSEG	Disp	
Display:	MOV	SCON,#00H	;串行方式0
	CLR	P3.7	
	SETB	P3.7	
	MOV	B,#4	;数据位数
	MOV	R0,#DispBuf	;取显示缓冲区首地址的地址
L:	MOV	A,@R0	;取数
	ADD	A,#(TABLE-X)	;加一个偏移量
	MOVC	A,@A+PC	;使查表时跳过表数据前的指令代码字节
X:	MOV	SBUF,A	;送数,标号仅用于计算
	JNB	TI,$	;等待送数结束
	CLR	TI	;清除发送就绪标志
	INC	R0	;调整数据指针
	DJNZ	B,L1	;循环到4个数据位都显示结束
	RET		
TABLE:	DB	12H,0F6H,4AH,0C2H,0A6H,83H,03H,0F2H	
	DB	02H,82H,22H,07H,1BH;16H,0BH,2BH	

这里的查表指令使用@A+PC而不是前面的@A+DPTR,可以不占用DPTR。

本例的静态显示与第9章的动态显示相比,优点是把数据送出后,只需循环送数,手续非常的简单,而且占用的口线也很少。缺点是使用了额外的芯片(有芯片的直接成本、占据印制板面积的间接成本)。在批量化产品的研制中,应当尽量使用软件来代替硬件,以降低成本。

本例在作数码管显示时,成本优势不明显,但作为一般的并行口扩展,只用很少的几根线,就可以控制很多的开关信号量。但在应用中,也要注意一个问题,就是74LS164的输出直接与它本身的移位寄存器连接,没有经过缓冲,在移位阶段,信号有不确定性,而且级联越多,现象越严重。这如果用在响应不高的机电控制领域是可以的,在更高要求下,建议采用74LS595,它有更多控制线,移位完成后才形成实际的输出。

【例10-3】 并/串转换电路74LS165用于扩展一组拨码开关或连接多个按键。

并/串转换电路74LS165有8个并行输入脚A～H。对应于这些引脚,内部是8位串联的移位寄存器,名称也是A～H,其中H是移出端。SH/LD上的负脉冲将并行输入引脚上的状态预置到内部的移位寄存器中,在非预置数据期间,SH/LD必须保持高电平,此时A、B、…、H引脚信号不起作用;

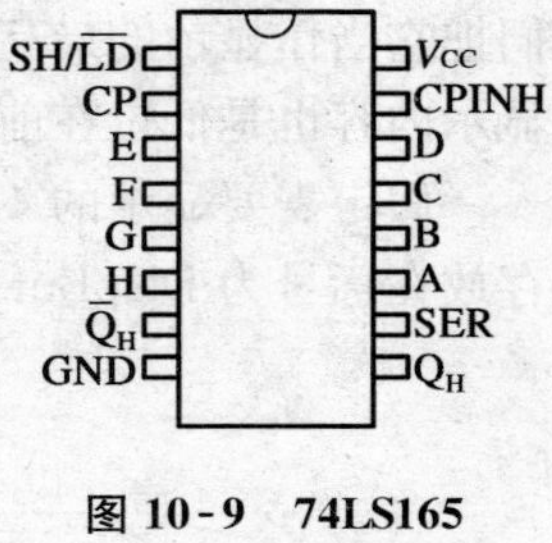

CP是时钟,CPINH为禁止端,两者在芯片内相或,为移位寄存器提供时钟,其实是对等的。两者可以并联接时钟,或CP接输入时钟,CPINH接地;

SER是串行输入,用与级联,无级联时可以接地。时钟脉冲的前沿将内部各位依次移一位,对

图10-9 74LS165

应于 H 的位被移到输出脚 Q_H，$\overline{Q_H}$ 为反相输出，SER 的状态补充到内部对应于 A 的位上。

现设计一组 8 位拨码开关，如图 10-10 所示，P1.1 用于预加载。

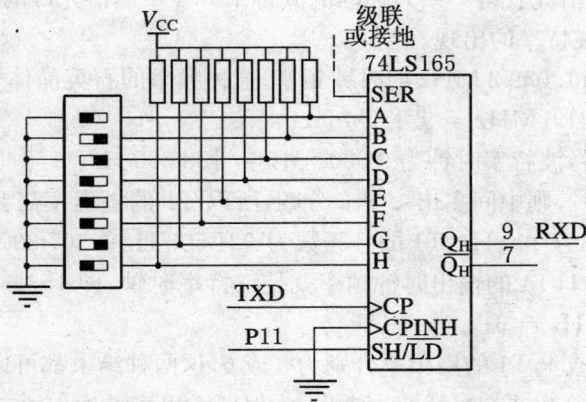

图 10-10　8 位拨码开关和 74LS165 构成的输入

将 8 个引脚的状态输入到 MCS-51，程序如下：

	PUBLIC	SIN	
SER_IN	SEGMENT	CODE	
	RSEG	SER_IN	
SIN：	CLR	P1.1	；形成负脉冲，预加载并行数据到 74LS165 的内部
	SETB	P1.1	
	MOV	SCON,♯00010000B	；方式 0，允许接收，并使 RI＝0
	JNB	RI,$	；等待 RI 变高
	MOV	A,SBUF	；读数
	MOV	R7,A	；标准的 C51 返回方式
	RET		

该子程序可以被 C51 高级语言调用，返回值在 R7 中。

10.3.2　串行通信的应用举例

串行口作 UART 功能更普遍一些，如实现与主机的通信。方式 1、方式 3 波特率可变，适用面更广。方式 2 波特率固定，要求通信的另一方能适应它。

1）串行通信的波特率设置

（1）T1 作为波特率发生器

如图 10-11 所示，以 T1 作为波特率时钟发生器，是利用 T1 的可编程溢出率，结合图中的固定分频，从 f_{osc} 时钟得到波特率时钟。其中 f_{osc} 是 CPU 的时钟，对现成的应用系统来说是已知的，而新设计则可根据需要选择。

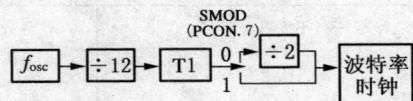

图 10-11　T1 定时器作波特率发生器的时钟信号关系

【例 10-4】　取常用波特率为 9 600,CPU 时钟为 11.059 2 MHz,试初始化 T1。

对具有异步串行通信要求的系统,一般 CPU 时钟接近于其工作上限,以达到较高的运行速度,同时兼顾到能够由此获得一系列标准的波特率。异步通信允许的时钟误差最大为7%～8%,要避免非标准的波特率的出现。

MCS-51 常选用 11.059 2 MHz 的时钟频率,这种频率的石英晶体也比较容易购买。该时钟 12 分频以后为 0.921 6 MHz = 921 600 Hz;

波特率为 9 600 时,波特率时钟为 9 600 × 16 = 153 600 Hz;

如果选 SMOD = 0,则中间多出一个 2 分频,所以 T1 的溢出率需要达到波特率时钟的 2 倍,即 153 600 × 2 = 307 200 Hz。T1 的分频数为 921 600 Hz ÷ 307 200 Hz = 3;

如果选 SMOD = 1,T1 的输出时钟频率就是波特率时钟,即 153 600 Hz。T1 的分频数为 921 600 Hz ÷ 153 600 Hz = 6;

对于 SMOD = 0 或 1,T1 的溢出率分别为 3 或 6,这两种结果都可以使用。T1 的溢出率为 3 或 6,意味着 T1 计数 3 次或 6 次就产生溢出,为保证溢出率准确,必须使用方式 2。以下为 T1 的初始化程序。

; SMOD=0 的初始化语句		; SMOD=1 的初始化语句
MOV　A,TMOD		MOV　A,TMOD
ANL　A,♯0Fh		ANL　A,♯0Fh
ORL　A,♯20H		ORL　A,♯20H
MOV　TMOD,A		MOV　TMOD,A
MOV　TH1,♯－3	或	MOV　TH1,♯－6
MOV　TL1,♯－3		MOV　TL1,♯－6
MOV　A,PCON		MOV　A,PCON
ANL　A,♯7Fh		ORL　A,♯80h
MOV　PCON,A		MOV　PCON,A
SETB　TR1		SETB　TR1

以上 TMOD 和 PCON 都不可以位寻址,我们用一系列指令实现"读—修改—写",这样可以不影响程序的其他部分。

当用定时器 T1 作为波特率发生器时,波特率的计算公式如下:

$$波特率 = 2^{SMOD}(T1 溢出速率)/32$$

也可通过查表简化计算,见表 10-5。

表 10-5　定时器 T1 方式 2 产生的常用波特率

方式 1、3 的波特率 (Kbit/s)	f_{osc} (MHz)	SMOD	重装载值
62.5	12	1	FFH(0xFF)
19.2	11.059	1	FDH(0xFD)
9.6	11.059	0	FDH(0xFD)
4.8	11.059	0	FAH(0xFA)

方式 1、3 的波特率 （Kbit/s）	f_{osc} （MHz）	SMOD	重装载值
2.4	11.059	0	F4H（0xF4）
1.2	11.059	0	E8H（0xE8）
137.5	11.986	0	1DH（0x1D）
110	6	0	72H（0x72）

（2）T2 作为波特率发生器

如图 10-12 所示，以 T2 作为波特率时钟发生器，是利用 T2 的可编程溢出率，结合图中的固定分频，从 f_{osc} 时钟得到波特率时钟。其中 f_{osc} 是 CPU 的时钟。

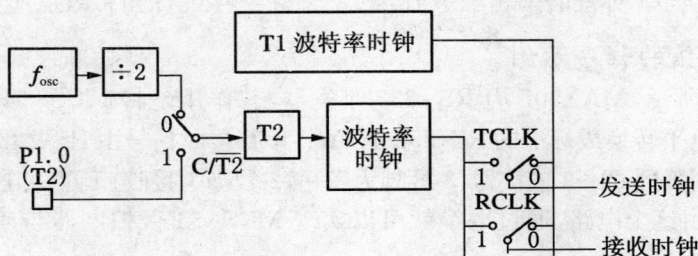

图 10-12 T2 定时器作波特率发生器的时钟信号关系

需要注意的是 T2 作波特率发生器时，对 f_{osc} 是 2 分频而不是作定时/计数器时的 12 分频；另外，用 T2 作波特率发生器时并不排斥 T1，而是增加了选择。这样可以使收发具有不同的波特率。也有一些新型器件本身有两个 UART，提供更灵活的选择。

初始化 T2 是在 T2CON 中进行，T2CON 寄存器各位重画如下，作波特率发生器时，只需要初始化其中的 RCLK、TCLK 和 C/$\overline{T2}$，并用 TR2 启动。其他位的含义见第 9 章。

TF2	EXF2	RCLK	TCLK	EXEN2	TR2	C/$\overline{T2}$	CP/$\overline{RL2}$

【例 10-5】 取常用波特率 4 800，收发相同，CPU 时钟为 22.118 4 MHz，试初始化 T2 为波特率发生器。

结合图 10-12，CPU 时钟为 22.118 4 MHz，2 分频后是 11.059 2 MHz = 11 059 200 Hz。

波特率为 4 800 时，波特率时钟为 $4\,800 \times 16 = 76\,800$ Hz；

T2 的溢出率为 11 059 200 Hz ÷ 76 800 Hz = 144；

因为 T2 是 16 位计数器，故初值为 65 536 − 144 = 65 392 = FF70h。初值的高 8 位和低 8 位分别装入 RCAP2H 和 RCAP2L。

初始化波特率的程序段如下：

```
MOV    T2CON, #30H    ; − −RCLK TCLK − TR2 C/T2 − :00110000
MOV    TH2, #0FFH     ; 波特率为 4 800
MOV    TL2, #070H     ; CPU 时钟 22.118 4 MHz:22 118 400/(4 800 * 16 * 2) ＝144
MOV    RCAP2H, #0FFH
MOV    RCAP2L, #70H
SETB   TR2
```

计算波特率也可以用下面的公式：

$$波特率 = f_{osc}/(2 \times 16 \times (65\,536 - (RCAR2H, RCAP2L)))$$

其中 RCAP2H、RCAP2L 为自动重载初值。当计数时钟来自于外部时，可设置成计数器方式，同样可以提供波特率时钟。计算公式如下：

$$波特率 = 外部时钟频率/(16 \times (65\,536 - (RCAR2H, RCAP2L)))$$

2）异步通信的程序示例

如图 10-13 所示，MAX202 为 RS-232 收发器，其作用是将 MCS-51 的串行发送信号（TXD）由 TTL 电平转换成标准的 RS-232 电平，将串行接收信号由 RS-232 电平转换成 TTL电平。RS-232 侧接到 DB-9 连接器，3 号脚为发送，2 号脚为接收；TTL 侧连接 MCS-51 的串行口收发引脚。由这个电路，通过电缆就可以实现 MCS-51 微控制器与通用计算机（如 PC机）的通信。

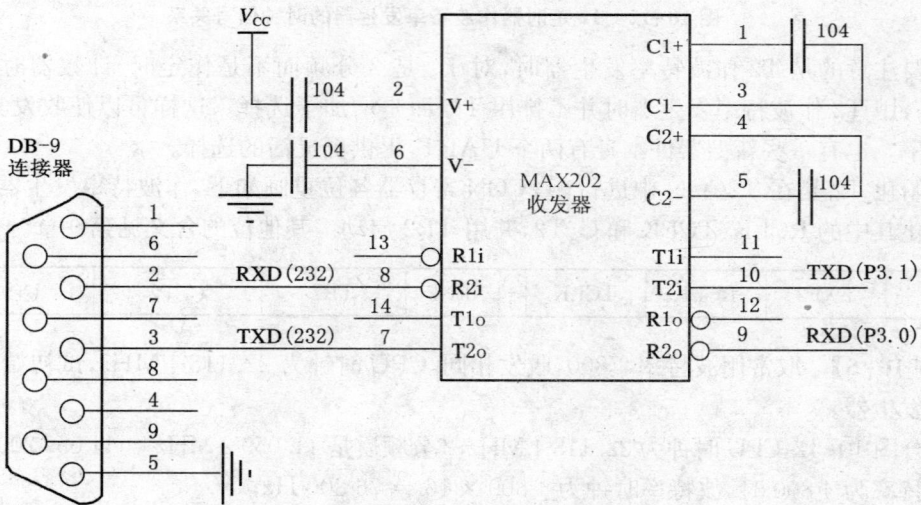

图 10-13　MAX202 应用

有了这个硬件接口，就可以试着编写通信程序，在 MCS-51 实验装置上运行通信程序，在PC 机上观察数据通信的效果。下面先编写一个以查询方式工作的异步通信程序。

【例 10-6】　已知异步串行通信波特率为 9 600，数据位 8 位，无校验位，1 个停止位。MCS-51 的时钟频率是 11.059 2 MHz。① 试计算连续发送 256 个字节，至少需要多少时间？② 以查询法编写 MCS-51 系统初始化串行口、发送一个字符、接收一个字符的子程序；③ 在主程序中先发送一串字符"Hello, MCS-51 world!"，然后等待对方的响应。如果接收到对方发来的 ASCII 字符,就对其加 1 后回送,在 PC 主机上可观察到通信效果。

（1）异步数据通信以字符为单位编码、发送。根据题意,数据位为 8 位,无校验位,硬件自动插入起始位、停止位,所以发送一个字符有 10 位,其中 8 位是有效信息,编码效率是 80%。波特率是 9 600,即每秒传送 9 600 个位。连续发送 256 个字节的数据,假设中间没有任何停顿,则总共发送的数据位数为 $256 \times 10 = 2\,560$ 位,最少时间是 $2\,560/9\,600 \approx 0.27$ s。

（2）初始化包括设定串行通信控制寄存器 SCON 和波特率发生器。对照 SCON 的各位,作如下选择:

SM0	SM1	SM2	REN	TB8	RB8	TI	RI

SM0、SM1 编码取 01,为方式 1（8 位,波特率可变）;SW2=0,不使用多机通信;REN=1,允许接收;TB8、RB8 不使用,填 00;TI、RI 是标志位,初始化为 00。

对波特率初始化直接利用例 10-4 的结果。完整的初始化过程见程序模块 1 中的相关部分。

关于发送和接收,我们以图 10-14 直观地分析编写要点。TI 是发送就绪标志,初始化的时候为 0,如果向 SBUF 写一个数,根据波特率推算,大约 1 ms 左右才能发送完毕,硬件置 TI=1,然后可以发送下一个字节。所以 TI 相当于流量控制。

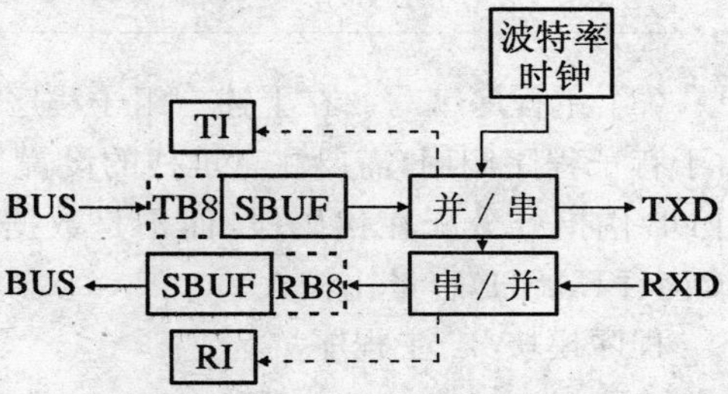

图 10-14　串行收发器 MCS-51 编程参考图

程序模块 1：子程序组

```
            PUBLIC   Init_SPORT
            PUBLIC   _Send_Char
            PUBLIC   Get_Char
SIO_GROUP   SEGMENT     CODE
            RSEG        SIO_GROUP
;串行口初始化子程序,无参数,无返回值
Init_SPORT: MOV    SCON,#50H       ;串行口通信方式1
            MOV    A,TMOD
            ANL    A,#0FH
            ORL    A,#20H
            MOV    TMOD,A
            MOV    TH1,#-3         ;-3相当于FDH
            MOV    TL1,#-3         ;波特率设置
            MOV    A,PCON
            ANL    A,#7Fh
            MOV    PCON,A
            SETB   TR1
            RET
```

```
        ;发送子程序,参数在 R7 中,为待发送的字符,无返回值
_Send_Char:  MOV    A,R7
             MOV    SBUF,A
             JNB    TI,$        ;等待直到 TI=1
             CLR    TI          ;清除,使 TI=0
             RET
        ;接收子程序,无参数,返回值在 R7 ,为接收到的数据
Get_Char:    JNB    RI,$
             CLR    RI
             MOV    A,SBUF
             MOV    R7,A
             RET
             END
```

（3）主程序编写。在上述一组子程序被定义好之后,主程序可以解决宏观的问题。首先,由于有子程序调用,需要注意堆栈的设置。其次,开始时发送的字符串是固定的字符串,应当用 DB 伪指令分配在代码段,而不是数据段,因为 MCS-51 的内部 RAM 相对比较宝贵,而ROM(FLASH)容量比较大。

程序模块 2:主程序

```
          EXTRN    CODE(Init_SPORT,_Send_Char,Get_Char)
? STACK    SEGMENT  IDATA           ;在间接寻址段定义堆栈,该说明必须放在主模块
           RSEG     ? STACK         ;相对段
           DS       1               ;保留一个字节,实际起占位作用

           CSEG     AT  0000H
           LJMP     START
M_JOB     SEGMENT CODE
           RSEG     M_JOB
START:     MOV      SP,#? STACK-1   ;设置堆栈
           CALL     Init_SPORT      ;初始化串行口
           MOV      B,#19           ;字符串长度
           MOV      DPTR,#MESSAGE   ;字符串首地址
Print:     CLR      A               ;偏移量恒定,后面通过修改 DPTR 取数,是变通用法
           MOVC     A,@A+DPTR       ;查表指令,读字符
           MOV      R7,A            ;传递参数
           CALL     _Send_Char      ;调用发送子程序
           INC      DPTR            ;修改 DPTR
           DJNZ     B,Print         ;字符串结束判断
ALWAYS:                            ;无限循环
           CALL     Get_Char        ;读取串行口数据,返回值在 R7
           INC      R7              ;对收到的数变化一下
           CALL     _Send_Char      ;再发送出去
           SJMP     ALWAYS
MESSAGE:  DB "Hello,MCS-51 world!"  ;字符串定义
           END
```

本例用 C51 写成的单模块实验程序见附录 D-2。

上述基于查询方式的发送和接收子程序均有局限：发送时期 CPU 一直都处于等待状态，效率低；接收时如果对方未按预期发送，则接收子程序不返回。在复杂控制应用中，这是不允许的。

【例 10-7】 中断方式的发送和接收。

以中断方式发送，主程序先完成数据打包——把待发送内容集中到一个数据存储区，再设定地址指针和数据长度，然后启动发送。实际发送过程由中断服务程序自动完成，且发送完毕后自动结束。中断接收比较复杂一点，为此我们先看一个简单的情形，然后再分析比较复杂的情况，并给出解决的办法。

下面的程序分两个模块，通信模块定义了发送数据缓冲区，中断方式下串行口的初始化以及中断服务程序，其中的接收功能先简化为每收到一个数，就将该数送到变量 RecData，并置数据更新标志 XFlag（位变量）。主程序模块首先将一个字符串打包存储在发送缓冲区 SEND_BUF，然后启动发送。接下来，根据数据更新标志将中断接收服务程序中收到的数据发送到 P1 口上。

在这个示例程序中，用 JBC 指令实现跳转，编码效率很高，希望读者回顾一下该指令的功能。另外，中断服务程序部分的结构比较特别，RE_ENTER 重入标号不仅统一了中断返回的路径，还考虑到发送和接收中断可能同时或相继到达，可在处理好一个中断以后，即将返回之际，到该标号处再检查一下是否有新的中断，如果有就立即处理。如暂时检测不到中断，就执行中断返回。这样可以有效减少中断返回和响应的次数（保护和恢复现场的开销还是很大的）。在中断源比较多，并存在高优先级中断嵌套的情况下，中断代码的高效率是我们所追求的。希望读者通过对示例的理解和分析，掌握其中的编程技巧。

（1）通信模块

```
            PUBLIC     Init_SPORT
            PUBLIC     SEND_LEN
            PUBLIC     SEND_ADDR
            PUBLIC     SEND_BUF
            PUBLIC     RecData
            PUBLIC     XFlag

SIO_BUF     SEGMENT    DATA          ; 内部 RAM 的数据段
            RSEG       SIO_BUF       ; 说明为可移动段
SEND_LEN:   DS         1             ; 发送数据长度
SEND_ADDR:  DS         1             ; 发送地址
SEND_BUF:   DS         16            ; 发送数据缓冲区
RecData:    DS         1             ; 接收 1 字节缓冲区

SIO_FLAG    SEGMENT    BIT           ; 定义一个位寻址段
            RSEG       SIO_FLAG      ; 说明为相对段
XFlag       DBIT       1             ; 接收到新数据标志

            CSEG       AT 4*8+3      ; 串行通信的中断向量地址
            LJMP       SPORT_SRV     ; 跳转到中断服务程序的实际入口

SIO_GROUP   SEGMENT    CODE          ; 与串口通信相关的代码段
            RSEG       SIO_GROUP
```

```
;串行口初始化子程序,无参数,无返回值,中断方式通信
Init_SPORT:    MOV      SCON,#50H               ;串行口通信方式1
               MOV      TMOD,#20H               ;T1,方式2,波特率发生器
               MOV      TH1,#-3                 ;11.059 2 MHz 时可达 9 600 bps
               MOV      TL1,#-3
               MOV      PCON,#00H
               SETB     TR1
               SETB     ES                      ;允许串行口中断
               SETB     EA                      ;允许 CPU 中断
               RET
;通信中断服务程序
               USING    1
SPORT_SRV:     PUSH     ACC
               PUSH     PSW
               SETB     RS0                     ;选 BANK 1
               CLR      RS1
RE_ENTRT:      JBC      TI,Send                 ;重入标号
               JBC      RI,Receive
EXIT:          POP      PSW
               POP      ACC
               RETI
Send:          MOV      A,SEND_LEN              ;发送部分
               JZ       RE_ENTER               ;发送长度=0,则不再发送
               MOV      R0,SEND_ADDR           ;取当前指针
               MOV      A,@R0                  ;取数
               MOV      SBUF,A                 ;发送
               DEC      SEND_LEN               ;发送长度≠0,则长度-1
               INC      SEND_ADDR              ;发送地址+1,为下次中断作准备
               SJMP     RE_ENTER
Receive:       MOV      A,SBUF                 ;接收部分,取数
               MOV      RecData,A              ;保存刚收到的数
               SETB     XFlag
               SJMP     RE_ENTER
               END
```

（2）主程序模块

```
               EXTRN    CODE(Init_SPORT)
               EXTRN    DATA(SEND_LEN,SEND_ADDR,SEND_BUF,RecData)
               EXTRN    BIT(XFlag)
?STACK         SEGMENT  IDATA                   ;定义堆栈段
               RSEG     ?STACK
```

```
              DS          1
              CSEG        AT  0000H
              LJMP        START
M_JOB         SEGMENT CODE
              RSEG        M_JOB
START：        MOV         SP,#? STACK-1      ;设置堆栈
              CALL        Init_SPORT         ;初始化串行口
              MOV         B,#19              ;字符串长度
              MOV         SEND_LEN,B         ;发送长度
              MOV         DPTR,#MESSAGE      ;字符串首地址
              MOV         R0,#SEND_BUF       ;发送缓冲器标号(地址)送 R0,注意立即数"#"
              MOV         SEND_ADDR,R0       ;初试化发送地址
Package：                                    ;数据打包
              CLR         A                  ;偏移量恒定,后面通过修改 DPTR 取数
              MOVC        A,@A+DPTR          ;查表指令读字符串
              MOV         @R0,A              ;将待发数传送到发送缓冲区
              INC         DPTR               ;修改 DPTR
              INC         R0
              DJNZ        B,Package          ;字符串结束判断
              SETB        TI                 ;启动发送
USER：                                       ;无限循环
              JBC         XFlag,Next         ;判断有没有数据更新标志,
              SJMP        USER
Next：
              MOV         A, RecData         ;如果收到新数
              CPL         A                  ;将收到的数变反
              MOV         P1,A               ;送 P1 口发光管显示接收到的数据的 2 进制码
              SJMP        USER               ;继续循环
MESSAGE：     DB    "Hello,MCS-51 world!"    ;字符串定义
              END
```

本例的 C51 版见附录 D-3。

10.3.3 接收中断的循环缓冲区

在通信中,接收是被动的行为。串行线上有低电平就开启了硬件的接收,并且在字符接收完毕,就请求中断。设置一个接收缓冲区,则 CPU 每次响应接收中断,就有数据要放置在当前指针所指的地址单元,并将地址指针加 1。不可能、也没有必要提供无限大的缓冲区来存放收到的数据,现实的是将 CPU 处理过的存储单元重新投入使用。这样就需要用到循环缓冲区。

如图 10-15 所示,循环缓冲区(也称循环队列)有一个头指针和一

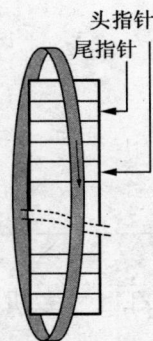

头指针
尾指针

循环接收队列

图 10-15 循环缓冲区

个尾指针。用头指针指示接收到的数据如何存放,用尾指针指示 CPU 的取数位置。任一指针到达分配给它的地址边缘时,需要回绕到起点;初始时头指针与尾指针都在起点。在任一时刻,当两者达到相等时,表示队列为空;不相等时表示 CPU 可从中取得数据去分析。

设头指针为 wHnd,尾指针为 rHnd,缓冲区长度为 L,为了方便起见,取 $L = 2^n$,则 wHnd、rHnd 在 $0 \sim 2^n - 1$ 范围以内。实现指针调整并正确回绕的算法是:

$$wHnd = (wHnd + 1) \& (2^n - 1);$$

$$rHnd = (rHnd + 1) \& (2^n - 1)$$

实际运算时采用 INC、ANL 这样的指令,比 CJNE 之类更加简便。当前队列中未分析的字节数为 $(wHnd - rHnd) \& (2^n - 1)$,这个算法仍然避免了判断 wHnd 与 rHnd 的相对位置关系。

【例 10-8】　MCS-51 内部 RAM 的 40H~5FH 地址单元用作中断接收的循环缓冲区,头指针为 wHnd,试写出串行中断接收部分的数据存储及指针调整程序段。

缓冲区从 40H 地址开始,因为 MCS-51 内部 RAM 的 00 地址同时还是寄存器区。缓冲区大小 L = 5FH - 40H + 1 = 20H;所以从逻辑上看,头尾指针都在 00 ~ 1FH 范围,但是为了编程的方便,实际指针为 40H ~ 5FH,偏移量为 40H。

```
; 通信中断服务程序(实际入口)
SPORT_SRV:     PUSH      ACC
               PUSH      PSW
               SETB      RS0          ; 选 BANK 1
               CLR       RS1
RE_ENTRT:      JBC       TI, Send     ; 重入标号
               JBC       RI, Receive
EXIT:          POP       PSW
               POP       ACC
               RETI
Send:          ...                    ; 发送部分省略
               SJMP      RE_ENTER
Receive:       MOV       A, SBUF      ; 接收数据
               MOV       R0, wHnd     ; 取指针
               MOV       @R0, A       ; 存数
               INC       wHnd         ; 指针+1
               ANL       wHnd, #1FH   ; 指针回绕
               ORL       wHnd, #40H   ; 加缓冲区首地址
               SJMP      RE_ENTER
               ...
```

10.3.4　多机通信的中断接收

多机通信时的网络连接见图 10-16,各引脚说明见表 10-6,图中采用了 RS-485 物理标准,其 I/O 引脚 A、B 构成一对差分信号,使得设备通信不依赖公共地线,提高了远距离通信的

能力。在 9 600 波特率时,如果线路质量优良,可以达到 1.2 km 的通信距离。这里收发器采用 MAX 487,最大节点数为 256。

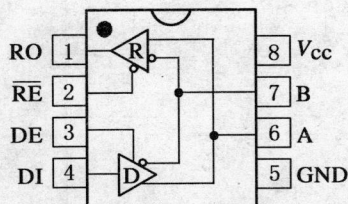

图 10-16　多机通信的网络连接

表 10-6　引脚说明

引　脚	名　称	说　明
1	RO	接收端,连接 RXD
2	$\overline{RE}$	接收允许,低有效
3	DE	发送允许,高有效
4	DI	发送端,连接 TXD
6	A	差分 I/O 正极性端,逻辑 1 为高,逻辑 0 为低
7	B	差分 I/O 正极性端,逻辑 1 为低,逻辑 0 为高

DE、$\overline{RE}$ 在简单的应用场合下不需要分别控制,可以并联后用一条 MCS-51 的端口线来控制,高电平时只发送,低电平时只接收。RS-485 的网络连接关系如图 10-17 所示,每只 MAX487 可将一台 MCS-51 主机或从机连接到网上。

由于 RS-485 收发是用同一对线,所以只能以半双工方式通信。

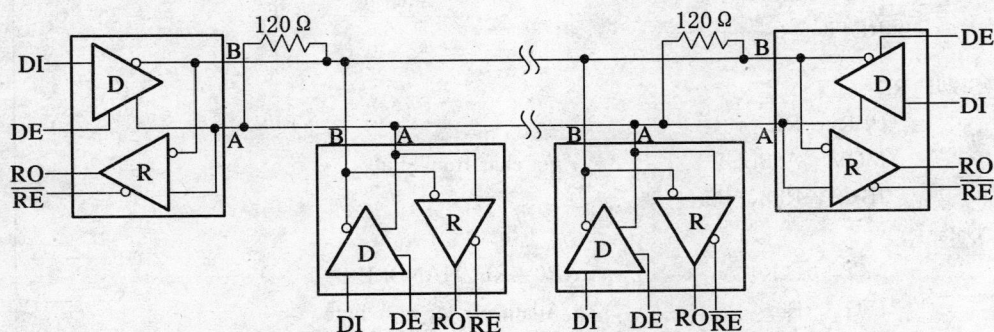

图 10-17　RS-485 的网络连接

【例 10-9】　应用例程。

以下程序用于多机通信场合下从机的中断方式接收。芯片为 AT89C2051,FLASH ROM 为 2 KB,内部 RAM 仅 128 字节,循环缓冲区地址为 20H~4FH(48 字节)。本机设两个节点地址,其一为 MainID,是专有地址,其值由伪指令给出,可根据需要修改,在多机系统中必须唯一;其二是广播地址 00H,体现在程序的指令中。主机通过广播地址"召唤"所有从机,因此所有从机的广播地址都相同。

由于硬件条件限制,对代码作了优化。具体有如下方面:

(1) 该型号芯片在串行中断向量地址之后,再无其他中断向量,故中断服务程序代码连续写,并绝对定位于以向量地址 $4*8+3$ 开始的代码段;

(2) 存数指针 RECHANDLE 被说明为与 BANK2 的 R0 具相同地址,故程序中 R0 即为 RECHANDLE,这样可以加快运行;

(3) 本模块的设计目标是,在固定位置(向量地址)上写代码,将中断接收到的数据存放到固定的区域。对于收到的本机地址,替换为"7EH"这样的标识符,便于主程序分析数据时能确认信息头。

多机通信的特点是通过灵活地控制 SM2，使无关数据被屏蔽，有用信息不丢失。关于 SM2 控制位的用法请参看图 10-7 及相关文字说明。主模块可以采用高级语言编程，这里忽略。

```
            NAME    SBUFASM
            PUBLIC  SBUFASM

RECHANDLE       EQU 10H           ; R0 of BANK2
MainID          EQU 18H

        CSEG AT 4 * 8+3
SBUFASM:
; ——————————————————————————————
        PUSH   ACC
        PUSH   PSW
        SETB   RS1               ; Use Bank 2
        CLR    RS0
EXIT:   JB     RI,SBUF_RD
        POP    PSW
        POP    ACC
        RETI
; ——————————————————————————————
SBUF_RD:
        CLR    RI
        MOV    A,SBUF            ; get char from sbuf
        JB     RB8,Address
Datas:
        MOV    @R0,A             ; R0=RECHANDLE
        INC    R0                ; Adapt ptr for next byte
        CJNE   R0,#50H,Normal    ; roll back at boundary
        MOV    R0,#20H           ; to 20H
Normal:
        SJMP   EXIT
Address:
        SETB   SM2
        JZ     BoardCastAddr     ; Boardcast Address
        CJNE   A,#MainID,EXIT
BoardCastAddr:
        CLR    SM2
        CLR    TXD
        MOV    A,#7EH            ; Put a 7E in Reception array
        SJMP   Datas             ; EXIT
        END
```

11 MCS-51 的总线

MCS-51 微控制器的应用通常分为两类：单片应用和总线扩展应用。

前面的应用示例都是单片应用方式,若型号选择适当,程序存储器和数据存储器容量已经足够,MCS-51 的 P0～P3 全部都作为 I/O 端口来使用,这样资源利用最充分,电路设计最简单。

扩展方式是指因为存储器、I/O 接口的容量或类型不足,所以要进行基于总线的外围芯片扩展。仅在 I/O 引脚上连接具体的应用电路,如数码管显示,拨码或按键以及在 RXD、TXD 引脚上连接 RS-232 或 RS-485 收发器实现异步通信等,是功能电路的要求,不属于总线扩展的范畴。

要使用总线扩展方式,微控制器的部分 I/O 引脚上必须复合有总线功能,才能通过电路设计,获得完整的数据总线、地址总线和控制总线。在这组总线的基础上,选取适当的芯片,进行系统功能扩展,可弥补微控制器片内功能的不足。此时,作为总线功能的引脚,其上的 I/O 功能就无法再使用。

微控制器的系列和型号有许多选择,但应用系统的设计受到多方面的制约。除了要考虑 CPU 运行速度、存储器和 I/O 的类型和容量外,还需要关注体积、温度适应性、功耗、抗电磁辐射的能力。复杂的市场因数也影响决策,在单件或小批量产品研制时,不能忽略开发系统的添置费用等。所以,要获得好的性价比,硬件工程师必须掌握总线扩展应用方面的技巧,灵活地应对各种因素的变化,实现预定的目标。

本章是微控制器应用系统设计的基础,包括系统硬件结构、时钟电路、一些实用的复位电路及基于 MCS-51 的系统扩展。

11.1 MCS-51 系统的时钟和复位电路

MCS-51 系统最简单的应用,是为 AT89S51 等微控制器加上正确的电源、时钟和复位电路,这样它就可以运行程序(见图 6-10)。芯片资源以及 P0～P3 提供的 32 条独立的 I/O 线,连接具体的功能电路。

时钟和复位电路在单片方式和扩展方式都是需要的。这里再介绍些实用电路,以便读者在系统设计时选用。

11.1.1 时钟电路

内部时钟方式下,向 CPU 提供时钟频率的是片内的一个并联谐振电路,如图 11-1(a)所示。引脚 XTAL1 和 XTAL2 之间连接一只石英晶体,晶体的标称频率就是振荡电路的固有频率;C_1 和 C_2 为负载电容,使振荡器易于起振并保持电路稳定。频率为 12～24 MHz 时均可使用 20 pF。如果频率升高,适当减小电容的数值;反之,适当增加电容的数值。C_1 或 C_2 只对频率有微调的作用,有准确要求时需借助于频率计仔细调整。

外部时钟方式、振荡电路及其频率由外部确定,见图 11-1(b)。f_{osc} 可以低至 0 Hz(直流),

其指标中写成 DC-24 MHz,即为此意。

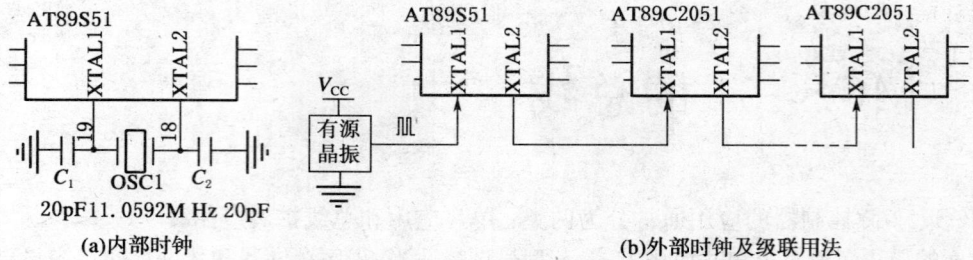

(a)内部时钟　　　　　　　　　　　　(b)外部时钟及级联用法

图 11-1　时钟电路

时钟频率如取上限,自然运算速度最高。但应用中并非越高越好,因为 CMOS 电路的功耗主要由动态过程引起。低时钟频率,意味着功耗较低,在电池供电的情况下,就意味着电池寿命更长。所以在嵌入式系统设计中,能满足指标要求时,不妨把时钟频率取得低些。

另外,在系统中同时使用多个微控制器时,可以共享同一个时钟,如图 11-1(b)所示,其中 AT89C2051 也是 MCS-51 系列微控制器,它与标准的型号相比,减少了许多引脚,不具有总线扩展功能。

图 11-1(b)中的有源晶振包括振荡电路和晶体,有单独的电源线和地线。晶体和有源晶振品种丰富,可以根据需要选购。

11.1.2　复位电路

在第 6.2.3 节介绍了简单的 RC 复位电路和 MCS-51 的复位状态。复位引脚上保持连续 24 个时钟以上的高电平,就可复位。如果 $f_{osc} = 12$ MHz,24 个时钟就是 2 μs;如果 $f_{osc} = 32.768$ kHz,则 24 个时钟需要 732 μs 以上,这影响到 RC 的选取。

复位所需要的时间与时钟频率有关,RC 值太小,则复位来不及完成,CPU 不能正常开始工作。图 6-3 中的按键可以手工复位,主要用于调试阶段。在实际应用中,很少有将复位键引出到面板上的,因为嵌入式程序必须相当可靠,不允许中间出现死机重启等现象。

复位芯片如 IMP810 等,它不仅能提供可靠的复位,也能检测电源电压的波动,当电压低于门限值时,也发出复位信号。门限电压有4.63 V、4.38 V、4.00 V、3.08 V、2.93 V 和2.63 V 可选。类似的复位电路很多。IMP810 与 MCS-51 的连接如图 11-2(a)所示,图(b)说明 IMP 的管脚排列,SOT23 是一种贴片封装,占用线路板的面积很小。

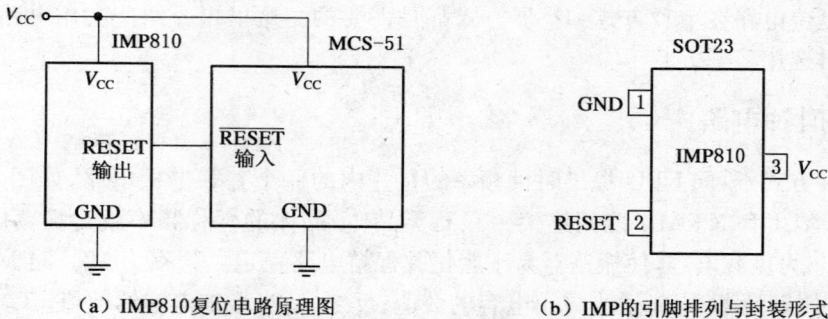

（a）IMP810复位电路原理图　　　　　（b）IMP的引脚排列与封装形式

图 11-2　IMP810 复位电路

如图 11-3 所示为 X5045 多功能复位芯片及其应用。X5045 具有复位、电源检测、看门狗定时器功能，并带有 512×8 字节的 E^2PROM，可通过标准的 SPI 串行接口访问。X5045 引脚功能如下：

$\overline{CS}/WDI$：片选输入/看门狗复位输入；$\overline{CS}/WDI$ 有两个功能，$\overline{CS}$功能用于选中芯片，低电平有效，通过由 SO、SCK、SI 构成的一组 SPI 串行总线，读/写寄存器或 E^2PROM；WDI 是看门狗复位信号，该引脚上的电平变化清除看门狗定时器。

SO：串行输出；

SCK：同步时钟输入；

SI：串行输入；

$\overline{WP}$：写保护输入；低电平时禁止写入；

RESET：复位输出。

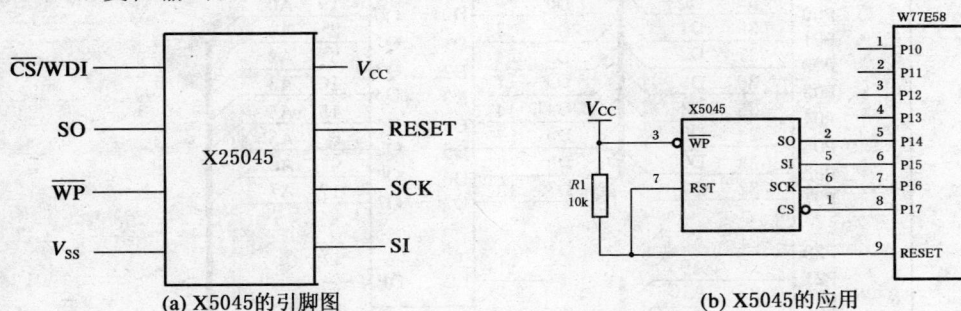

(a) X5045的引脚图　　(b) X5045的应用

图 11-3　X5045 复位芯片及其应用

上电期间或电源电压低于门限电压 4.65 V 时，自动输出 200 ms 复位信号。其内部有一个用于控制的寄存器，各位功能如下：

7	6	5	4	3	2	1	0
0	0	WD1	WD0	BL1	BL0	WEL	WIP

其中 WD1 与 WD0 的编码用作看门狗设置，00、01、10 和 11 分别表示 1.4 s、600 ms、200 ms和禁止。规定时间内$\overline{CS}/WDI$ 端应输入跳变清除看门狗定时器，否则将发出复位信号。

BL1 与 BL0 是对 E^2PROM 的写保护方式位，对于其上的 512 字节，编码 00、01、10 和 11 分别对应于无保护、后 1/4 保护、后 1/2 保护和整个数据块保护。欲改写受保护的数据，要先修改控制寄存器，成功后再重新设置保护。此举避免了重要信息意外丢失。

WEL(Write Enable Latch)是反应写允许锁存器状态的只读标志，为 1 表示写允许被置位。写允许锁存器通过一定的指令可以改变；WIP(Write-In-Progress)也是只读状态标志，为 1 代表芯片内部正在写，为 0 表示芯片内部没有操作。

图 11-3(b)是 X5045 的应用，W77E58 是 Winbond 公司生产的 MCS-51 微控制器，它的 P1.4～P1.6 用软件模拟 SPI 接口，P1.7 作选片，并兼有清除看门狗定时器的作用。应用 X5045 需要占用几根 I/O 线，如果用得恰到好处，就很值得。E^2PROM 可以存储掉电时需要保持的信息，如控制器的参数、仪器标定值等。

11.2 MCS-51 的总线

11.2.1 总线的构成

扩展方式下 MCS-51 的 P0 口作为 8 位数据线和低 8 位地址线；P2 口作为高 8 位地址线；控制线为 $\overline{PSEN}$、$\overline{EA}$、ALE、$\overline{RD}$ 和 $\overline{WR}$ 等，其中的 $\overline{WR}$ 占用 P3.6，$\overline{RD}$ 占用 P3.7。如图 11-4 所示为扩展系统总线的构成方法。

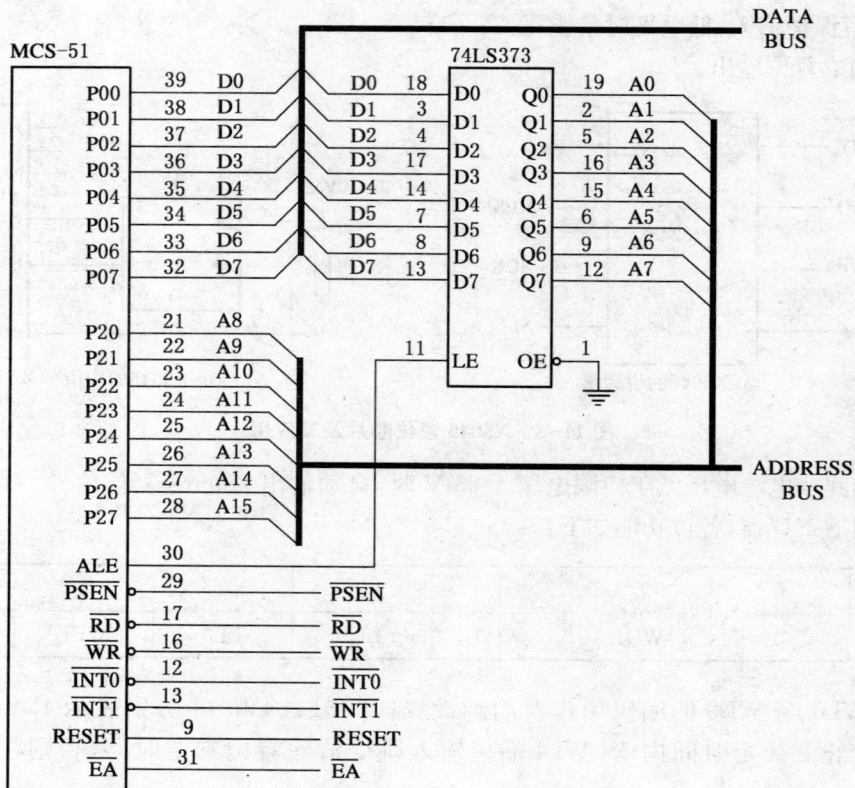

图 11-4 MCS-51 的总线构成

图中 74LS373 是锁存器，作地址锁存用。在访问外部存储器的每个机器周期内，低 8 位地址信息先输出到 P0 口，配合 ALE 引脚上的正脉冲，被锁存在 74LS373 的输出端，构成地址线 A0～A7。在总线周期的其余时间，P0 口作为数据线 D0～D7 使用。

P2 口可以作为高 8 位地址线，与 P0 口形成总共 16 位的地址，使外部寻址范围可达 64 KB。在数据存储器访问时，以下指令：

MOVX　　@DPTR,A

MOVX　　A,@DPTR

使用 16 位地址，因为 DPTR 是 16 位的。在外部程序存储器访问期间，16 位的 PC 指针

被送上地址总线。另外涉及查表的指令

MOVC　　A,@A+PC

MOVC　　A,@A+DPTR

这时的地址都是 16 位的。假设程序存储器都在芯片内部,而数据存储器又不需要扩展很多,比如扩充的存储器容量少于 256 个字节,那么仅仅使用 A0～A7 这低 8 位地址就够了,由于寻址范围非常有限。相关的指令是

MOVX　　　@Ri,A

MOVX　　　A,@Ri

这两条指令只使用低 8 位地址线,此时 P2 口保留下来,仍然当端口使用。

如果要在总线上扩充 I/O 接口,以弥补 MCS-51 本身的不足,则此类 I/O 接口只能按存储器映象法,占据数据存储器空间。

11.2.2　总线的时序

对 MCS-51 进行内部操作,包括片上功能部件的编程应用中,我们只需要关心每一条指令的结果,不需要了解内部总线信号的定时关系,因为 MCS-51 的设计者已经仔细地考虑过了。

在扩展方式下,硬件人员根据需要,会选择不同半导体厂商的元件来完成系统设计,这时必须清楚有关芯片的时序特征和要求,对不匹配的信号要添加额外的硬件进行匹配,这样才能实现预期的功能目标。

1) 指令代码的字节数、机器周期和执行时间

如图 11-5 所示,复位结束以后,CPU 是按一定的节律来工作的,这就是机器周期。一个机器周期由 12 个时钟周期组成,这在其他 CPU 或 MCU 中是不多见的。若系统的振荡频率选择为 12 MHz,则一个机器周期为 1 μs。

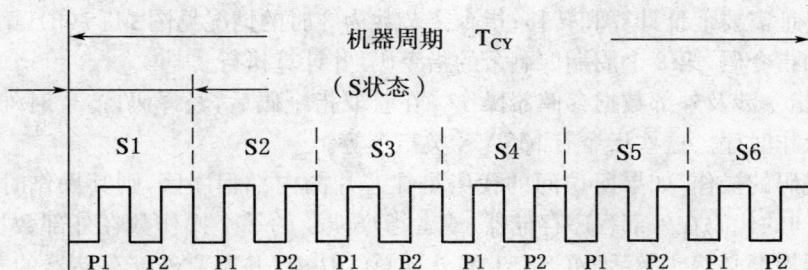

图 11-5　时钟周期与机器周期

时钟周期通常作为研究时序的参考信号。

一般 CPU 在访问存储器时,每个机器周期完成一次基本操作(读或写),它需要地址线、数据线和控制线的一次完整的配合。而 MCS-51 在访问程序存储器时,每个机器周期可以在连续的存储地址上获得两个字节的代码,即两次存储操作。

MCS-51 的一个机器周期由 6 个状态(S1、S2、…、S6)组成,每一个状态又分为两相(P1、P2),每相相当于一个时钟周期,所以每个机器周期由 12 个时钟周期构成。

指令周期是完整执行一条指令的时间,根据指令的特点,指令周期由一个或多个机器周期

组成。MCS-51 的指令系统,根据指令执行所需要的机器周期,分为单周期指令、双周期指令和四周期指令,以下作简单分析。

(1) 单周期指令

又分为单字节指令、双字节指令。单字节指令如图 11-6(a)所示,前三个 S 状态已读到完整的一条单字节指令,内部执行的同时,后三个 S 状态继续读下一条指令的操作码,但是很可惜,又被丢弃了。在整个指令系统的 111 指令中,单字节单周期指令占 37 条,而且使用频率很高,所以总线能力有不少的浪费。

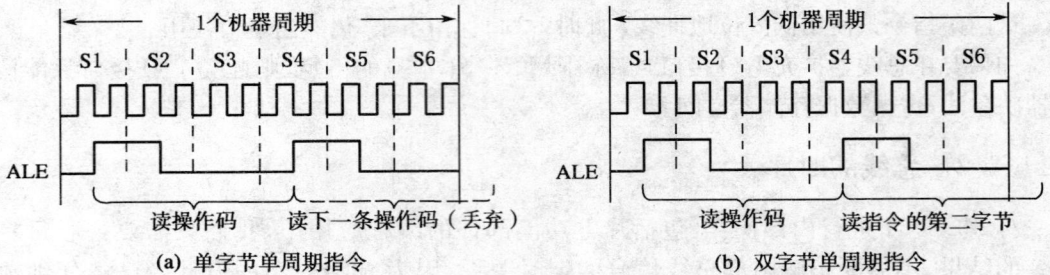

(a) 单字节单周期指令   (b) 双字节单周期指令

图 11-6　单周期指令

双字节单周期指令如图 11-6(b)所示,一个周期读到两个字节的指令,并恰好执行完该指令,这样的指令有 28 条,执行效率很高。

(2) 双周期指令

如图 11-7 所示的双周期指令,指令字节数为 1~3。有 44 条这样的指令。下面分两类叙述。

第一类,指令仅仅访问程序存储器和内部 RAM 等。字节数为 1 或 2 的情况见图11-7(a),取指令可在第 1 个机器周期完成,第 2 个周期用于进行复杂的内部操作,如 SJMP 指令的相对寻址需要地址计算和转移;指令字节数为 3 时的情况见图 11-7(b),第 1 个周期取前两个字节的指令码,第 2 个周期取剩余的指令码,并计算执行。

第二类,指令涉及外部数据存储器操作。在获取指令码后,经译码,产生对外部数据存储器的读或写操作时序。这些指令有 MOVX 类指令等。

取指令代码的操作,如果所访问的代码是在芯片的内部程序区,则其操作时序与应用无关;如果所访问的代码在外部程序存储器,或者指令涉及的一个操作数在外部数据存储器中,那么这些机器周期必然要激活 MCS-51 的外部总线功能,并需要外部存储器的配合,才能顺利执行相关的指令。

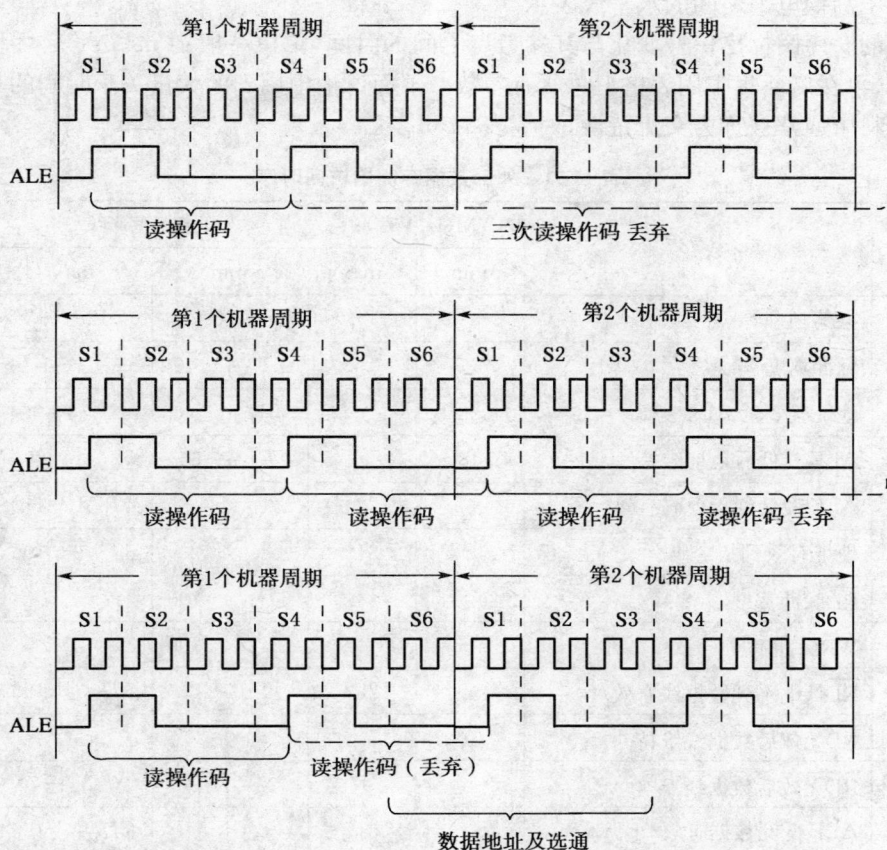

图 11-7 双周期指令

（3）四周期指令

四周期指令仅有乘法和除法指令各一条。由于位操作数是固定的 AB 寄存器对,所以指令编码只一个字节,但内部执行需要 4 个机器周期,除取指以外,全部为 CPU 内部操作,总线空闲时间长。

从上面的分析,我们看到 MCS-51 的外部总线经常会处于空操作中,有潜能未发挥。于是,一些获得授权的半导体厂商,如 Winbond、Dallas、Philips 等,通过对 MCS-51 内核的重新设计,使一个机器周期只需要 4 个或 6 个时钟周期,而不必是 12 个时钟周期。即在同样的时钟频率下,提高了运行速度,并且保持了代码的兼容性,但外部总线的时序肯定是有差异的。

2）外部存储器访问时序

时序图相当于一组相关信号的波形图,均以时钟为参考基准,用于表示信号变化的关系。

如图 11-8 中 ALE、$\overline{PSEN}$ 分别为单一信号线,有高电平、低电平,易理解;如果需要表示高阻态,习惯上画成一段介于高低电平之间的水平线。P0、P2 表示总线,总线是一组信号,同一时间里有些处于高电平,有些处于低电平,所以就用上下两段等长的水平线表示信号稳定时段;交叉处表示总线信号在变化,有些信号由高变低,有些由低变高,是不稳定时段;高阻态仍用一段介于高低电平之间的水平线表示。

　　详细的时序图标出信号变化与其参考点之间的时间,单位一般为 ns、μs 等。但一般图中只标记号,再在后面集中用表格汇总所有参数。下面讨论中用到的大量关于时间的具体参数,在硬件资料中通常被称为交流特性,列于表 11-1。

表 11-1　外部数据存储器访问时序

符　号	参　数　名　称	12 MHz 振荡频率		可变振荡频率		单　位
		min	max	min	max	
$1/t_{CLCL}$	振荡频率			3.5	12±16	MHz
t_{LHLL}	脉冲宽度	127		$2T_{CLCL}-40$		ns
t_{AVLL}	地址有效至 ALE 变低	28		$T_{CLCL}-55$		ns
t_{LLAX}	ALE 变低后地址维持	48		$T_{CLCL}-35$		ns
t_{LLIV}	ALE 变低到指令码有效		224		$4T_{CLCL}-110$	ns
t_{AVIV}	地址有效到指令码有效		312		$5T_{CLCL}-105$	ns
t_{RLRH}	$\overline{RD}$脉冲宽度	400		$6T_{CLCL}-100$		ns
t_{WLWH}	$\overline{WR}$脉冲宽度	400		$6T_{CLCL}-100$		ns
t_{RLDV}	$\overline{RD}$低电平到数据线有效		252		$5T_{CLCL}-165$	ns
t_{RHDX}	$\overline{RD}$无效后数据线维持	0		0		ns
t_{RHDZ}	$\overline{RD}$无效后数据线浮空		97		$2T_{CLCL}-70$	ns
	ALE 低到数据有效		517		$8T_{CLCL}-150$	ns
t_{AVDV}	地址有效到数据有效		585		$9T_{CLCL}-165$	ns
t_{LLWL}	ALE 低到$\overline{RD}$或$\overline{WR}$有效	200	300	$3T_{CLCL}-50$	$3T_{CLCL}+50$	ns
t_{AVWL}	地址有效到$\overline{RD}$或$\overline{WR}$有效	203		$4T_{CLCL}-130$		ns
t_{QVWX}	数据有效至$\overline{WR}$开始有效	23		$T_{CLCL}-60$		ns
t_{WHQX}	$\overline{WR}$无效后数据保持	33		$T_{CLCL}-50$		ns
t_{RLAZ}	$\overline{RD}$至低 8 位地址浮空		0		0	ns
t_{WHLH}	$\overline{RD}$或$\overline{WR}$无效至 ALE 变高	43	123	$T_{CLCL}-40$	$T_{CLCL}+40$	ns

　　因为在外部扩展程序存储器的实用意义已经不大,所以下面我们只介绍读写外部数据存储器的时序。

　　(1) 读取外部数据存储器或 I/O 的总线时序

　　当 CPU 取指并经译码,确认当前指令为一条外部扩展 RAM(I/O)读写指令时,立即发起一个不同的总线时序,所有信号配合是为了从外部数据存储器或 I/O 读数。这个过程从第 1 个机器周期的后半部分开始,延续到第 2 个机器周期结束。时序如图 11-8 所示,相关的指令仅有 MOVX A,@DPTR 或 MOVX A,@Ri。

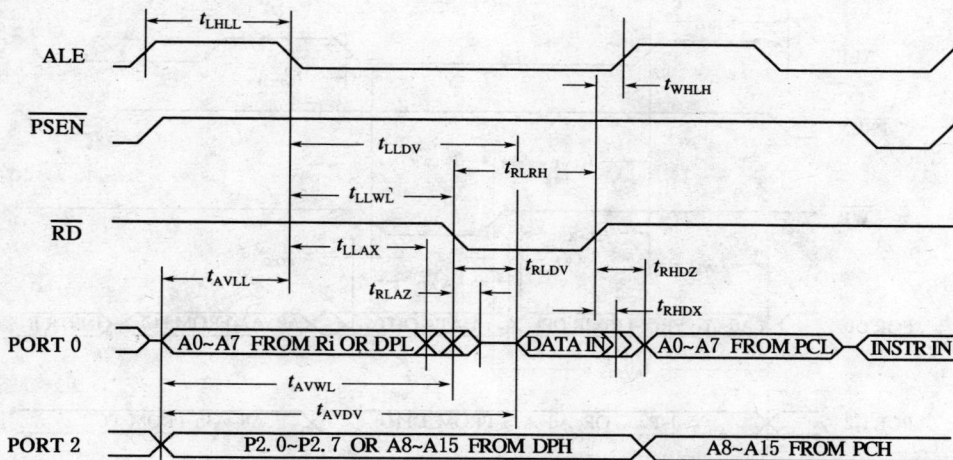

图 11-8 读外部数据存储器总线时序

在这个阶段,$\overline{PSEN}$始终无效。类似地,或16位地址在DPTR中,或高8位由P2决定低8位在Ri。当送出的低8位地址由ALE锁存并稳定后,由$\overline{RD}$信号打开数据存储器,等待选定单元的内容被送到数据线P0上,CPU能否正确读到数据,取决于其与数据存储器的配合,t_{AVDV}、t_{RLDV}是两个重要的参数。

t_{AVDV}是地址有效到数据输出的最大时间,t_{RLDV}是$\overline{RD}$变低到数据输出的最大时间。数据可以比要求的时间提前出现,但决不能滞后。选择的数据存储器的相关参数必须都小于这两个指标,同样,存储器速度要足够快。这样CPU采样数据线就得到数据。

在两个机器周期中,本应出现4次ALE信号,但在RD有效期间,ALE丢失一次,形成非周期现象。读完数据后,ALE再出现一次,但读到的指令被丢弃,以此完整结束其第2个机器周期。

(2) 写外部数据存储器或I/O的总线时序

时序如图11-9所示,相关的指令是 MOVX @DPTR,A 和 MOVX @Ri,A。关于其地址、锁存与读时序等类似的部分这里不再重复。写外部存储器期间,CPU在P0口送出的地址被锁存后,立即在P0口上送出待写的数据,CPU一直主动控制P0口,而不是等待接收。控制线用的是$\overline{WR}$、$\overline{RD}$。一定宽度的$\overline{WR}$信号将数据线上的内容写入与之连接并被选中的存储器中。

如此向外写的数据要成功地保存在存储器芯片的指定地址单元中,需要存储器的配合。t_{LLWL}是ALE下降沿起到$\overline{WR}$变低所经历的时间;t_{AVWL}是地址有效到$\overline{WR}$变低的时间。MCS-51可以确保数据在$\overline{WR}$下降沿之前已经稳定,这个时间上的提前量是t_{QVWX}。写脉冲的宽度是t_{WLWH}。如果存储器足够快,那么就可以稳定地向存储器存数。

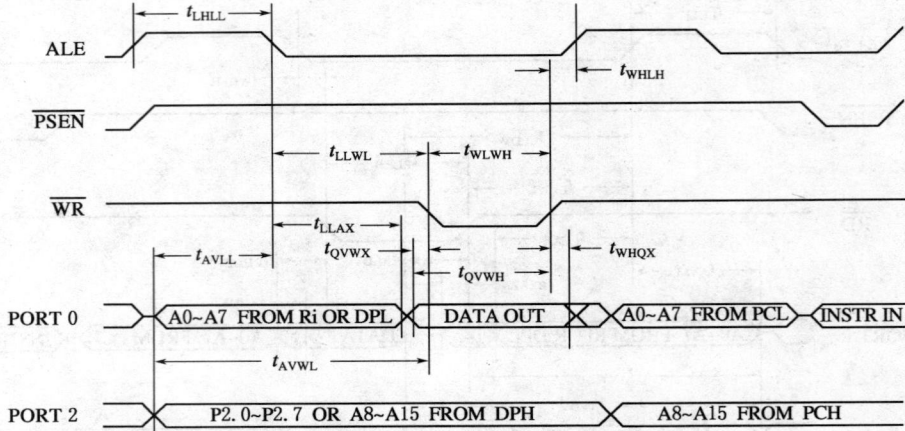

图 11-9　写数据存储器总线时序

综上分析,无论是程序存储器、数据存储器还是以存储器映象法扩充的 I/O,都要求其速度能与 MCS-51 的时序相匹配。如果不匹配,那么就要更换存储器芯片,或者降低 MCS-51 的频率。

11.3　应用举例

【例 11-1】　某单片机系统扩展了 Intel 82C51 串行通信控制器,使系统具有两个串行口。试选择 MCS-51 单片机的型号并估算最高可用的时钟频率。

通过查阅资料发现,Intel 82C51 芯片的 $\overline{RD}$ 和 $\overline{WR}$ 信号的脉冲宽度分别不得少于130 ns 和 100 ns。单片机选择为 89S52。资料表明,在时钟频率为 12 MHz 的条件下,其 $\overline{RD}$ 和 $\overline{WR}$ 的脉冲宽度都是 400 ns,远远大于 130 ns 和 100 ns,因此 89S52 在 12 MHz 时钟时,可以满足要求。

如果微控制器的时钟频率提高,根据表 11-1,$\overline{RD}$ 和 $\overline{WR}$ 信号宽度的计算公式是

$$t = 6 \times T_{CLCL} - 100$$

上式单位为 ns,其中 T_{CLCL} 为时钟周期。

根据要求,$t > \max(130, 100)$,代入上式,则 $T_{CLCL} > (130 + 100)/6 = 38.33$ ns;那么时钟频率 $f_{osc} < 1/T_{CLCL} = 1/(38.33 \times 10^{-9}) = 26.087$ MHz。从这个指标看,89S52 如果工作在其设计的最高频率 24 MHz,也是可以与 82C51 配合的。

如果由于应用的原因,需要程序执行的更快,就要进一步提高时钟频率,ATMEL 公司还有一款 AT89C55WD,其中的一个品种最高工作频率为 33 MHz。按上式计算

$$t = 6 \times T_{CLCL} - 100 = 6/(33 \times 10^9) - 100 = 82 \text{ ns}$$

这远低于 Intel 82C51 的要求,因此该芯片限制了高速单片机的应用。解决的办法是使用其他的串行通信控制器,不然就要牺牲运行速度。

上述时序分析只是从一两个参数着手,所以只是估算。要全面了解时序的配合,最简便的方法就是在 Internet 网上查找成功的案例,必要时就要设计者再进行全面分析或实验。

【例 11-2】　AT89C52 时钟为 12 MHz,系统中需要一个 2 MHz 的时钟,试设计该硬件环节。

根据第 11.2 节的分析,每个机器周期由 12 个时钟周期构成,每个机器周期中,如果是

CPU 取指令,则发出两个 ALE 正脉冲,ALE 的频率为时钟频率的 1/6,即 2 MHz,恰好符合要求;如果是访问数据存储器,每个 MOVX 指令丢失一个 ALE 脉冲,但是会伴随一个 $\overline{RD}$ 或 $\overline{WR}$ 负脉冲信号。因此可以使用如图 11-10 所示的电路图。

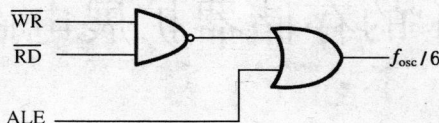

图 11-10　CPU 时钟的 6 分频输出电路

　　如果应用程序对外部数据存储器的访问不太频繁,并且对 2 MHz 时钟的频率要求不太高,可以直接将 ALE 信号引出。

　　系统中如果用到其他时钟电路,可以使用图 11-1(b)的一体化有源晶体振荡器。如果硬件设计中有多余的非门,则图 11-11 是一个实用的时钟电路。图中利用非门、石英晶体和一些外围电路,就构成了晶体振荡电路,晶体频率可以从几十 kHz～10 MHz。

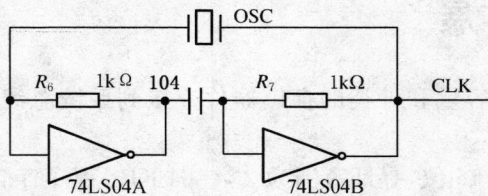

图 11-11　实用的时钟电路

11.4　存储器访问中的等待

　　传统的微处理器都有一个 CPU 等待信号,如图 11-12 所示。它的功能是在寻址某个地址范围时,自动地要求 CPU 在机器周期中,插入额外的等待时钟,使读写信号被拉长。因此快速的 CPU 在访问相关的地址范围时才降低总线运行速度,而在内部运算或访问其他地址范围时全速运行。

　　在高端的微控制器中,能够对不同的存储器地址段产生不同时间长度的等待,等待电路集成到 CPU 的总线接口电路中,程序通过对寄存器的设置,获得不同存储器段所需要的等待。这样就可以使不同速度的存储器共处在同一个系统总线下,并且各自发挥其优势,而CPU 不会因个别元件的速度问题,降低所有时间的运行速度。

　　MCS-51 显然没有这个功能。

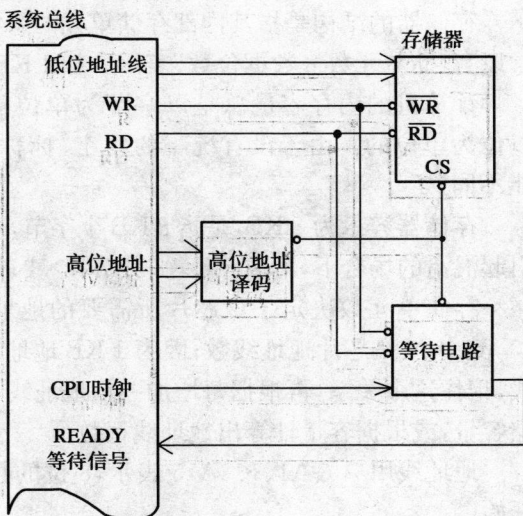

图 11-12　等待电路

12 MCS-51 的存储器扩展电路

由于存储器制造水平的不断提高,越来越容易取得大容量存储芯片,而 MCS-51 的存储空间又非常有限,所以实际的存储器扩展电路日益简化。但由于人们对嵌入式系统的要求也有不同程度的提高,所以有必要掌握相关的基础知识,才能灵活应对,设计出符合要求的、性价比高的系统。

本章首先在忽略具体的芯片型号的基础上,分析一般的存储器扩展电路设计方法;然后再介绍典型芯片在 MCS-51 总线上的应用,并介绍一些在嵌入式应用系统中常用的技术。

12.1 存储器扩展

存储器扩展是将一定容量和种类的存储器件连接到系统总线上,使 CPU 访问的存储地址单元是物理上存在的。

MCS-51 的地址线是 16 位,寻址范围为 $2^{16}=64$ KB。程序存储空间以 $\overline{PSEN}$ 控制线来访问,而数据存储器以 $\overline{WR}$、$\overline{RD}$ 线来访问,且两组控制线不会同时有效。数据线和地址线是分时共享的,所以程序存储器和数据存储器都可达到 64 KB。

应用系统的实际存储容量小于 CPU 可访问的容量。

12.1.1 存储器结构

存储器的结构是指其内部存储单元的组织形式,由地址单元数及每个单元的位数决定,通常以"存储单元数×数据位数"表示。如 1 KB×1、64 KB×4、8 KB×8、32 KB×8 等。

计算机的内存容量总是以字节为单位的,而存储器的容量既有以字节为单位的,也有以位为单位的。由于没有统一的规定,标称容量上,各存储器厂商、各产品系列,习惯上可能不同。

存储器容量为 8 KB,是指 8 KB 个字节,若写成 8 Kb(或 8 Kbit)则无疑是指位了。在容易引起混淆的场合下,写成 8 K×8 或 8 K×1 就最清楚不过了。

存储单元数决定了该芯片所需要的地址线数目,对 ROM 和静态 RAM,存储单元数 $=2^N$,其中 N 是芯片地址线数;因为 1 KB 地址有 1 024 地址单元,而 $1\,024=2^{10}$,需要 10 根地址线,记住这个关系,再根据每增加一根地址线,容量扩大一倍,就容易按照地址线数目计算出存储容量,或根据容量计算出地址线根数。

地址线用 A0、A1、…、A15 表示,8 位的数据线用 D0、D1、…、D7 表示,注意标号都是从 0 开始。

如果芯片的数据位数小于计算机字长的要求,必须将若干个这样的芯片组合起来。图12-1中,两个 4 位的芯片拼接起来,连接到 8 位字长的计算机总线上。

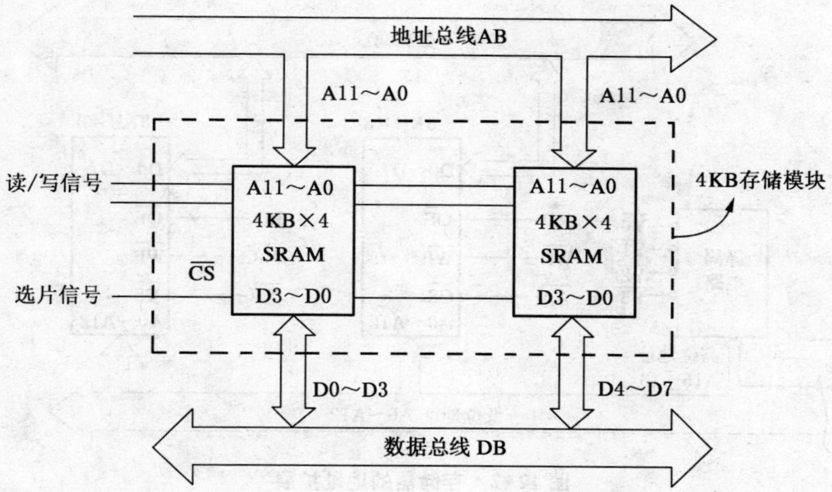

图 12-1　存储器的字长扩展

在图 12-1 中，数据线分别连接高 4 位 D4～D7 和低 4 位 D0～D3，其他所有的地址线与控制线都是并联连接，这样两个 4 K×4 芯片就成为一组，可以看作是一个 4 K×8 芯片。

不过要注意，当计算机字长超过 8 位时，不能简单地拼接，具体接法见第 4.4.2 节。

12.1.2　存储器的地址容量扩展

先看一个生活中的实例：学生宿舍的编号一般是由楼层号（1～2 位）和房间号（2～3 位）共同组成的，而且楼层号为高位，房间号为低位，这就形成了十进制的编码，即地址，便于区别和访问。如果这个宿舍楼的建造过程是工厂化的，以层为单位，每一层的房间号只具有相对的地址意义。则这一层被安装到宿舍大楼以后，才有了楼层号，所有房间的地址就能最后确定下来。

存储器扩展是一样的道理。在芯片中，所有存储单元都具有一个相对地址，这是由它的地址线决定的。但是这片存储器插到线路板的不同的插座上之后，它占据的地址范围是不同的。

如图 12-2 所示，以相同容量和类型的 8 K×8 芯片作存储器地址扩展。系统地址总线分成两部分，即低位和高位。低位地址线 A0，A1，…与一组存储器芯片（插座）的对应管脚相连，即芯片上的低位地址线都是并联的；高位地址线连接译码电路，其输出端各连接一片存储器（插座）的片选信号 $\overline{CS}$。在 CPU 寻址存储器时，每个存储器都得到相同的低位地址，但高位地址上的编码信息经译码后，只在一个输出端产生有效信号，也就是只选中一个芯片。

可以认为译码电路使线路板上的存储芯片分配到了不同的地址范围。片选信号与存储器内部的译码电路相结合，CPU 的寻址就指向某个存储芯片中的特定存储单元。

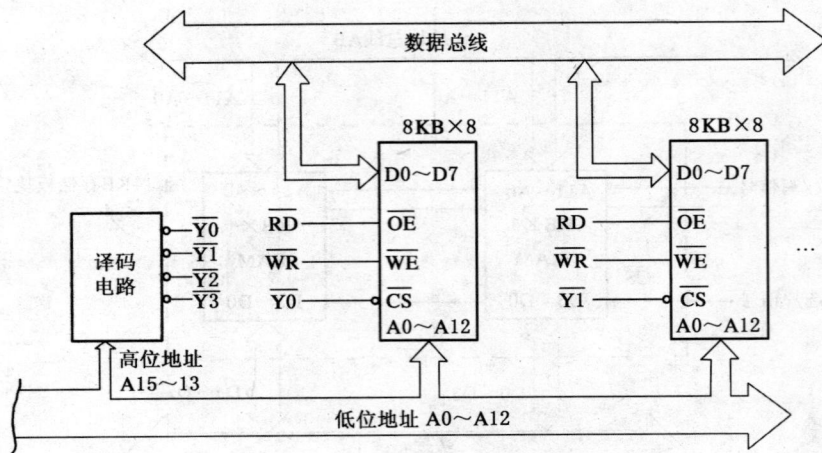

图 12-2　存储器的地址扩展

12.1.3　译码电路

在第 2 章,我们解释了译码电路的原理,并给出了常用的 2-4 译码电路 74LS139 的真值表。常用的还有 3-8 译码电路,型号是 74LS138,如图12-3及表 12-1 所示,它有三个输入端,八个输出端以及三个使能端。

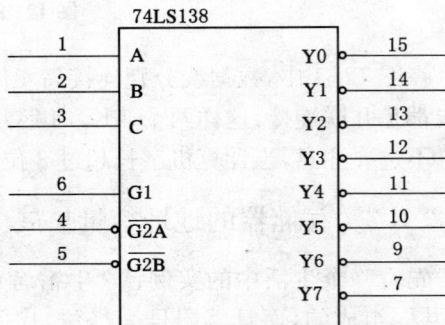

图 12-3　74LS138 逻辑图

表 12-1　74LS138 真值表

| 输 入 端 | | | | | | 输 出 端 | | | | | | | |
| 使能端 | | | 选择端 | | | | | | | | | | |
$\overline{G2B}$	$\overline{G2A}$	G1	C	B	A	$\overline{Y0}$	$\overline{Y1}$	$\overline{Y2}$	$\overline{Y3}$	$\overline{Y4}$	$\overline{Y5}$	$\overline{Y6}$	$\overline{Y7}$
X	X	L	X	X	X	H	H	H	H	H	H	H	H
X	H	X	X	X	X	H	H	H	H	H	H	H	H
H	X	X	X	X	X	H	H	H	H	H	H	H	H
L	L	H	L	L	L	L	H	H	H	H	H	H	H
L	L	H	L	L	H	H	L	H	H	H	H	H	H
L	L	H	L	H	L	H	H	L	H	H	H	H	H
L	L	H	L	H	H	H	H	H	L	H	H	H	H
L	L	H	H	L	L	H	H	H	H	L	H	H	H
L	L	H	H	L	H	H	H	H	H	H	L	H	H
L	L	H	H	H	L	H	H	H	H	H	H	L	H
L	L	H	H	H	H	H	H	H	H	H	H	H	L

注：X 为无关位

如图 12-4 所示为 74LS138 在存储器译码电路中的作用。图中芯片容量都是 8 KB,地址线有 13 根,即 A0,A1,…,A12。高位地址线作译码输入,根据连接关系以及表 12-1,当 A15、A14、A13 上的地址编码为 000 时 $\overline{Y0}$ 有效,选中芯片(1);编码为 001 时,$\overline{Y1}$ 有效,选中芯片(2);其余的依此类推。表 12-2 归纳出各存储器芯片的地址范围。

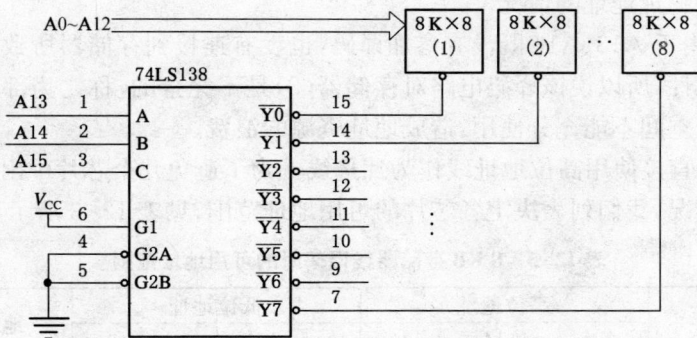

图 12-4 利用 74LS138 地址译码实现地址分配

表 12-2 地址范围

选中的芯片编号	高位地址			低位地址	地址范围(HEX)
	A15	A14	A13	A12 … A0	
(1)	0	0	0	00000000000	0000~1FFF
(2)	0	0	1	00000000001	2000~3FFF
(3)	0	1	0	00000000010	4000~5FFF
(4)	0	1	1		6000~7FFF
(5)	1	0	0	……	8000~9FFF
(6)	1	0	1		A000~BFFF
(7)	1	1	0	11111111110	C000~DFFF
(8)	1	1	1	11111111111	E000~FFFF

图 12-4 的电路所采用的译码方式称为全译码。这种译码方式的特点是,地址总线上出现的所有地址编码与物理存储器中的字节单元一一对应。

除了全译码之外,还有部分译码和线译码,它们在嵌入式系统中都有应用。下面结合图 12-5 逐一介绍。

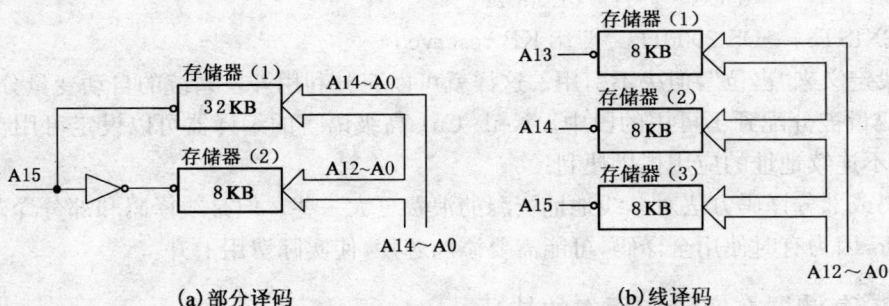

(a)部分译码   (b)线译码

图 12-5 部分译码与线译码

图 12-5(a)中存储器(1)为 32 KB,存储器(2)只有 8 KB。前者需要 15 根地址线,即 A0~A14;后者只需要 13 根地址线,即 A0~A12,而 A13、A14 没有用到。所以这里只用了一只非

门做简单的译码。

　　A15 为低时选中存储器(1)，总线地址范围为 0000～7FFFH，恰好与芯片的32 KB物理字节单元——对应，属于全译码。当 A15 为高时，通过非门，选中存储器(2)，对应的总线地址范围为 8000～FFFFH，占据了 32 KB 的空间，但实际物理单元却只有 8 KB。于是出现了多个总线地址对应于一个物理地址的情况。

　　很明显，这是由于 A13、A14 既没有参加译码，也没有连接到存储器所致。没有被使用的地址线带来了任意性，所以说该译码电路对存储器(2)是不完全的，称之为部分译码。部分译码使得系统的寻址空间不能充分使用，造成地址资源的浪费。

　　图 12-5(b)是直接使用高位地址线作为片选线。为了避免几个芯片中出现两个或两个以上同时被选中的情况，我们列表决定各芯片的可用地址范围，见表 12-3 所示。

表 12-3　8 KB 存储器线译码时的可用地址范围

选中芯片编号	高位地址			低位地址	地址范围(HEX)
	A15	A14	A13	A12 …… A0	
(1)	1	1	0	00000000000	C000～DFFF
(2)	1	0	1	……	A000～BFFF
(3)	0	1	1	11111111111	6000～7FFF

　　除了表中所列的地址范围以外，其余都是不可用的。如果程序不慎访问那些不可用的地址区段，则必有两个以上芯片同时被选中。这对于写 RAM，会导致数据被覆盖；在读 RAM 或 ROM 时，使数据总线处于冲突状态，不仅 CPU 得不到正确的数据，而且可能造成硬件故障，并可能造成芯片损坏。

　　从表 12-3 中可以看到，0000～5FFFH、8000～9FFFH 和 E000～FFFFH 地址是不可用的；而可用的地址范围也是不连续的，这给编程带来麻烦。解决的方法是在程序中定义一系列如下绝对定位的外部数据段：

```
               XSEG     AT 0000H
NO_EXIST1：  DS 6000H      ; 24 KB reserved
               XSEG     AT 8000H
NO_EXIST2：  DS 2000H      ; 8 KB reserved
               XSEG     AT 0E000H
NO_EXIST3：  DS 2000H      ; 8 KB reserved
```

这些段定义来"占位"，但决不引用。这样就可以充分利用开发系统的自动变量分配，不用担心某个变量被分配到不可用的段中。Keil-C51 高级语言的编译器可以设定可用存储器地址范围，为不连续地址的应用提供便利。

　　线译码或部分译码方法对总线地址资源的浪费更大一些。但是线译码和部分译码仍然被大量使用着，因为有时使用全译码，可能需要添加芯片，使实际费用上升。

12.1.4　存储器在实际应用中的技巧

1) 数据线与地址线的顺序

CPU 或 MCU 与存储器之间的连线以数据线、地址线居多，为了在有限的线路板上以较短的连线完成连接,有时需要将连接到存储器的数据线或地址线的顺序调换一下。对于普通 RAM 来说,运行前只有随机信息;运行中,CPU 从 RAM 读出的信息是此前 CPU 写入的。存储单元各位的相对顺序以及地址的重新排列,对 CPU 没有影响;ROM 就不同了,它在运行之前,由专用设备将信息写到存储单元中,如果数据线或地址线被交换,就会导致指令码和地址的混乱。

2）存储器自检问题

制作应用系统时,线路板可能存在短路或开路等错误,也可能存在质量问题,所以需要通过编写自检程序及早发现。一般开机时都要做自检。

向每个地址单元先写入 55H,再读出比较;再写入 AAH,再读出比较。注意这里所选择的数据是 55H 和 AAH,对二进制数来说,都是 0、1 相间的,比较容易发现数据线和地址线上的短路故障。

向存储器成片写入有规律变化的数据,再成片读出比较,可以发现数据线和地址线上的问题。

12.1.5　存储器的时序要求

第 11 章分析了 MCS-51 的时序特征,它对存储器有一定的要求。现在以 8 K×8 的静态 RAM HY6264-10 为例,介绍存储器的时序特征,这里主要分析的是它对系统总线的时序要求。

图 12-6 为读时序,t_{RC} 为读周期,指标给出最小值 100 ns,总线周期要求比它长。t_{AA} 是地址有效到可以送出数据的时间,最大值为 100 ns。t_{OE} 是从 OE(输出允许)开始到可以送出数据的时间,最大值为 55 ns。所以,在系统总线地址稳定以后,至少 t_{AA} 之后,且同时 OE 有效至少 t_{OE} 之后,CPU 再采样数据线,才能确保数据正确。在此之前,数据也许更早送出,但不能肯定。图中易于满足的参数或属于芯片恢复性的参数不再解释。

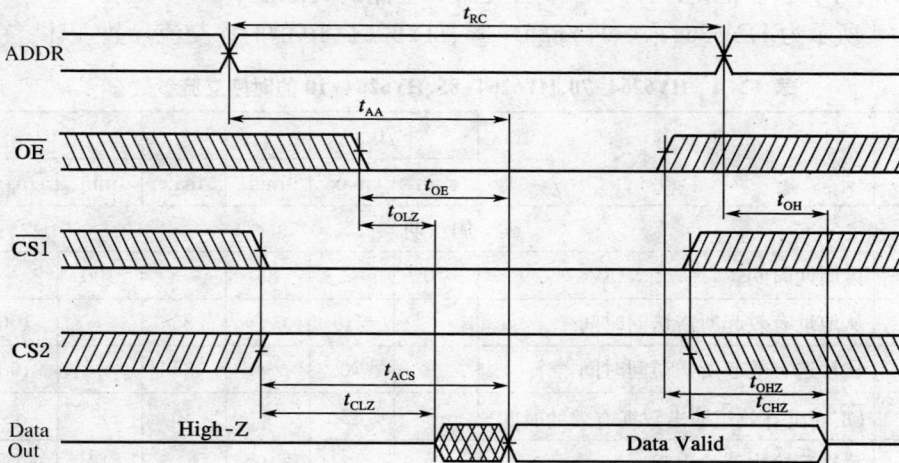

图 12-6　存储器读时序

在 12 MHz 的 MCS-51 总线上,$t_{AVDV}=585$ ns,远大于 100 ns(t_{AA});$t_{RLDV}=252$ ns,远大于 55 ns(t_{OE}),所以 HY6262-10 与 MCS-51 的总线读时序能很好地配合。

图 12-7 是写时序,t_{WC} 是写周期,最小值为 100 ns,地址稳定 t_{AS} 之后,才能使写信号有效,最小值为 0,即地址和写信号同时有效也是可以的。t_{WP} 是写脉冲的宽度,至少 55 ns;t_{DW} 是数据出现在数据线并保持稳定直到写信号结束的时间,最小值为 35 ns。

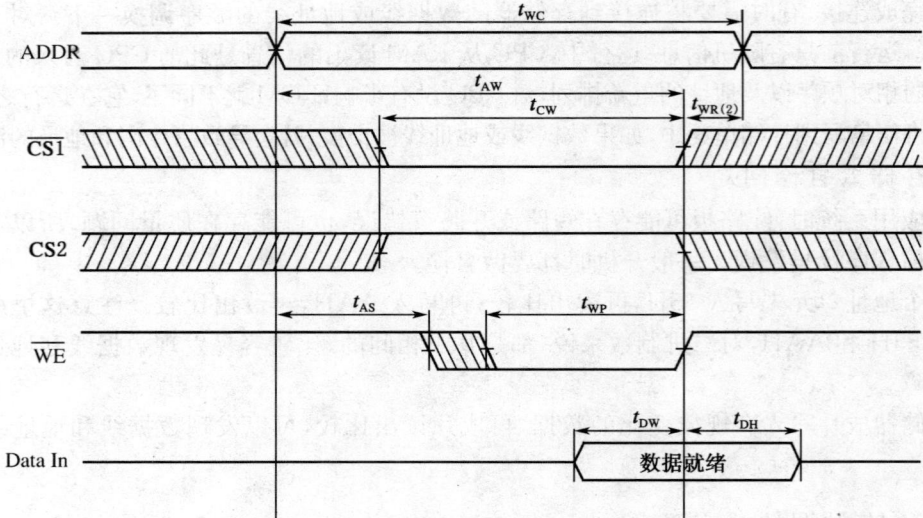

图 12-7 存储器写时序

在 12 MHz 的 MCS-51 总线上，$t_{AVWL} = 203$ ns，远大于 0 ns(t_{AS})；$t_{WLWH} = 400$ ns，远大于 55 ns(t_{WP})；$t_{QVWH} = t_{QVWX} + t_{WLWH} = 23 + 400 = 423$ ns，远大于 35 ns (t_{DW})，所以，HY6262-10 与 MCS-51 的总线写时序能很好地配合。

综上所述，HY6264-10 可以接入 12 MHz 的 MCS-51 系统总线。但是，如果MCS-51时钟频率提高，或者是经过重新设计的产品，就不能保证顺利扩展。

当然上述分析是比较琐碎的。一般我们以经验和类比解决绝大部分问题，只在少数场合进行严格的时序分析。但是，时序分析仍然是接口电路的关键技术。

表 12-4 所示为 HY6264-70、HY6264-85、HY6264-10 的时序交流参数，以供参考。

表 12-4 HY6264-70、HY6264-85、HY6264-10 的时序交流参数

编号	标号	参数	-70		-85		-10		单位
			min	max	min	max	min	max	
读 周 期									
1	t_{RC}	读周期时间	70	—	85	—	100	—	ns
2	t_{AA}	从地址有效起所需访问时间	—	70	—	85	—	100	ns
3	t_{ACS}	从片选有效起所需访问时间	—	70	—	85	—	100	ns
4	t_{OE}	$\overline{OE}$输出有效至输出数据有效的时间	—	45	—	50	—	55	ns
5	t_{CLZ}	片选至输出开始出现	10	—	10	—	10	—	ns
6	t_{OLZ}	$\overline{OE}$有效至输出开始出现	5	—	5	—	5	—	ns
7	t_{CHZ}	片选撤销至输出高阻	0	30	0	35	0	35	ns
8	t_{OHZ}	$\overline{OE}$无效至输出为高阻	0	30	0	35	0	35	ns
9	t_{OH}	地址变化后输出仍维持的时间	5	—	5	—	10	—	ns

续表 12-4

编号	标号	参　　数	-70		-85		-10		单位
			min	max	min	max	min	max	
		写　周　期							
10	t_{WC}	写周期时间	70	—	85	—	100	—	ns
11	t_{CW}	片选至写结束	55	—	60	—	70	—	ns
12	t_{AW}	地址有效至写结束	55	—	60	—	70	—	ns
13	t_{AS}	地址建立时间	0	—	0	—	0	—	ns
14	t_{WP}	写脉冲宽度	50	—	55	—	60	—	ns
15	t_{WR}	写恢复时间	0	—	0	—	0	—	ns
16	t_{DW}	写信号结束前数据有效时间	35	—	35	—	40	—	ns
17	t_{DH}	写信号结束后数据保持时间	0	—	0	—	0	—	ns

12.2　程序存储器扩展

12.2.1　扩展示例

程序存储器的扩展曾经非常重要,尤其是 FLASH 工艺未得到普及应用之前,而且那时的存储器容量非常有限。现在 MCS-51 系列的 MCU 都带有 FLASH ROM,容量从 2 KB～64 KB 都可以方便地取得,有些产品通过分页技术,甚至使内部程序存储器的容量远远大于64 KB,如 ST 公司的 μPSD3200 系列。这里给出一种程序存储器扩展的示例,主要目的是展示程序存储器的扩展方法,并解释分页技术的原理。

【例 12-1】　假设微控制器采用 W77E58,其内部已经具有 32 KB FLASH ROM,可用于程序的存储;外部再扩展 64 KB 的 ROM,型号为 W27C512(见图 12-8),它是 Winbond 公司生产的 E^2 PROM 芯片。

由于 MCU 中具有 32 KB 程序存储器,其地址是 0000～7FFFH;地址空间还剩余 32 KB,范围是 8000～FFFFH。现 W27C512 具有 16 根地址线,有 64 KB 的容量,无法直接容纳。所以需要采用分页技术,并且页的切换需要使用一条 I/O 线。方案如图 12-9 所示。

从图 12-9 中可以看出,8000H 以上的地址分成了两页,并且使用 P1.7 切换。CLR 1.7选中第 0 页;SETB P1.7 选中第 1 页。

必须注意的是,执行页切换的指令期间,(PC)最好落在 0000～7FFFH 范围内,否则切换指令将导致程序寻址在两个页面之间跳转,处理不当,可能导致逻辑错误。

这类扩展最适合于存放常数、表格等。这在应用中其实也非常有用,例如仪器上使用液晶显示,常有显示汉字要求,16×16 点的汉字字模需要 32 个字节,这个 64 KB 的 EPROM 就能存放 2 048 个汉字。

图 12-10 是线路原理图。连接的要点有以下几点:

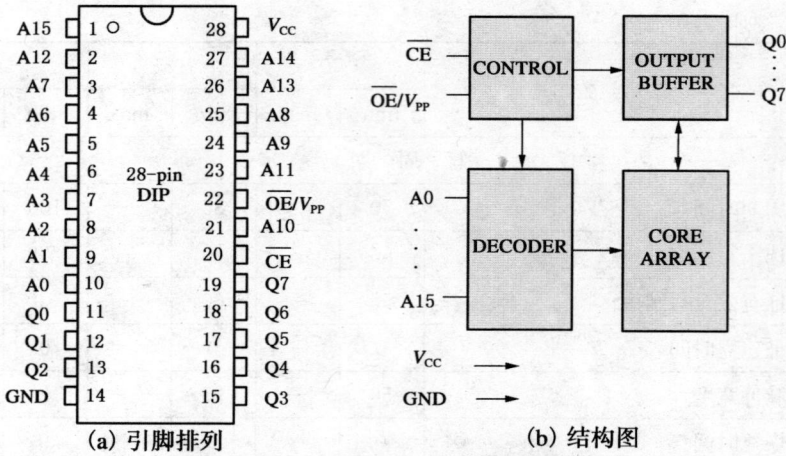

(a) 引脚排列　　　　　　　　　(b) 结构图

图 12-8　W27C512 EPROM 芯片结构

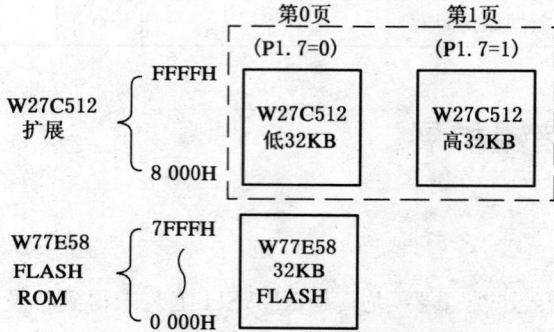

图 12-9　扩展 W27C512 的地址分配

（1）W27C512 的数据线与 P0 口相连；$\overline{CE}$、$\overline{OE}$ 同时有效时，数据或指令出现在数据总线上；

（2）W27C512 的低位地址线 A0～A14 连接系统总线的同名地址线；访问大小为 32 KB 的块；

（3）芯片的 A15 区分其内部的高、低 32 KB 存储块，连接 W77E58 的 P1.7，构成页的切换；

（4）系统的 A15 通过非门连接 W27C512 的片选线 $\overline{CE}$，A15＝1 时表示选中，使 W27C256 的逻辑地址处于 8000H～FFFFH 之间。

（5）W77E58 的 $\overline{PSEN}$ 连接 W27C512 的 $\overline{OE}$，使扩展的芯片处于程序存储器空间，而不在外部数据寻址空间。

设 W27C512 中存储的是 16×16 点阵的汉字字模，序号为 N 的汉字，其地址是：

$$\text{ptrHz} = \begin{cases} 8000\text{H} + 32N, & 0 \leqslant N < 1\,024, \text{第 0 页} \\ 8000\text{H} + 32(N-1024), & 1\,024 \leqslant N < 2\,048, \text{第 1 页} \end{cases}$$

下面编写一个子程序，输入参数为汉字序号（在 0～7FFH 之间），其高位和低位分别存放在 R6、R7 中，试顺序取出 32 字节的字模，并送入内部 RAM 从 40 H 开始的地址单元。

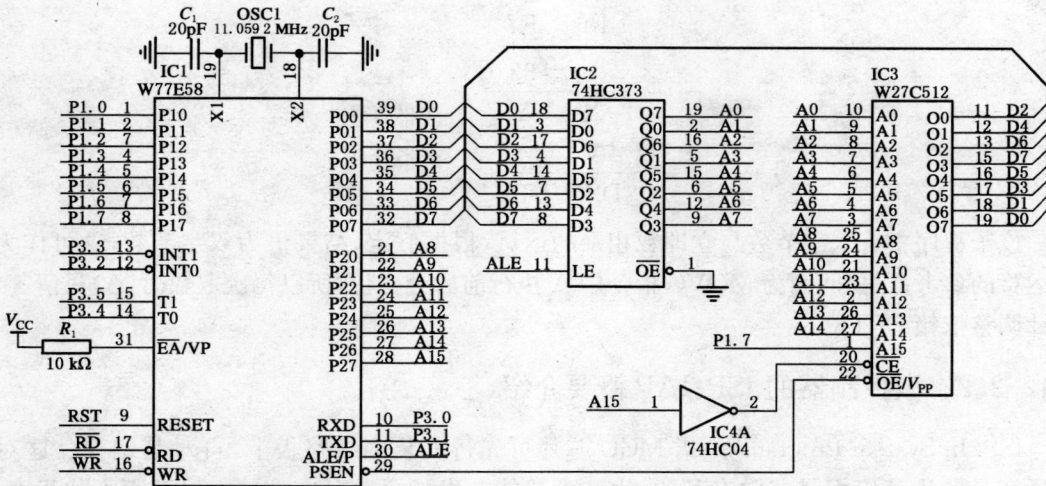

图 12-10 扩展 64 KB ROM 原理图

ChineseChar	SEGMENT	CODE	
	RSEG	ChineseChar	
GetChar:	MOV	A,R7	；(R6)(R7)×32 操作,先在(R7)口取低位的
	MOV	B,♯32	；乘以 32
	MUL	AB	；部分积高位 X 在 B 中,低位 Y 在 A 中
	MOV	DPL,A	；存低位 Y
	PUSH	B	；暂存部分积高位 X
	MOV	A,R6	；再取(R6)中的高位字节
	MOV	B,♯32	；
	MUL	AB	；高位为 U,在 B 中,且为 0,不存储,低位在 A 中
	POP	B	；恢复 X
	ADD	A,B	；X+V
	MOV	C,ACC.7	；取最高位
	MOV	P1.7,C	；决定页面
	SETB	ACC.7	；字模地址≥8000H
	MOV	DPH,A	；得到完整的地址在 DPTR
	MOV	R0,♯40H	；存数地址
	MOV	B,♯32	；计数
Next:	CLR	A	；取字模数据,存放到内部 RAM
	MOVC	A,@A+DPTR	
	INC	DPTR	
	INC	R0	
	DJNZ	B,Next	
	RET		
	END		

$$
\begin{array}{r}
\text{R6} \quad \text{R7} \\
\times \quad \#32 \\
\hline
\text{X} \quad \text{Y} \quad \cdots\text{部分积} \\
+ \text{U} \quad \text{V} \quad \cdots\text{部分积} \\
\hline
0 \ \text{DPH} \ \text{DPL}
\end{array}
$$

该子程序中有双字节数与立即数相乘的运算,根据假定,结果仍为双字节数,这可作为类似运算的参考。另外,因为 MOVC 指令中 A 执行前后会变化,所以每次取数时(A)只清零,而指针调整依赖 DPTR。

12.2.2　微控制器的 ISP、IAP 概要介绍

ISP(In System Program)是指 MCU 芯片可先行安装到线路板上,再对其编程。这对大批量产品的生产组织是非常有利的,生产商总能在发货之前对产品装入最新版本的程序。

IAP(In Application Program)功能提供更多的灵活性,可以在应用中更新程序代码。

ISP 和 IAP 的实现需要一定的接口,常见的有 JTAG 接口或直接使用 MCU 的串行口。其中 JTAG 是 Joint Test Action Group 组织为电路和芯片测试或调试而定义的基于边界扫描的接口标准(IEEE 1149)。该接口只需要 4 根信号线,通过电缆与 PC 机连接,在 PC 机上运行一个程序,就可以对芯片编程或调试。

AT89S5X 系列就是依靠 JTAG 在系统编程的,Philips 公司的 P89C51RA2X 系列等则是通过串行口提供 ISP 功能或 IAP 功能。通过供货商的官方网站可以下载到必要的工具软件,而下载电缆可以购买,也可以根据资料自行制作。

在很多带 IAP/ISP 功能的 MCU 芯片中,FLASH ROM 是分块的。其中的一块固化一段被称之为 Boot Loader 的程序代码。Boot Loader 的作用是擦除用户 FLASH ROM 块、接收来自 PC 机的目标代码并写入用户 FLASH ROM 块、校验和加密用户程序代码。

在编程模式,Boot Loader 被映射到复位地址开始的地方,复位后运行即处于等待编程状态。编程结束,通过重新映射,用户 FLASH ROM 块就回到程序代码空间,并可以正常运行用户的程序。

正在运行的程序代码区域是不能擦除或重新编程的,否则 CPU 会出现混乱。所以在擦除和编程期间,Boot Loader 被映射到程序存储器空间,而待更新 FLASH ROM 块则暂时脱离程序存储器空间。FLASH ROM 的分块与第 12.2.1 小节介绍的分页是类似的。

随着 ISP 和 IAP 的流行,用户开发嵌入式应用系统的方式也发生了根本的变化。微机实验课程中也大量使用 ISP 功能,这省去了编程器等开发工具。

12.3　扩充数据存储器

MCS-51 的内部 RAM 非常好用,因为有丰富指令的支持,寻址定义在这个空间的程序变量速度很快。但是内部 RAM 的容量太少,所以在这一节,通过实例解释数据存储器的扩展问题。

数据存储器的扩展,就地址线与数据线的处理来说,与程序存储器相同,但是控制线不同。RD和WR线用于寻址外部数据存储器,相关的指令是 MOVX。

【例 12-2】 为 AT89S51 扩展 40 KB 外部数据存储器。

有 6264 和 62256 两款常用的静态 RAM 存储器可供选用,容量分别为 8 KB 和 32 KB(6264 的替代产品有 76C88 等;62256 的替代产品有 W24258、M5M5256 等),分别见图 12-11、图 12-12 所示。

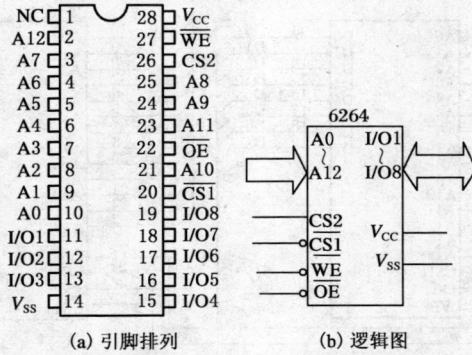

图 12-11 8 KB RAM 6264 的结构

I/O1～I/O8 为双向输入/输出,这是早期存储器厂家的命名习惯。其实就是 8 位数据线,用于连接系统的数据总线;A0～A14 为输入,接系统的地址总线;

图 12-12 为 62256,它的容量是 6264 的四倍,所以多 2 根地址线 A13、A14;另外其片选线只有 $\overline{CS}$,接法比 6264 简单。

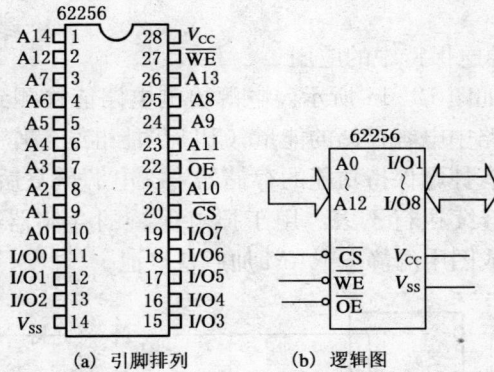

图 12-12 32 KB RAM 62256 的结构

片选线有两根,$\overline{CS1}$ 为低电平有效;CS2 为高电平有效,与控制线结合,工作方式见表 12-5。由表可知,CS2 不用的话可以接高电平。其他控制线见表 12-5。V_{CC} 接电源,V_{SS} 接地;NC(Not Connected)表示该引脚与芯片内部无连接。

表 12-5 6264 的工作方式

工作方式	$\overline{CS1}$	CS2	$\overline{OE}$	$\overline{WE}$	I/O8～I/O1
未选中	1	×	×	×	高阻
未选中	×	0	×	×	高阻
输出禁止	0	1	1	1	高阻
读	0	1	0	1	D_{OUT}
写	0	1	1	0	D_{IN}

　　按照图 11-5 的译码方法（62256 全译码，6264 部分译码），则容易得到如图 12-13 所示 62256 及 6264 的原理图（MCU 及地址锁存与图 12-10 相同，省略未画出）。

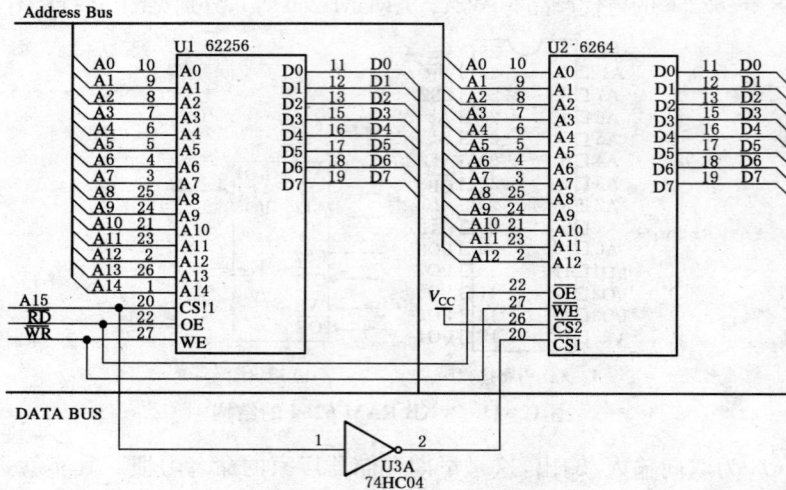

图 12-13　62256 及 6264 原理图

　　图 12-13 中，62256 的地址为 0000～7FFFH；6264 的地址范围为 8000H～9FFFH。实际上对 6264 是部分译码，所以其地址范围不唯一。但为了减少不必要的麻烦，其他可以寻址到 6264 的地址范围就不再列出。

【例 12-3】　6264 在掉电保持中的应用。

　　掉电保持的基本原理如图 12-14 所示。电源检测电路能检测到电源掉电，并向 CPU 发出中断请求。依靠电源电路中电容存储的能量，CPU 仍能继续工作一段时间（如几十 ms），这足以将重要的数据存放到有掉电保持功能的存储器中。电源恢复后 CPU 能取回掉电之前的数据，将掉电之前的任务继续执行下去。用于掉电保持的存储器必须是非易失性的，例如 E^2PROM、FLASH ROM 或图中的静态 RAM 加后备电池。

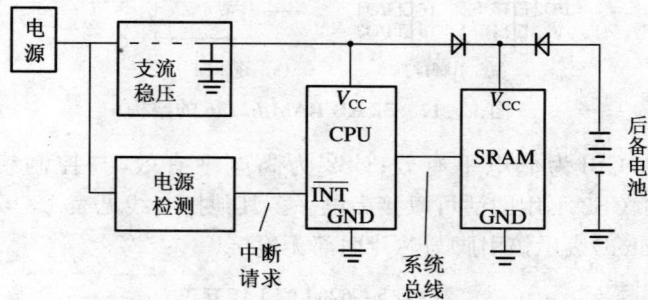

图 12-14　掉电保持电路

　　写 E^2PROM 或 FLASH ROM 需要特殊的时序，从 MCU 检测到掉电，到系统完全停止工作，这段时间也许不足以完成大量数据的保存；另外，这些芯片都是有写入次数限制的（如 10 万次）。

　　6264 是静态 RAM，CPU 通过总线时序可以直接读/写，速度快，没有读/写次数的限制；掉电状态下，以后备电池维持其中的信息不丢失，功耗很低，因此在很多场合依然得到广泛的应用。

　　人们发现，直接按图 12-14 制作的电路，掉电保持的信息经常不可靠。通过研究发现丢失数据主要发生在上电和掉电两个阶段。连接存储器的是系统总线,上电或掉电瞬间,系统总线处于不稳定状态。特别是写信号($\overline{\text{WR}}$)和片选信号($\overline{\text{CS1}}$),它们都是低电平有效,在上电或掉电过程中,虽然 CPU 未发出写信号,它们也很容易"自然"得到满足,结合此时地址线的随机状态,就会选中存储单元,将数据线上的随机状态当作数据,"写"到存储器中,于是某个或某些地址单元存储的数据就被随机数覆盖,这就是数据丢失的原因。

如图 12-15 所示,R_1、C_1 组成的 RC 电路为上电瞬间提供保护,CS2 有效时间迟于上电时间,使 6264 不会被意外选中;掉电期间,由两只与非门对($\overline{\text{WR}}$)信号改造:V_{CC} 为 5 V,则分压后为 2.5 V,仍然大于 2 V,属于高电平;当 V_{CC} 下降时,$V_{CC}/2$ 很容易就跌为低电平,于是封锁 $\overline{\text{WR}}$ 信号。这两只与非门位于同一芯片,由电容 C_2 供电,当 C_2 的电压低于所要求的值时,V_{CC} 早已下降到 0 V,掉电过程已经结束,CPU 停止了工作。所以在整个过程中,可避免误写操作的发生。6264 的电源接法见例 12-3,数据线、地址线和其他控制线的接法参见例 12-2。

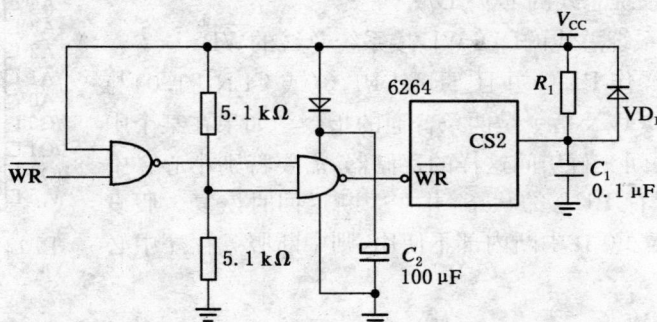

图 12-15 6264 掉电保持电路中的上电和掉电保护

图 12-14 与图 12-15 相结合,就可以实现可靠的掉电保护实用电路。这个电路的优点是成本低,缺点是使用的分立元件比较多。图 12-16 使用集成电路 SP691(ADM691)实现类似功能。

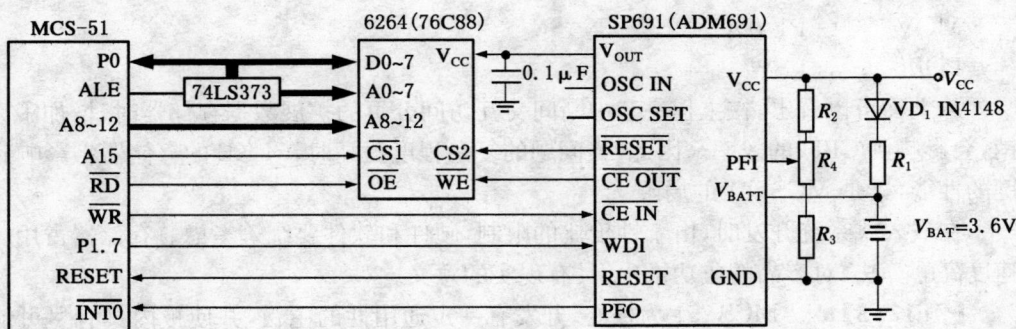

图 12-16 MCS-51 系统掉电保护电路原理图

SP691 是多功能复位电路,提供上电复位,并带有电源检测与看门狗功能。电源检测的门限值为 4.65 V,低于此值即产生复位。WDI 为看门狗定时器清除信号。

关于其对掉电保持功能的支持,对比分立元件的方案,读者很容易推断得出。从图 12-16 还可以看到,电源切换被统一管理,V_{CC} 在正常时能通过所示电路对 V_{BAT} 电池充电。PFI 端可以调整掉电检测的电压门限,当取值大于 4.65 V 的电源检测门限(如 4.8 V)时,就可以在复位之前几毫秒,通过 PFO 请求中断,保护好重要的数据。

因任何原因复位时,RESET 作复位信号,$\overline{RESET}$是反相的复位信号,正好连接 6264 的片选线 CS2。$\overline{WR}$ 信号从$\overline{CE\ IN}$输入,经$\overline{CE\ OUT}$输出到 6264,掉电时即被封锁。

SP691(ADM691)的其他功能可在制造商的网站上得到。

【例 12-4】 分页的数据存储器扩展。

在需要更大容量的数据存储器时,可以使用 HM628128,如图 12-17 所示。它是128 K×8的存储器,地址线比 62256 多,没有其他差别。

HM628128 具有 17 根地址线,而 MCS-51 只有 16 根数据线,所以,必须通过分页来解决。

扩展方法如下:

A0~A15 接系统总线的 A0~A15,A16 接 MCS-51 的任何一根多余的 I/O 线,我们不妨使用 P1.0;

I/O0~I/O7 接系统总线的 D0~D7;

$\overline{CS}$ 接地;$\overline{OE}$ 接系统总线的$\overline{RD}$,$\overline{WE}$ 接系统总线的$\overline{WR}$;

页切换时,需要操作 P1.0,并且 SETB P1.0(或 CLR P1.0)与访问扩展存储器的 MOVX 指令是两条普通的指令。如果在某个中断服务程序和主程序间交替访问这样的存储器,需要特别小心。中断服务程序中必须保存 P1.0 的状态,并在中断返回时恢复。假设 PSW 中的用户标志位 F0 在中断内部不使用,则中断服务程序中必须包含如下语句:

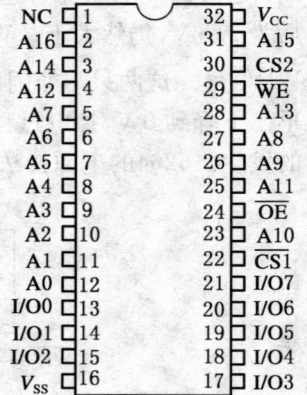

图 12-17　HM628128

```
PUSH        PSW
MOV         C,P1.0        ;保留 P1.0 的状态
MOV         F0,C
……
MOV         C,F0          ;恢复 P1.0 的状态
MOV         P1.0,C
POP         PSW
```

从上面可以看出,在主程序和中断间交互访问分页的扩展数据存储器时,增加了程序的开销,会影响到 CPU 的效率。因此,当问题的复杂程度提高时,64 KB 的存储器将影响到一些关键的性能,这是 MCS-51 的局限。

在嵌入式系统开发时,由于性价比的限制,硬件和软件要统筹考虑。存储器占用少而运算速度高的算法,对产品的成功推出,具有现实的意义。

【例 12-5】 以 MCS-51 为核心,开发有一定通用性的主板,并使板内具有尽可能大的存储容量,将系统总线引到板外,以便外部扩展 I/O 之用。

使存储容量尽可能大,对程序存储器来说,对微控制器的插座上更换主芯片就可以了,不需要特别的线路。对数据存储器来说,用两片 62256 能达到 64 KB。

许多微处理器具有$\overline{IORQ}$控制线,而 MCS-51 系统没有。扩展 I/O 与扩展外部数据存储器在同一个逻辑地址空间,所以 I/O 扩展必须采用存储器映象法。为此,应在存储器扩展的同时,为 I/O 扩展保留足够的地址。

如果存储器和 I/O 所需要的地址都不太多,根据第 12.1 节的讨论,译码可以采用全译码、部分译码或线译码。这里需要一定的通用性,我们考虑以高端地址区模拟 $\overline{IORQ}$(见图12-18),而I/O译码留在板外扩展。

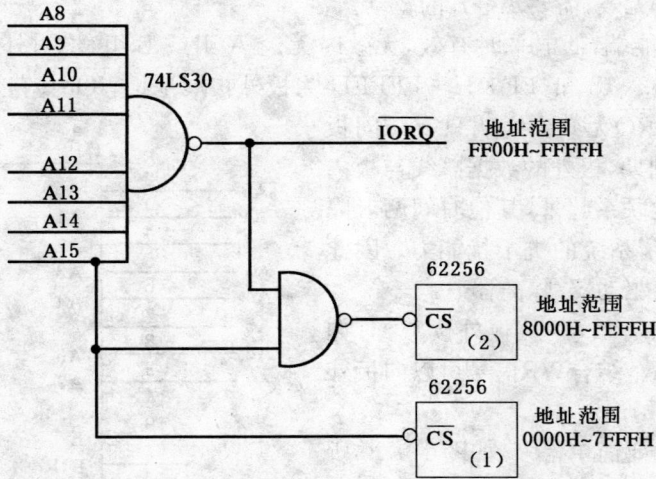

图 12-18 扩展两片 62256 时的特殊译码

从图 12-18 中可以看出,地址线 A8～A15 全高时,$\overline{IORQ}$ 为低,模拟 I/O 请求线。这样,I/O地址范围是由高 8 位地址线 FFH 决定的,低 8 位地址任意;

62256(1)直接连接地址线 A15,占据低 32 KB 地址;62256(2)几乎占据高 32 KB 地址,但是高 8 位地址线全高的部分空间即 FF00H～FFFFH 被禁止使用,也就是说这个芯片有 256 个字节将被放弃。

为了在板外扩展 I/O,系统总线的一部分需要引出,其中数据总线是双向的,必须如图12-19所示,作双向驱动。

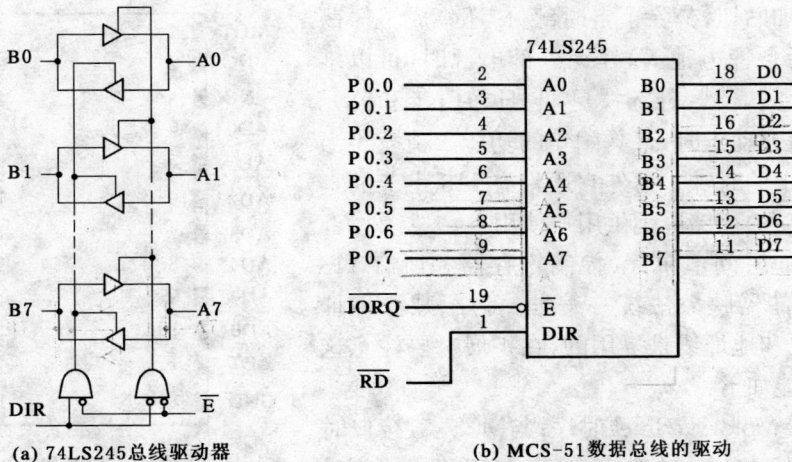

(a) 74LS245总线驱动器   **(b) MCS-51数据总线的驱动**
图 12-19 双向总线驱动器及其应用

图 12-19 中 74LS245 是双向驱动器,由两组三态门组成;在应用中,P0.0～P0.7 实际上是MCS-51的数据线,接 A 组;而 B 组可以通过插座将总线延伸到板外,与扩展部分相连。

DIR 为方向控制线,低电平时是 B→A 的驱动,高电平时是 A→B 的驱动。显然,在 CPU

读总线周期，即执行 MOVX A,@DPTR 或 MOVX A,@Ri 时，需要 B→A 的驱动，因此以 $\overline{\text{RD}}$ 控制线来控制 DIR；当 CPU 在执行写操作时，如 MOVX @DPTR,A 或 MOVX @Ri,A 指令，或者总线空闲时，$\overline{\text{RD}}$无效，需要 A→B 的驱动。

$\overline{\text{E}}$为驱动器的使能端，低电平时有效，无效时无论 A 组或 B 组，均对外呈高阻态。$\overline{\text{IORQ}}$ 连接使能端$\overline{\text{E}}$，由图 12-18 知，FF00H～FFFFH 为板外扩展地址，$\overline{\text{IORQ}}$有效；0000H～FEFF 为板内存储地址，$\overline{\text{IORQ}}$无效。说明只有访问板外 I/O 地址的总线周期，板外的数据总线与板内的数据总线能短暂地联系起来，其他时间两者隔离。这种隔离，提高了系统的抗干扰能力。因此 74LS245 也称为总线驱动器/隔离器。

$\overline{\text{RD}}$与$\overline{\text{IORQ}}$同时有效，则从板外读数据；如果$\overline{\text{RD}}$无效，$\overline{\text{IORQ}}$有效，结合$\overline{\text{WR}}$信号可以向板外写数据。

地址总线的驱动要简单得多，如图 12-20 所示，因为$\overline{\text{IORQ}}$隐含了高位地址线为全"1"，所以这时只需要对低 8 位地址线加驱动。也可使用 74LS245，但需将 DIR 固定接高电平，则驱动方向固定为 A→B；使能端可以接地。

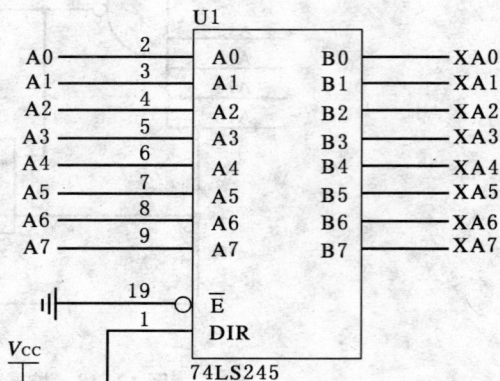

图 12-20　MCS-51 低位地址总线的驱动

12.4　DS12C887B 日历时钟的扩展

一些系统内部需要一个日历时钟，要求即使关闭了电源，时钟也要继续工作。DS12C887B 是 Dallas 公司的日历时钟芯片，如图 12-21 所示。称为模块也许更加贴切，其除了走时部分，还集成了振荡电路和晶体、后备锂电池等，在无外部电源时，可以维持走时 10 年。具有秒、分、时、星期、日、月、年和公元等单元，启动后自动走时，且具闰年的功能。精度相当于台式计算机中的时钟。另外它还带有 113 字节的具有掉电保持功能的存储单元供用户使用。

芯片内部的时间值单元、控制寄存器和所有 113 字节单元按存储器映象法统一编址。为了减少地址线，它的数据线和地址线是复用的，在扩展时要注意这一点。引脚功能如下：

MOT 选择 Motorola/Intel 时序；与MCS-51接口时只需要接地，以下按 Intel 时序介绍，关于Motorola时序的接口，可参见 DS12C887B 的资料。

AD0～AD7：地址/数据复用线；

AS：地址选通线；

$\overline{\text{CS}}$：是选片信号；

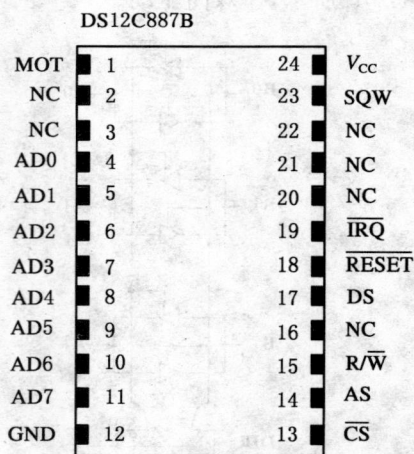

图 12-21　DS12C887B 引脚图

R/W：当$\overline{WR}$信号用，输入；

DS：当$\overline{RD}$信号用，输入；

$\overline{RESET}$：是复位信号，输入，低电平有效；

SQW：是方波信号，输出；

$\overline{IRQ}$：是中断请求信号线，输出，低电平有效；

图 12-22 是 MCS-51 与 DS12C887B 的接口电路。

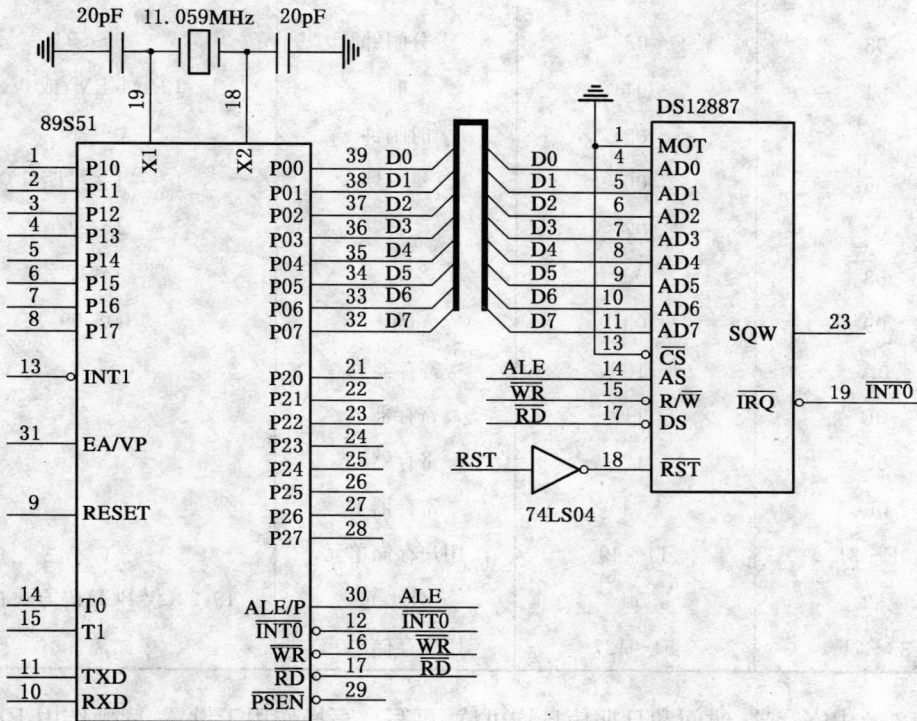

图 12-22   DS12C887B 的接口方法之一

ALE 连接 AS，可将 AD0～AD7 上的地址信息锁存在芯片内部的地址线上；

复位信号是低电平有效，这与 MCS-51 的复位信号相反；

图中$\overline{CS}$接地，使操作地址仅与低 8 位有关，只需@Ri 间址即可访问。不使用高 8 位地址，就使 P2 被完整地保留作为 I/O 口；也可以通过 P2 口的高 8 位地址的译码来控制$\overline{CS}$。

$\overline{IRQ}$中断连接$\overline{INT0}$，这样再通过软件设定，可以实现秒、分和小时中断，也可以实现闹钟中断（设定在每天固定的时分秒）。

表 12-6 是 DS12C887B 的内部编址。按上面的接口电路，因为高 8 位地址任意，可以设为 00H，使得地址映射简单些。

表 12-6　DS12C887B 的内部编址

地址编号		功　能	数值范围
HEX	DEC		
00	00	秒	0~59
01	01	秒闹钟	0~59
02	02	分	0~59
03	03	分闹钟	0~59
04	04	时	1~12AM/PM,或 0~23
05	05	时闹钟	0~23
06	06	星　期	1~7(1=星期日)
07	07	日	1~31
08	08	月	1~12
09	09	年	00~99
0A	10	寄存器 A	
0B	11	寄存器 B	
0C	12	寄存器 C	
0D	13	寄存器 D	
0E~31	14~49	用户存储单元	
32	50	公　元	19,20(仅 BCD 码方式有效)
33~7F	51~127	用户存储单元	

表 12-6 中寄存器、时间和日期信息均可读、可写。写操作用于设置,读操作用于取得数据或状态。

关于寄存器的功能和设定如下:

寄存器 A

MSB　　　　　　　　　　　　　　　　　　　　　　　　　　LSB

BIT 7	BIT 6	BIT 5	BIT 4	BIT 3	BIT 2	BIT 1	BIT 0
UIP	DV2	DV1	DV0	RS3	RS2	RS1	RS0

UIP 为"1"表示时钟很快将更新,为"0"表示未来 244 μs 内不会更新。这可用于状态查询,以便在合适的时机读到正确的时钟数据等;

DV2、DV1、DV0 置为 010 时即开启时钟并运行;置为 11X 时开启时钟但不走时;其他组合将关闭时钟(DS12C887B 芯片兼容于 MC146818,后者的石英晶体是外加的,选项较多);

RS3、RS2、RS1、RS0 为分频设置,可在 SQW 上输出方波。0000 时无输出,0001,0010 时分别输出 256 Hz 和 128 Hz,从 0011 起编码加 1,频率减半,依次为 8 192 Hz、4 096 Hz、…、2 Hz。也可以产生对应频率的中断信号,从 $\overline{\text{IRQ}}$ 输出。

寄存器 B

MSB　　　　　　　　　　　　　　　　　　　　　　　　　　　　　　LSB

BIT 7	BIT 6	BIT 5	BIT 4	BIT 3	BIT 2	BIT 1	BIT 0
SET	PIE	AIE	UIE	SQWE	DM	24/12	DSE

　　SET 为"1"时,进入设定状态,时钟不更新;为"0"时每秒 1 次更新,是正常运行状态;

　　PIE 为周期中断允许位,为"1"时允许。与寄存器 A 中 RS3、RS2、RS1、RS0 的编码有关。中断从$\overline{IRQ}$输出;

　　AIE 为闹钟中断允许位,为"1"时允许。当时钟与相应的闹钟设置值相等时提出一次中断,中断信号在$\overline{IRQ}$引脚输出;当允许闹钟时,如果闹钟值为 11XXXXXXB,则相当于任意值。例如秒闹钟、分闹钟、时闹钟分别为 00H、00H、0C0H 时则每个小时的 0 分 0 秒产生一次闹钟中断;

　　UIE 为时钟更新中断允许,为"1"时允许,为"0"时禁止;

　　SQWE 为允许方波输出,为"1"时方波从 SQW 脚输出,为"0"时该引脚始终为低;

　　DM 数据模式,为"0"时所有时钟日期均为 BCD 码,为"1"时为二进制数;

　　24/12 为选择 24 小时制或 12 小时制,影响小时的表达。选用 24 小时制时,小时值直接按二进制数或 BCD 码编码;选用 12 小时制,无论 BCD 码还是二进制数,在小时值编码的基础上,上午编码的最高位清"0",而下午编码的最高位置"1";

　　DSE 为冬夏时制变换允许。允许时 4 月第 1 个星期日 01:59:59 更新到 03:00:00;10 月的最后一个星期天 01:59:59 将更新回 01:00:00。

寄存器 C

MSB　　　　　　　　　　　　　　　　　　　　　　　　　　　　　　LSB

BIT 7	BIT 6	BIT 5	BIT 4	BIT 3	BIT 2	BIT 1	BIT 0
IRQF	PF	AF	UF	0	0	0	0

　　PF 为周期中断标志;

　　AF 为闹钟中断标志;

　　UF 为更新中断标志;

　　IRQF 为总中断标志,它结合了寄存器 B 中的中断允许

$$IRQF = (PF \cdot PIE) + (AF \cdot AIE) + (UF \cdot UIE)$$

　　这个寄存器可供查询方式使用。在硬件中断下,也可供中断服务子程序进一步区分中断原因。这个寄存器的其他位不使用。

寄存器 D

MSB　　　　　　　　　　　　　　　　　　　　　　　　　　　　　　LSB

BIT 7	BIT 6	BIT 5	BIT 4	BIT 3	BIT 2	BIT 1	BIT 0
VRT	0	0	0	0	0	0	0

这是只读的寄存器。VRT 反映内部锂电池的状态,为"1"表示正常,即时钟状态以及掉电保持的 RAM 中的数据是可靠的。反之电池已经耗尽,时钟和其他保持的数据都不可信。

【例 12-6】 根据上述接口电路,初始化 DS12C887B,使其以 24 小时制、BCD 码方式工作。初始日期是 2011 年 7 月 3 日(星期天)。

```
            PUBLIC    _IniRTC
            PUBLIC    SEC
            PUBLIC    MIN
            PUBLIC    HOUR

DATTIM  SEGMENT  DATA
            RSEG      DATTIM
SEC:    DS        1
MIN:    DS        1
HOUR:   DS        1
            CSEG      AT 0003H        ; INT0中断向量
            LJMP      RTC_SVR         ; 时钟中断服务程序实际入口
RTC     SEGMENT  CODE
            RSEG      RTC
_IniRTC: MOV      R0, #0DH         ; 读寄存器 D
WAIT0:  MOVX      A, @R0
            JNB       ACC.7, WAIT0    ; 等待数据可靠
            MOV       A, R7           ; 输入参数,如果(R7)≠0,设置默认时间和日期
            JZ        SkipDateTime
            MOV       R0, #0BH        ; 指向寄存器 B
            MOV       A, #80H
            MOVX      @R0, A          ; 关闭时钟更新
            MOV       R0, #0
            CLR       A
            MOVX      @R0, A          ; 秒初值
            INC       R0
            INC       R0
            MOVX      @R0, A          ; 分初值
            INC       R0
            INC       R0
            MOVX      @R0, A          ; 时初值
            INC       R0
            MOV       A, #6
            MOVX      @R0, A          ; 设为星期五
            INC       R0
            MOV       A, #03
            MOVX      @R0, A          ; 设为 3 号
            INC       R0
```

```
            MOV      A,♯7
            MOVX     @R0,A               ;设为 7 月
            INC      R0
            MOV      A,♯11H
            MOVX     @R0,A               ;设为 11 年
            MOV      R0,♯32H
            MOV      A,♯20H
            MOVX     @R0,A               ;公元 20,BCD 码为 20H
SkipDateTime：
            SETB     IT0                 ;INT0 边沿触发模式
            SETB     EX0                 ;允许 INT0 中断
            MOV      R0,♯0AH             ;指向寄存器 A
            MOV      A,♯2AH              ;方波输出为 64 Hz,内部晶体为 32 768 Hz
            INC      R0                  ;指向寄存器 B
            MOV      A,♯00011010B        ;更新中断允许,方波输出,BCD 码,24 小时制
            RET
RTC_SVR：
            PUSH     PSW
            PUSH     ACC
            MOV      A,R0
            PUSH     ACC
            MOV      R0,♯0               ;读秒,保存
            MOVX     A,@R0
            MOV      SEC,A
            MOV      R0,♯2               ;读分,保存
            MOVX     A,@R0
            MOV      MIN,A
            MOV      R0,♯4               ;读时,保存
            MOVX     A,@R0
            MOV      HOUR,A
            POP      ACC
            MOV      R0,A
            POP      ACC
            POP      PSW
            RETI
            END
```

　　上述程序中,初始化部分根据(R7)＝0 或(R7)≠0,选择初始化时是否设置一个默认的开始日期与时间,因为一个从未设置时间的系统,依赖日期的程序段可能无法运行,所以要给一个默认值;但是如果每次上电开机都重新给这个默认值,日历时钟就没有意义。

　　示例中中断服务程序只取时间,没有取日期,功能也只是将日历时钟芯片中的数据拷贝到微控制器内部。真正用时,如要做成一个自动时间、日期显示牌,还需要根据显示电路及功能要求,添加主程序模块和其他模块。

　　在复杂应用中,读者可将 P2 口作为高 8 地址线,DS12C887B 的选片要与系统中其他器件

一起扩展,所有的片选端$\overline{\text{CS}}$统一由一个译码电路生成并分配地址。注意 DS12C887B 内部使用 7 根地址线,相当于 A0~A6。DS12C887B 的全译码使用 A7~A15 这 9 根高位地址线,部分译码可以少用几根地址线。

可将 DS12C887B 的内部寄存器和存储单元映射到 64 KB 逻辑地址空间的任意位置。使用 16 位地址以后,上面程序中的 MOVX 指令需要用 DPTR 作 16 位的数据指针。

12.5　集成到 MCU 中的扩展数据存储器

Winbond 公司的 W77E58 是 MCS-51 系列微控制器,它的内核经过了重新设计,每个机器周期仅由 4 个时钟构成,在同等的外部时钟频率下,加快了指令的执行速度,另外它的最高时钟频率也达到 40 MHz。在内部 256 字节 RAM 和 32 KB FLASH ROM 基础上,利用扩展数据存储器地址,又集成了 1 KB 的 RAM,仍然可以用 MOVX 指令访问。

在其外部仍然可以扩充 64 KB 的数据存储器,并与已有的 1 KB 通过页的切换来区别。

通过对特殊控制寄存器的编程,它还能将总线周期拉长,来满足外部速度稍慢的 RAM 芯片。

类似地,ST 公司在其 μPSD3200 系列中集成了 2 KB/8 KB/32 KB 的 RAM,这无疑为应用系统的设计带来了许多便利。

随着用户程序的多样化和复杂化,对数据存储器的容量要求也各不相同。目前条件下,从芯片定价看,生产商似乎提供额外的 FLASH ROM 比提供额外的静态 RAM 慷慨得多。这一方面取决于工艺水平的复杂程度,另一方面也取决于市场的因数。

13 I/O 接口电路及其扩展

对于 MCS-51 应用,虽然片上有并行口、串行口和定时器等,但功能部件的类型或数量仍可能不足;尤其是扩展存储器时,因 P0、P2 口,P3.6、P3.7 等已作总线,可自由使用的并行口就只剩 P1 口和 P3 口的一部分,于是扩展 I/O 接口就很有必要。

本章从 TTL 电路构成的简单 I/O 扩展开始,介绍 I/O 接口原理;在可编程接口芯片方面,介绍了 8255 并行口、8253 定时器和 SC16C2552 串行通信控制器的结构、方式和应用。

在 MCS-51 系统中,I/O 扩展是基于存储器映象法,因此扩展功能占用扩展存储器的地址空间。

13.1 简单并行口扩展

13.1.1 简单的并行口输入

所谓简单输入,就是输入信号与总线之间只使用由三态门构成的缓冲器,如图 13-1 所示。这个三态门仅在读特定地址的机器周期才开启。在译码输出有效(低电平)并且读外部存储器的机器周期或门才输出有效的开门信号。设备的数据线与系统数据总线不能直接连接,否则其他数字部件就不能共享数据总线。

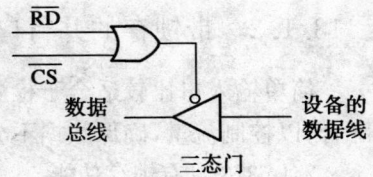

图 13-1 三态门数据缓冲

可用的缓冲器芯片很多,如 74LS244、74LS245 等。图 13-2 为 74LS244 的引脚排列、内部结构和两种封装示意图。可以看到,它由两组共 8 个三态门构成,A 表示输入,Y 表示输出。符号前的数字是组号,后面的数字是组内编号,$1\overline{G}$、$2\overline{G}$ 分别为各组控制端。

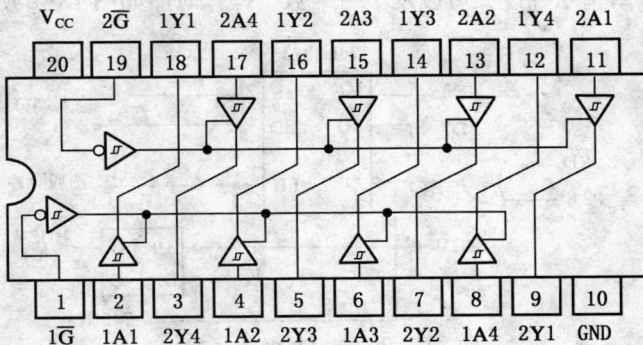

图 13-2 74LS244 引脚排列、内部结构及封装

将两个控制端并联,可以用于扩展的 8 位的输入,如图 13-3(a)所示。读信号与地址线 P2.6(A14)通过或门连接控制端(这里地址译码采用的是线选法,主要是为了使示例的线路图简洁,在实际应用电路中,对译码电路需要统筹考虑)。

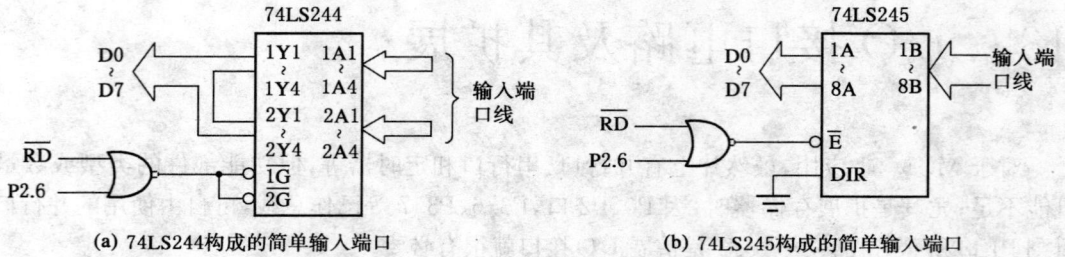

(a) 74LS244构成的简单输入端口　　　　(b) 74LS245构成的简单输入端口

图 13-3　74LS244 和 74LS245 电路构成的输入端口

该输入端口的一个可用地址是 0BFFFH,因此,输入程序段为:

MOV　　DPTR,♯0BFFFH

MOVX　A,@DPTR

在 C-51 中,该端口可声明为(说明语句)unsigned char xdata Buff_In _at_ 0xBFFF;在执行部分 Buff_In 就可以作为表达式的一部分,形成有效输入。

图 13-3(b)使用 74LS245,也可以用于构成输入电路。其方向控制线接地,驱动方向为 A←B。

13.1.2　带锁存的并行口输入

简单输入口比较适合于检测一组设备的状态。对于序列化数字输入,显然收发双方需要配合,以控制流量,确保数据不会丢失或重复读取。

74LS373 具有锁存功能,其内部功能如图 13-4(a)所示,前面我们将其用于地址锁存。按图 13-4(b)的接线,外设可以将数据先置于 1D~8D,发一个选通脉冲,将信息锁存到 74LS373 的内部,同时向INT0端发出中断请求;另一方面,选通信号通过 74LS74 构成的 D 触发器,返回给设备一个忙信号,指示外设作必要的等待。CPU 响应中断,在服务程序中发读端口命令,打开 74LS373 的输出允许端OE;信息经内部的三态门到达数据线,CPU 采样数据线,读到外设锁存的信息。读端口的同时将忙信号清除掉,指示外设又可以发下一个数。操作时序如图 13-5 所示。

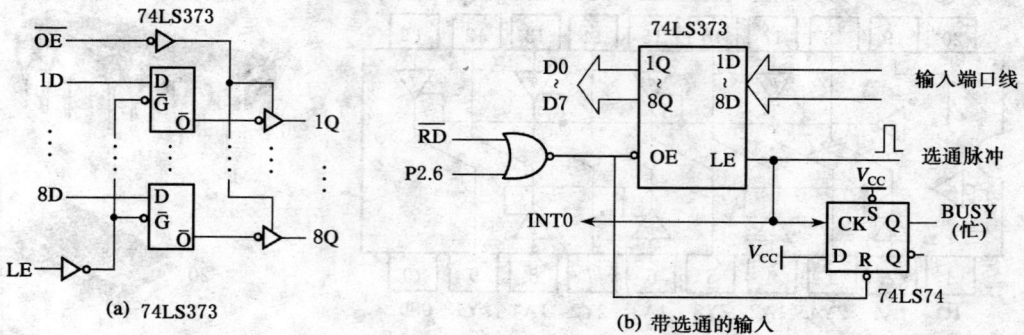

(a) 74LS373　　　　　　(b) 带选通的输入

图 13-4　74LS373 构成的带选通的输入口

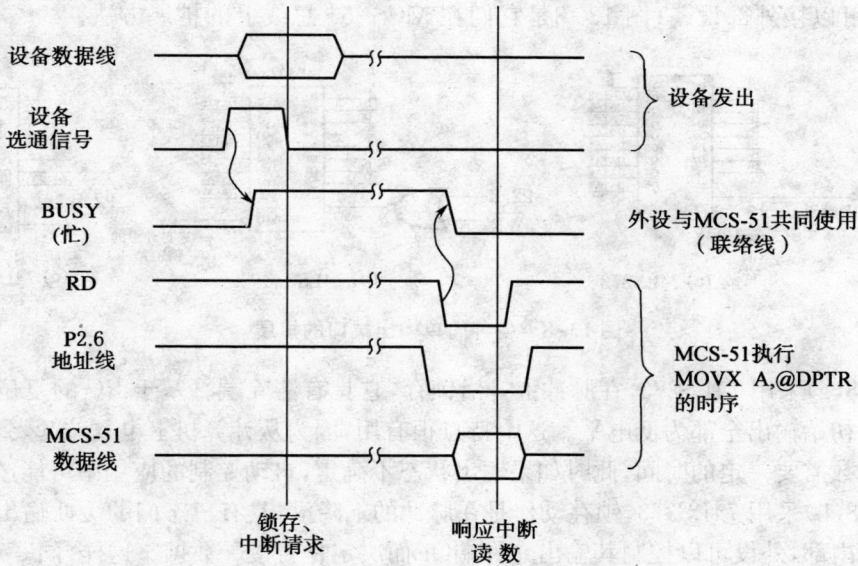

图 13-5 带选通的输入接口的时序

74LS373 的端口地址仍为 0BFFFH,但这个输入接口带有联络功能,并使用中断方式,以提高 CPU 效率。

需要注意的是,必须根据设备数据线与选通信号的相对时序关系,正确地选择锁存器。如图 13-6 所示。为了保证锁存动作发生在数据稳定期间,图(a)仅可在选通脉冲的下降沿锁存,可选择 74LS373;图(b)仅可在选通脉冲的上升沿锁存,可选择 74LS374;图(c)在选通脉冲的前沿和后沿都可以锁存,所以既可用 74LS373,也可以用 74LS374。

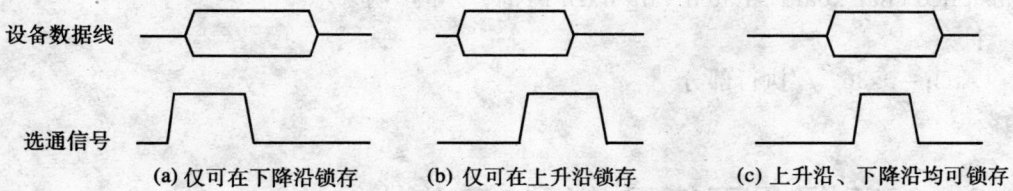

图 13-6 选通信号的锁存时机

13.1.3 简单的并行口输出

简单的输出将并行数字信号锁存到硬件输出端,输出内容保持不变,直到下一次操作。

简单输出如图 13-7 所示,其关键是锁存器的应用,锁存动作发生在向指定地址(译码电路低电平有效)执行写操作的机器周期中。

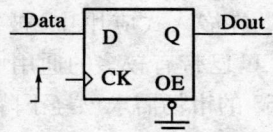

图 13-7 简单输出

具体的芯片可以用 74LS273、74LS373 和 74LS377,它们的相同点是均以 8D 锁存器为核心,各有 8 个 D 端和 8 个 Q 端,其中的 D 端接数据总线,Q 端作为输出,可以接外部设备;图 13-8 是它们在 MCS-51 总线上的扩展方法。

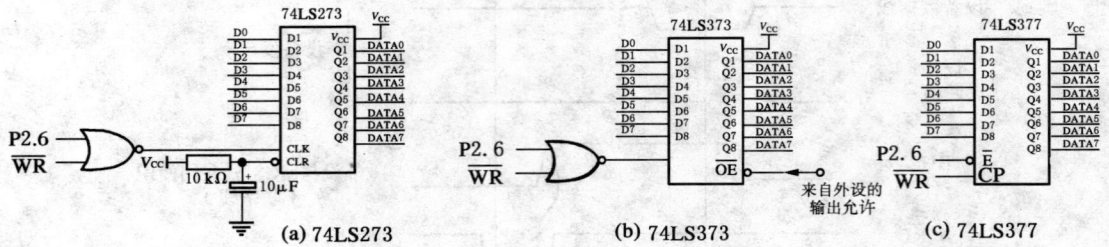

图 13-8　各种简单输出端口的扩展

图 13-8(a)采用 74LS273,在脉冲上升沿锁存,它具有清除端。基于 RC 的复位电路可使它在上电时初始输出全部为低电平。这个特点很有用,因为从计算机上电复位起,到程序第一次向该端送数需要一定的时间,此时如果输出状态不确定,自动控制的应用中可能产生危险;

图 13-8(b)采用 74LS373,锁存动作是在脉冲的下降沿,具有三态门的缓冲输出。锁存首先发生在其内部,外设可以控制其输出允许端$\overline{OE}$而决定是否接受数据。这样,同一个外设,可以选择从多个接口上取得数据。如果不需要这个特性,则$\overline{OE}$只需简单接地就可以了。

图 13-8(c)采用 74LS377,锁存动作在脉冲上升沿,另有使能端$\overline{E}$。只要使能端接译码输出,而时钟端接$\overline{WR}$信号,就可利用WR的上升沿锁存。

相关程序段为:

```
MOV    DPTR,#0BFFFH        ;地址
MOV    A,#36H              ;8 位数据(36H 为示例)
MOVX   @DPTR,R             ;发送
```

对应地,C51 中写成:

```
unsigned char xdata   Latch _at_ 0xBFFF;//变量声明
    ⋮
   Latch=0x36;//执行部分
    ⋮
```

13.2　8255 通用可编程并行接口芯片

8255 是一种通用的可编程并行 I/O 接口芯片,通过软件对其寄存器初始化,可选择其上若干个并行口各自的工作方式。它可以代替第 13.1 节列举的各种 I/O 电路,而且功能更多。早期的工控计算机主板利用 8255 实现可编程的通用 I/O 功能。

在嵌入式应用中,被控对象的要求是比较确定的,包括输入、输出点数和方向。由于MCU 已带有较多的通用可编程 I/O 线,再扩展一些固定的 I/O 口即能满足使用要求,所以8255 的市场需求已经下降了很多,不过在接口技术的阐述中仍具有启发意义。

13.2.1　8255 简介

8255 的内部结构如图 13-9 所示。

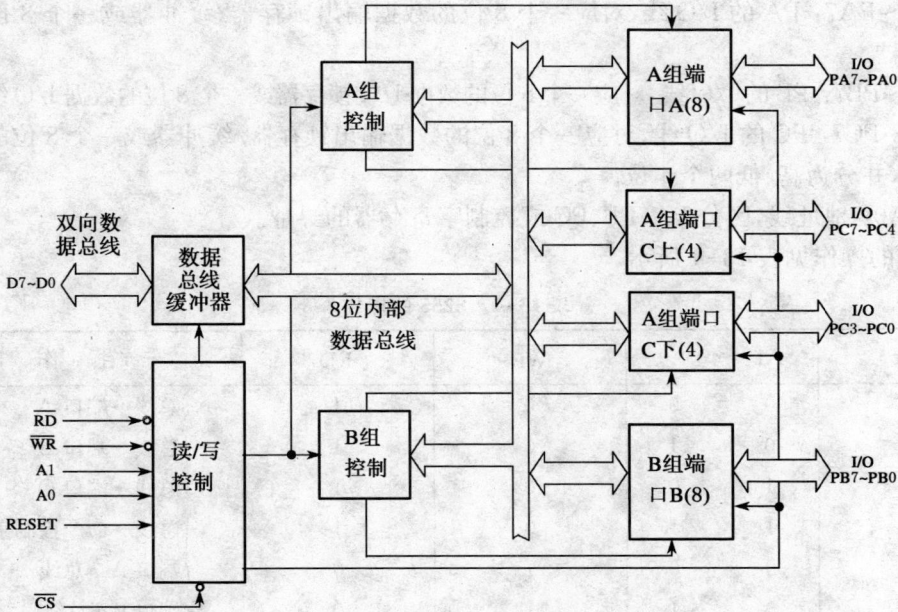

图 13-9 8255 内部结构

8255 有三个可编程的 8 位并行 I/O 口,这就是端口 PA、PB 和 PC,可提供共 24 个 I/O 控制引脚。控制分为 A、B 两组:A 组由 PA 以及 PC 的高 4 位构成;B 组由 PB 以及 PC 的低 4 位构成。

三个端口的特点各不相同:

PA:包括一个 8 位的数据输出锁存/缓冲器和一个 8 位的数据输入锁存器,可作为数据输入或输出端口,有方式 0、方式 1、方式 2 可选;

PB:包括了一个 8 位的数据输出锁存/缓冲器和一个 8 位的数据输入锁存器,可作为数据输入或输出端口,有方式 0 和方式 1 可选;

PC:包括了一个 8 位的数据输出锁存/缓冲器和一个 8 位的数据输入缓冲器,其高 4 位和低 4 位分属不同的控制组,不能独立设置工作方式,而是跟随或配合 PA 或 PB 工作。

8255 的引脚如图 13-10 所示,下面说明各引脚的功能。

RESET:复位输入线,当该输入端处于高电平时,所有内部寄存器(包括控制寄存器)均被清除,所有 I/O 端口的初始状态被置成输入。

$\overline{\text{CS}}$:片选信号线,当这个输入引脚为低电平时,表示芯片被选中,CPU 正处于访问 8255 的总线周期。

$\overline{\text{WR}}$:写入信号,当这个输入引脚为低电平时,允许数据数据写入 8255 的端口或控制字寄存器。

D0~D7:三态双向数据总线。

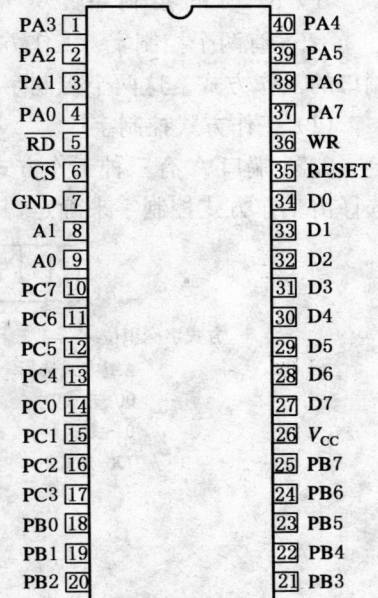

图 13-10 8255 引脚

　　PA0~PA7：PA 的 I/O 线,对应一个 8 位的数据输出锁存器/缓冲器或一个 8 位的数据输入锁存器。

　　PB0~PB7：PB 的 I/O 线,对应一个 8 位的数据 I/O 锁存器或一个 8 位的数据 I/O 缓冲器。

　　PC0~PC7：PC 的 I/O 线,对应一个 8 位的数据输出锁存器/缓冲器或一个 8 位的数据输入缓冲器,并分为高、低两个 4 位。

　　A1、A0：地址线,区分 PA、PB、PC 或控制字寄存器的寻址。

　　8255 的操作见表 13-1 所示。

表 13-1　8255 的操作

$\overline{CS}$	A1	A0	$\overline{WR}$	$\overline{RD}$	操　作
0	0	0	0	1	总线→端口 A
0	0	1	0	1	总线→端口 B
0	1	0	0	1	总线→端口 C
0	1	1	0	1	总线→命令控制字
0	0	0	1	0	端口 A→总线
0	0	1	1	0	端口 B→总线
0	1	0	1	0	端口 C→总线
0	1	1	1	0	非法
1	X	X	X	X	未选中

13.2.2　8255 的工作说明

1) 8255 的控制字

　　8255 有两个控制字：工作方式控制字和 PC 置位/复位控制字。其编程状态决定 8255 各端口的工作方式。这两个控制字占用同一地址,以最高位标识两者的区别。

　　(1) 工作方式控制字

　　8255 端口 A 有三种工作方式可供选择,端口 B 有两种工作方式可供选择。具体的方式选择由工作方式控制字来确定,其格式如图 13-11 所示。

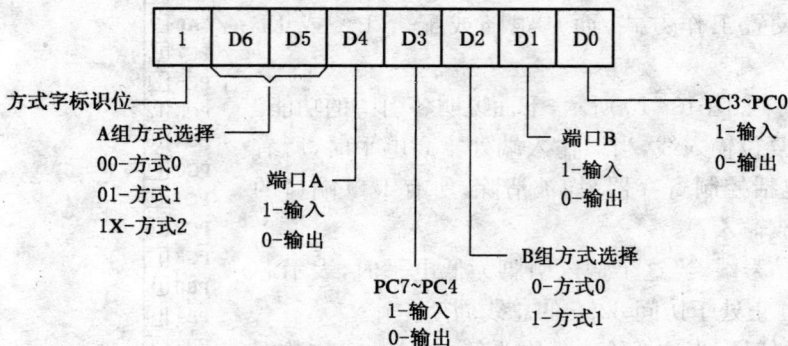

图 13-11　8255 工作方式控制字格式

由此可见,8255 的 A 组、B 组的工作方式是相互独立的。

（2）端口C置位/复位控制字

对端口C可以按位置"1"或清"0"操作，该命令字格式如图13-12所示。

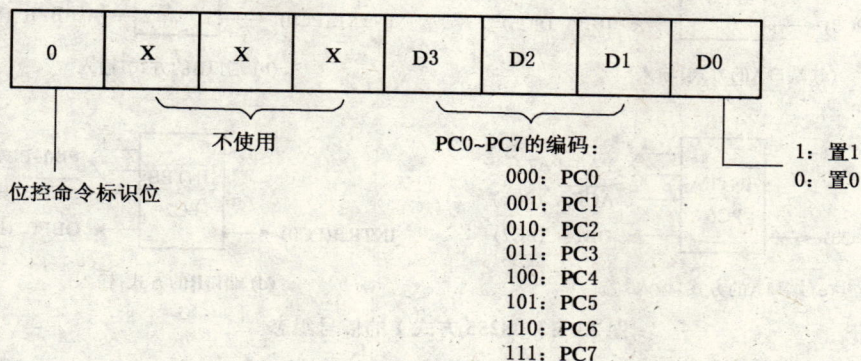

图 13-12　端口C置位/复位命令字格式

2）8255的工作方式

（1）方式0

方式0是一种基本输入/输出方式，它适用于无需握手信号的简单输入/输出应用场合。A组工作于方式0，PA及 $PC_{7\sim4}$ 可以独立地设置为输入/输出；B组工作于方式0，则PB及 $PC_{3\sim0}$ 也可以独立地设置为输入/输出。如果A和B两组均工作于方式0，则PA、PB、$PC_{7\sim4}$ 及 $PC_{3\sim0}$ 这4个端口均可以独立地设置为输入/输出，因此有 $2^4=16$ 种组合。

方式0输出时具有端口锁存功能，相当于简单的输出口；输入时带有缓冲，相当于由三态门构成简单的输入口。

（2）方式1

方式1可应用于PA和PB，这时PC的一部分信号线被用作联络信号线，而其余的信号线自动工作于方式0。

方式1的输入是带锁存和缓冲的，类似于13.1.2中的电路。外部设备提供数据和锁存动作，8255具有输入缓冲器满信号，并能触发中断。信号组态见图13-13的(a)、(b)。

方式1的输出也是带锁存和缓冲的。CPU通过系统总线锁存数据到8255内部，并发出缓冲器满信号，通知外设取数。外设响应，取得数据后，8255发中断请求信号，使CPU可以发送下一个数据。信号组态见图13-13的(c)、(d)。

端口A工作于方式1作输入时，对PC4的位操作被重定位到INTEA；输出时，对PC6的位操作被重定位到INTEA。INTEA是INTRA的中断使能控制位，置"1"为允许中断，清"0"为禁止中断；

端口B工作于方式1作输入/输出时，对PC2的位操作被重定位到使能INTEB，它是INTRB的中断使能控制位。INTEA或INTEB置"1"为允许中断，清"0"为禁止中断；

(a) 端口A的方式1输入　　　　　　　　(b) 端口B的方式1输入

(c) 端口A的方式1输入　　　　　　　　(d) 端口B的方式1输入

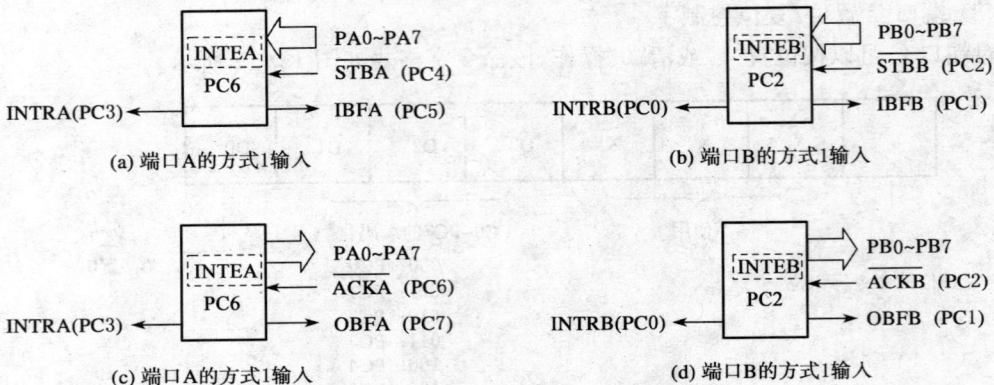

图 13-13　8255 方式 1 的信号组态

（3）方式 2

方式 2 仅对端口 A 有效,它使用的联络信号数量是方式 1 输入/输出的总和。这是双向带联络信号的完善的数据通信方式。不过近年来计算机通信以网络技术为主,所以此双向并行通信的实际使用已不多见。

8255 的中断请求 INTRA 或 INTRB 均为高有效,连接$\overline{INT0}$或$\overline{INT1}$时应反相。

13.2.3　8255 与 MCS-51 总线的接口和编程

【例 13-1】　图 13-14 给出了 MCS-51 以总线方式扩展 8255,并与微型打印机接口的电路。微型打印机广泛应用于小型仪器或票据的打印。试根据电路编写测试程序。

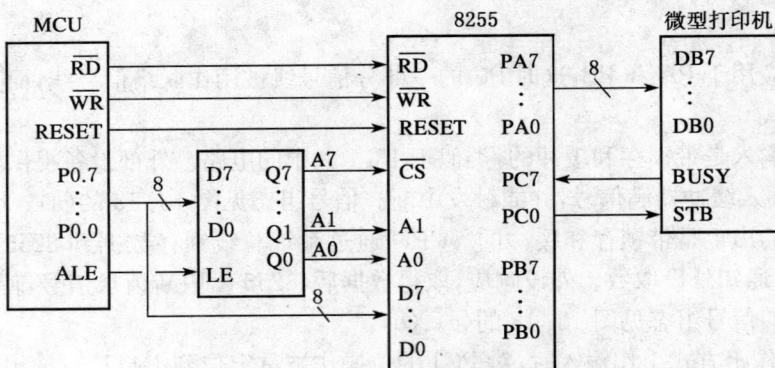

图 13-14　8051 扩展 8255 和打印机接口

8255 的片选线$\overline{CS}$接地址线 A7;而 A1、A0 分别接地址总线的 A1、A0。这里不使用 P2(高 8 位地址线)。PA 作打印机的数据线,PC_7 接打印机的忙信号(BUSY),PC_0 作输出,模拟打印机所需要的选通信号($\overline{STB}$)。

BUSY 为高电平(逻辑 1)时需要等待,MCU 通过读取 PC,得到打印机的状态。

接口电路的一组可用的接口地址 PA,PB,PC 和方式字地址分别为 7CH,7DH,7EH 和 7FH。8255 各端口工作在方式 0:PA 输出;$PC_{7\sim4}$ 输入;$PC_{3\sim0}$ 输出;端口 B 不用,设为输入。

根据图 13-11 以及上述功能分析,方式字为 10001010B(8EH)。

程序含初始化子程序、发送字符子程序和主程序等部分,具体如下:

```
            PortA      EQU   007CH
            PortB      EQU   PortA+1
            PortC      EQU   PortA+2
            CtrlW      EQU   PortA+3
            CSEG       AT    0000H
            LJMP       START
STACK       SEGMENT    IDATA
            RSEG       STACK
mStack：     DS         1
PRT8255     SEGMENT    CODE
            RSEG       PRT8255
IntLPT：     MOV        DPTR，# CtrlW
            MOV        A，#8AH              ；方式控制字
            MOVX       @DPTR，A
            MOV        A，#01H              ；位控字，PC0 置 1，S̄T̄B̄先置高
            MOVX       @DPTR，A
            RET
_CharPRN：   MOV        DPTR，# PortC
ISBUSY：     MOVX       A，@DPTR             ；查看忙标志
            JB         ACC.7，ISBUSY
            MOV        DPTR，# PortA
            MOV        A，R7                ；参数按照 C51 规则，欲打印的字符在 R7
            MOVX       @DPTR，A             ；字符送到 PA0～PA7 端口线上
            MOV        DPTR，# CtrlW
            CLR        A                   ；置 PC0 为低，模拟选通信号的下降沿
            MOVX       @DPTR，A
            INC        A                   ；置 PC0 为高，模拟选通信号的上升沿
            MOVX       @DPTR，A
            RET
Start：      MOV        SP，#(mStack-1)      ；堆栈设置
            CALL       IntLPT
            CLR        B                   ；字符指针
Next：       MOV        A，B
            MOV        DPTR，# Hello        ；字符串地址
            MOVC       A，@A+DPTR
            JZ         HALT
            MOV        R7，A
            CALL       _CharPRN
            INC        B
            SJMP       NEXT
HALT：       SJMP       $
Hello：      DB         'Hello，world！'，    0DH，0AH，0H
            END
```

本例的 C51 版见附录 D-4。

程序开头的一组 EQU 语句,使得以后的地址修改更加方便。虽然本例电路没有使用 16 位地址,但是为了使程序通用性更好,仍按 16 位地址编写。

另外,PC 口的高 4 位和低 4 位分别设置为输入和输出,但读/写操作仍然是对应于 PC7～PC0。输入时,从那些设置为输出的对应位上读到的数是无意义的;输出时,那些设置为输入的对应位不响应。

程序向打印机输出字符串"Hello,world!",后面的 0DH、0AH 是不可打印的字符,用于控制打印机回车和换行,ASCII 码 0 作为字符串的结束标志。

因为是测试程序,测试结束就进入 HALT 标号处的无穷循环。

【例 13-2】 8255 在方式 1 输入中的应用。

如图 13-15 来源于科研项目的需要。SRC40 热电阻巡测仪能循环检测 40 点温度值。为了避免温度测量电路的重复设计,希望直接从该仪器的微型打印机接口获取数据,这样就使系统大大简化。

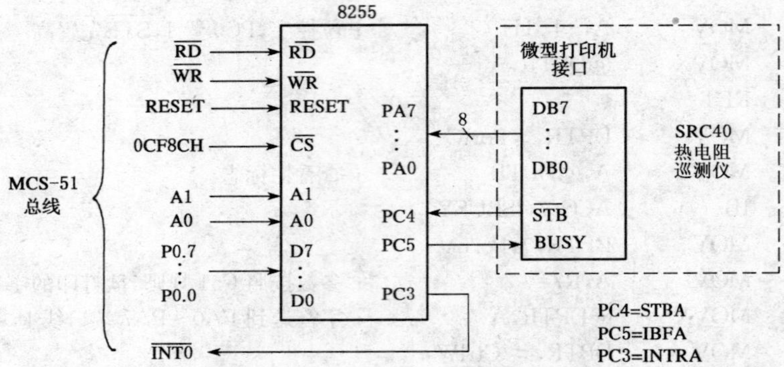

图 13-15　从打印机接口获取数据

在 MCS-51 总线上扩展一片 8255 通用可编程接口芯片,利用其端口 A,选方式 1 输入,模拟一台微型打印机。通过正常的应答,使 SRC40 热电阻巡测仪将其温度数据不断地"打印"出来,8255 则源源不断地获得温度数据的 ASCII 码串,通过分析其数据格式,并编写必要的转换程序,就能从打印口获得数据。

这里把巡测仪作为设备,PA0～PA7 为设备数据线,STBA(PC4)选通信号输入端,连接设备的选通信号STB。输入缓冲器满的信号 IBFA(PC5)作为打印机的忙信号。INTRA 连接 MCS-51 的中断输入线INT0,以中断方式被动工作,控制任务和数据采集能并行进行。

根据电路的连接关系,该 8255 的 PA 和控制字寄存器的地址分别是 CF8CH 和 CF8FH。控制字是 10111011B(PB 为方式 0,未使用的端口已设为输入)。

```
PortA    EQU  0CF8CH
PortB    EQU  PortA+1
PortC    EQU  PortA+2
CtrlW    EQU  PortA+3
         CSEG  AT  0000H
         LJMP  START
         CSEG  AT  0003H
```

```
            LJMP      INT0_SV
mDATA    SEGMENT   DATA
            RSEG      mDATA
CharZ：   DS        1              ；数据存放指针
mBIT     SEGMENT   BIT
            RSEG      mBIT
Flag：    DBIT      1
STACK    SEGMENT   IDATA
            RSEG      STACK
mStack： DS        1

PRT8255  SEGMENT   CODE
            RSEG      PRT8255
InitLPT： MOV       DPTR，＃CtrlW
            MOV       A，＃10111011B   ；方式控制字
            MOVX      @DPTR，A
            MOV       A，＃00001001H   ；位控字，PC4置1(INTEA,使能中断)
            MOVX      @DPTR，A
            CLR       IT0             ；INT0电平方式
            SETB      ET0             ；允许INT0中断
            SETB      EA              ；开放CPU中断
            MOV       DPTR，＃PortA
            MOVX      A，@DPTR         ；读一次,清除输入缓冲器满信号
            CLR       Flag            ；数据更新标志
            RET
INT0_SV：                            ；中断服务程序入口
            PUSH      ACC
            PUSH      PSW
            PUSH      DPL
            PUSH      DPH
            MOV       DPTR，＃PortA
            MOVX      A，@DPTR         ；读PA
            MOV       CharZ，A         ；存数
            SETB      Flag            ；置标志
            POP       DPH
            POP       DPL
            POP       PSW
            POP       ACC
            RETI
Start：    MOV       SP，＃(mStack-1) ；主程序开始,堆栈设置
            CALL      IntLPT
Go_on：
            JBC       Flag，Process   ；如果有数据更新,则转而处理
            ……                      ；这里运行其他任务
            SJMP      Go_on
```

```
Process：
        ……                              ；数据处理
        SJMP        Go_on
        END
```

中断选择了电平触发，当中断响应时，读取端口 A，也就是在中断返回之前就撤消了中断信号；

中断服务程序从 8255 的端口 A 读到数据存到 CharZ 中，并置数据更新标志 Flag，将其交由主程序处理。

主程序读 Flag 以确定有无数据更新，有数据就转入处理，否则就等待。

对于中断接收程序，如果采用循环队列作为数据接收缓冲区，则程序就比较完善。限于篇幅，此处省略。请参见第 10.3.3 节及其相关的示例。

13.3　8253 可编程外围定时器/计数器

8253 是常用的定时器/计数器芯片，属于计算器外围芯片的一种。它具有很多 MCS-51 定时器所不具有的工作方式，这一方面具有实用意义，另一方面也有助于理解和应用MCS-51 产品中定时器/计数器的新增功能。

13.3.1　8253 的内部结构和引脚

如图 13-16 所示，其内部有三个完全相同且独立的 16 位定时器/计数器，递减计数，具有完备的计数寄存器和初值寄存器。因为具有六种工作方式，所以计数过程中输出的信号形式有不同的特点。

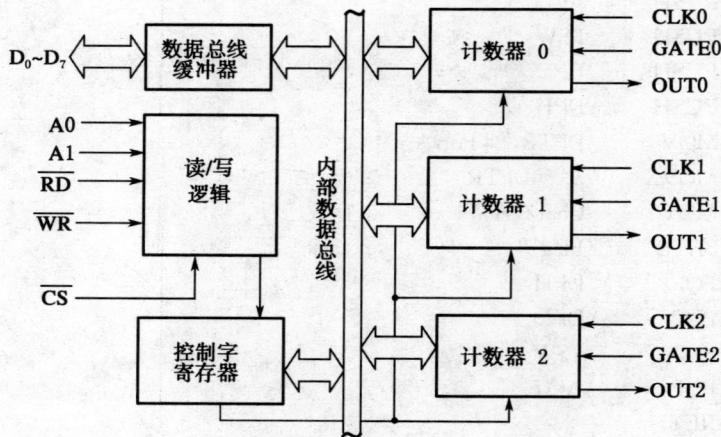

图 13-16　8253 的内部结构

8253 有三个功能相同的计数器，其工作方式和计数长度分别由软件编程选择。

8253 的引脚如图 13-17 所示。从图中可以到,一组数据线可以用来连接系统的数据总线:A0、A1 连接到系统的地址总线,CS连接译码电路,WR、RD连接控制总线。

CLKn、GATEn、OUTn(n=0,1,2)构成三组关于定时/计数的典型的信号线,其中:

CLK:时钟或计数脉冲的输入线;

OUT:计数器输出信号线,8253 采用减计数,当计数器减为 0 时输出相应的信号;

GATE:门控信号,用来启动或者禁止计数器工作。

系统总线对 8253 操作的功能见表 13-2。可见对 8253 的写和读具有不同的含义。

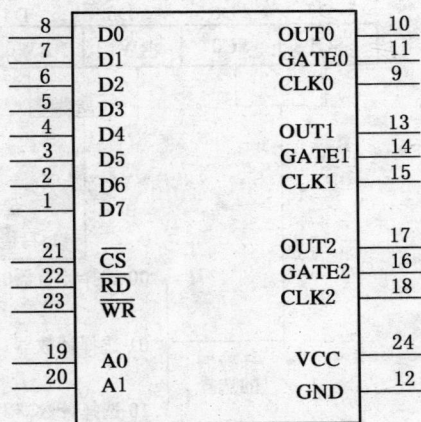

引脚		
8 D0	OUT0 10	
7 D1	GATE0 11	
6 D2	CLK0 9	
5 D3		
4 D4	OUT1 13	
3 D5	GATE1 14	
2 D6	CLK1 15	
1 D7		
21 $\overline{CS}$	OUT2 17	
22 $\overline{RD}$	GATE2 16	
23 $\overline{WR}$	CLK2 18	
19 A0	VCC 24	
20 A1	GND 12	

图 13-17　8253 的引脚

表 13-2　8253 的操作

CS	A1	A0	WR	RD	操 作
0	0	0	0	1	总线→Timer0 初值
0	0	1	0	1	总线→Timer1 初值
0	1	0	0	1	总线→Timer2 初值
0	1	1	0	1	总线→方式字寄存器
0	0	0	1	0	Timer0 计数值→总线
0	0	1	1	0	Timer0 计数值→总线
0	1	0	1	0	Timer0 计数值→总线
0	1	1	1	0	未定义
1	X	X	X	X	未选中

13.3.2　8253 的控制字和工作方式

8253 具有 6 种工作方式,必须向其中写入控制字,才能以某种方式开始工作。写控制字的同时还复位相应的定时器计数器,它使 OUT 变成规定的初始状态。

在任何方式下,向 8253 写入的计数初值将于下一个 CLK 被装入到计数单元,根据方式的不同,GATE 脚有不同的用途,与计数有关的 OUT 的输出信号的波形也不同。

1) 8253 的控制字

8253 计数器的工作方式是可编程的,通过将控制字写入控制寄存器来选择各个计数器的工作方式。控制字格式如图 13-18 所示。

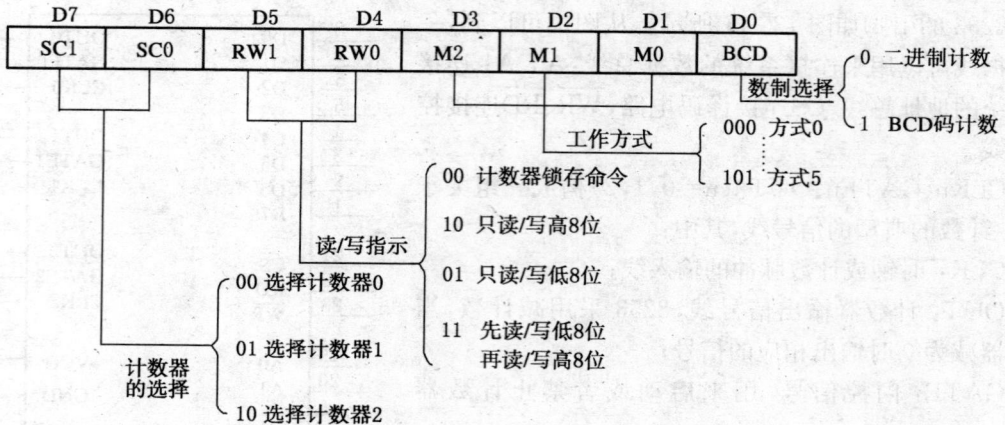

图 13-18　8253 的控制字格式

最高两位 SC1、SC0 的编码用于选择定时器,指示其后续的各方式位被实际存储到哪一个定时器/计数器部件中去。

RW1、RW0 的编码是选择读/写方式。定时器写操作是针对初值的,读操作是针对计数器当前值的。这两位的编码为 10 和 01 时,仅提供 8 位读/写,不能访问全部的 16 位值,但速度快;编码 11 规定先读/写低 8 位再读写高 8 位,两次可读/写完整的 16 位值。00 编码的用途是将当前计数值锁存到数据缓冲单元(类似于捕获),以保证读数正确。读计数器不影响计数过程。

M2、M1、M0 的编码从 000～101,是定时器/计数器的工作方式,可有六种选择。

BCD 位指定计数单元、初值单元中数据的格式。0 选择二进制方式,计数范围为 1～65 536;1 选择 BCD 码方式,计数范围为 1～10 000。向初值寄存器写入 0,并不产生归零的效果,只有计数减到 0 才产生归零效果,因此 0 实际表示最大计数值。

2) 8253 的工作方式

(1) 方式 0——计数结束中断

方式 0 是典型的事件计数用法。写入控制字,OUT 脚被复位为低电平,再写入初值,该初值在一个时钟后进入计数单元,然后每个时钟减 1,直到计算单元为 0 时,OUT 变成高电平。此 OUT 信号可作为中断请求信号,方式 0 由此命名。

门控信号 GATE 用于开放或禁止计数,GATE 为高电平允许计数,GATE 为低电平暂停计数。方式 0 的时序图如图 13-19(a)所示。

该方式初值不会自动重装。计数的开始时间与初值写入时间有关,实际是在初值写入后再过一个时钟周期才开始减计数,所以计时不太准确。在新的工作方式或新的计数值写入之前,OUT 维持上次定时到达时的高电平。

在工控应用中,如果启动某过程后,需要等待一段时间才能做结束处理,而此期间 CPU 必须完成其他任务,则可以在启动过程后,向 8253 写入一个所需等待的时钟计数初值,把结束处理放到中断服务程序中完成,这样 CPU 就提高了效率。

(2) 方式 1——可编程单稳态触发器

硬件单稳态触发器,如 74LS221,其一个稳态输出如果为高电平,则经触发后输出暂态为低电平,维持一定的时间后又回到稳态的高电平。低电平的维持时间 $t=RC\ln 2$,即由电路的 RC 参数决定,如果需要调整,必须更换电阻或电容。RC 可随温度而波动,所以精度不高,应用不灵活。

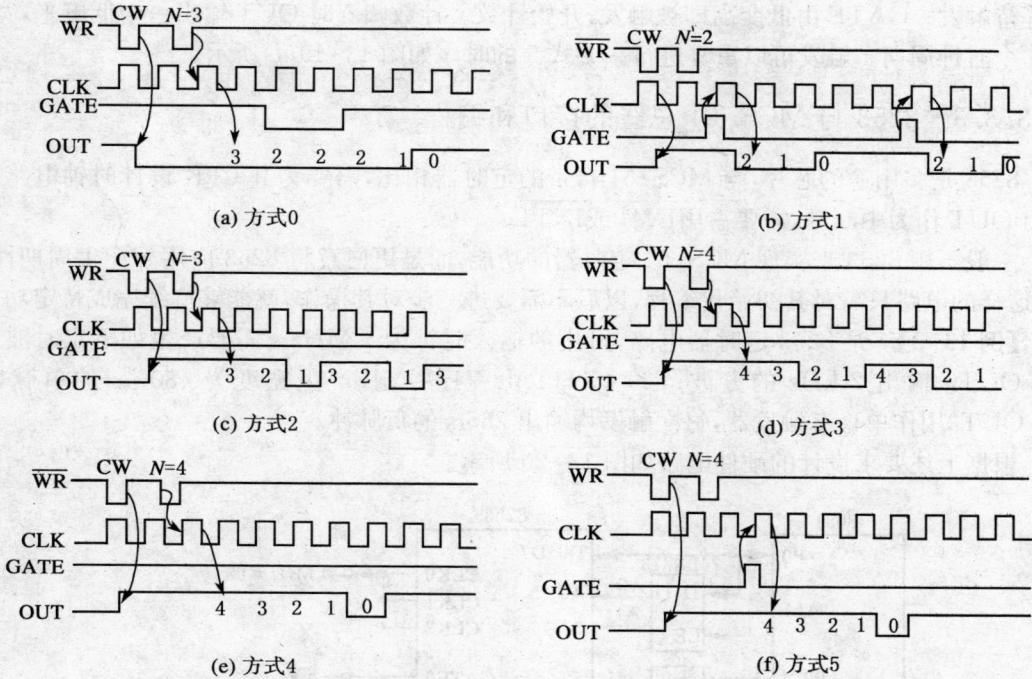

(a) 方式0

(b) 方式1

(c) 方式2

(d) 方式3

(e) 方式4

(f) 方式5

图 13-19   8253 的工作方式时序图

8253 的方式 1 实现的单稳态触发器,在写入控制字后,OUT 信号变成稳态高电平。暂态的维持时间由写入的初值决定,$t=$时钟周期×计数值,所以是可编程的。GATE 的上升沿起触发作用。触发可反复进行,意味着初值是自动重装的。方式 1 的时序如图 13-19(b)所示。

(3) 方式 2——分频器方式

方式 2 为周期性定时器方式,也称为 N 分频方式。当写入控制字后,OUT 信号变成高电平,再写入计数初值 N;若 GATE 为高电平,则开始减计数。在连续的 $N-1$ 个时钟周期 OUT 输出高电平,计数值减为 0 之前的最后一个时钟周期 OUT 信号变成低电平。然后初值自动重装,计数周期性地自动进行下去。方式 2 的时序如图 13-19(c)所示。

(4) 方式 3——方波信号发生器方式

方式 3 为方波方式,它的计数过程与方式 2 相同,但 OUT 输出接近于方波信号。当 N 为偶数时,占空比为 50%;当 N 为奇数时,OUT 输出的高电平比低电平多一个时钟周期。方式 3 的时序如图 13-19(d)所示。

(5) 方式 4——软件选通方式

方式 4 为软件触发选通方式。选通就是能输出一个负脉冲,触发设备的某个动作。如打印机的 STB 线上的负脉冲。方式 4 与方式 0 的计数过程十分相似,仅输出波形不同。当写入控制字后,OUT 变成高电平,写入初值为 N,经过 1 个时钟周期,该初值到达计数单元,N 个 CLK 时钟脉冲后,减计数器归 0,就产生 1 个时钟周期宽的选通脉冲(低电平)。计数过程中 GATE 必须为高。方式 4 的时序如图 13-19(e)所示。

（6）方式 5——硬件选通方式

方式 5 也是为了产生选通信号。写入控制字、计数初值以后，OUT 信号变成高电平。然后等待触发。GATE 由低变高即被触发，开始计数。计数归 0 时 OUT 输出一个低电平，宽度为 1 个时钟周期。触发可以重复进行。方式 5 的时序如图 13-19(f)所示。

13.3.3　8253 与 MCS-51 总线的接口和编程

8253 是多用途的芯片，与 MCS-51 自带的定时器相比，需要为其 CLK 设计时钟电路，其输出 OUT 作为中断源，需要占用 $\overline{\text{INT0}}$ 或 $\overline{\text{INT1}}$。

一般不用 8253 来实现 MCS-51 定时器的功能，而是更愿意将 8253 应用于产生周期性信号，这样的电路只需对其初始化编程，以后不需要进一步对其操作，就能够持续完成特定功能。

【例 13-3】　某 8253 定时器电路，可用的输入时钟为 1 MHz。需要产生如下定时波形：（1）OUT0 输出 2 kHz 的方波；（2）OUT1 由程序控制，产生宽度为 480 μs 的单脉冲；（3）OUT2 用作单稳态触发器，每次触发均输出 26 μs 的负脉冲。

根据上述要求设计的硬件电路如图 13-20 所示。

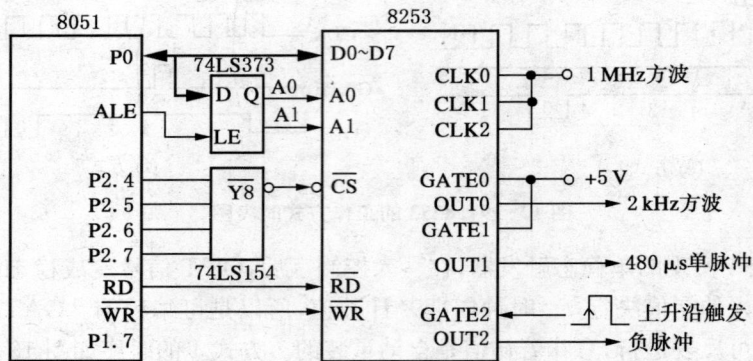

图 13-20　定时器模式下的 8253 与 8051 接口

图中 74LS154 是 4 输入 16 输出译码电路，输出端 $\overline{\text{Y8}}$ 连接 8253 的片选端，因此可以判断该译码电路的 4 位输入的编码为 1000B，它们连接的是 P2 口的高 4 位，即最高 4 位地址线，所以 P2=80H 是指向 8253 的可用高位地址；经 74LS373 锁存的低位地址线 A0、A1 与 8253 的同名地址线连接。这是典型的部分译码，8253 的可用地址不是唯一的，一组可用的地址如下：

计数器 0：　　　8000H

计数器 1：　　　8001H

计数器 2：　　　8002H

控制寄存器：　　8003H

根据功能要求，各个计数器工作方式设定如下：

通道 0　工作方式 3，构成方波发生器。控制端 GATE0 接高电平；输入时钟为 1 MHz，而输出为 2 kHz，计数 N0=1 MHz/2 kHz=500；

通道 1　工作方式 0，写入控制字变高，初始化时写入计数初值，计数到 480 μs 后"中断"，但我们将 OUT 作为输出，已能满足应用需求，并不需要真正将其作为中断请求线。因为对于 1 MHz 的时钟，其时钟周期是 1 μs，计数值为 480 即可。如果想精确一点，计数 479 也可以（见

方式 1 的说明与图 13-19(a));

通道 2 工作方式 1,是可编程单稳态触发器,GATE2 为触发端,OUT2 稳态时为高电平,暂态时间 25 μs 为低电平,暂态结束自动恢复为高电平,可等待再次触发。时钟周期也是 1 μs,所以计数值为 25 即可。

程序如下:

```
            XSEG      AT 8000h
Timer0:     DS  1      ;定时器 0
Timer1:     DS  1      ;定时器 1
Timer2:     DS  1      ;定时器 2
TMode:      DS  1      ;方式字

            CSEG      AT  0000H
            LJMP      Start
            ……
Subs        SEGMENT CODE
            RSEG      Subs
Init8253:   MOV       DPTR,#TMode
            MOV       A,#00 110110B    ;Timer0,先读/写低 8 位后读/写高 8 位,方式 3,二进制
            MOVX      @DPTR,A
            MOV       A,#01 110001B    ;Timer1,先读/写低 8 位后读/写高 8 位,方式 0,BCD 码
            MOVX      @DPTR,A
            MOV       A,#10 010010B    ;Timer2,只读/写低 8 位,方式 1,二进制
            MOVX      @DPTR,A
            MOV       DPTR,#Timer0     ;Timer0 初值初试化
            MOV       A,#LOW(500)      ;伪指令求 500 的二进制表达,并取低字节
            MOVX      @DPTR,A          ;写初值的低字节
            MOV       A,#HIGH(500)     ;伪指令,求 500 的二进制表达,并取高字节
            MOVX      @DPTR,A          ;写初值的高字节
            MOV       DPTR,#Timer1     ;Timer1 初值初始化
            MOV       A,#80H           ;480 的十位与个位的 BCD 码表示
            MOVX      @DPTR,A          ;写初值的 BCD 码低字节
            MOV       A,#04H           ;480 的百位的 BCD 码表示
            MOVX      @DPTR,A          ;写初值之 BCD 码高字节
            MOV       DPTR,#Timer2     ;Timer2 初值初始化
            MOV       A,#25            ;计数 26
            MOVX      @DPTR,A          ;只写初值之低位
            RET
mProg       SEGMENT CODE
            RSEG      mProg
Start:      ……
```

```
            CALL        Init8253
            ......
  mLoop：    ......
            SJMP        mLoop
            END
```

在上述程序中，采用 XSEG 说明一个绝对段，AT 是开始地址。Timer0、Timer1、Timer2 和 TMode 依次排列，代表了 8253 操作地址的分配。如果采用 EQU 语句（见 8255 的例子），也可以达到指定地址的目的。但是 EQU 语句只代表一种等价说明。程序汇编和连接以后，EQU 语句不产生地址分配报告，在映象文件中找不到这样的地址被分配的痕迹。本例的绝对段说明则不同，在映象文件中可以看出 XDATA 的 8000～8003 已经被分配。

本例中，一定要对数据常量 500、480 和 26 在程序中的表达方法理解透彻，并在掌握的基础上灵活应用。

【例 13-4】 8253 的定时器还可以级联使用，产生仪表或控制器中所需的特定信号波形。如第 14 章将要讲到的 A/D 转换，经常需要由硬件独立地触发。我们把该问题先抽象为如图 13-21 所示的波形要求。

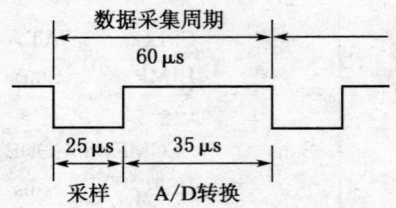

图 13-21 数据采集控制信号

如图 13-22(a)，可以使 Timer0 工作于方式 2，对输入时钟分频。OUT0 的输出是在每个计数周期的末尾产生一个时钟宽度的负脉冲，且周而复始地工作。它控制数据采集的 60 μs 周期。将 OUT0 反相，可作为 Timer1 的 GATE1 上的触发信号，Timer1 工作在可编程可重复触发的单稳态方式，也就是方式 1，OUT1 用于控制 A/D 转换。单稳态的维持时间为 25 μs。Timer2 对 OUT1 计数，OUT2 输出连接一个发光二极管。每采集 1 024 个数据，该发光管闪烁一次，使数据采集过程能直观地感觉到。因作为方

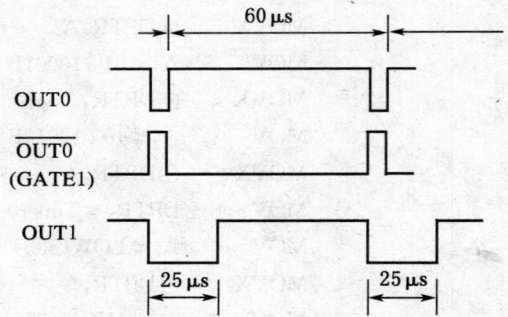

图 13-22 信号的产生方法

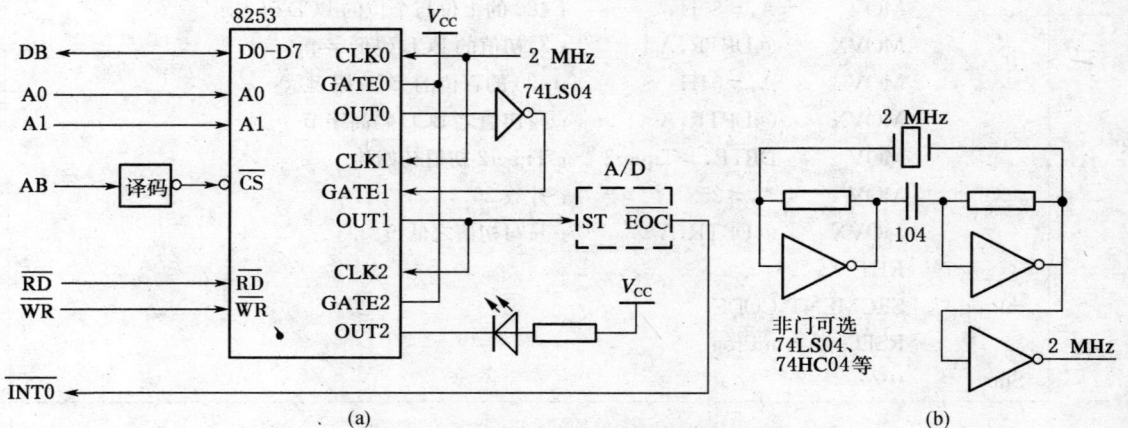

波发生器，故选方式 3，时钟频率选 2 MHz。2 MHz 时钟电路如图 13-23(b)所示。

(a)   (b)

图 13-23 8253 控制的 A/D 转换电路及 2 MHz 时钟电路

假如译码电路给出的高位地址为 CF88H,则 8253 的操作地址为 CF88H～CF8BH。
Timer0 工作于方式 2,方式控制字为 00110100B;初值为 $60 \times 10^{-6} \times (2 \times 10^6) = 120$;
Timer1 工作于方式 1,方式控制字为 01110010B;初值为 $25 \times 10^{-6} \times (2 \times 10^6) = 50$;
Timer1 工作于方式 1,方式控制字为 01110010B;初值为 1 024。

在方式和初值确定以后,读者可仿照上面的例子,自行完成有关的初始化程序。该电路只要对 8253 初始化以后,就可以自行工作。

8253 的时钟频率上限是 2.5 MHz,与之兼容的 8254,最高频率可达 4 MHz,可以满足更精细的波形要求。

13.4　SC16C2552 通用 UART 通信控制器

标准的 MCS-51 微控制器拥有一个串行通信控制器,C8051F 系列提供带两个。即使如此,也会遇到不够的情况,这就是需要基于总线扩展通用 UART 接口的原因之一。

源于 INS8250 的通用 UART 系列产品得到广泛的工业应用,其内部结构、工作方式、甚至寄存器名称等,在发展中保持了很好的兼容性,并已上升为工业标准。INS8250 最早是应用于 IBM-PC 兼容机的。

INS8250 已经不生产了,取而代之的是 16C550、16C552(双 UART)、16C554(四 UART)等。在当前流行的几乎所有 32 位嵌入式微处理器或微控制器中,也都集成了与之兼容的UART。所以,8250 系列 UART 仍然是硬件工程师必须关注的重点。

我们这里介绍的 SC16C2552 属于同一系列,它集成了两个 UART,可以在 MCS-51 总线上扩展两个串口。

13.4.1　SC16C2552 的功能描述

SC16C2552 是 Philips 公司生产的双通道 UART 芯片,软件上与 INS8250、NS16C550 兼容,具有完善的 Modem 控制器信号(CTS、RTS、DSR、DTR、RI、CD),可编程字符长度 5～8 位,可带奇偶校验,也可无校验。

SC16C2552 还具有许多新功能,如收发均具有 16 字节深度的 FIFO 以及基于 FIFO 的DMA 工作方式。

其工作温度范围为 $-40℃ \sim +85℃$,符合工业标准,具有 5 V、3.3 V 和 2.5 V 等工作电压。

13.4.2　芯片的引脚功能和内部结构

SC16C2552 引脚排列如图 13-24 所示,与系统总线的接口信号线有:
- D0～D7:数据线;
- A0～A2:地址线,区分 UART 的八个基本功能寄存器;
- CHSEL:通道选择,逻辑 0 选择 B 通道;逻辑 1 选择通道 A;
- $\overline{CS}$:片选信号;
- $\overline{IOW}$,$\overline{IOR}$:写、读控制线;

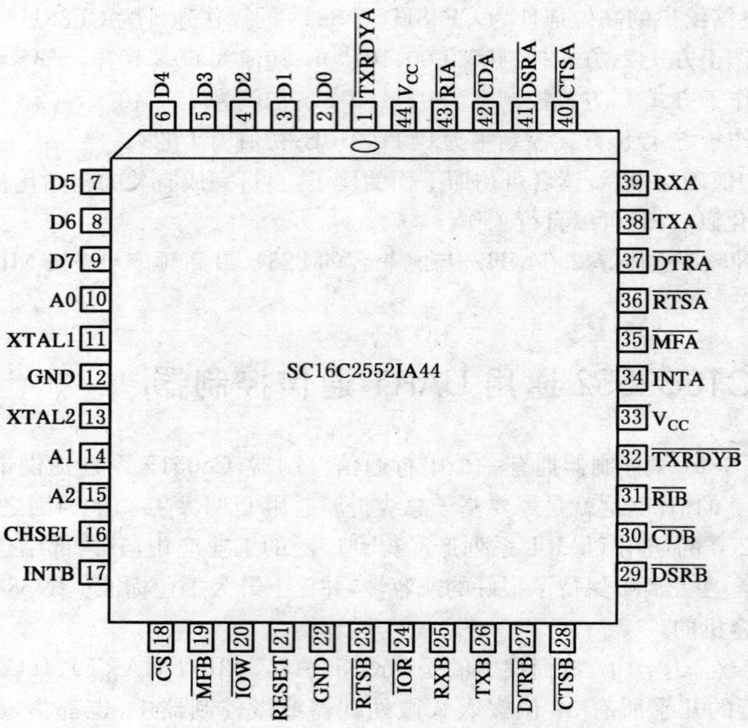

图 13-24 SC16C2552 的引脚排列图

● INTA、INTB：分别为通道 A、B 的中断请求信号，输出，高电平有效。由 Modem 控制寄存器的 bit3 设置允许（置 1），中断允许寄存器（IER）设置具体的中断条件，如接收错误、接收数据就绪、发送缓冲器空、检测到 Modem 状态变化；

● RESET：输入，高电平有效；

● MFA、MFB：为多功能输出，由 AFR 寄存器的 bit2、bit1 来设定。可以设为中断允许控制线OP2、RXRDY（接收就绪）和波特率输出。

SC16C2552 与 Modem 的接口信号线有：

● TXRDYA、TXRDYB：分别为通道 A、B 的发送就绪信号，输出，低电平有效；

● XTAL1、XTAL2：连接晶体，XTAL1 为外部时钟输入端；

● CDA、CDB：载波检测，来自 Modem，输入，低电平有效；

● CTSA、CTSB：输入，清除发送，低电平有效；

● DSRA、DSRB：输入，数据装置就绪，低电平有效；

● DTRA、DTRB：输出，数据终端就绪，低电平有效；

● RTSA、RTSB：输出，请求发送，低电平有效；

● RIA、RIB：输入，振铃检测；

● RXA、RXB：输入，接收数据线；

● TXA、TXB：输出，发送数据线。

SC16C2552 的内部结构如图 13-25。

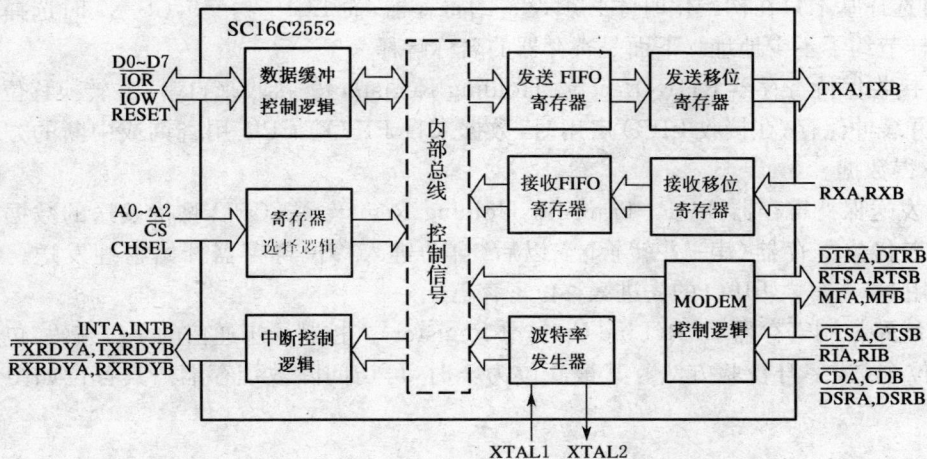

图 13-25   SC16C2552 的内部结构图

13.4.3   SC16C2552 的寄存器

SC16C2552 与 MCS-51 的片上串行通信接口相比较,前者非常专业,通用性极强,并带有完善的 Modem 控制线。本节首先概述各寄存器的名称和用途,再根据实际编程时使用的先后,给出一定的解释。对初学者来说,Modem、FIFO 功能可暂不涉及,与这些功能相关的寄存器保持为默认状态,一些寄存器中的相关位置只要为默认的 0 就可以了。待取得一定的经验以后,可以在实践的基础上根据需要全面掌握这些寄存器的用法。

1) SC16C2552 的寄存器概述

SC16C2552 的寄存器很多,如表 13-3 所示,表示了芯片内寄存器与寻址之间的关系。

表 13-3   SC16C2552 的寄存器地址分布

LCR[7]	A2	A1	A0	$\overline{RD}$(读)	$\overline{WR}$(写)
0	0	0	0	RHR	THR
0	0	0	1		IER
0	0	1	0	ISR	FCR
×	0	1	1	LCR	LCR
×	1	0	0	MCR	MCR
×	1	0	1	LSR	
×	1	1	0	MSR	
×	1	1	1	SPR	SPR
1	0	0	0	DLL	DLL
1	0	0	1	DLM	DLM
1	0	1	0	AFR	AFR

表中 A2、A1、A0 的编码给出寻址寄存器的 8 个地址;LCR 寄存器的最高位 LCR[7]=1,

$\overline{CS}=0$ 时选择基本只在初始化时才必须设置的寄存器；而 LCR[7]=0，$\overline{CS}=0$ 时选择常用寄存器，这样节约了不少地址。下面是寄存器的名称解释。

（1）接收保持寄存器 RHR(Receive Holding Register)。接收来自串-并转换移位寄存器的数据，并缓冲保存；在接收 FIFO 启用时，数据来自 FIFO。CPU 用查询或中断的方式从该寄存器取得数据。

（2）发送保持寄存器 THR(Transmit Holding Register)。CPU 将待发送的数据写入该保持器，在移位寄存器（串-并转换）空以后，自动进入移位寄存器开始物理发送。在发送 FIFO 启用时，先写入 FIFO 的先进入移位寄存器。

（3）线路控制寄存器 LCR(Line Control Register)。控制异步通信的字符编码，包括数据位、停止位个数，字符校验方法。其最高位为 1 时，可访问除数锁存器。其各位如图 13-26 所示。

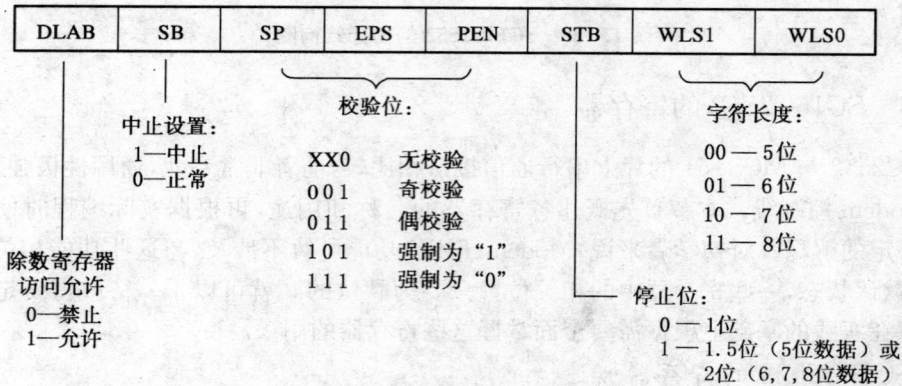

图 13-26　线路控制寄存器 LCR

（4）线路状态寄存器 LSR(Line Status Register)。集中了 FIFO 错、移位寄存器空、发送保持器空、中止检测、帧错误、校验错、数据重叠、接收就绪等信息，供查询方式通信。其各位如图 13-27 所示。

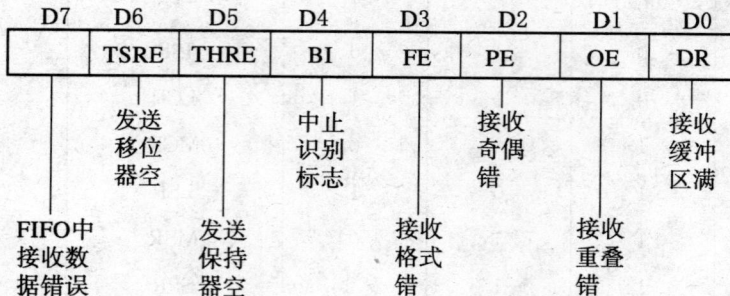

图 13-27　线路状态寄存器 LSR

（5）中断允许寄存器 IER(Interrupt Enable Register)。有允许 Modem 状态、接收线、发送保持器空和接收就绪等中断。其各位如图 13-28 所示。

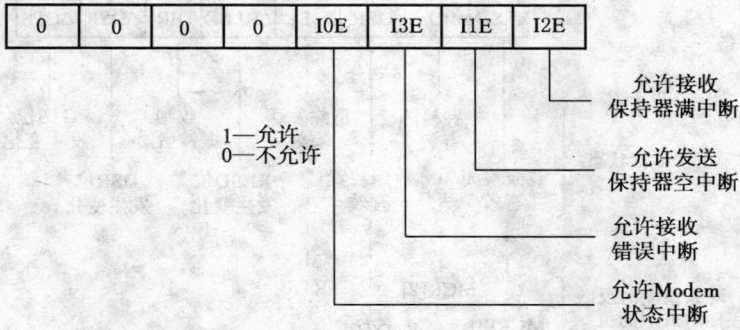

| 0 | 0 | 0 | 0 | I0E | I3E | I1E | I2E |

1—允许
0—不允许

允许接收
保持器满中断

允许发送
保持器空中断

允许接收
错误中断

允许Modem
状态中断

图 13-28　中断允许寄存器 IER

Modem 状态中断对应于 MSR0~3 所指的 Modem 状态的改变所引起的中断。在 FIFO 使能的前提下,接收保持器满指 FIFO 达到指定的触发水平;发送保持器空是指发送保持器和 FIFO 都空。

(6) 中断状态寄存器 ISR(Interrupt Status Register)。用于中断源的识别。其各位见图 13-29。

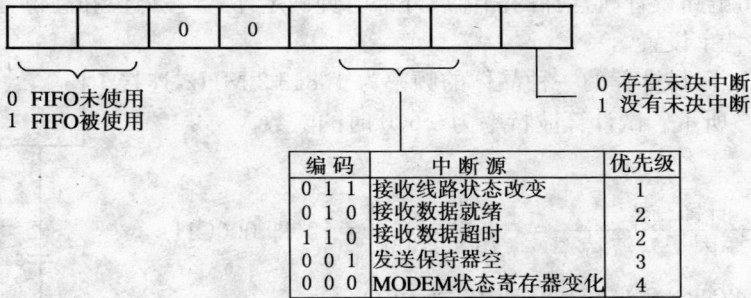

| | | 0 | 0 | | | | |

0 FIFO未使用
1 FIFO被使用

0 存在未决中断
1 没有未决中断

编码	中断源	优先级
0 1 1	接收线路状态改变	1
0 1 0	接收数据就绪	2
1 1 0	接收数据超时	2
0 0 1	发送保持器空	3
0 0 0	MODEM状态寄存器变化	4

图 13-29　中断状态寄存器 ISR

(7) Modem 控制寄存器 MCR(Modem Control Register)。其各位见图 13-30。

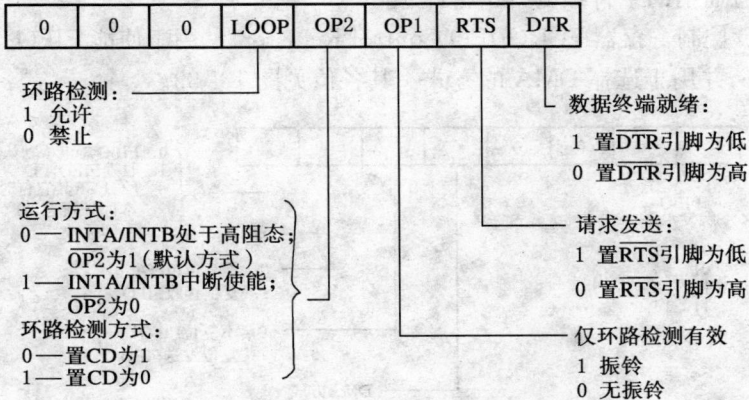

| 0 | 0 | 0 | LOOP | OP2 | OP1 | RTS | DTR |

环路检测:
1 允许
0 禁止

运行方式:
0 — INTA/INTB处于高阻态;
　　OP2为1(默认方式)
1 — INTA/INTB中断使能;
　　OP2为0
环路检测方式:
0—置CD为1
1—置CD为0

数据终端就绪:
1 置$\overline{DTR}$引脚为低
0 置$\overline{DTR}$引脚为高

请求发送:
1 置$\overline{RTS}$引脚为低
0 置$\overline{RTS}$引脚为高

仅环路检测有效
1 振铃
0 无振铃

图 13-30　Modem 控制寄存器 MCR

其中 OP2 是 MFA 引脚的一个选项,由 AFR 寄存器设定。

(8) Modem 状态寄存器 MSR(Modem Status Register)。其各位见图 13-31。

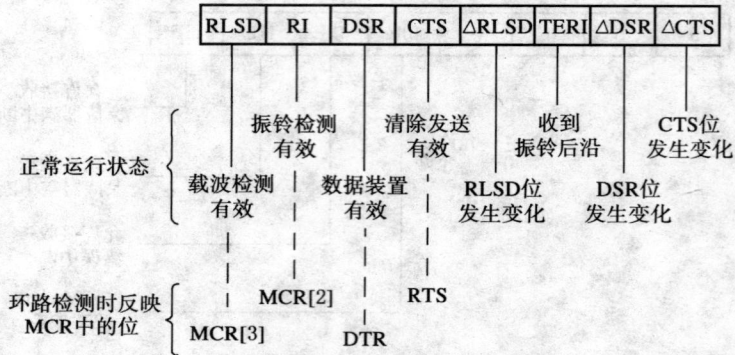

图 13-31   Modem 状态寄存器 MSR

（9）除数锁存器低字节和高字节 DLL（LSB of Divisor Latch）和 DLM（MSB of Divisor Latch）。波特率由一个固定的时钟分频经分频获得。

$$波特率 = \frac{时钟频率}{波特率因子 \times 除数}$$

时钟频率由电路设计时选择的晶体或外部时钟确定，除数按低位和高位分别写入 DLL 和 DLM 即完成波特率设置。

【例 13-5】   资料推荐的一种晶体的频率为 1.843 2 MHz，连接方式如图 13-32 所示。试计算波特率为 9 600 时的除数。

显见，

$$除数 = \frac{时钟频率}{波特率因子 \times 波特率} = \frac{1.843\ 2 \times 10^6}{16 \times 9\ 600} = 12（即\ 000CH）$$

因此，除数的低字节为 0CH，高字节为 00H。

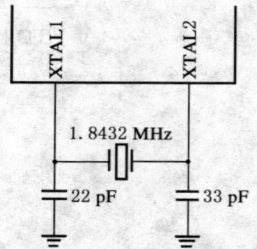

图 13-32   波特率时钟电路

设置波特率时可以先向 LCR 写 80H，允许访问除数锁存器，然后向 DLL、DLM 分别写 0CH 和 00H。再向 LCR 写 0XXXXXXXB 就可以设置串行通信的字符编码、校验方法等。

（10）FIFO 控制寄存器 FCR（FIFO Control Register）。用于使能 FIFO、清除 FIFO、设置 FIFO 触发水平，并用于选择 DMA 的方式。其各位见图 13-33。

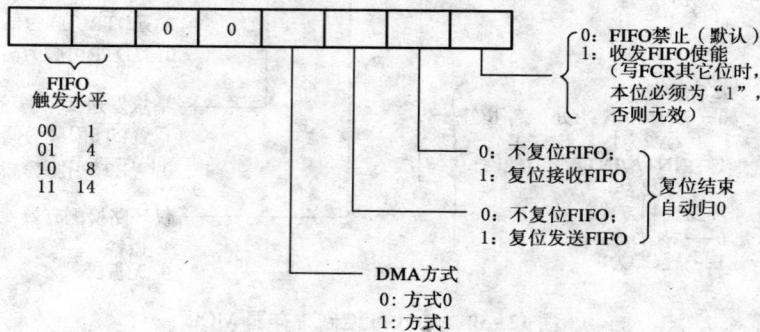

图 13-33   FIFO 控制寄存器 FCR

这里 DMA 方式特指收发各 16 字节的 FIFO 与收发器之间的数据直接传送。

DMA 的方式 0 是默认方式,中断被设置为单字符收发方式:发送过程,THR 空 $\overline{\text{TXRDY}}$ 就变低有效;接收过程,只要 RHR 装载了一个字符 $\overline{\text{RXRDY}}$ 就变低有效;该方式与早期 INS8250 兼容。

DMA 的方式 1 提供 FIFO 支持,中断被设置为数据块收发方式。发送过程,FIFO 只要有一个空位,$\overline{\text{TXRDY}}$ 就变低有效;接收过程,FIFO 到达一定的触发水平后才发出接收中断,然而 FIFO 在满之前仍可以继续接收字符。当 FIFO 高于触发水平时,$\overline{\text{RXRDY}}$ 保持为低电平。

上述 $\overline{\text{RXRDY}}$ 由多功能引脚 $\overline{\text{MFA}}$ 或 $\overline{\text{MFB}}$ 设定,设定方法见 AFR 寄存器。

需要注意的是,只有当 DMA 模式控制位为 1,且 FCR[0]=1 时,即 FIFO 被允许的情况下,才真正工作于 DMA 方式 1;反之,DMA 模式控制位为 0 或 FCR[0]=0 时,FIFO 是禁止的。

(11) 替换功能寄存器 AFR(Alternate Function Register)。其各位见图 13-34。

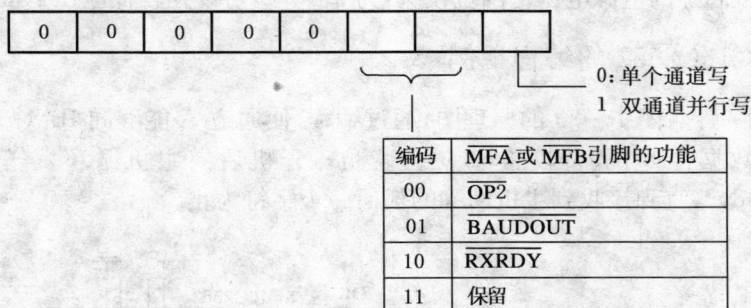

图 13-34 替换功能寄存器 AFR

该寄存器的最低位设置双通道的并行功能。该位为 1 时,向 A、B 两通道中的任一通道的一个寄存器写数,该数也同时被写到另一通道的对应寄存器中。

这可以加快初始化工作,特别是通道 A 和通道 B 的波特率、字符编码等完全一致时,初始化一遍就完成两个通道的设置(两个通道的 LCR[7] 要一致)。

(12) 临时寄存器 SPR(Scratchpad Register)。供用户保存临时数据。

13.4.4　SC16C2552 的扩展电路

SC16C2552 可以工作在 2.5 V、3.3 V 和 5 V 电源上,很方便地与 MCS-51 的总线接口。芯片的低 3 位地址线 A0～A2 连接系统的 A0～A2,CHSEL 连接到系统的 A3,这样 SC16C2552 内部的两个通道共占据 16 个连续的地址,且通道 B 的地址低于通道 A 的地址。设高位地址译码给出的地址是 FC90H,则 B 通道的地址范围为 FC90H～FC97H,A 通道的地址范围为 FC98H～FC9FH。

SC16C2552 的中断 INTA、INTB 是高电平有效,为了节约 MCS-51 的中断线,两者通过或非门连接 $\overline{\text{INT0}}$、$\overline{\text{INT0}}$ 中断,可选低电平触发。当所有 SC16C2552 的中断被处理完之后,INTA 或 INTB 的中断才撤销。

时钟电路可以采用独立的晶体(如图 13-26 的电路),也可以按我们这里的设计,即利用 $\overline{\text{WR}}$、$\overline{\text{RD}}$ 和 ALE。在 MCS-51 的晶体频率 f_{osc} 是 11.059 2 MHz 时,这里恰好是 1.843 2 MHz。如果 f_{osc} 取得更高一点,也没有什么问题,SC16C2552 的最高时钟频率是 24 MHz。只不过时钟频

率不同,将来的除数计算不同而已。

这两个串行口的 RS-232 连接有所区别。通道 A 不准备连接 Modem,所以有关的 Modem 输入输出线可以作辅助输入/输出之用(IN0～IN3、OUT1 和 OUT2)。如果愿意,可将辅助输出当 MCS-51 的口线一样驱动发光二极管。当然点亮和熄灭发光管的程序必须通过操作 Modem 控制寄存器 MCR 的对应位才可以实现;辅助输入需要通过读 Modem 状态寄存器 MSR 的对应位才能获得输入线的状态。这虽不是非常的方便,但在 MCS-51 的口线比较紧缺,又不打算扩充额外的输入/输出口时,不失为一种选择。在 SC16C2552 的 UART 中,Modem 控制器与串行通信是完全独立的,它们的功能配合都是由软件来提供的,这是通道 A 可以利用的依据。

通道 B 具有完善的 Modem 控制线,可以通过 Modem,实现远距离的通信。

SP3243 和 SP3232 都是 RS-232 收发器,它们的区别仅是接收驱动器和发送驱动器的配置不同。这两款芯片的电源电压范围也较宽,为 3～5 V,可以在较低电压下工作。

13.4.5　SC16C2552 的编程举例

【例 13-6】 针对图 13-35 的原理图,通过编程,使通道 A 能够同 IBM-PC 主机通信,波特率为 4 800,数据位 8 位,奇校验,1 位停止位。开机后向主机循环发送字符串"Hello, SC16C2552 ready",直到接收到主机回答的任何一个字符为止。

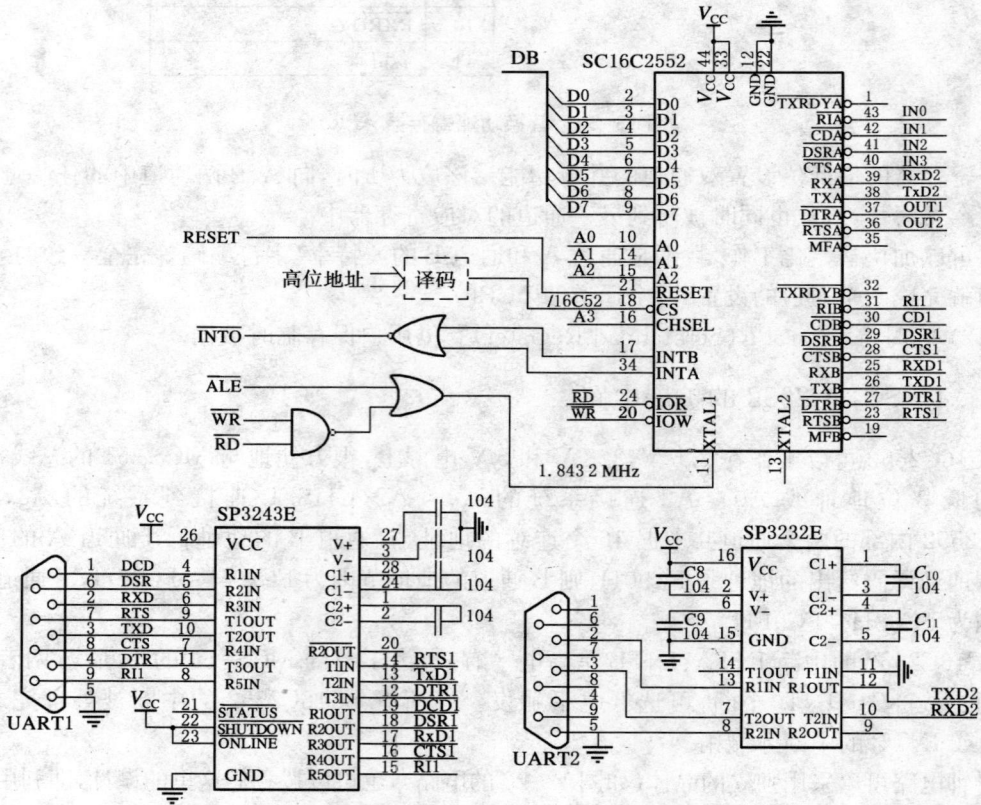

图 13-35　SC16C2552 与 MCS-51 的接口电路

由原理图可知时钟为 1.843 2 MHz,根据波特率为 4 800 的要求,除数＝1 843 200/(16×4 800)＝24＝0018H。程序如下:

	UART_A	EQU	0FC98H	；SC16C2552 通道 A 的寄存器定义
	THR_A	EQU	UART_A	
	RHR_A	EQU	UART_A	
	LCR_A	EQU	UART_A+3	
	LSR_A	EQU	UART_A+5	
	DLL_A	EQU	UART_A	
	DLM_A	EQU	UART_A+1	
STACK	SEGMENT	IDATA	
	RSEG	STACK	
mStack：	DS	1	
	CSEG	AT 0000H	
	LJMP	START	
mSCProg_A	SEGMENT	CODE	
	RSEG	mSCProg_A	
INIT_SC_A：	MOV	DPTR,♯LCR_A	；设置除数访问允许
	MOV	A,♯80H	
	MOVX	@DPTR,A	
	MOV	DPTR,♯DLL_A	；设置除数的低位
	MOV	A,♯18H	
	MOVX	@DPTR,A	
	MOV	DPTR,♯DLM_A	；设置除数的高位
	CLR	A	
	MOVX	@DPTR,A	
	MOV	DPTR,♯LCR_A	；设置线路控制寄存器
	MOV	A,♯00001011	；奇校验,1 个停止位,8 个数据位
	MOVX	@DPTR,A	
	MOV	DPTR,♯RHR_A	；读一次接收保持寄存器
	MOVX	A,@DPTR	；并丢弃,这样清除 LSR_A 可能的随机状态
	RET		
_SEND_SC_A：	MOV	DPTR,♯LSR_A	；读线路状态寄存器
Wait_E：	MOVX	A,@DPTR	
	JNB	ACC.5,Wait_E	；根据 LSR[5]判断发送保持器是否为空,不空等待
	MOV	DPTR,♯THR_A	；写待发的送字符到发送保持器
	MOV	A,R7	；假定参数在 R7
	MOVX	@DPTR,A	
	RET		
START：	MOV	SP,♯(mStack-1)	；主程序开始
	CALL	INIT_SC_A	；初始化 SC16C2552 的 A 通道

```
REPEAT：
          CLR       B                    ;字符指针
NEXT_CHAR：MOV       A,B
          MOV       DPTR,♯Hello          ;字符串地址
          MOVC      A,@A+DPTR
          JZ        CHECH_ECHO
          MOV       R7,A
          CALL      _SEND_SC_A
          INC       B
          SJMP      NEXT_CHAR
CHECH_ECHO：MOV      DPTR,♯LSR_A          ;读线路状态寄存器
          MOVX      A,@DPTR
          JNB       ACC.0,REPEAT         ;如果数据未就绪,继续发送字符串
          MOV       DPTR,♯RHR_A          ;读接收保持缓冲区
          MOVX      A,@DPTR
Task_LOOP：
          ……                            ;运行其他控制任务
          SJMP      Task_LOOP
Hello：    DB        'Hello,SC16C2552 ready',0Dh,0Ah,0h
          END
```

本例的 C51 版见附录 D-5。

【例 13-7】 将图 13-35 中通道 A 的 RS-232 收发器改为 RS-485 收发器,并利用 SC16C2552 的该通道模拟 MCS-51 方式的 9 位通信,编写发送子程序,线路修改部分见图 13-36。

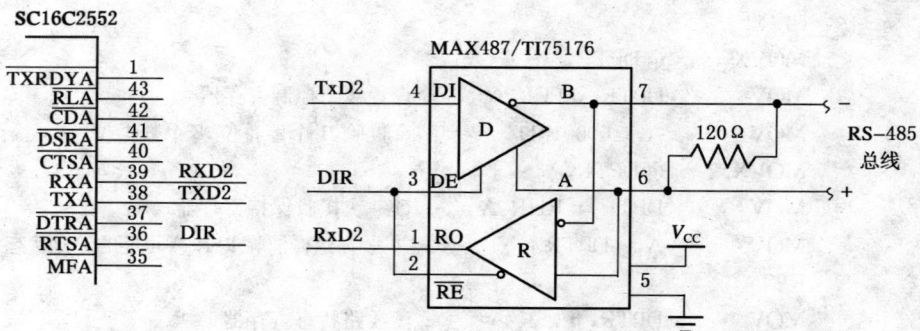

图 13-36　485 总线接口原理图

RS-485 的收发器可选用 MAX487 或 TI75176,如果总线都使用 MAX487,则节点数可达 256 个;如果都使用 TI75176,价格很低,节点数也可以达到 32 个。图中以通道 A 的 Modem 控制线RTS(Request to Send)作为 485 总线的发送使能,高电平时可以发送,低电平时可以接收,但收发不能同时,因此是半双工方式。

许多微控制器或嵌入式微处理器都带有与 INS8250 或 SC16C2552 兼容的 UART,为了使它们也可以连接到 MCS-51 方式的多机通信网中,可以采取这里的方法。MCS-51 的多机通信方式在本书第 10 章已有介绍。

在 MCS-51 多机通信中,第 9 位数据为 0 表示传送的是数据,为 1 表示传送的是地址。SC16C2552 数据位最多只有 8 位,因此必须使用其检验位,强制使其为 0 或 1 来模拟第 9 位数据。

由于校验位的改变属于初始化,所以就需要在数据发送过程中动态的初始化。在每次初始化之前,必须保证前一个字符已经完整地发送出去了。而完整地发送一个字符,不仅是发送保持器已空,还必须是移位寄存器也空了,只有这样才表明数据已经一位一位地移出到串行发送线 TXD 上了。

在具体实现上,考虑到地址信息的发送频率低,而数据信息的发送频率高,所以初始化工作都在地址发送前后进行。单独编一个地址发送子程序,它等待前一个字符完整发出,然后初始化校验位为固定的"1",这就可以发出地址,待其被发送完,再初始化校验位为固定的"0",为发送数据作准备。用来发送数据的子程序不需要初始化。

为了判断一个数据是否已经完整发出,使用线路状态寄存器中的移位寄存器空状态位,代替发送保持器空状态位。

以下是地址发送子程序。

```
_SEND_ADDR:   MOV    DPTR,#LSR_A      ;读线路状态寄存器,LSR[6]=1表示移位寄存器空
Wait_1:       MOVX   A,@DPTR          ;LSR[5]=1表示发送保持器空
              ANL    A,#60H           ;屏蔽LSR[6]、[5]以外的位
              CJNE   A,#60H,Wait_1    ;未发送完,等待
              MOV    DPTR,#LCR_A
              MOV    A,#00001011B      ;校验位强制为1,停止位1位,数据位8位
              MOVX   @DPTR,A
              MOV    DPTR,#THR_A
              MOV    A,R7              ;取地址码
              MOVX   @DPTR,A           ;发送
              MOV    DPTR,#LSR_A       ;读线路状态寄存器,等待发送完全结束
Wait_2:       MOVX   A,@DPTR
              ANL    A,#60H
              CJNE   A,#60H,Wait_2    ;未发送完,则等待
              MOV    DPTR,#LCR_A
              MOV    A,#00111011B      ;校验位强制为0,停止位1位,数据位8位
              MOVX   @DPTR,A
              RET
```

以下是数据发送子程序。

```
_SEND_DATA:   MOV    DPTR,#LSR_A      ;读线路状态寄存器
Wait_3:       MOV    A,@DPTR
              JNB    ACC.5,Wait_3     ;判断发送保持器是否为空,不空等待
              MOV    DPTR,#THR_A      ;写待发送字符到发送保持器
              MOV    A,R7             ;假定参数在R7
              MOVX   @DPTR,A
              RET
```

关于 SC16C2552 更多的编程，由于其兼容于 INS8250，所以读者可以在网络上找到许多参考资料，只需稍加改造就可以利用。

另外，在实际工程问题编程中，由于程序的复杂程度不断提高，现广泛使用高级语言编程，这是第 14 章要解决的问题。

13.5　液晶点阵屏的接口设计

液晶显示 LCD(Liquid Crystal Display)是一种平面显示装置，小巧、轻便、节能。在小型仪器研制领域，大量使用的是单色点阵液晶显示，这在仪器成本提高不太多的情况下，大幅度提高了信息显示量，也便于交互操作。

一个小型的 19264LCD 点阵的内部结构如图 13-37 所示，它具有 192×64 个像素。每个 KS0108 控制一个由 64×64 个像素构成的区域。显示时，每个字节的 8 位控制一个点，每片 KS0108 有 512 字节的 RAM，写入到这些 RAM 中的数据的各位与 LCD 屏上的点形成一一对应的关系。

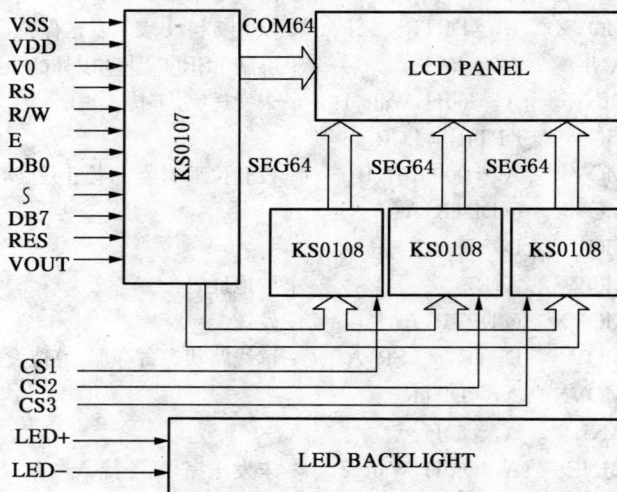

图 13-37　19264LCD 点阵屏的内部结构

专业厂家利用 KS0107 和 KS0108 都是专用 LCD 芯片，经过集成，安装了液晶面板，构成了显示部件。从图 13-37 中可以看出，只要为其加上电源，并进行若干接口方面的工作，就可以使用。接口的引脚、名称和功能描述见表 13-4。

表 13-4　LCD 点阵屏的引脚说明

引　脚	名　称	功　能　描　述
1	VSS	电源地
2	VDD	电　源(＋5 V＋10％)
3	V0	LCD 工作电压(可调、输入)

引 脚	名 称	功 能 描 述
4	RS	数据指令选择：高为数据，低为指令码
5	R/$\overline{W}$	读/写信号
6	E	(读/写)使能
7~14	DB0~DB7	数据线
15	CS1	1区选择，高电平有效
16	RES	复位信号
17	CS2	2区选择，高电平有效
18	CS3	3区选择，高电平有效
19	VOUT	负电压输出
20	LED-A	+5 V 背光电压正端(负端接脚1电源地)

表 13-4 中有些控制信号的名称与 MCS-51 总线信号不一致。例如，它的写和读信号线合并为 R/$\overline{W}$，低电平表示写，高电平表示读，区分数据线上信息的传输方向，在由 E 信号线上具有一定宽度的正脉冲的配合，完成写或读操作。图 13-38 其读/写时序，图(a)为读时序，图(b)为写时序。

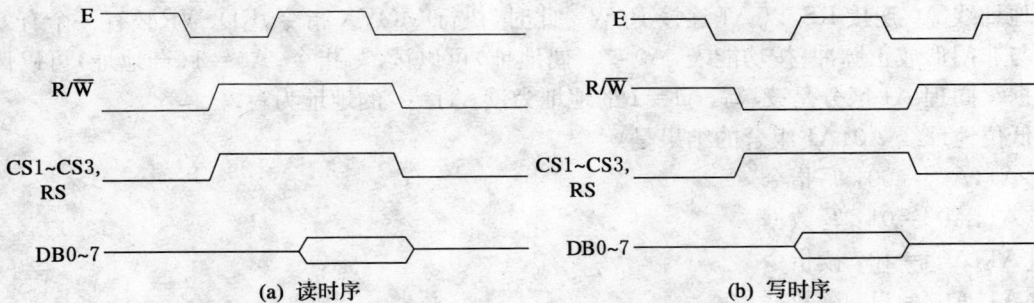

图 13-38 LCD 的写/读时序

写操作时 R/$\overline{W}$ 为低电平，数据线稳定期间 E 信号线上出现一个正脉冲；读操作期间 R/$\overline{W}$ 为高电平，E 信号线上的正脉冲打开数据源的三态门，使信息出现在数据线上，供 CPU 读取。

图中 RS 区分读/写的是指令还是数据，CS1~CS3 选择 LCD 中的三个 KS0108 之一进行操作。

该时序是典型的 Motorola 微处理器时序，在与 Intel 微处理器的总线配合时，需要设法解决。就 LCD 接口这个具体问题，图 13-39 给出两种解决方法。

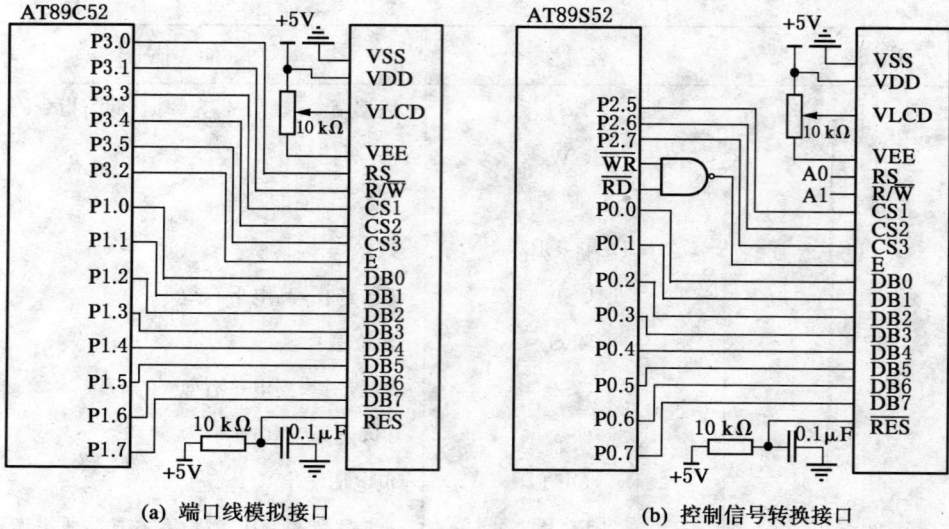

(a) 端口线模拟接口　　　　　　　　　　**(b) 控制信号转换接口**

图 13-39　MCS-51 与 LCD 的接口方法

图 13-39(a)中,端口线 P1 充当数据线,P3 口的若干条端口线分别模拟出 R/$\overline{W}$、E、RS、CS1、CS2、CS3 等控制线,该方法灵活性大,通过软件对端口线的置高、置低,可以模拟出符合要求的时序。但模拟时序所执行的每一条指令都需要若干机器周期,所以效率较低。

图 13-39(b)中,P0 作为数据线,$\overline{WR}$、$\overline{RD}$组合出 E,用高位地址线连接 CS1、CS2、CS3,以低位地址线 A0 连接 RS,以 A1 连接 R/$\overline{W}$。此时,执行 MOVX 指令,$\overline{RD}$、$\overline{WR}$必有一个有效,通过与非门形成正脉冲;按功能表,A0＝0(偶地址)可以读/写指令;A0＝1(奇地址)可以读/写数据。同理 A1 区分是读/写,A1＝1 的地址为读,A1＝0 的地址为写。

低位地址线 A0、A1 组合的结果是:

[A1,A0]＝00:写指令

[A1,A0]＝01:写数据

[A1,A0]＝10:读指令

[A1,A0]＝11:读数据

因为篇幅的缘故,这里高位地址线采用了线选法。CS1 的地址范围是:3FF0～3FF3H;CS2 的地址范围是:AFF0H～AFF3H;CS3 的地址范围是:9FF0～9FF3H。

关于三个模块中的各 512 个 RAM 字节的读/写,是先向 LCD 模块写入命令和起始地址,然后顺序读出或写入数据。这里因为是顺序读/写,严格地说,不能称之为 RAM。但它确实由 RAM 存储块构成,只是被改造为顺序读/写,其目的是为了减少对系统地址的占用。

在显示编程中,写数据前可以关闭显示,写完之后开启显示,这样显示质量较好。在实际应用中,LCD 模块的应用示例可以在供货商的网站上下载到,这里不再赘述。

14   模拟量的输入和输出

在过程测控等领域,大量遇到如温度、压力、位移、速度和加速度等工程物理量,它们通过传感器转换为电量,再通过相应的调理电路(滤波、放大、非线性校正),总可以得到一定范围以内的连续的电压量,这样的电压量称为模拟量(Analog)。模拟量是相对于数字量(Digital)而言的。为便于计算机处理,模拟量必须先转换成数字量,这就是模—数转换,简称 A/D。

变送器将工程物理量变换为量程范围以内呈线性关系的标准电压(电流)信号,电压(电流)输出标准为 1~5 V(4~20 mA)。不使用变送器的场合也很多,那就要根据传感器自行设计相应的电路,如将振动信号放大到 −5 V~+5 V 或者 −10 V~+10 V 等。总之,A/D 转换环节之前,电压范围是已知的。

另一方面,计算机根据控制算法,可输出数字形式的控制量,在输送到执行机构之前,大多需要转换成模拟量,这就是数—模转换,简称 D/A。

经 D/A 转换后的模拟量经过低通滤波和功率放大电路,作用于执行机构。有些执行机构可以接收 4~20 mA 电流或 1~5 V 电压输入,通过自带的功率驱动电路,就可以产生需要的控制动作。

本章讨论 A/D 和 D/A,内容包括原理、精度和典型芯片在 MCS-51 硬件扩展中的应用。

14.1   D/A 转换器

14.1.1   D/A 转换器的基本原理

D/A 转换器的原理见图 14-1,运算放大器工作于反相方式。则有

$$V_o = -\frac{R_f}{R_i} V_{ref}$$

或

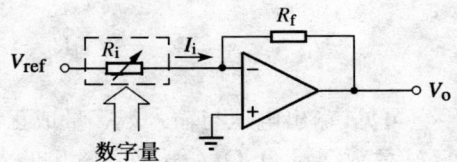

图 14-1   D/A 转换器原理

$$V_o = -\left(\frac{V_{ref}}{R_i}\right) R_f = -I_i R_f$$

V_{ref} 为参考电压,R_f 为反馈电阻,都为固定值;R_i 是由数字量控制的一个等效电阻;若数字量改变,则 V_o 相应变化。我们需要寻找一个电阻网络,使得 V_o 与数字量成正比;或者说寻找一个电阻网络,使 I_i 与数字量成正比。

图 14-2 画出一个 4 位 D/A 转换器的实现原理,采用"R-2R"电阻网络。因为运算放大器的同相输入端接地,则反相输入端为虚地,所以无论数字开关 $S_3 \sim S_0$ 接"0"端还是"1"端,所有 2R 电阻的上端都是接地或相当于接地,于是容易看出 2R 电阻的下端电压自左至右分别为

$\dfrac{V_{\text{ref}}}{2^0}$、$\dfrac{V_{\text{ref}}}{2^1}$、$\dfrac{V_{\text{ref}}}{2^2}$、$\dfrac{V_{\text{ref}}}{2^3}$。于是流过 $2R$ 电阻的电流 I_3、I_2、I_1 和 I_0 分别为 $\dfrac{V_{\text{ref}}}{2^4 R} \times 2^3$、$\dfrac{V_{\text{ref}}}{2^4 R} \times 2^2$、$\dfrac{V_{\text{ref}}}{2^4 R} \times 2^1$、$\dfrac{V_{\text{ref}}}{2^4 R} \times 2^0$。数字量的 $D_3 \sim D_0$ 分别控制模拟开关 $S_3 \sim S_0$，则：

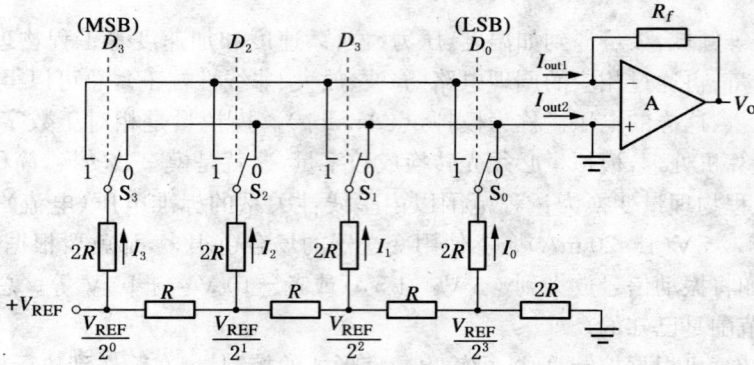

图 14-2 R-$2R$ 电阻网络在 D/A 中的应用

$$I_{\text{out1}} = \frac{V_{\text{ref}}}{2^4 R}(D_3 \times 2^3 + D_2 \times 2^2 + D_1 \times 2^1 + D_0 \times 2^0) = \frac{V_{\text{ref}}}{2^4 R}\sum_{i=0}^{3}(D_i \times 2^i)$$

式中 $D_i = 0$ 或 1。上式"和"号恰好是 4 位二进制数的位置表示法，数字高位的权值较大，数字低位权值最小。于是

$$I_{\text{out1}} = \frac{V_{\text{ref}}}{2^4 R}D$$

另外

$$I_{\text{out1}} + I_{\text{out2}} = I_0 + I_1 + I_2 + I_3 = 常数$$

如果取 $R_{\text{f}} = R$，则有：

$$V_{\text{o}} = -I_{\text{i}}R_{\text{f}} = -I_{\text{out1}}R_{\text{f}} = -\frac{V_{\text{ref}}}{2^4 R}DR = -\frac{V_{\text{ref}}}{2^4}D$$

可见，输出电压与输入数字量成正比，而极性与参考电压相反。从推导过程不难看出，对于 N 位数字量 D，D/A 转换器输出的电压公式是：

$$V_{\text{o}} = -\frac{V_{\text{ref}}}{2^N}D, \quad D = 0, 1, \cdots, (2^N - 1)$$

上式表明，D/A 输出是参考电压与数字信号之积，因此依据这一原理的 D/A 转换器也称为相乘型 D/A。可以看出，要使 D/A 转换器具有较高的精度，对电路中的参数有以下要求：

（1）基准电压准确稳定；

（2）R-$2R$ 的级数要多，即数字 D 的位数越多，转换的相对精度越高；

（3）R-$2R$ 电阻网络电阻精度要足够高，阻值宜大，以使模拟开关上的压降可以忽略不计。不然会带来误差，如非线性等。

14.1.2　D/A 转换器的主要技术指标

1）转换精度

通常用分辨率和转换误差来描述转换精度。

（1）分辨率

在相同的满量程电压范围内，D/A 转换器的位数越多，转换越精细。分辨率是 D/A 转换器在数字递增 1 个码时所引起的电压增量与整个输出量程范围之比，这是一个相对的量。D/A转换器的数字输入为 $0 \sim 2^N - 1$，所以分辨率为 $\dfrac{1}{2^N - 1}$。它表示 D/A 转换器在理论上可以达到的相对精度。

（2）转换误差

转换误差的来源很多，主要因数有转换器中各元件参数值的误差造成的非线性、温度漂移、基准电源的偏差和运算放大器的零点漂移等。D/A 转换器的绝对误差是整个量程范围内，对应于任意一个输入数字量，其理论电压输出值与实际电压输出值之差。绝对误差应低于 LSB/2 的电压当量。

在位数增加的同时，由于指标的提高，内部电阻的精度也要相应提高，其他因数也需要更严格的控制。否则给出的精度就失去意义。由于分辨率对误差的这种实际约束，工程应用中通常以 D/A 转换器的位数作为其精度指标。

2）建立时间

建立时间（t_{set}）是输入数字量全 0 变为全 1 时，输出电压经过过渡过程，达到规定值的许可误差范围（$\pm$LSB/2 电压当量）所需要的时间。D/A 转换器的建立时间较快，单片集成 D/A 转换器的建立时间最短可达 0.1 μs 以内。建立时间决定 D/A 转换器的速度。

3）典型 D/A 芯片及其接口形式

实际的 D/A 芯片就是以电阻网络为核心构成的。如果集成一个数字锁存器，相应的增加片选信号和写信号，就具有微处理器总线接口；也有在其内部集成了参考电压的；甚至还有集成了运算放大器的，此类 D/A 芯片可以减少硬件设计的工作量。这给某些应用带来了很大便利。

常用的集成 D/A 转换器芯片有 DAC0832（8 位，μP 接口）、AD7520（10 位）、DAC1210（12 位，μP 接口）、DAC712（16 位，μP 接口）、MAX532（双路 12 位，SPI 接口）等。

14.2　D/A 的应用电路

14.2.1　D/A 电路的单极性和双极性设计

D/A 芯片通常都不包含原理上所需的运算放大器，电路设计者要自行扩充运算放大器，这样可以带来灵活性。图 14-3 列出的是最简单的一种单极性输出电路。

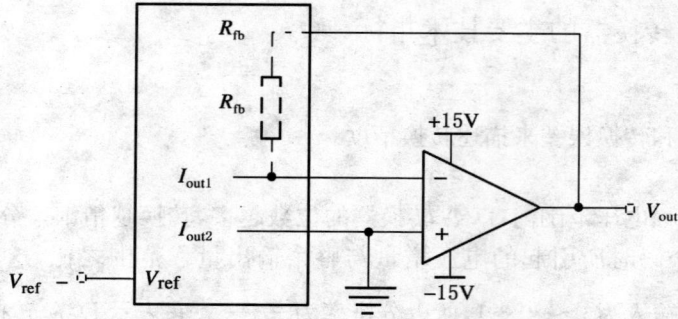

图 14-3 D/A 与运算放大器最简单的连接

图 14-3 中,考虑到 I_{out1} 与 R_{fb} 引脚之间有一个反馈电阻是由 D/A 芯片提供的,所以,只要简单连接就可以了。注意 V_{ref} 是参考电压,它与要求的输出电压的极性必须相反。如果参考电压是 -5 V,则 V_{out} 的输出范围为 $0 \sim +5$ V;如果参考电压为 -10 V,则 V_{out} 的输出范围为 $0 \sim +10$ V,即参考电压影响输出电压的极性电压范围。

如果想修改反馈电阻,在 I_{out1} 与 R_{fb} 引脚之间并联一个外部电阻,可以使反馈电阻变小;在 V_{out} 与 R_{fb} 之间串联一个电阻,则可以使反馈电阻变大。这在参考电压不变时,可以修改输出电压的幅度。

图 14-4 画出的是双极性输出电路。这里利用了"$I_{out1} + I_{out2} =$ 常数"这个结论。

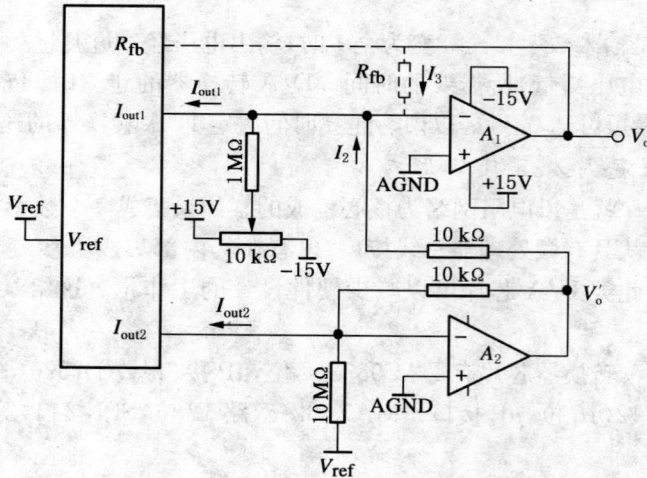

图 14-4 一种双极性电路

分析图 14-4,先忽略 1 MΩ、10 MΩ 两个电阻所在支路,并将 D/A 芯片中的反馈电阻画到外面。当参考电压为负时,可以标出如图所示的主要支路的实际电流方向有如下关系:

$$V_o' = I_{out1} \times 10 \text{ k}\Omega$$

$$I_2 = V_o'/10 \text{ k}\Omega = I_{out1}$$

$$I_3 = I_{out1} - I_2 = I_{out1} - I_{out2}$$

$$V_o = R_f(I_{out1} - I_{out2})$$

根据 $I_{out1} + I_{out2} =$ 常数，可以看到，I_{out1} 达到最大值时，I_{out2} 为 0，电压达到正的最大值；I_{out2} 达到最大值时，I_{out1} 为 0，电压达到负的最大值；由此获得对称的双极性输出。

当 I_{out2} 为 0 时，运算放大器 A_2 没有偏置电流，将会失控，为此加入 10 MΩ 电阻支路后，1 MΩ 电阻连接电位器，可用于零点调节。

若 D/A 芯片可以双极性应用，并且参考电压可正可负，工程上就称之为四象限相乘型 D/A，该术语多出现在 D/A 芯片的资料介绍中。

14.2.2　DAC0832

DAC0832 是 8 位精度、带微处理器接口的双缓冲 D/A 芯片。图 14-5 是其引脚图和内部结构。

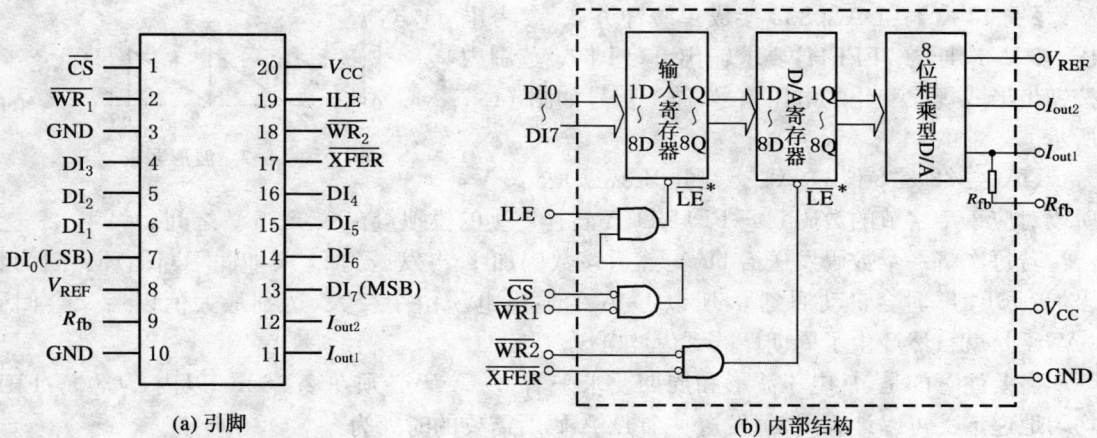

图 14-5　DAC0832 引脚及内部结构

图中 DI0～DI7 是数据线，可直接连接系统的数据线；ILE 为输入锁存允许，高电平有效；$\overline{CS}$ 为选片信号，低电平有效；$\overline{WR1}$ 为写信号。在 ILE、$\overline{CS}$ 有效期间，$\overline{WR1}$ 可以将当前数据线上的数据信息锁存到输入寄存器。

$\overline{XFER}$ 为数据传送信号，低电平有效；$\overline{WR2}$ 也是写信号。$\overline{XFER}$ 有效期间，$\overline{WR2}$ 的负脉冲将已锁存在输入寄存器上的信息再锁存到 D/A 寄存器中。

这里的双缓冲结构可以在多个 D/A 上形成同相位的输出。如图 14-6(a)所示，译码电路给出三个地址：对第一个和第二个地址写操作，将数据线上的信息分别写到两路 D/A 的输入寄存器；对第三个地址写操作的同时作用于两路 D/A 芯片，将各芯片内输入寄存器的内容锁存到 D/A 寄存器中，两路 D/A 同时转换，形成无相位差的同步信号。

如图 14-6(b)所示，各芯片的$\overline{CS}$、$\overline{XFER}$并联，为单缓冲方式。译码电路只给出两个地址：每一个的写操作，将数据线上的信息经过输入寄存器直接锁存到相应芯片的 D/A 寄存器中。由于两路 D/A 的操作有指令执行顺序的差异，所以 D/A 输出信号是存在相位差的。

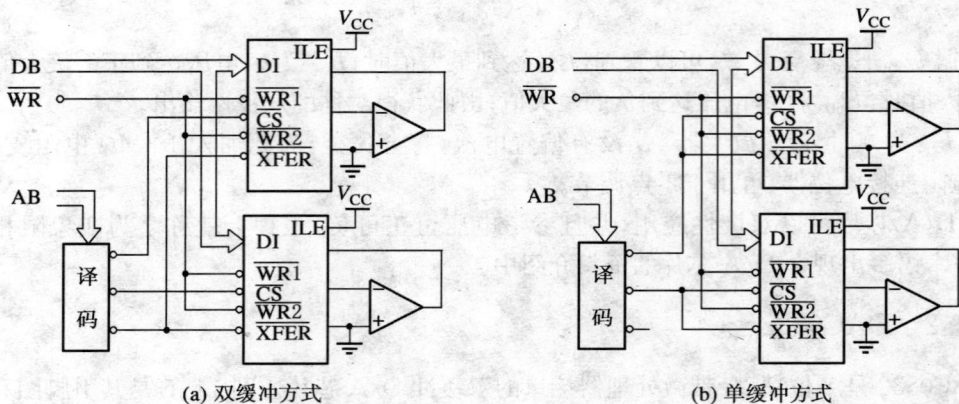

(a) 双缓冲方式　　　　　　　　　　(b) 单缓冲方式

图 14-6　DAC0832 的双缓冲方式和单缓冲方式

【**例 14-1**】　DAC0832 接成单缓冲方式,参考电压－5 V,地址为 7FFFH,要求输出 0～＋5 V 范围内按锯齿形式规律变化的电压信号,波形信号如图 14-7 所示。

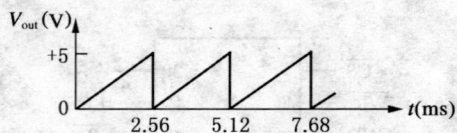

图 14-7　波形要求

DAC0832 是 8 位 D/A。参考电压必须是－5 V,所以对应于 1 字节的数码 00～FFH,D/A 转换产生的模拟量在 0～＋5 V 之间。

若每次将一个数码发送给 D/A,然后该数码加 1,再发送到 D/A 如此不断循环。因为数码加到 0FFH 时会自动回到 0,所以 D/A 的输出电压由小变大,达到最大值以后又会回到 0 V,于是就自然产生了周期性的锯齿波电压。

需要注意的是,从电压波形和周期要求来看,D/A 码必须在 2.56 ms 以内,从 00～FFH 均匀地递增。可以计算出,每发送一个 D/A 码所需要的时间为:

$$2.56 \text{ ms}/256 = 0.01 \text{ ms} = 10 \text{ } \mu s$$

为了避免等待,MCS-51 的时钟选 6 MHz,则机器周期为 2 μs。

实现程序如下:

......

```
            MOV     DPTR,＃7FFFH
            CLR     A
FOREVER:    MOVX    @DPTR,A        ；机器周期数 2
            INC     A              ；机器周期数 1
            SJMP    FOREVER        ；机器周期数 2
            END
```

统计循环中的三条指令,机器周期总数为 5,执行时间为 5×2＝10 μs,恰好符合要求(如果 MCS-51 的时钟选 12 MHz,则需要插入若干个 NOP 指令)。

这是一个由 D/A 实现的锯齿波发生器,如果用示波器对信号波形进行观察,可以看到斜坡其实是由 256 个小台阶构成。且每个小台阶的宽度为 10 μs。为了改善波形,可以在反馈电阻 R_{fb} 上并联一个小的电容。

14.3　A/D 转换器

14.3.1　A/D 转换器原理

A/D 转换器将确定量程范围内的电压信号转换为有限字长的数字信号。转换过程还表现为将连续时间信号以一系列离散时间点上的信号值来代替。在一定精度的意义下,输入模拟电压与转换后得到的数字量成正比。

A/D 转换器种类很多,从原理上分为四类:并行比较式、逐次逼近式、双积分式和 V/F 变换等。以下分别作简要介绍。

1)并行比较式 A/D 转换

并行比较式将电压量程范围均匀地划分为 2^N 个等分点,每一个等分点的电压作为门限值,2^N 个比较器同时将输入电压与这些门限值相比较。若输入电压高于门限值,比较器输出 1,反之输出 0。将所有 2^N 个比较器的输出用编码器编码为 N 位的二进制数,这样就实现了 A/D 转换。

并行比较器原理简单,速度很高,一次比较不超过几 ns。缺点是价格较高。目前主要应用于视频信号的数据采集等方面。

2)逐次比较式 A/D 转换

如图 14-8 所示是逐次比较式 A/D 转换原理,它由一个 D/A 转换器、一个逐次逼近寄存器和比较器组成,为叙述方便起见,不妨假设为 8 位的 A/D。START 为启动信号,启动时逐次逼近寄存器被清"0";然后先在最高位置"1"试探,寄存器内容变为 10000000B,该试探值通过 D/A 产生的电压恰为参考电压的一半,它与 V_{in} 进行比较,如果 $V_{in} > V_{ref}/2$,则最高位的试探值 1 被确认,否则被清除,这就完成了一次比较;然后对次高位置"1"试探,寄存器的内容根据上次比较的结果,有两种组合:01000000B 或 11000000B,该试探值通过 D/A 产生的电压将为参考电压的 1/4 或 3/4,它与 V_{in} 进行比较,如果 $V_{in} > V_{ref}/2$,则次高位上的试探值 1 被确认,否则被清除,这就完成了第 2 次比较;……继续这个过程,直到最低位上的试探值 1 被确认或清除,就完成了 A/D 转换,发出转换结束信号,此时逼近寄存器中的内容被锁存,供系统中的主控部件读取。

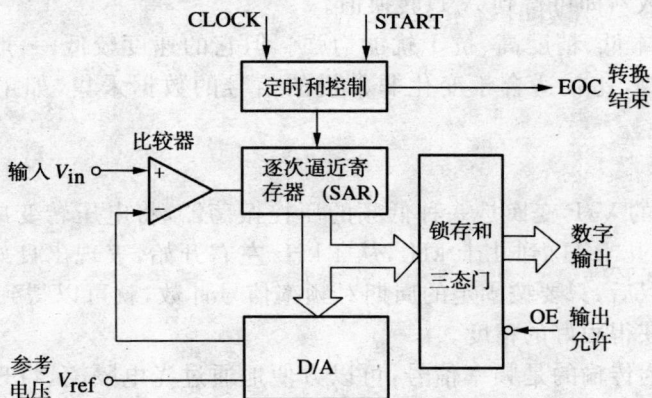

图 14-8　逐次比较式 A/D 的组成原理

逐次比较的过程,实际采用了对分搜索的策略,使寄存器中的内容逐步逼近真实值。

逐次比较式 A/D 转换器,有丰富的产品型号可供选择。转换时间从几十 μs 到几 μs,常见的转换精度以 8 位、10 位、12 位居多,也有 16 位产品。许多微控制器中也集成了 A/D 转换器。

3) 双积分式 A/D 转换

图 14-9 所示为双积分型 A/D 转换器的原理图,采用的是间接方法。利用一个运算放大器构成积分电路,C 为积分电容,在时钟和控制电路作用下,进行正反两次积分。

第一个积分阶段,积分时间固定为 T_1,对输入电压信号积分,电压的绝对值越大,积分电流越大,T_1 结束时 C 两端的电压的绝对值越高;输入电压分别为 V_{in1} 和 V_{in0},则经 T_1 时间后,电容两端的电压分别为 V_{p1} 和 V_{p2},并分别正比于输入电压 V_{in1} 和 V_{in0}。

第二个积分阶段,一个恒流源用于反向积分,电容以恒速放电,当其两端电压回到零时,结束第二个积分阶段。电容上初始电压的绝对值越高,放电时间越长;图中 T_{21} 和 T_{22} 分别与 V_{p1} 和 V_{p2} 成正比。

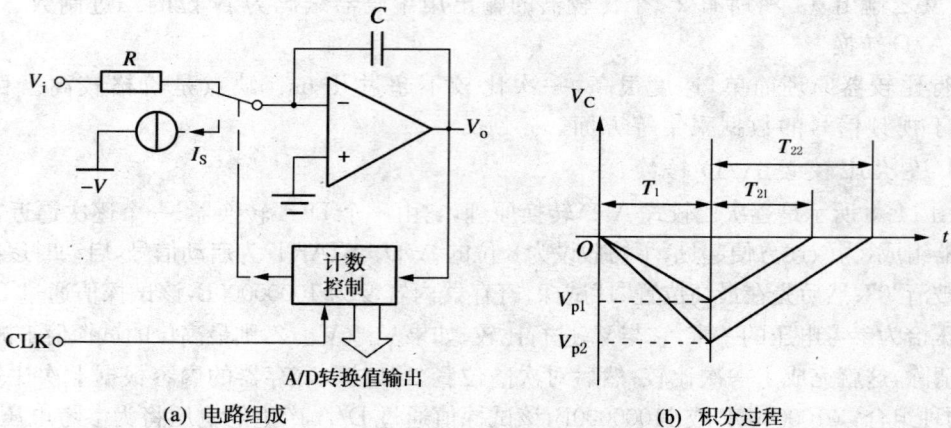

(a) 电路组成   (b) 积分过程

图 14-9 双积分式 A/D 的原理

综上所述,反向积分的时间与输入电压成正比。对第二个积分阶段计时(实际上是对固定频率的时钟计数),即可得到 A/D 转换值。

双积分 A/D 成本低、精度高、抗干扰能力强。但它的速度较低,一般每秒仅完成几次 A/D,最多只有 30 次,比较适合于变化非常慢的信号的数据采集,如工控中的一般温度检测。

4) V/F 变换

用作 A/D 转换的 V/F 变换是一种低频的压控振荡器,将电压转变成频率。一般在满量程范围内,频率为几十 Hz 到几十 kHz,从 1 kHz 左右开始,表现出良好的线性。电压信号变换为频率信号以后,只要按固定的周期对频率信号计数,就可以得到 A/D 转换的相对值,通过标定,可以获得很好的精度。

V/F 变换后因为传输的是频率信号,可以方便地通过光电隔离,将现场与计算机隔离开来,提高系统的安全性和抗干扰能力。典型器件有 VFC32、AD654 等。

14.3.2　A/D 转换器的主要技术指标

A/D 转换器的主要技术指标有转换精度、转换速度等。选择 A/D 转换器时,除考虑这两项技术指标外,还应注意满足其输入电压的范围、输出数字的编码、工作温度范围和电压稳定度等方面的要求。

1) 转换精度

单片集成 A/D 转换器的转换精度是用分辨率和转换误差来描述的。

(1) 分辨率

A/D 转换器的分辨率以输出二进制(或十进制)数的位数来表示。它说明 A/D 转换器对输入信号的分辨能力。n 位二进制 A/D 转换器能将满量程电压范围量化为 2^n 个不同等级。量程一定时,输出位数愈多,分辨率愈高。例如 A/D 转换器输出为 8 位二进制数,输入信号最大值为 5 V,那么这个转换器能区分出输入信号的最小电压为 9.53 mV。

十进制的分辨率是转换结果用十进制位数来标志,不过传统上因为电路特点及限制,其最高位只能是 0 和 1,显示可为"0","±1",工程上称其为半位。常用的是 3 位半双极性 A/D,转换结果为 0~±1 999,较高精度的是 4 位半双极性 A/D,转换结果为 0~±19 999。

(2) 转换误差

转换误差是给定模拟量时理论转换值与实际转换值之间的最大值,常用规定相对误差应 ≤±LSB/2。转换误差和分辨率是不同的概念,转换误差取决于构成转换器的各个环节的误差及其稳定性,而分辨率仅取决于转换器的位数。确定性误差可以通过电路的调试环节消除,如零点及满量程的调节;如果不确定性误差过大,则高分辨率的 A/D 就失去意义,这往往需要从 A/D 以外的元件选择和调试方面解决问题。

2) 转换时间

转换时间是启动 A/D 转换到给出转换结束信号所经过的时间。如前所述,转换时间与转换原理关系最密切,原理不同,转换速度相差甚远。其中并行比较 A/D 转换器的转换速度最高,8 位并行比较式 A/D 的转换时间在几 ns 以内;逐次比较型 A/D 转换器次之,典型从 125 μs 到 3 μs,这一类产品转换速度相差最悬殊,必须根据性能价格比仔细选择;双积分 A/D 转换器的转换时间大都在几十 ms 至几百 ms 之间。实际选用更多的是从精度要求,输入信号量程和极性、与 MCU 接口的方便程度等方面综合考虑。

【例 14-2】　某信号采集系统用集成 A/D 转换芯片,对 2 个热电偶的输出电压进行 A/D 转换。已知热电偶输出电压范围为 0~0.025 V(对应于 0~450℃ 温度范围),需要分辨的温度为 0.1℃,试问应选择多少位的 A/D 转换器,选哪种 A/D 可满足转换时间要求?

对于 0~450℃ 温度范围分辨温度为 0.1℃,这相当于 $\frac{0.1}{450} = \frac{1}{4\ 500}$ 的分辨率。12 位 A/D 的分辨率为 $\frac{1}{2^{12}} = \frac{1}{4\ 096}$,尚不能满足要求。理论上可以选 13 位 A/D,但这种情况不常见。

热电偶信号属于缓变信号,但工频干扰相对较强,所以可以采用双积分式 A/D,分辨率选二进制 14 位或十进制 $4\frac{1}{2}$ 位。ICL7135 双积分 A/D 每秒转换几次,可以满足缓变信号的采集要求。

14.4　典型 A/D 转换器的接口设计

14.4.1　8 位 8 通道 ADC0809 及其应用

ADC0809 是典型的逐次比较型 A/ D,典型时钟频率为 640 kHz 时,转换速度为 100 μs。它带有微处理器接口,无需零点和满量程调节,内建 8 通道的多路开关,通道地址可锁存,可以对 8 个模拟通道进行分时数据转换。输入/输出数字信号与 TTL 兼容,因此使用方便。图 14-10 是 ADC0809 的引脚及内部结构图。

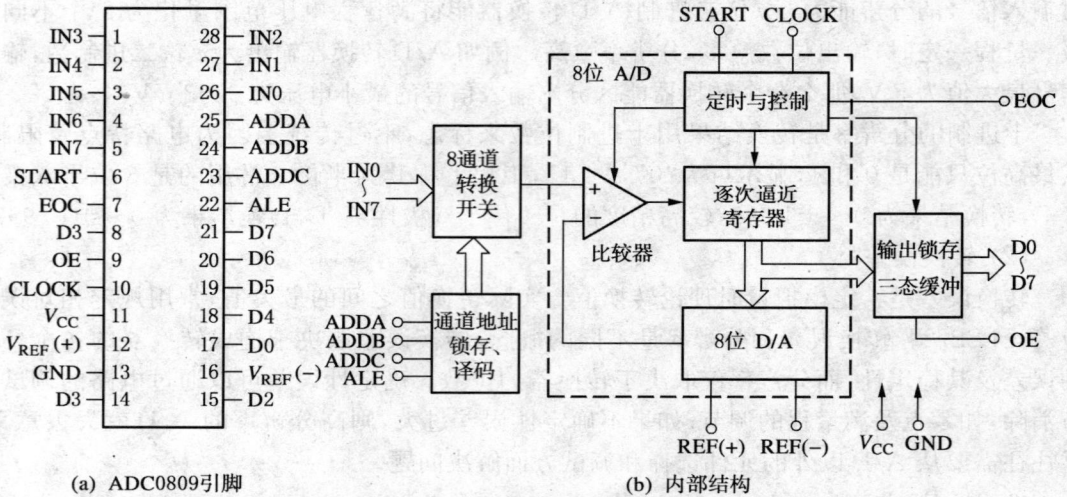

(a) ADC0809引脚　　　　　　　　(b) 内部结构

图 14-10　ADC0809 引脚及内部结构

主要引脚的功能如下:

IN0～IN7:8 路模拟量输入端;

ADDA、ADDB、ADDC:通道地址信号线;

ALE:地址锁存允许,上升沿时,A/D 输出锁存器清"0",并将 ADDA、ADDB、ADDC 上的通道地址锁存到其内部,通过译码选中 IN0～IN7 之一作为模拟量输入,见表 14-1 所示;

表 14-1　ADC0809 的通道选择

选择的通道	地　址　线		
	ADDC	ADDB	ADDA
IN0	L	L	L
IN1	L	L	H
IN2	L	H	L
IN3	L	H	H
IN4	H	L	L
IN5	H	L	H
IN6	H	H	L
IN7	H	H	H

START：启动转换信号；START 下降沿后 A/D 转换开始进行，整个转换期间，START 应保持低电平；

D7～D0：数据输出，三态缓冲，可以与系统的数据总线直接连接；

OE：输出允许，高电平有效。有效时开启一组三态门，使已锁存的 A/D 转换码可以输出到总线上；

CLOCK：时钟信号，需外部提供，典型频率为 640 kHz；

EOC：转换结束状态信号，高电平有效。EOC＝0，表示转换正在进行；EOC＝1，转换结束。可作为查询标志，也可作为中断请求信号。

V_{ref}：参考电压。典型值为 $V_{ref}(+)=+5$ V，$V_{ref}(-)=+0.000$ V

图 14-11 是 ADC0809 的简化操作时序。从图中可以看出，通道地址必须在 ALE 信号上升沿之前有效并稳定，以确保正确锁存。在 ALE 下降沿以后，通道地址线可以作其他用途；

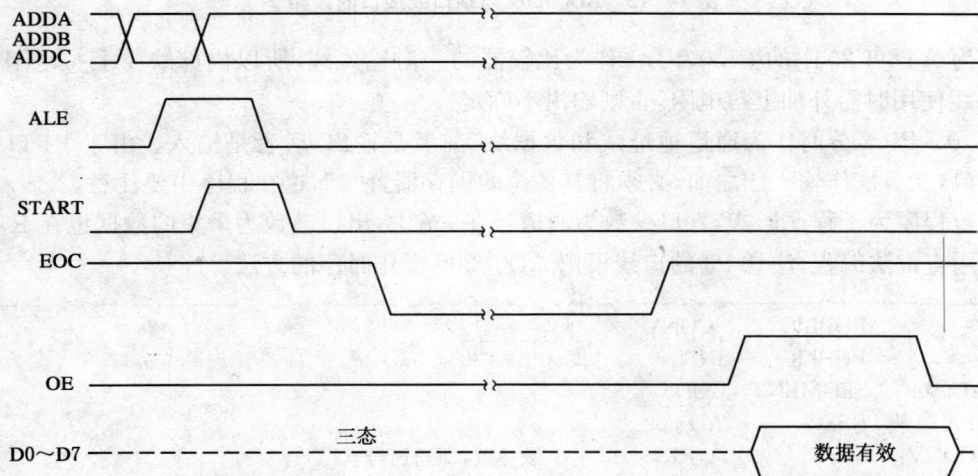

图 14-11　ADC0809 的操作时序

SATAR 信号启动下降沿一段时间以后，EOC 变低，表示 A/D 转换开始。当 EOC 变回高电平时，表示转换已经结束，结果已经锁存；

OE 为输出允许信号，输入，高有效，CE 有效期间输出缓冲器打开，数据出现在 D0～D7 引脚上。

只要符合上述操作时序 ADC0809 即可以正常工作。时序分析和经验表明，启动转换和地址锁存可以并联，这样就可节约一根控制线。

【例 14-3】　利用 AT89C2051 控制 ADC0809 实现 A/D 转换，试设计线路，并给出示范程序。

AT89C2051 是 MCS-51 系列的一种，没有 P0 口与 P2 口，也就是说总线功能未引出到芯片外部，只有 P1 口和 P3 口（不完整）。如图 14-12 所示，P1 口充当数据线，P3 口的一部分充当控制线。

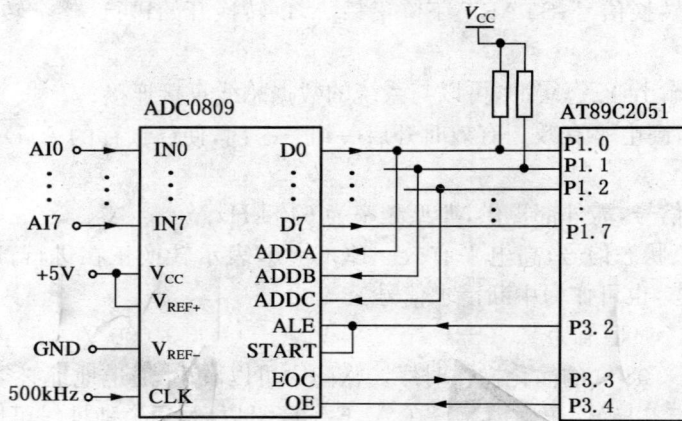

图 14-12　ADC0809 与端口线接口的线路

　　因为 AT89C2051 的 P1.0、P1.1 作为比较器的一对输入线,所以内部缺少上拉电阻。当作 I/O 线使用时需外加上拉电阻,否则输出不确定。

　　P1.0~P1.2 分时作为通道地址线和数据线,前者是输出,后者是输入。由于 P1 口是准双向端口,在每次作输入用之前,必须将其各位的锁存器置"1",这在程序中要注意。

　　示范程序为子程序形式,入口参数为通道号在 R7 中,出口参数为采集的数据也在 R7 中。本例利用查询法编程,注意 P3 的口线模拟 ADC0809 操作时序的方法。

```
          PUBLIC    _CONV
          PUBLIC    INIT
AD0809    SEGMENT   CODE
          RSEG      AD0809
_CONV:    MOV       A,R7          ; 取参数,即通道号
          MOV       P1,A          ; 利用 P1 的低 3 位口发出通道地址
          SETB      P3.2          ; ALE 锁存通道地址
          CLR       P3.2          ; START 启动 A/D
          JB        P3.3,$        ; 等待 EOC 变低,确认 A/D 转换开始
          JNB       P3.3,$        ; 等待 EOC 变高,A/D 转换结束
          MOV       P1,#0FFH      ; 置 P1 口锁存器,准备输入
          SETB      P3.4          ; 置 OE 端为高,有效
          MOV       A,P1          ; 取数
          MOV       R7,A          ; 作为返回值
          CLR       P3.4          ; 置 OE 端为低,无效
          RET
INITAD:   CLR       P3.2          ; 初始化 ALE 和 START 为低电平
          CLR       P3.4          ; 初始化 OE 为低,无效状态
          RET
          END
```

　　【例 14-4】　ADC0809 基于总线的扩展。

　　如图 14-13 所示,这是 ADC0809 另一种常见的用法。地址译码方法是线译码(P2.7=0,地址为 7FFFH),在实际应用时可以根据系统需要采取部分译码或全译码。

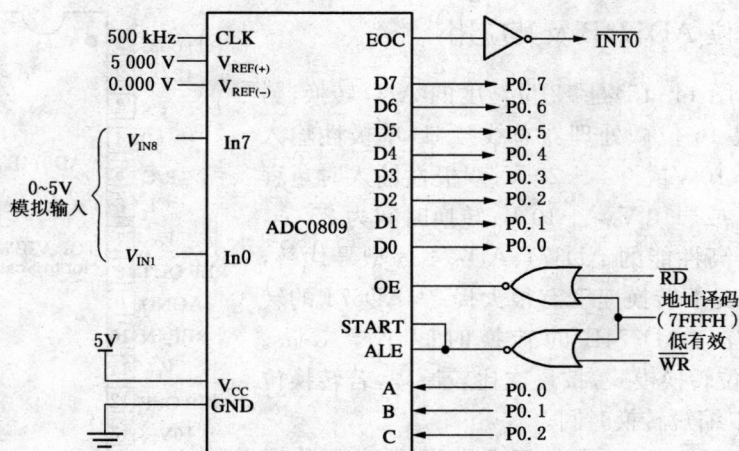

图 14-13　ADC0809 基于总线的扩展方法

　　图中 ALE 和 START 信号是通过或非门得到,在译码地址有效的同时 CPU 发出写信号,或非门有正脉冲出现。此时,通道地址线连接的是系统数据线的低 3 位。以下为启动 A/D 的关键指令:

```
MOV      DPTR,♯7FFFH        ;端口地址
MOV      A,♯ch_no           ;ch_no 的低 3 位必须为通道号 0~7
MOVX     @DPTR,A
```

　　MOVX 指令的机器周期中 A/D 的地址译码有效,通道号送至数据线上,接着 $\overline{WR}$ 信号有效,将数据线上的通道地址锁存到 ADC0809 内部,并且启动 A/D 转换。

　　非门连接 $\overline{OE}$ 到 MCS-51 的中断请求线 $\overline{INT0}$。将 $\overline{INT0}$ 初始化为边沿触发方式,即可在中断方式下,由服务程序获得 A/D 转换结果。

　　数据输出允许信号也是由或非门得到。在译码地址有效的同时 CPU 发出读信号,或非门有正脉冲出现。以下为读 A/D 转换码的关键指令:

```
MOV      DPTR,♯7FFFH        ;端口地址
MOVX     A,@DPTR
```

　　MOVX 指令的机器周期中 A/D 的地址译码有效,接着 $\overline{RD}$ 信号有效,或非门输出正脉冲,高电平期间打开输出三态门,数据输出到总线上,CPU 可以采样数据线,从而获得 A/D 转换的结果。

　　ADC0809 的时钟是接口设计的重要内容,虽然资料介绍最大时钟频率为 1 280 kHz,但限于实际使用条件,一般把设计上限定在 640 kHz。如果 $f_{osc}=$ 11.059 2 MHz,MCS-51 的 ALE、$\overline{WR}$ 和 $\overline{RD}$ 可以组合得到 $f_{osc}/6$ 的时钟,值为

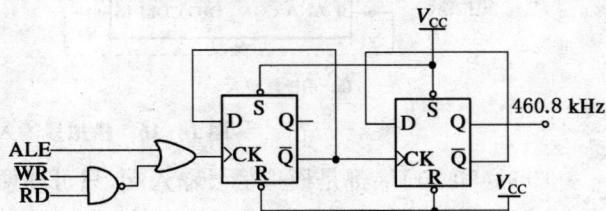

图 14-14　ADC0809 时钟电路

1.843 2 MHz,仍高于 640 kHz。采用 74LS74 做两级二分频,图 14-14 给出完整的时钟线路图。如果系统中有多余的 8253 通道,则可以直接利用;如果专门扩展一片 8253,则不如固定分频的成本低。

14.4.2　12 位 AD574B 及其应用

AD574B(见图 14-15)是 12 位精度的 A/D 转换器,它可以与 8 位或 16 位微处理器总线接口,单极性输入时,量程为 0~+10 V 或 0~+20 V;双极性输入时量程为-5 V~+5 V 或-10 V~+10 V;转换时间为 25 μs,目前已逐步由更高性能的 AD674、AD774 等型号代替,在保持兼容的情况下转换速度有很大提高,AD674 的转换时间小于 15 μs,AD774B 的转换时间小于 8 μs。AD574B 还有 8 位转换模式,按逐次比较原理,若转换位数减少,相应可以缩短转换时间。

AD574 的引脚比较多,我们根据模拟输入、操作模式和数字量输出分三类,结合应用叙述。

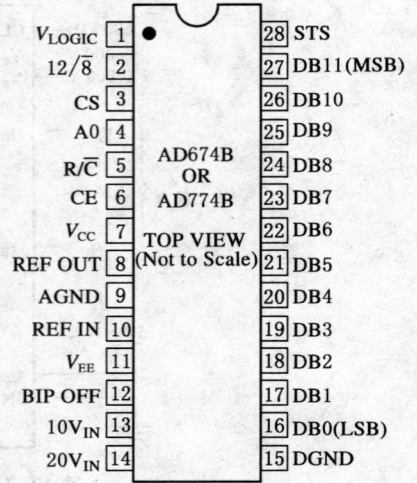

图 14-15　AD574/AD674/AD774 引脚图

1) 单极性与双极性接法

首先要注意的共同部分是电源。V_{LOGIC} 是数字电源端,接+5 V;DGND 是数字地;V_{CC} 和 V_{EE} 是一对模拟电源输入端;分别接+15 V 和-15 V;AGND 为模拟地。数字地与模拟地分开设计,以避免相互干扰,在适当的点将其连接在一起。

AD574B 内部有参考电压生成电路。REF OUT 和 REF IN 用于串接一个 100 Ω 电位器,作满量程的调节。

BIP OFF 是调零端,图 14-16(a)为单极性接法;图 14-16(b)为双极性接法。

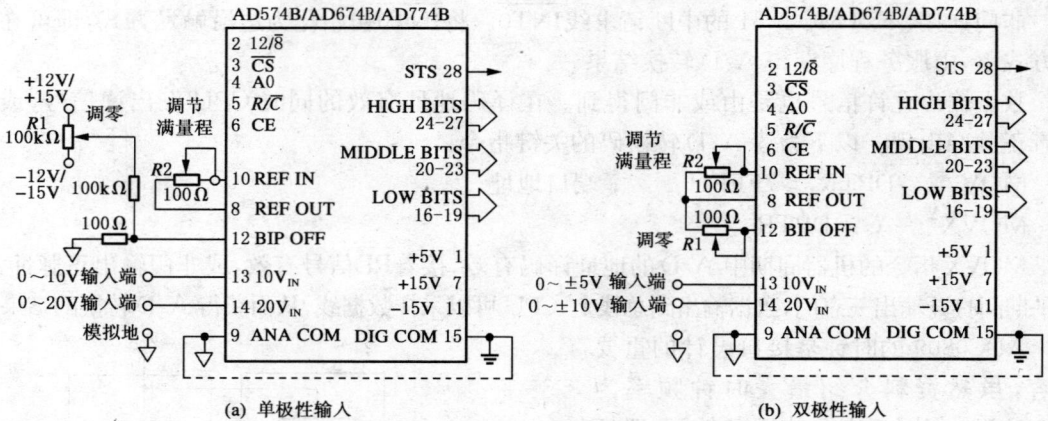

图 14-16　模拟量输入极性及调整

10 V_{IN} 和 20 V_{IN} 都是模拟信号输入端,只可在两者中任选一个使用。10 V_{IN} 可接 0~10 V 或-5 V~+5 V 的输入信号;20 V_{IN} 可接 0~20 V 或-10 V~+10 V 的输入信号。

2) AD574 的操作方式

引脚 $12/\overline{8}$、$\overline{\text{CS}}$、A0、$R/\overline{C}$、CE 是控制 AD574B 工作模式、启动 A/D 和读取 A/D 结果的一组信号。其操作功能如表 14-2 所示。

表 14 - 2　AD574B 的操作功能表

CE	$\overline{CS}$	R/$\overline{C}$	12/$\overline{8}$	A0	操　　作
0	X	X	X	X	无操作
X	1	X	X	X	无操作
1	0	0	X	0	启动 12 位转换
1	0	0	X	1	启动 8 位转换
1	0	1	1	X	读出 12 位并行数据
1	0	1	0	0	读出高 8 位 DB11～DB4
1	0	1	0	1	读出低 4 位 DB3～DB0＋尾随 4 个"0"

CE 和$\overline{CS}$为片选线,注意不同模式下有不同的连接要求:R/$\overline{C}$为低电平时,对应的操作是启动 A/D 的;为高电平时,是读取 A/D 转换结果的。12/$\overline{8}$决定读数格式,高电平时 12 位一次读出;低电平时分高 8 位和低 4 位两次读出。A0 在启动 A/D 时指示启动 8 位还是 12 位,在读数时区别读高 8 位数还是读低 4 位数。

3) AD574B 的数据线和状态线

12 位并行读方式下,DB11～DB0 同时出现数据转换结果。在 8 位读方式下,如图 14 - 17 读高 8 位时,A/D 码的高 8 位出现在 DB11～DB4 上,此时 DB3～DB0 处于高阻态;在读低 4 位方式下,A/D 码的低 4 位输出到 DB3～DB0,此时 DB11～DB8 呈高阻态,DB7～DB4 出现"0000"的组合输出。因此,在 8 位方式下,DB11～DB4 必须依次与数据线的 D7～D0 相连;DB3～DB0 必须与 DB11～DB8 依次相连。

STS 是状态线,输出。A/D 转换进行期间为高电平,转换结束时为低电平。

4) AD574 与 MCS-51 总线的连接

(1) 程序触发模式

如图 14 - 21 所示,为 MCS - 51 的 8 位系统总线扩展 AD574B:12/$\overline{8}$端接地,A0、R/$\overline{C}$端分别接系统地址线中的 A0、A1。这使表 14 - 2 所列的不同的操作被映射到不同的地址上,问题得到简化。

设译码确定的基地址 BASE＝0FCA0H,根据实际的线路并对照表 14-2,可得 BASE＋0 为启动 12 位 A/D 转换;BASE＋1 不用;BASE＋2 读高 8 位数据;BASE＋3 读低 4 位(尾随 4 个"0")。

注意 CE 和$\overline{CS}$的接法容易出错,CE 为高时,$\overline{CS}$必须加负脉冲;$\overline{CS}$为低时,CE 必须加正脉冲。关键程序片段如下:

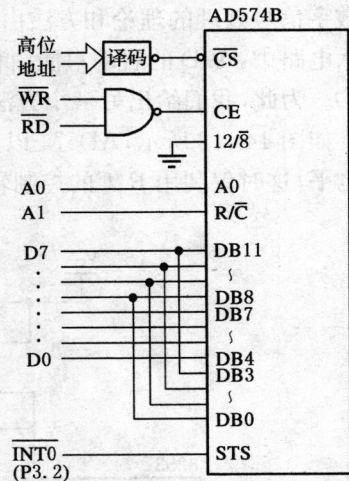

图 14-17　AD574B 与 MCS-51 的连接

BASE	EQU	0FCA0H
ST_AD	EQU	BASE+0
AD_H	EQU	BASE+2
AD_L	EQU	BASE+3
……		

```
MOV      DPTR,♯ST_AD
MOVX     @DPTR,A           ；启动 A/D 只需要发送随机数即可
NOP                        ；最多几百 ns,STS 变高,故 1 个 NOP 指令的延时即可
JB       P3.2 ,$           ；INT0脚查询
MOV      DPTR,♯ AD_H
MOVX     A,@DPTR           ；读高 8 位
MOV      R6,A
MOV      DPTR,♯ AD_L
MOVX     A,@DPTR           ；读低 4 位加尾随的 4 个"0"
MOV      R7,A
……
```

程序行已包含了启动 A/D、查询状态、读高 8 位和读低 4 位。由于读低 4 位时硬件尾随了 4 个"0",所以保存在 R6、R7 寄存器对中的值还要除以 16(右移 4 位)才是 A/D 码。读者可以以上述程序为基础,整理成一个可供调用的子程序。

12 位 A/D 的数值范围都是 0000～0FFFH(0～4 095),如果模拟量是单极性的,读到的数按无符号数理解;如果是双极性的数,则 0800H 以下为负,0800H 为 0,0800H 以上为正。这种正负数的表示方法称为偏移二进制码。偏移二进制码减去偏移值(这里是 800H),就得到补码形式的二进制数。

（2）独立工作模式

从连续模拟信号获得数字信号,其采样频率足够高并且采样间隔必须准确一致,这就能利用数字信号处理的理论和方法由数字信号重建模拟信号,并且不丢失任何信息。如图 14-17 所示电路中,A/D 的启动只能由程序指令触发,由于程序运行过程中的复杂性,很难准时启动 A/D。为此,我们给出另一个方法。

如图 14-18 所示,AD574 以独立方式工作,其 CE 与 12/8̄固定接高电平,A0 和CS̄固定接低电平,这时仅利用 R/C̄的控制转换和数据读出。

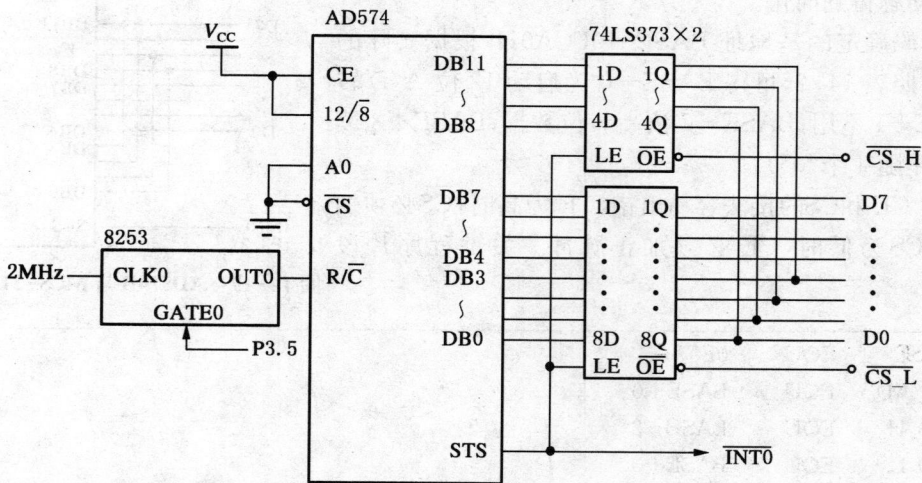

图 14-18　AD574 以独立方式工作及其与 MCS-51 的连接

图中采用 8253 可编程定时器,将其 Timer0 编程为方式 2,OUT0 引脚用于触发 A/D 转换。初始化后,8253 能以准确的周期触发 A/D 转换,且周期由 8253 的初值决定。GATE0 由 P3.5 控制,可开启或关闭定时器从而间接控制 A/D 过程。

在此模式下,AD574 的转换结果只能是 12 位并行读出,MCS-51 的字长只是 8 位,所以 AD574 与总线之间必须增加接口,如考虑加一片 8255 等。我们这里是加了两片 74LS373。时序分析表明,状态线 STS 的下将沿可将 12 位 A/D 数据同时锁存到两片 74LS373 的内部;同时 STS 作为中断请求线,连接 $\overline{INT0}$,CPU 可在中断服务程序中,先高 4 位后低 8 位(已对 12 位数据重新编组)的将 A/D 码完整地读入 CPU。

AD574 在独立工作模式下的时序如图 14-19 所示,时序参数如表 14-3 所示。转换数据有效至少 30 ns 后 STS 才出现下降沿,这时可确保数据锁存正确。

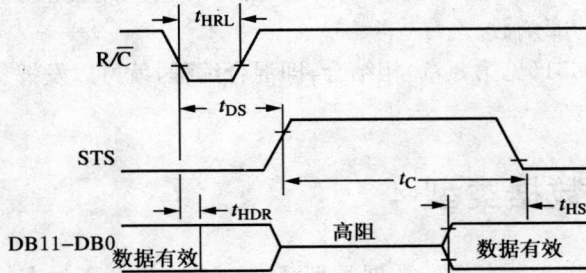

图 14-19 AD574 独立工作模式下的时序

表 14-3 AD574 独立工作模式的时序参数

参 数 描 述	符 号	最 小	典 型	最 大	单 位
R/$\overline{C}$ 脉冲宽度	t_{HRL}	50	—	—	ns
STS 对 R/$\overline{C}$ 的延时	t_{DS}	—	—	200	ns
R/$\overline{C}$ 变低后数据仍有效	t_{HDR}	25	—	—	ns
数据有效到 STS 延时	t_{HS}	30	200	600	ns

15　C51 高级语言编程

在工程实践中,采用高级语言编写嵌入式系统的程序已是大势所趋。高级语言在功能、结构性、可读性、可维护性上有明显的优势,在项目开发中,可起到事半功倍的效果。现在流行的 C51 是在 ANSI C 的基础上,结合 MCS-51 系统的存储器组织的特点发展而来的。它大大提高了代码的编写效率。Keil 公司开发的 μVersion 为 C51 的应用提供了功能强大的集成开发调试环境,并带有丰富的库函数。

如果将 C51 与 ASM51(见第 8 章)相结合,即混合编程,就可以发挥各自的长处,解决实际问题也将更加得心应手。

15.1　C51 的数据类型

C51 具有标准 C 语言的所有标准数据类型,除此之外,为了更加有效地利用 MCS-51 的结构,还加入了以下特殊的数据类型。

bit　　位变量,取值为 0 或 1,存储于内部 RAM 字节地址为 20H~2FH 的范围内。作为关键字,bit 可用于位变量、函数返回值和参数的类型说明;

sbit　　说明特殊功能寄存器中的位,取值为 0 或 1;

sfr　　说明特殊功能寄存器,字节地址 0x80H~0xFF,取值 0~255;

sfr16　　说明 16 位特殊功能寄存器,取值为 0~65 535。

其余数据类型如 char、enum、int、long、float 等与 ANSI C 相同。完整的数据类型表如表 15-1 所示。

表 15-1　C51 的数据类型

数据类型	位　数	字节数	数 值 范 围
bit	1		0~1
char	8	1	−128~+127
unsigned char	8	1	0~255
enum	16	2	−32 768~+32 767
int	16	2	−32 768~+32 767
unsigned int	16	2	0~65 535
long	32	4	−2 147 483 648~+2 147 483 647
unsigned long	32	4	0~4 294 967 295
float	32	4	±1.175 494E−38~±3.402 8E+38
sbit	1		0~1
sfr	8	1	0~255
sfr16	16	2	0~65 535

MCS-51 的指令系统并不支持浮点运算,早期的开发人员在需要浮点运算时,都要自行编写大量的汇编语言子程序来模拟浮点运算,不仅麻烦,而且容易出错。C51 的浮点运算函数库提供了 float,甚至 double 数据类型即用模拟的方法支持浮点运算。目前,高端的微处理器是通过集成一个硬件的浮点协处理器来支持浮点运算的。

15.2　Keil C51 扩展关键字

与标准 C 的关键字相比,C51 增加了以下关键字:

_at_ alien _task_ reentrant

idata bdata pdata data xdata code

sfr sfr16 sbit bit

small large compact

interrupt using

关键字不能作普通变量名来使用。其具体用法见以后各节。

15.3　存储区域与存储模式

15.3.1　存储区域

由于 MCS-51 在逻辑上有若干个存储空间,包括程序 ROM、内部 RAM、SFR 和外部扩展 RAM(含扩展 I/O)等,所以与标准 C 和 C++语言有较大差距;从指令系统的角度看,内部 RAM 的 0x80～0xFF 只能间接寻址;SFR 只能直接寻址;内部 RAM 的 0x20～0x2F 地址范围同时又可位寻址;SFR 的一些寄存器也可以按位访问。综上所述,C51 在声明变量或常量时,不仅需要指出数据类型,而且除默认的以外,还必须指出变量或常量的存储空间。

表 15-2 列出了 C51 变量、常数或数组所在的逻辑空间及其在说明中应该使用的关键字。

表 15-2　存储区描述

存储区	描　　　　　　述
data	直接寻址的内部 RAM 区(0x00～0x7F),128 字节
bdata	data 区中既可字节寻址(0x20～0x2F),又可位寻址的区域,16 字节
idata	间接寻址的内部 RAM 区(0x00～0xFF),使用 R0,R1 间接寻址
xdata	外部 RAM 存储区,使用 DPTP 间接寻址
pdata	外部 RAM 存储区一页内的寻址,使用 R0 或 R1 间接寻址,高 8 位地址由 P2 口的当前值提供,256 个字节
code	程序存储区的常量、常数数组

【例 15-1】　各存储空间中的变量或常量的声明方法举例:

① data、idata 关键字

使用 data 说明的变量位于内部 RAM,特点是容量小,存取速度快。但由于通用寄存器、位变量寻址区也是共享内部 RAM 空间，所以在稍复杂一点的程序中，0x00～0x7F 地址空间很容易被分配完毕。

```
unsigned char data i；
unsigned int data unit_id[2]；
char data outvalue；
```

如果需要在内部 RAM 的 0x80～0xFF 地址中继续声明变量，则必须使用 idata 关键字。

```
unsigned char idata system_status＝0；        //可以给出初值
unsigned int idata unit_id[2]；
```

② bdata 关键字

bdata 就是在可位寻址区声明的变量，可以按字节或字访问。以下是在 bdata 区中声明位变量和使用位变量的例子：

```
unsigned char bdata status_byte；
unsigned int bdata status_word；
```

再在此基础上声明：

```
bit flag ＝ status_byte ^3；
bit flagw ＝ status_word ^5；
```

则 flag、flagw 就是位变量，而且它们分别是 status_byte 的第 3 位和 status_word 的第 5 位（从最低位 0 开始算起），后面的程序可以访问 flag 和 flagw 位变量，也可以访问它们分别所在的字节或字变量。

③ xdata、pdata 关键字

外部 RAM 或以存储器映象法扩展的 I/O，使用 xdata 关键词。地址范围为 0x0000～0xFFFF。例如：

```
unsigned char xdata system_status＝ 0；
char xdata inp_string[16]；
```

少数应用系统在处理器外部只扩展了不大于 256 个字节的存储器件，CPU 只需要给出低 8 位地址（高 8 位地址可任意，或可由 P2 口给出），也即由@R0 或@R1 间址。这种按页地址访问的变量声明使用 pdata 关键词。如：

```
unsigned int pdata unit_id[2]；
```

④ code 关键字

程序存储区 code 是只读的，存放的数据只能是常量。在 C51 编译器中可用 code 关键词标识只读的常量数据，常数表或常量字符串，例如

```
unsigned char code a[] ＝ {0x00，0x01，0x02，0x03，0x04，0x05，0x06，0x07，0x08}；
```

⑤ sfr、sfr16 关键字

特殊功能寄存器的说明采用关键字 sfr、sfr16，分别声明 8 位、16 位的特殊功能寄存器。通常在预定义文件中已有说明，不需要另行声明，即可以使用。例如 P0 口的地址是 0x80，则在预定义文件中有：

```
sfr P0 ＝ 0x80；              //"＝"不是赋值，该格式用于说明部分，下同
```

在程序中 P0 就可以直接被应用于表达式，也可以被直接赋值。但如果是对一款新出的 MCS-51 系列芯片编程，由于其增加了新的特殊功能寄存器，而预定义文件中又没有，可以按

上述方式进行补充说明,然后就可以像其他的特殊功能寄存器一样使用。

⑥ sbit 关键字

用于声明可位寻址的特殊功能寄存器或已由 bdata 说明的变量中的位。例如:

sbit C = PSW^7;

表明进位位是 PSW 的最高位(D7)。这个说明也是在预定义中进行的。如需要,也可以仿照这个格式补充说明新出现的特殊寄存器中的位。程序员也可用于将某个位说明为自己喜欢的名称。

15.3.2 存储模式

存储模式为编译器指定默认的存储区域,共有三种。

① Small 模式

所有缺省变量(data 关键词可以省略)分配到内部 RAM,其访问速度快,但空间有限,只适用于小程序。

② Compact 模式

所有缺省变量分配到外部 RAM 区的一页(256 个字节,pdata 关键词可以省略)。

③ large 模式

所有缺省变量分配到多达 64 KB 的外部 RAM 区中(xdata 关键词可以省略),其优点是空间大,可存变量多,缺点是速度较慢(存储模式在 C51 编译器选项中选择)。

15.3.3 指针变量

指针变量与 C 语言的用法一致,但声明时,必须包含所指向的变量实际所在的存储空间。例如:

long *state;

char xdata *ptr;

前者为一个指向 long 型整数的指针,指向默认的存储空间,后者为一个指向 char 型数据的指针,指向 xdata 空间。但指针本身的存储位置取决于选定的存储模式,可能存放在内部 RAM 中,也可能存放在外部 RAM 中,由编译器负责解决。

如果在代码空间分配一个常数表,以每月天数为例:

char code month [12] = {31, 28, 31, 30, 31, 30, 31, 31, 30, 31, 30, 31};

则可以按数组访问,如求取天数可以写成:

```
int days;
char  i;
days = 0
for(i = 0, i<12, i++)  days+ = month[i];
```

也可以按指针形式来写:

```
int days;
char i;
char code * p;
p = month;
days = 0;
for(i = 0, i<12, i++)
days+ = (* p);
```

15.3.4　绝对地址访问

由于算法的需要,一些变量或数组需要定位在特殊的地址或地址范围,也有可能由于硬件的设计。这在汇编语言中,可以通过@Ri、@DPTR、@A+PC 和@A+PC 来访问,在高级语言中,我们希望对绝对地址的访问也可以以变量的形式来进行,这样就可以对变量赋值,或使变量成为表达式的一部分。

C51 提供了三种访问绝对地址的方法,这里只先介绍最简单和实用的方法,即使用_at_关键词。以下举例说明。

unsigned char idata sec at 0x80;　　　// 变量 sec 在内部 RAM 的 0x80 地址上

unsigned char x[0x10] _at_ 0x20;　　// 默认内部 RAM,定位在 0x20 起始的地址上

char xdata RecBuf[0x100] _at_ 0x1000;　　// 在扩展 RAM 的 0x1000 起始的地址上

unsigned char xdata AD_H _at_ 0x8000;　　// A/D 转换的高位结果在 0x8000 地址上

unsigned char xdata AD_L _at_ 0x8001;　　// A/D 转换的低高位结果在 0x8001 地址上

上面的方法简单实用,使程序的引用部分很简单,例如根据上面最后两行,读取 A/D 转换的结果,就可以写成:

AD_value = AD_H * 256+AD_L;　　　// 这里假定 AD_value 已预先说明为整型变量

_at_关键字简单实用,但也要注意以下几点:

(1)拥有绝对地址的变量不能在声明的同时被赋初值,这个工作必须由后面的赋值语句来实现;

(2)bit 型函数及变量不能用_at_指定;

(3)如果用_at_关键字声明变量来访问一个 xdata 外部设备,应使用 volatile 关键词确保 C 编译器不进行优化(这在第 16 章中的 Keil 环境中是默认的状态。),以便能访问到要访问的存储区。

_at_可以将一个源代码模块中声明的若干公共变量绝对定位,这些绝对定位的变量可以在另一个模块中引用,但声明外部变量的语句中不得为其再添加_at_关键字。

15.4　C51 的函数

15.4.1　函数的声明

Keil C51 编译器扩展了标准 C 函数声明,以满足 MCS-51 面向控制的应用。这些扩展有:

(1)指定一个函数作为中断函数；

(2)选择所用的寄存器组；

(3)选择存储模式；

(4)指定重入；

(5)指定 ALLEN PL/M51 函数。

上述(1)和(2)是比较常用的,其他的相对不多见,因此,最常见的函数声明的标准格式为：

[return_type] funcname ([args]) [interrupt n] [using n]

其中, return_type 为函数的返回值类型; funcname 为函数名; args 为一组参数列表; interrupt 声明一个特殊函数,该函数被编译器自动生成的中断服务的框架代码调用; using 指定函数所使用的寄存器组。

15.4.2 函数的参数与返回值

Keil C51 编译器最多允许传递 3 个参数,这平衡了效能和对资源的占用。如果有更多的数据需要传递,则可以将地址作为指针参数,或者采用共享数据块的办法。

由于位变量的特殊性以及 C51 内部对参数传递的限制,BIT 型参数只可以跟在其他类型参数的后面,当作最后一个参数传递。

通过寄存器传递参数,并通过寄存器传递返回值的具体规定,如表 15-5 和表 15-6 所示。这个规定对于实现 C51 与宏汇编的混合编程是有意义的,有关内容见第 15.6 节。

15.4.3 函数的寄存器组

MCS-51 的设计者希望硬件工程师为一般的程序、低优先级中断和高优先级中断分配不同的寄存器组,这样就可以避免在中断服务程序中频繁的保存和恢复寄存器的内容。事实上 MCS-51 的堆栈不够大,也不提供 R0~R7 的入栈和出栈指令。这是理解寄存器分组的关键。

分配寄存器组使用 using n 指令,其中 n 为组别,取 0~3。

通常的函数,包括主函数,均使用默认的第 0 组寄存器,而低优先级和高优先级中断分别使用第 1 组和第 2 组。第 3 组可以自由使用。所以在中断函数声明时,都有 using 关键字。

15.4.4 中断函数

中断函数的形式是：

void 函数名 （void） interrupt N using n

前一个 void 表示没有返回值,后一 void 表示不需要参数(中断服务程序当然不能有返回值,也不能有参数),这与中断的运行机制是相符的。

N 是中断源的代号,见表 15-3。表中中断向量地址只在宏汇编中使用,C51 是在编译时自动生成一段代码,使得对应地址上都有正确的跳转指令,一旦有中断请求,就通过该跳转指令转入到中断函数所在的实际入口处执行。

表 15-3　中断源以及中断编号

中断编号	中　断　源	入口地址
0	外部中断 0	0x0003
1	定时器/计数器 0 溢出	0x000B
2	外部中断 1	0x0013
3	定时器/计数器 1 溢出	0x001B
4	串行口中断	0x0023
5	定时器 2	0x002B

在 C51 系列微控制器中,有的多达 32 个中断源,所以中断编号有 0~31。

【例 15-2】　设 $f_{osc}=12MHz$,硬件定时器每 1ms 产生一次中断,则秒计数功能如下:

```
unsigned int cnt;       // 软件计数器
bit flag;               // 秒脉冲标志
void timer0(void) interrupt 1 using 2
{
TH0=(65536-1000)/256;         // 1ms 计数为 1000 次,初值为 65536-1000;
TL0=(65536-1000)%256;         // 此处分别取高 8 位、低 8 位重载初值
  if(++cnt>=1000)             // 计数到 1000
  {
    flag = 1;                 // 置秒更新标志
    cnt = 0;                  // 软件计数器清零
  }
}
```

这样,中断函数总是每一秒给出 flag 信号量,留待主程序处理。主程序一旦处理好秒更新,就清除 flag,以便下一秒时 flag 的变化。

15.5　C51 模块化程序设计

在第 8.4 节中,基于 ASM-51 介绍了多模块编程。在用 C51 编程时,多模块程序设计更加方便。关系密切的一组或几组功能函数以及它们所涉及的数据,组成一个程序模块(一份独立的 C 源文件)。

如图 15-1 所示,程序模块(C51 或 ASM51)可单独地创建、编辑或修改,并编译或汇编为目标文件。汇编是对汇编语言源程序而言,编译是对 C51 源程序而言。目标代码保存在对应的目标文件中,"目标"指与具体指令系统相关,由机器码与地址组成。列表文件包含源程序、

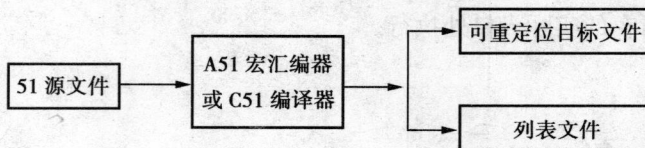

图 15-1　汇编/编译图

目标代码和错误信息等可打印的信息。

　　Keil 以工程（Project）的概念管理项目，一个工程由多个源文件组成，包括 C51 和宏汇编等，目标文件中的地址码是相对地址。图 15-2 表示目标码文件与库还需要重新连接和定位，以得到具有绝对地址信息的完整的可执行代码。

　　可执行文件是目标微控制器上的程序代码的存储映象，交叉参考映象文件记录了源程序中行号、函数、标号等与实际地址之间的对应关系，可供源程序调试，调试除错以后，借助于硬件编程器或其他手段，将程序代码固化到目标微控制器的 ROM 中，即可在真实条件下运行。

　　Keil C 工具软件中，连接器和定位器合二为一，由应用程序 L51. exe 实现。不过在集成环境下，并不需要手工启动该程序。

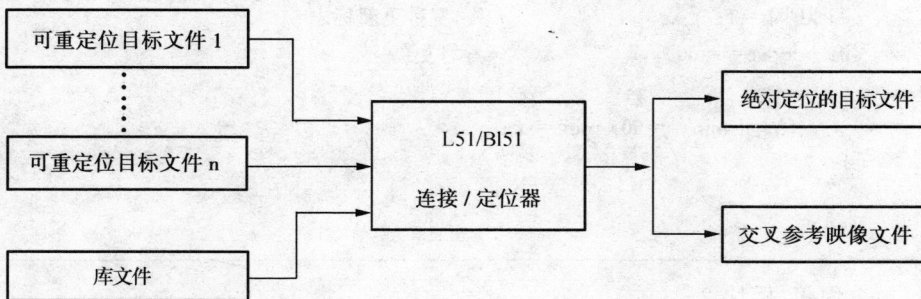

图 15-2　多模块目标文件连接图

　　程序文件有几个常用的扩展名。典型源文件有：.ASM、.A51、.P51、.C51 或.C、.ASM、.A51，其是汇编语言源文件；.C51 或.C 是 C 语言源文件。包含汇编/编译的程序和错误的列表文件是.LST。可重定位的目标模块为.OBJ 文件，库文件是.LIB。最后的绝对定位的目标文件用同名而无扩展名的文件表示。若转换成 Intel 的目标文件，格式是.HEX。连接/定位后的映象文件是.M51 或.MAP。在编译时加入到源文件中的头文件是. H。

　　【例 15-3】　基于定时器 T0 中断的应用。下列两个模块可实现秒和分的走时。
timer. c 模块 1

```
include<reg51. h>
unsigned char cnt;                              // T0 中断的软件计数,16 次为 1 秒
unsigned char sec,min;                          // 秒、分值
bit TickFlag;                                   // 时间更新标志
void InitT0(void)
{
    TMOD = (TMOD & 0xF0) | 0x01;                // 本句设置 T0 方式,不影响 T1,有利于结构化
    TH0 = 0x1F;                                 // 初值,1/16s 定时
    TL0 = 0x00;
    TR0 = 1;                                    // 启动定时器
    ET0 = 1;                                    // 允许 T0 中断
    PT0 = 0;                                    // 中断优先级为低
    cnt = 0;
```

```
        sec = 0;
        min = 0;
    }
    void timer0(void) interrupt 1 using 1
    {
        TH0 = 0x1F;                          // 重置初值高位
        TL0 = 0x00;                          // 重置初值低位
        if(++cnt==16)                        // 计数 16
        {
            cnt = 0;                         // 计数器清零
            TickFlag=1;                      // 置秒更新标志
            if(++sec==60)                    //秒更新
            {
                if(++min==60) min = 0;
            }
        }
    }
```

main. c 主程序,模块 2

```
include <reg51. h>
include<stdio. h>                          // 支持串行口作为输出设备用以打印输出信息
extern unsigned char sec, min;             // 引用外部变量
extern bit TickFlag;                       // 同上
extern void InitT0(void);                  // 引用外部函数
void main(void)
{
    InitT0();                              // 初试化 T0
    SCON=0x50;                             // 本行以及后续 4 行初始化串行口使打印语句起效
    TMOD=(TMOD & 0x0F) | 0x20;
    TH1=0xFD;                              // 9600bps,若 f_{osc}=11.0592MHz
    TR1=1;
    TI=1;                                  // 设置发送就绪标志
    EA = 1;                                // 允许 CPU 中断
    while(1)                               // 无限循环
    {
        if(TickFlag)
        {
            printf("Time is %d : %d", min, sec); // 调用 putch()打印,输出口为串行口
            TickFlag = 0;                  // 清除秒更新标志
        }
    }
}
```

【例 15 - 4】　根据图 14 - 16,用高级语言编写 A/D 转换函数。

AD574 的基地址为 BASE = FCA0H,启动 12 位 A/D 的地址 BASE+0,A/D 高 8 位地址为 BASE+2,低 4 位(加尾随的 4 个"0")的地址为 BASE+3。状态位是 P3.2,按特殊功能寄存器的位 sbit 予以说明,模块如下:

相关的变量名及函数如下:

```c
#include <reg51. h>
#include <intrins. h>                // 允许在 C51 中直接插入与汇编形式指令等价的函数
unsigned char xdata ST_AD  _at_ 0xFCA0;unsigned char xdata AD_H _at_ 0xFCA1;
unsigned char xdata AD_L  _at_ 0xFCA2;
sbit STS = P3^2;

int AD_CON()
{
    int AD_val;
    ST_AD = 0;                // 启动 A/D 只需要发送随机数即可
    _nop_();                  // 在 C51 中执行 NOP 指令,原型在 intrins. h 中
    while (STS) {}            // STS 高,说明 A/D 在进行中,等待
    AD_val = AD_H;            // 取高位 A/D 码
    AD_val = (AD_val<<8);     // 数据移到高位
    AD_val += AD_L;           // 数据加上低 4 位及尾随的 4 个"0"
    AD_val = (AD_val>>4);     // 移位,将尾随的"0000"去掉
    return AD_val;            // 返回 A/D 转换结果
}
```

本例中引入了 C51 高级语言中执行汇编指令 nop 的方法。这些小技巧来源于实践中的积累,在用到时可以查找 C51 联机文档。

15.6　C51 与 ASM - 51 宏汇编语言的混合编程

在 Keil 集成调试环境中,ASM - 51 汇编与 C51 编译所生成的目标码文件具有相同格式,只要遵循一些约定,就可以实现不同语言之间的混合编程。

混合编程必须了解不同语言对寄存器的使用以及参数的传递规则。从模块外部考察,C51 总是尽可能减少对通用寄存器的依赖,它似乎只在参数传递的时候才使用通用寄存器。这一结果或多或少地降低了 C51 代码的效率,但由此减少了模块之间的相互影响。也正是因为这个缘故,汇编语言可以比较自由地、安全地使用通用寄存器。程序开发人员可以使用汇编语言,开发出高效实时的代码,充分发挥出个人的聪明才智。

如果某个模块准备用汇编语言来写,一个捷径就是先用 C51 写出框架文件,然后在该模块的开始处加上一个控制行。

#pragma SRC

则编译的结果就生成一个扩展名为 ∗ .src 的文件,其文件名与对应的 C51 框架文件相同。

在 Keil 环境下打开这个文件,就可以看到,实际上这是一个由 C51 生成的汇编语言源程序。对照前后两个文件,能发现一些规律。实际上这些规定也正是 C51 与 ASM-51 的接口规则。择要点叙述如下。

15.6.1　函数名的转换

C51 函数名与相应的汇编语言源程序中的标号有如表 15-4 所示的对应关系。

表 15-4　函数名的转换

说　　明	符号名	解　　　释
void func(void)	FUNC	无参数传递或不含寄存器参数的函数名不作改变即转入目标文件中,名字只是简单的转为大写形式
void func(char)	_FUNC	带寄存器参数的函数名加入"_"字符前缀以示区别,它表明这类函数包含寄存器内的参数传递
void func(void) reentrant	_? FUNC	对于重入函数加上"_?"字符前缀以示区别,它表明该函数包含栈内的参数传递

15.6.2　参数传递

传递参数和函数的返回值是不同语言混合编程的关键,两种语言必须使用同一规则。汇编语言编程直接基于指令系统,拥有相对充分的自由,因而通常情况下使汇编模块服从高级语言的调用约定。

ANSI C 的标准方法是使用堆栈传递参数,并且这样的函数可以支持递归和重入。因为 MCS-51 的堆栈位于多用途的内部 RAM,容量十分有限,所以 Keil C51 主要是采用寄存器传递参数,必要时也通过共享数据段传递参数。

C51 以通用寄存器来传递参数,限制参数个数不超过三个,并且限制参数的类型,如表 15-5 所示。

表 15-5　参数传递的寄存器规定

参数类型	char	int	long, float	一般指针
第 1 个参数	R7	R6、R7	R4~R7	R1、R2、R3
第 2 个参数	R5	R4、R5	R4~R7	R1、R2、R3
第 3 个参数	R3	R2、R3	无	R1、R2、R3

考虑到 MCS-51 应用于低端的嵌入式系统中,所担当的任务不是非常复杂,这些限制是可以接受的。在有更多数据需要传递时,不妨利用全程变量、指针变量等变通的手段。下面提供几个说明参数传递规则的例子:

● 函数 func1(int a);

第一个参数 a 是 int 型,在 R6、R7 中传递,这也是该函数的唯一的参数。

● 函数 func2(int b, int c, int * d)

第一个参数 b 是 int 型,在 R6、R7 中传递;第二个参数 c 也是 int 型,在 R4、R5 中传递;

第三个参数是指针,但未说明是那一个存储空间的指针,C51 使用智能指针的概念增加这类函数的适应性,结果它需要 3 个字节,第 1 字节指明指针变量的类型,第 2、3 字节以指针为值,所以该参数实际由 3 字节构成,在 R1、R2、R3 中传递。

● 函数 func3(long e, long f)

第一参数 e 是 4 字节 long 型,需在 R4～R7 中传递;第二参数 f 是 4 字节浮点型,根据表 15-5,第二参数若用寄存器传递,按规定也是 R4～R7,这已经不可能了。

当出现这种无法使用寄存器传递参数的情况,C51 规定用一个数据段来传递参数。该数据段的段名,数据标号都从函数名和模块名组合而来,一些内部标号可以随即生成,一般为参数名加数字。这里函数名为 func3,模块名为 M,用以下数据段用来传递参数:

```
                PUBLIC   ?_fun3?BYTE              ;公共字节变量说明,使传递成为可能
?DT?_fun3?M     SEGMENT DATA OVERLAYABLE          ;可覆盖的段,函数返回后可收回
                RSEG    ?DT?_fun3?M               ;相对定位段,地址连接时确定
?_fun3?BYTE                                       ;公共标号
                e?040:   DS  4                    ;e 参数,仅为兼容,目前不使用
                f?041:   DS  4                    ;第 2 参数,通过此数据区传递
```

为每个参数保留的字节数由该参数的类型确定,其地址都是相对于公共标号的,只在连接时地址才被绝对定位。OVERLAYABLE 说明可覆盖的段,函数调用前,调用者需要操作该段,函数返回时就可以抛弃该段。根据这个特点,连接程序通过一定的算法,可以将该数据段占据的地址重新分配给其他部分使用。

不难想象,有局部变量需求的函数,如果指定自己的数据段,并且这数据段也可以具有 OVERLAYABLE 属性,则可以覆盖;相反,全程变量就不可以有覆盖。

该函数的代码段也以函数名为基础,由段说明和公共标号组成,框架如下:

```
                PUBLIC   _fun3
?PR?_fun3?M     SEGMENT CODE
                RSEG    ?PR?_fun3?M
_fun3:
                ……
                RET
                END
```

● 函数 func4(bit x);

这里参数是位变量,函数的参数列表中还可以有其他类型的变量,这里以最简单的情形略作说明。C51 的位变量在任何情况下都不使用寄存器传递,所以涉及位变量参数,就需要定义一个可位寻址的段。该函数的位是如下声明的:

```
                PUBLIC   ?func4?BIT               ;公共位变量说明,使传递成为可能
?BI?func4?M     SEGMENT BIT OVERLAYABLE           ;可覆盖的位段,函数返回后可收回
                RSEG    ?BI?func4?M               ;相对定位段,位地址连接时确定
?func4?BIT:
                x?142:   DBIT  1
```

相关的函数的代码段也以函数名为基础,由段说明和公共标号组成,框架如下:

```
                    PUBLIC   func4
? PR? func4? M      SEGMENT CODE
                    RSEG   ? PR? func4? M
func4:
                    ……
                    RET
```

在汇编语言编写函数时,除了约定用于传递参数和返回值的寄存器内容外,必须假定任何其他工作寄存器(当前组的 R0~R7,ACC、B、DPTR 和 PSW)的内容都是不确定的。C51 这样规定的好处是,任何函数都不需要顾及或依赖其他函数对寄存器初值的要求,除非寄存器被用于传递参数和返回值。

15.6.3　函数的返回值

由 C51 调用一个函数,而该函数是用汇编语言来实现的,当函数有返回值时,汇编部分需要在执行 RET 指令前,将返回值存放到 C51 规定的寄存器,于是返回到 C51 语言部分后,调用者就能方便地得到所需要的数据。

C51 函数返回值放入使用工作寄存器,如表 15-6 所示。

表 15-6　函数返回值

返回值类型	寄存器	说　　　明
bit	C	返回值在进位标志位
char/unsigned char1_byte 指针	R7	单字节返回值在 R7
int/unsigned int2_byte 指针	R6 和 R7	双字节返回值在 R6 和 R7,且高位在 R6
long/unsigned long	R4~R7	4 字节返回值在 R4~R7,高位在 R4
float	R4~R7	32bit IEEE754 格式
通用指针	R1~R3	存储类型在 R3,高位 R2,低位 R1

15.6.4　C 语言和汇编语言的接口示例

在仪器开发中,经常要将二进制数转变成十进制数(BCD 码)用于显示,用 C51 写这段代码是很简单的(假设数的范围在 00~99 之间)。

用 C 语言编写的 1 字节二进制数到 BCD 码的转换如下:

```
BINTOBCD(unsigned char bin)
{
    unsigned char x;
    x = bin / 10;
    x = x << 4;
    return x + (bin % 10);
}
```

如果这段代码需要被频繁地调用,在实时性比较严格或代码空间比较紧张的情况下,就需要仔细考察这段代码所占有的字节数和它的执行效率。为此，我们将该段代码作为一个单独的模块，并在其头部增加一控制行如下：

```
#pragma SRC
```

保存为文件 Bin2Bcd.c，编译一次就可以生成相应的汇编语言源程序。这份自动生成的源程序很长，在去掉一些容易理解的注解行、空行以后，列出如下（注解为编者所加）：

```
; Bin2 Bcd. SRC generated from：Bin2Bcd. c
                      NAME     BIN2BCD
?PR?_BINTOBCD?BIN2BCD  SEGMENT CODE              ;说明一个段
                      PUBLIC   _BINTOBCD         ;标号为函数名,外部可见
                      RSEG?PR?_BINTOBCD?BIN2BCD  ;指明该段为相对段,可以重定位
_BINTOBCD:
                      USING    0
                      MOV      A, R7            ;参数在 R7 中
                      MOV      B, #0AH
                      DIV      AB               ;除 10 得到的商在 A 中
                      SWAP     A                ;商移位 4 次,高低 4 位交换
                      ANL      A, #0F0H         ;再清除低 4 位,比期望的好
                      MOV      R6, A            ;中间结果保存在 R6
                      MOV      A, R7            ;再在 R7 中取回参数
                      MOV      B, #0AH
                      DIV      AB               ;再除 10
                      MOV      A, B             ;取 B 中余数,而商被丢弃
                      ADD      A, R6            ;中间结果加上余数
                      MOV      R7, A            ;放到 R7 作为返回值
                      RET
                      END
```

上面的汇编语言程序由 C51 产生，看起来已经非常简洁，特别是左移 4 位是以高 4 位和低 4 位的交换来实现，说明 Keil C51 编译器的性能已经非常优秀。事实上，C51 编译所生成的代码已非常接近优秀汇编语言程序员的水平了。

但在这个例子中，你仍能发现其不足：汇编语言里面做了两次完全相同的除法，前一次只用了商，将余数丢弃，而后一次只用了余数，将商丢弃。其实，在这个问题中，只需要做一次除法，再将商和余数重新组合一下就可以了。

所以，可以将上面的汇编程序段手工改写如下：

```
; Bin2 Bcd. SRC generated from：Bin2 Bcd. c
                      NAME     BIN2BCD
?PR?_BINTOBCD?BIN2BCD  SEGMENT CODE              ;说明一个段
                      PUBLIC   _BINTOBCD         ;标号为函数名,外部可见
                      RSEG?PR?_BINTOBCD?BIN2BCD  ;指明该段为相对段,可以重定位
_BINTOBCD:
```

```
            USING     0
            MOV       A,R7                  ;参数在 R7 中
            MOV       B,♯0AH
            DIV       AB                    ;除 10 得到的商在 A 中,余数在 B 中
            SWAP      A                     ;商移位 4 次
            ANL       A,♯0F0H               ;再清除低 4 位
            ADD       A,B                   ;加上余数
            MOV       R7,A                  ;放到 R7 作为返回值
            RET
            END
```

　　手工优化以后,代码更短,执行也更快。这是因为程序员能更好地理解上下文,也更清楚算法的本质,这是任何工具软件无法取代的。

　　最后,在工程文件中,删掉 Bin2Bcd. c,并加入优化过的 Bin2Bcd. SRC,在所有用到该函数的模块中,添加说明语句如下:

　　extern unsigned char BINTOBCD(unsigned char bin);

　　这样就可以调用了,并且这个函数是用真正的汇编语言写成的,实现了混合编程。以上介绍的是混合编程的一条有效捷径。

16 Keil 51 应用基础

Keil 51 是一套目前最流行的全面支持 MCS-51 系列微控制器的开发软件。Keil 51 包括 C51 编译器、ASM-51 宏汇编、链接器/定位器、库管理和一个功能强大的仿真调试器,并通过 μVision2 集成开发环境将这些部分组合在一起,以便于应用。虽然有最新版本如 μVision4 不断推出,但是对基础开发而言,μVision2 已经相当成熟。

集成开发环境(Integrated Develop Environment)类似于 Microsoft VC++,有极为友好的用户界面,直观易用,功能强大,包括纯软件的模拟调试,并支持硬件在线仿真。

本章概要介绍 Keil 51 的各应用环节,使读者学会在该环境下编程和调试,通过实践理解本课程的知识,掌握必要的技能。

16.1 μVision2 的界面

如果计算机上尚未安装 Keil 51 软件,可通过 www.zlgmcu.com 下载一个评估版,按说明安装。然后就可以在桌面上看到 Keil μVision2 图标,双击它,即可进入 Keil μVision2 的开发环境。启动时的画面如图 16-1 所示。

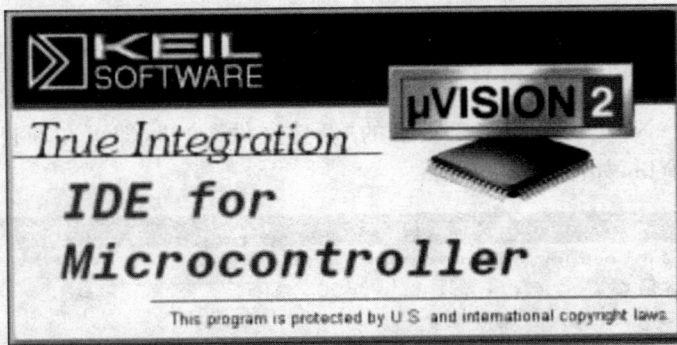

图 16-1 启动时的画面

接着出现如图 16-2 所示的界面,包括项目、编辑和输出三个窗口以及 11 个下拉菜单。如果是第一次启动 μVision2,尚未建立工程,则三个窗口显示都是空的。

编辑窗口用于显示、编辑程序文本。

项目窗口有三个标签页,分别是 Files、Regs 和 Books。这三个标签页分别用于显示当前项目的文件结构、CPU 的寄存器的值(调试时才出现)和大量电子版技术文档。

输出窗口也有三个页面,分别为 Biuld、Command 和 Find in Files。Biuld 页面用于显示编译、连接时产生的信息;Command 页面用于调试过程中输入调试命令和输出调试信息;Find in Files 页面用于显示在文件中查找字符的结果。

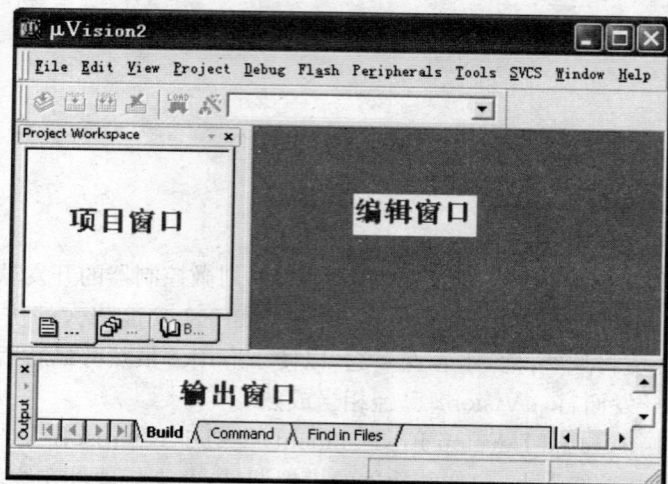

图 16-2　μVision2 的开发环境

　　下拉菜单的用法与其他标准的 Windows 应用程序的菜单基本相同,此处不一一说明。View 菜单中汇集了常用的一些工具条和调试窗口,在程序编辑、调试过程中可以通过 View 菜单显示工具条或打开窗口。

　　以下通过一些实例来介绍 Keil 51 软件的使用,并学习如何输入源程序,建立工程,对工程选项进行设置以及如何编译、调试,并最终将源程序代码编译成为可执行代码文件。

16.2　编辑源程序文件

16.2.1　编辑一个汇编语言程序

　　使用菜单"File→New"或者点击工具栏的"新建文件"按钮,即可在项目窗口的右侧打开一个新的文本编辑窗口,如图 16-3 所示。

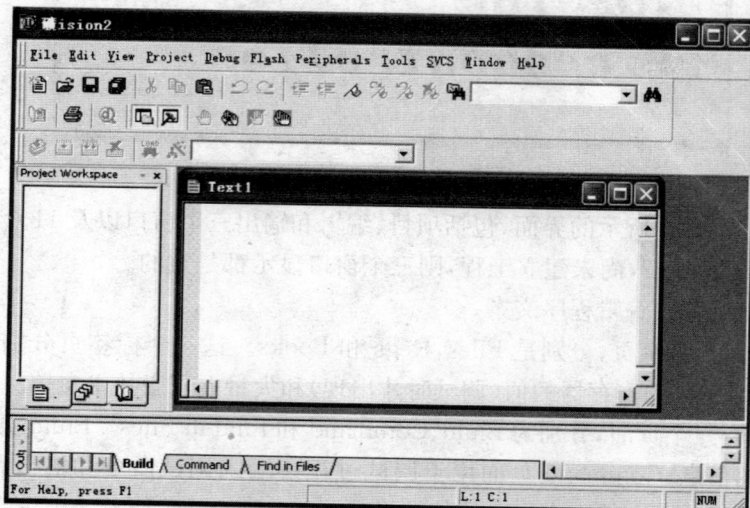

图 16-3　新建一个文件

在该窗口中输入以下汇编语言源程序。

源程序代码一：

```
; ------------------------------------------------------------
; exam1. asm
; ------------------------------------------------------------
            MOV      A,#0FEH
MAIN:       MOV      P1,A
            RL       A
            LCALL    DELAY
            AJMP     MAIN
DELAY:      MOV      R7,#255
D1:         MOV      R6,#255
            DJNZ     R6,D1        ;此行安排一个逻辑错误,汇编时不会被
                                  ;发现,但调试时会有问题,以便更好的了解调试功能
            DJNZ     R7,D1
            RET
            END
```

使用菜单"File→Save"或者点击工具栏的"保存文件"按钮,将弹出文件保存对话框。选择合适的路径和文件名(这里将文件保存为 exam1. asm),单击"保存"按钮,保存文件,一个汇编程序就编辑完成了。需要强调的是：必须预先为每个工程或实验建立一个独立的文件夹,否则,随着工程的进展,中间文件会越来越多,就会给以后清理和存档带来一系列问题。另外,输入源文件名时必须加上扩展名。汇编语言源程序一般用".asm"或".a51"作为扩展名,C51以".C"作为扩展名。

16.2.2   编辑一个 C 语言程序

与前面的方法一样,新建一个文件,在编辑窗口输入以下 C 语言程序代码。源程序代码二：

```
//   exam2. c
#include <reg52. h>
#include <stdio. h>
void main(void)
{
    SCON = 0x52;
    TMOD = 0x20;
    TH1 = 0xE8;
    TR1 = 1;
    printf ("Hello! I am KEIL 51. \n");
    printf ("I will be your friend. \n");
    while(1);
}
```

将文件保存为 exam2.c,这个文件与上面的 exam1. asm 没有逻辑上的联系,可以考虑将它放在另外的文件夹中。

源文件就是一般的文本文件,用其他编辑工具编写的程序文件也可以拷贝过来修改和使用。

16.3　创建工程文件

μVision2 以工程的概念来支持多模块编程,管理所有的源程序文件、配置文件以及生成的中间文件和最终形成的目标码。即使是只使用一个源文件的单模块编程,也必须建立工程。

工程项目要选择合适的 CPU 处理器(Keil 支持数百种 CPU,而这些 CPU 的特性并不完全相同),设置工程选项,指定调试的方式。本节介绍创建工程文件的方法以及工程文件中的一些选项设置。

16.3.1　新建工程

创建一个新的工程通常需要执行以下几个步骤:

(1) 在 μVision2 的环境下新建工程文件,并选择 CPU;

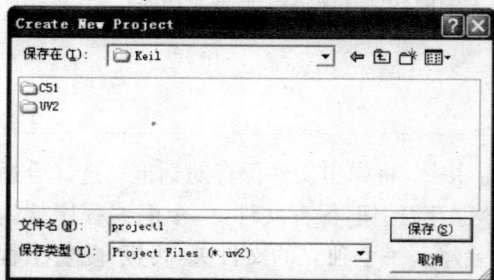

图 16-4　创建新工程

(2) 添加源程序文件到工程文件中;

(3) 对目标硬件进行选项设置。

下面将详细讲解如何进行以上各步。

首先进入 μVision2 的开发环境。点击"Project→New Project…"菜单,弹出如图 16-4 所示的对话框。选择路径,输入文件名(这里用 project1 作为工程名称,扩展名会自动设为"uv2"),点击"保存"按钮。

接着,又出现一个对话框,如图 16-5 所示。该对话框用于选择目标 CPU,左边的 Database 列表中列出各大厂商生产的 MCS-51 系列 MCU。我们选择 Atmel 公司的 AT89S52 芯片。点击 Atmel 前面的"＋"号,选择展开项中的"AT89S52",然后再点击"确定"按钮。

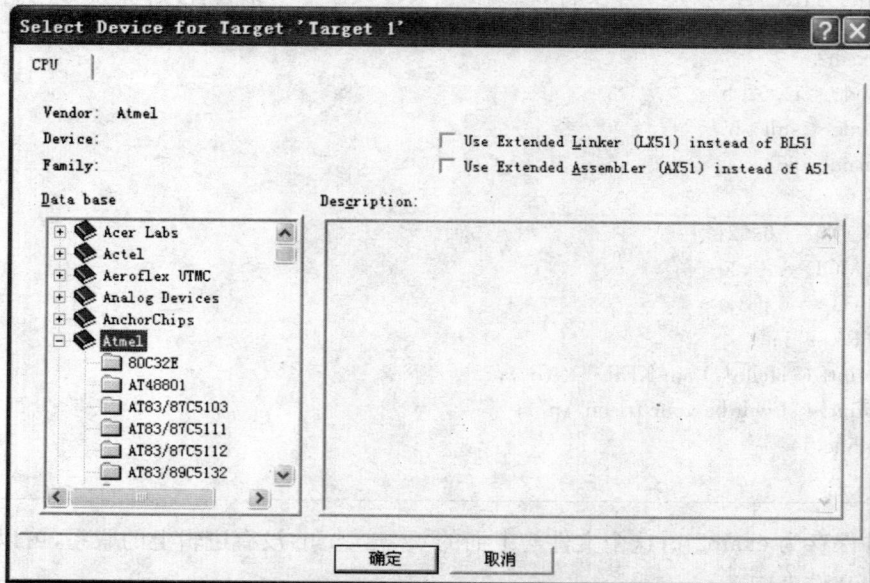

图 16-5　选择目标 CPU

　　然后,根据版本,可能会弹出图 16-6 所示的对话框,询问是否添加标准 8051 启动代码到工程文件中。所谓标准启动代码是 C51 高级语言编程所需要的。该文件在 C51 的 main()函数运行之前初始化硬件和堆栈指针。只有在使用 C51 高级语言,并且可能需要修改启动代码的时候,才需要拷贝一个副本到工程文件中。用汇编语言编程或在 C51 的标准应用中,并不需要拷贝这个启动代码。根据需要选择"是"或"否",即回到主界面。

图 16-6　是否添加标准 8051 启动代码

　　此时,在工程窗口的文件页中,出现了"Target 1",点击前面的"+"号展开,可以看到下一层的"Source Group 1",继续展开可以看到"Source Group 1",如果图 16-6 选择了"是",那么这时已经包含一个名为 STARTUP.A51 的文件,如图 16-7 所示。如果选择了"否",就不出现 STAR-TUP.A51 这个文件。

　　这时工程项目还是空的,可以添加源程序文件。右击"Source Group 1",出现一个下拉菜单,如图 16-8 所示。选择"Add File to Group 'Source Group 1'",在弹出的对话框中选择要添加到工程中的文件(建议将源程序文件和工

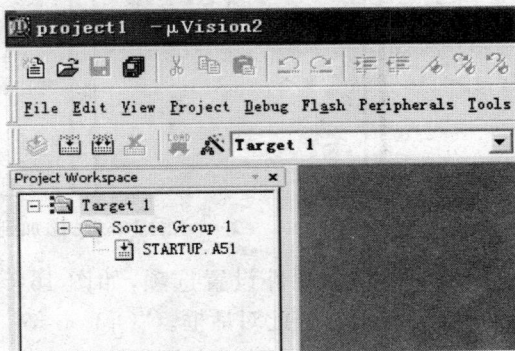

图 16-7　新建的 project1 工程文件

程文件存放在相同的文件夹中,以便于管理),在此将上一节编辑好的 exam1.asm 源文件加入工程。点击"Add"按钮添加文件。文件添加后,该对话框并不会自动关闭,而是等待继续加入其他文件,若不需要,可点击"Close"按钮完成文件的添加。

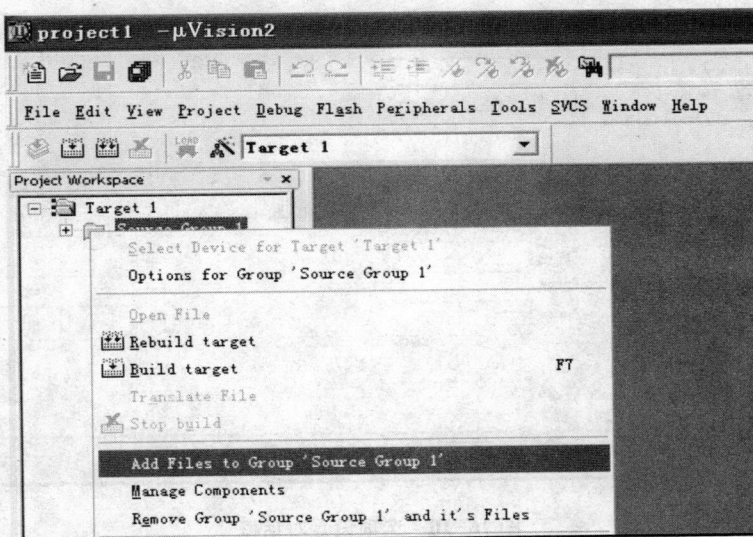

图 16-8　添加源文件

接着展开工程窗口中的"Source Group 1",可以看到刚刚添加的 exam1. asm 文件。双击文件名,可以打开该源程序文件,如图 16-9 所示。

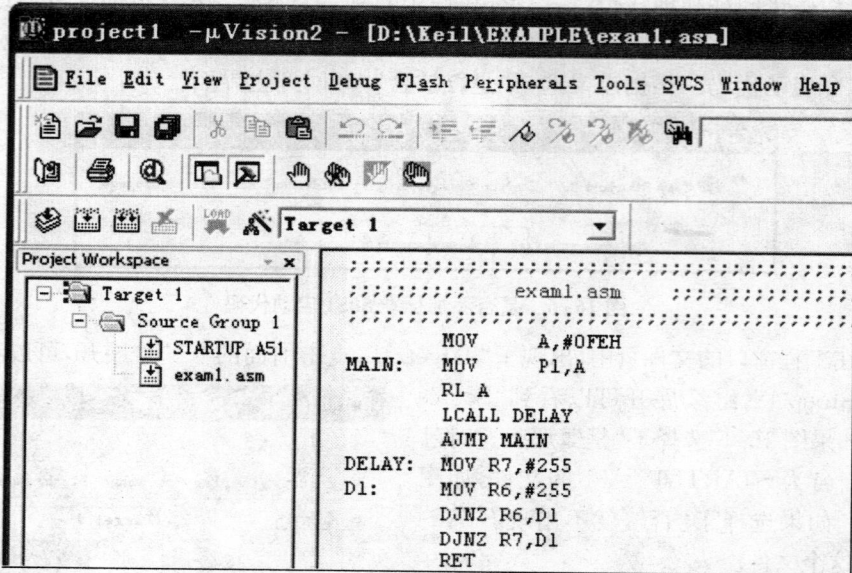

图 16-9　添加到工程的 exam1. asm 文件

以下为目标硬件设置选项,如图 16-10 所示。点击菜单"Project→Option for Target 'Target 1'"可打开此对话框。"Option for Target'Target 1'"对话框共有 10 个页面,包含了相当丰富的选项。初学时大部分的选项使用默认值即可。下面只对几个需要详细了解的选项设置进行介绍。其他选项可随着实践经验的积累,通过学习不断掌握。

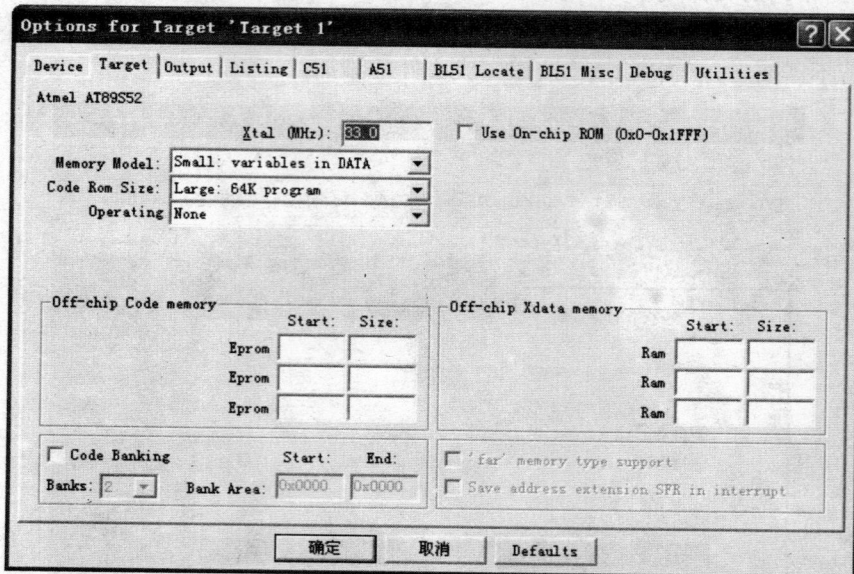

图 16-10　选项设置对话框

1）设置 Target 页面

Xtal 选项后面的数值是晶振频率值，默认值是所选目标 CPU 的最高可用频率值，如果该数值与实际硬件的晶体频率相等，模拟调试时可通过寄存器窗口观察指令或程序段的执行时间。这里设置为 11.059 2 MHz，如图 16-11。

Memory Model 选项设置存储模式，高级语言中凡未指定存储区域的默认变量，编译时必须为其指定明确的存储空间：默认 Small 模式可选；Compact 模式或 Larget 模式。

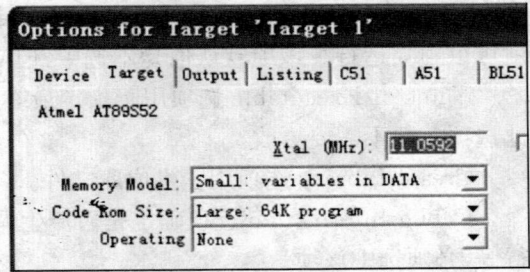

图 16-11　设置晶体振荡频率

Code Model 选项用于设置 ROM 空间的使用：Small 模式，程序低于 2 KB；Compact 模式，单个函数的代码量不超过 2 KB，整个程序可以使用 64 KB 程序空间；Larget 模式，可用全部 64 KB 空间。通过选择，尽可能生成紧凑的代码。

Off-chip Code Memory 和 Off-chip Xdata Memory 分别确定系统扩展 ROM 和扩展 RAM 的地址范围，这必须根据实际硬件来决定。如果填入硬件上实际拥有的地址范围，则代码或数据的分配超出实际规定时，程序连接时会给出警告。初学时程序规模较小，可默认空白设置。

Operating 选择操作系统，可选默认值 None；可选项为 rtx 51-tiny 和 rtx 51-full，有兴趣的读者可以查阅在线帮助或有关的文献。

Use on-chip ROM 选择项，确认是否仅使用片内 ROM，该项并不会影响最终生成的目标代码量。

2）设置 Output 页面

如图 16-12 所示，该页也有多个选择项。

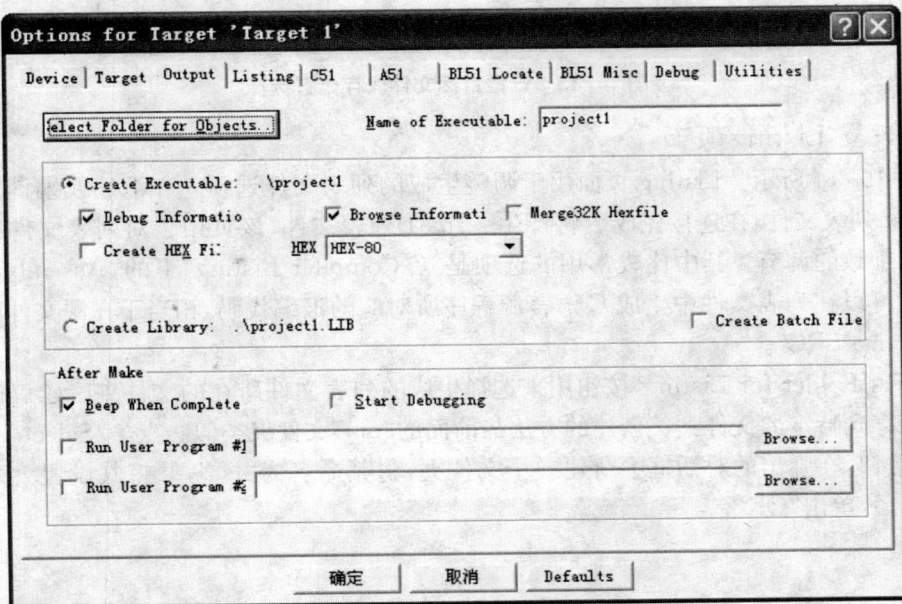

图 16-12　Output 页面设置

Create HEX File 选项用于生成可执行代码文件,文件的扩展名为 ∗.HEX。借助于编程器,由调试好的程序所生成的 HEX 文件,可被固化到 MCU 芯片中,再插到线路板的插座上,就可以独立运行。该项默认值是不选中,但实验时需要,因此选中它。

Name of Executable 选项用于指定最终生成的目标文件的名字,默认与工程的名字相同,此选项一般不需要更改。

Create Library 选项用于生成库文件。

Debug Information 选项确定是否产生调试信息,特别是高级语言程序的调试,如单步执行等,必须选中该项。

按钮"Select Folder for Objects"用来选择目标文件所在的文件夹。目标文件大多是些中间文件,默认与工程文件在同一个文件夹中。为便于清理和存档,建议在工程文件下先建一个"obj"文件夹。再点击该按钮,弹出"Browse for Folder"对话框,如图 16-13 所示。选择这个新建的文件夹为目标文件夹,则以后工程所有的 ∗.OBJ 和 ∗.HEX 文件都将生成在该文件夹下。存档时"obj"文件夹下的内容可以全部清空。

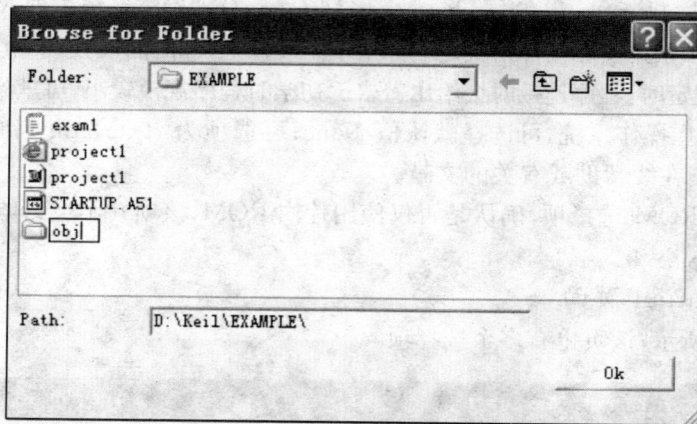

图 16-13　设置目标文件保存位置选择

3) 设置 Listing 页面

如图 16-14 所示。Listing 页面用于调整生成的列表文件选项。在汇编或编译完成后将产生 ∗.lst 列表文件,在连接完成后将产生 ∗.m51 列表文件,该页用于对列表文件的内容和形式进行细致的调节。其中比较常用的选项是"C Compiler Listing"下的"Assembly Code",选中该项可以在列表文件中生成 C 语言源程序所对应的汇编代码,相当于在源文件中加控制行"♯pragma SRC"。

"Select Folder for Listing"按钮用来选择生成的列表文件所在的文件夹。建议读者将列表文件保存到特定的文件夹。创建的方法与前面的"obj"文件夹类似。点击"Select Folder for Listing"按钮,在弹出的对话框中新建一个文件夹,将其命名为"lst",并将其设置为列表文件的保存路径,单击"OK"。

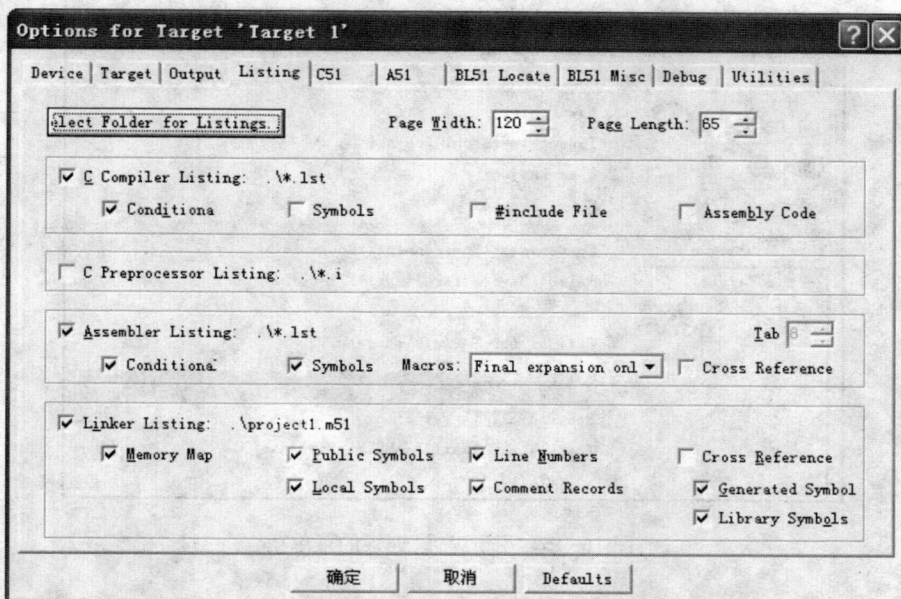

图 16-14　Listing 页面设置

　　点击"确定"按钮返回主界面,使用菜单"File→Save All"或者点击工具栏的"保存文件"按钮,将工程文件保存到指定位置。到此,工程文件建立、设置完毕。点击菜单"Project→Close Project"返回 Keil μVision2 开发环境的初始界面。

16.3.2　打开已存在的工程

　　在退出 μVision2 以后再次进入,可以通过两种方式打开已存在的工程文件:
　　(1) 在 μVision2 开发环境下,点击菜单"Project→Open Project",在弹出的对话框中选择路径,点选工程文件名,即可打开工程。另外,在 Project 菜单下面列出了近期打开过的工程文件,可以点击相应的文件名,打开工程。
　　(2) 直接进入工程文件的保存路径,双击工程文件名(扩展名为"uv2"),也可打开工程。

16.4　汇编/编译和链接

　　在 Project 栏有 4 个菜单项用于工程文件的编译、连接。如图 16-15 所示。其中,"Build target"项用于对当前工程进行连接,如果当前文件已修改,软件会先对该文件进行编译,然后再连接以产生目标代码;"Rebuild all target files"项会对当前工程中的所有文件重新进行编译然后再连接,使用该项来编译可以确保最终产生的目标代码是最新的;"Translate…"项则仅对该文件进行编译,不进行连接;选择"Stop build"项停止编译。
　　以上操作也可以通过 Build 工具栏按钮直接进行。如图 16-16 所示,从左到右依次是:编译、编译连接、全部重建、停止编译和对工程进行设置。

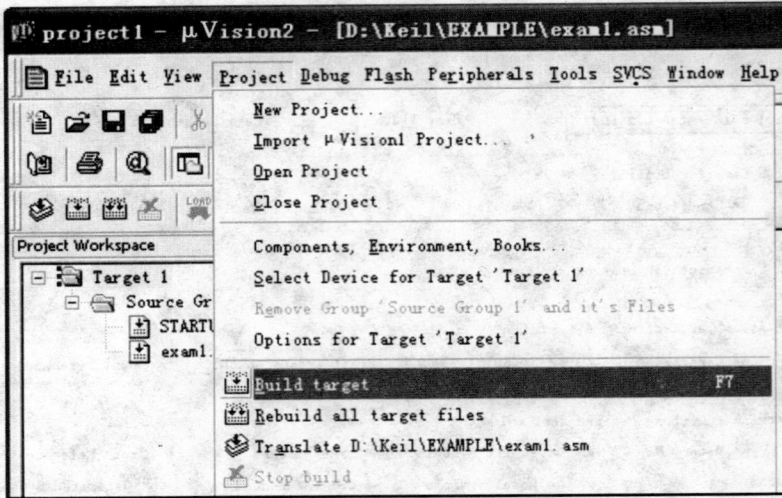

图 16-15　用于编译、连接的菜单项

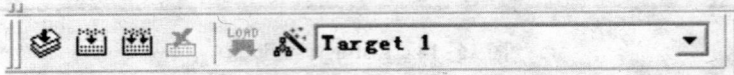

图 16-16　编译、连接、项目设置工具条

　　编译信息将出现在输出窗口的 Build 页中，如语法错误，会有提示行，双击该行，可以定位到源程序窗中出错的位置。对源程序修改之后，如图 16-17 所示，提示没有错误并生成了名为 project1. hex 的文件。下一步是调试工作。

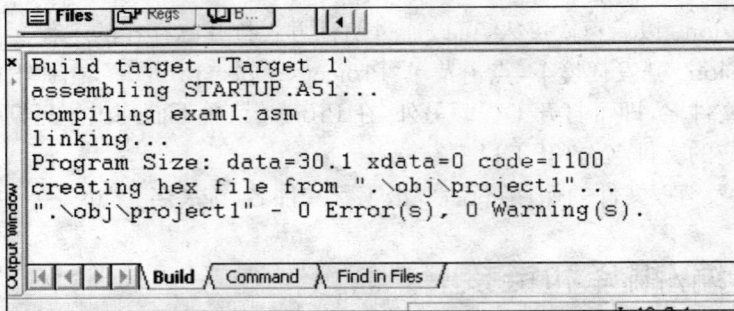

图 16-17　正确编译、连接后的输出显示

16.5　程序调试功能

　　没有语法错误，还可能有逻辑错误，也许程序不能像期望的那样运行，流程或某些部分不工作。这些错误必须通过调试才能发现并解决。调试是一项细致的工作，有时需要反复进行。
　　以下通过实例来说明调试工具的使用，包括在线汇编、单步执行、设置断点以及各调试窗口的使用方法。

16.5.1　进入调试模式

　　Keil 51 利用通用计算机强大的功能,由软件完整地模拟出 MCS-51 内核的运行过程,一般的算法问题或逻辑错误,通过模拟环境下的调试运行,即可排除。另外,Keil 51 还提供联机在线仿真调试的功能。关于在线仿真调试在第 16.7 节详细说明。

　　按"Ctrl+F5",或点击工具栏中的" "按钮,或者单击菜单"Debug→Start/Stop Debug-Session"即可进入调试状态,如图 16-18 所示。

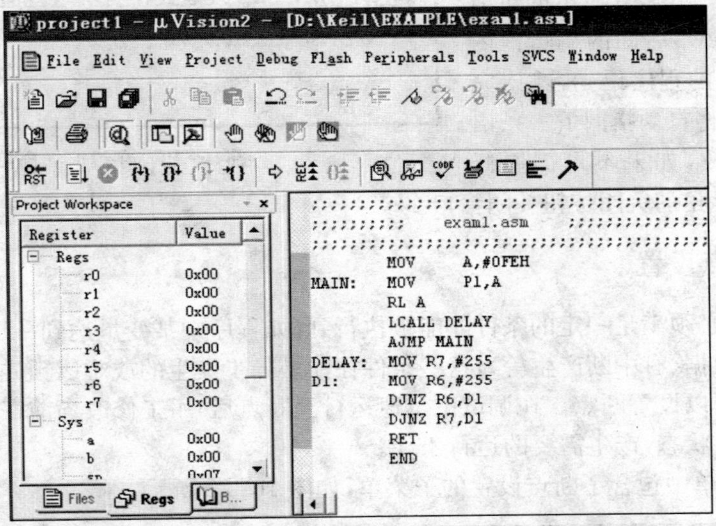

图 16-18　进入调试状态后的界面

　　调试界面与编辑状态的界面相比有明显的变化:项目窗口会自动切换到 Regs 标签页,显示寄存器值及其变化;Debug 菜单中的调试处于可用状态命令,另外,还增加一个包含主要调试功能的快捷工具条,如图 16-19 所示。

图 16-19　运行和调试工具条

　　Debug 菜单中的大部分命令可以在此工具条中找到对应的快捷按钮。从左到右依次是复位、运行、暂停、单步、过程单步、执行完当前子程序、运行到当前行、下一状态、打开跟踪、观察跟踪、反汇编窗口、观察窗口、代码作用范围分析、1♯串行窗口、储存器窗口、性能分析窗口、工具按钮。

16.5.2　单步执行

　　单步执行每次执行一行程序后暂停,等待下一调试命令。单步方式下可以观察当前行程序后存储器或寄存器的结果,看是否与预期结果相同,借此可以排除逻辑错误。

　　菜单"Debug→Step"、命令按钮或快捷键<F11>即可单步执行程序。菜单"Debug→Step Over"、相应的命令按钮或快捷键<F10>即可执行宏单步命令。所谓宏单步,是将汇编语言中的调用子程序至返回或高级语言中的函数调用至返回作为一步来执行,而不在子程序或函数内部停留。

16.5.3　在线汇编

　　在调试中,如果有错,可以直接修改源程序,但修改需在编辑环境中进行,还要重新进行编译、连接,然后再次进入调试。如果只有小的修改,这样的过程未免有些麻烦,为此 Keil 软件提供了在线汇编的能力。

　　将光标定位于需要修改的程序行上,点击菜单"Debug→Inline Assambly…"即出现如图 16-20 所示的对话框。在"Enter New"后面的编辑框内直接输入需更改的程序语句,输入完后按下回车光标将自动指向下一条语句,可以继续修改,如果不再需要修改,可以点击右上角的关闭按钮关闭窗口。

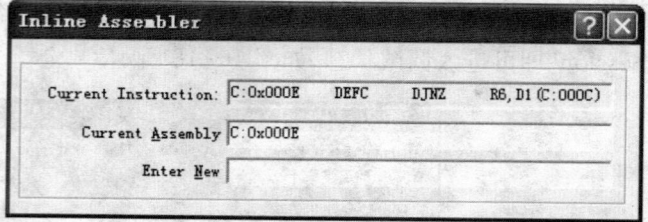

图 16-20　在线汇编窗口

16.5.4　断点设置

　　一些程序行必须满足一定的条件才能被执行到(如程序中某变量达到一定的值、按键被按下、串口接收到数据、有中断产生等),这些条件往往是异步发生的或难以预先设定的。为了调试这部分代码,可以设置断点。在调试中全速运行至断点后,手工修改当前寄存器或存储器的内容,或修改端口状态,产生需要的运行条件。

　　在 Debug 菜单中包含了断点设置的子菜单,如图 16-21 所示。

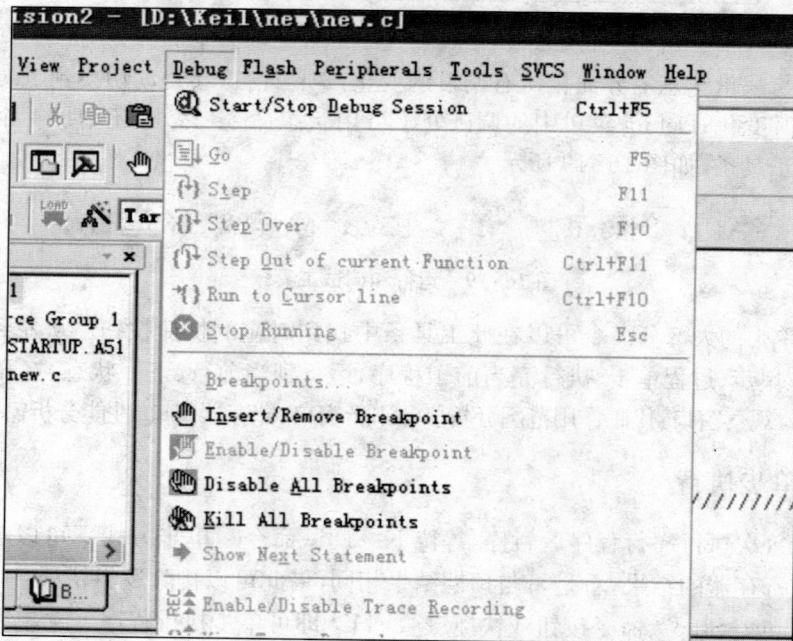

图 16-21　断点设置子菜单

将光标移到需要设置断点的程序行，"Insert/Remove Breakpoint"项用于设置或移除断点（用鼠标在该行双击也可以实现同样的功能）；"Enable/Disable Breakpoint"项用于开启或暂停光标所在行的断点功能；"Disable All Breakpoint"项用于暂停所有断点；"Kill All Breakpoints"用于清除所有的断点设置。也可以通过图 16-22 所示工具条进行设置。

图 16-22　断点设置工具条

除了在某程序行设置断点这一基本方法以外，Keil 软件还提供了另一种设置断点的方法，点击菜单"Debug→Breakpoints…"即出现一个对话框，可以输入表达式说明停止条件，需要时请参阅在线文档。

16.5.5　观察窗口

项目窗口中的 Regs 页仅可以观察到工作寄存器和有限的寄存器如 A、B、DPTR 等，如果需要观察其他寄存器的值或者在高级语言编程时需要直接观察变量，就要借助于观察窗口。通过菜单"View→Watch & Call Stack Window"可以打开或关闭观察窗口。在窗口内点鼠标右键可选择显示方式，见图 16-23 所示。

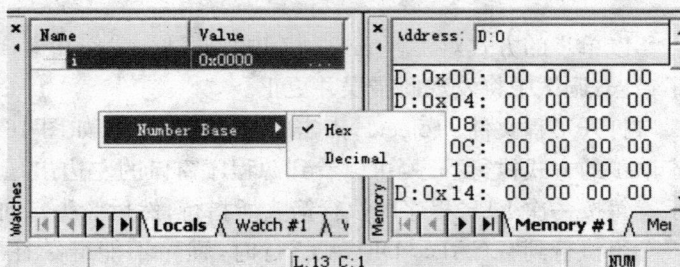

图 16-23　观察窗口和储存器窗口

一般情况下，我们仅在单步执行时才对变量的值的变化感兴趣。全速运行时，变量的值来不及刷新，只有停下来之后，这些值最新的变化才会反映出来。在一些特殊场合下可能需要在连续运行时观察变量的变化，此时可以点击菜单"View→Periodic Window Updata"，选中该项，程序运行时可观察有关值的动态变化。不过，程序模拟执行的速度会变慢。

16.5.6　储存器窗口

储存器窗口显示 MCS-51 各存储空间的内容，仍见图 16-23。在 Address 后的编辑框内输入"存储空间：地址"即可显示出相应内存值。其中存储空间是由字母 C、D、I、X 表示，分别代表代码空间、直接寻址的片内存储空间、间接寻址的片内存储空间、扩展的外部 RAM 空间，例如输入"D：0"即可观察到从地址 0 开始的片内 RAM 单元值、键入"C：0"即可显示从 0 开始的 ROM 单元中的值，显示内容默认是二进制代码，也可以以十进制、十六进制、字符型等形式显示。点击"View→Memory Window"可以打开或关闭储存器窗口。在窗口内点鼠标右键可选择显示方式。

16.5.7　串行窗口

Keil 51 提供了串行窗口。该窗口用来模拟串口通信。程序发送的内容可以显示在该窗口中；反之在串行窗口中键入字符（不回显），能被 MCU 接收（如果设置了接收功能的话）。通过点击菜单"View→Serial Window ♯1"可打开或关闭串行窗口。

16.5.8　性能分析窗口

该窗口用于对已定义的函数性能进行评价或分析。点击菜单"View→Performance Analyzer Window"可打开或关闭性能分析窗口。如图 16-24 所示。

以上窗口也可以通过工具栏上的对应按钮打开。

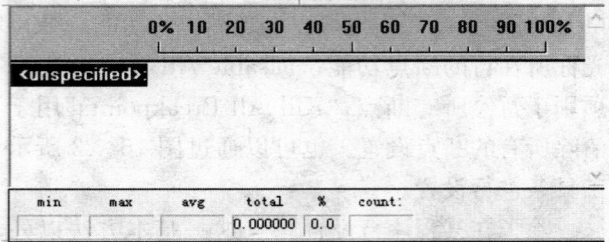

图 16-24　性能分析窗口

16.6　实例分析

16.6.1　实例一

以单步的方式对工程 project1 进行调试。我们知道,编辑源文件 exam1.asm 时有意安排了错误,调试中将发现此错误并更正。

打开工程文件 project1,点击"🔍"按钮,进入如图 16-25 所示的调试状态。按下 F10 以宏单步的方式执行程序,可以看到源程序窗口的左边出现了一个黄色箭头,如图 16-25(a)所示。每按一次 F11,程序即执行箭头所指行,然后箭头指向下一行。

当执行到"LCALL DELAY"行时,程序不能继续往下执行,同时发现调试工具条上的"Halt"按钮变成了红色,如图 16-25(b)所示。说明程序在此不断地执行着,而我们预期这一行程序执行完后将调用 DELAY 函数,这个结果与预期不同,说明所调用的子程序有错误。

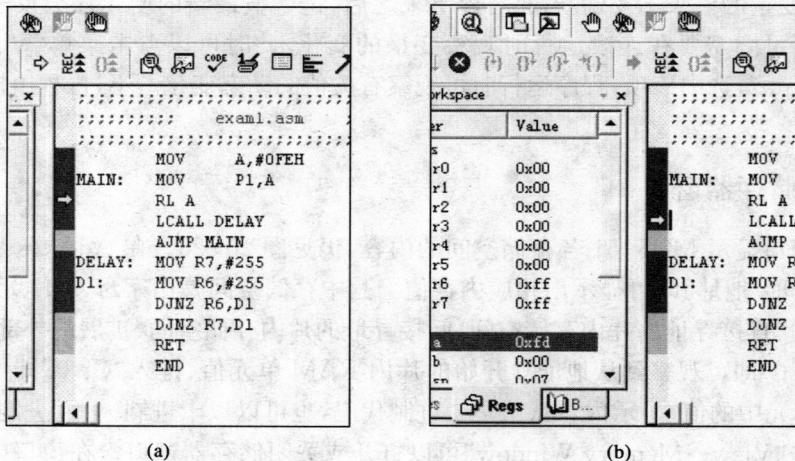

(a)　　　　　　　　　　　(b)

图 16-25　单步调试程序

按"❌"按钮使程序停止执行,然后按"⟳"按钮使程序复位,再次按下＜F10＞键单步执行,在执行到"LCALL DELAY"行时,按＜F11＞键跟踪到子程序内部,继续单步执行程序,可以发现在执行到"DJNZ R6,D1"行时,程序不断地从这一行转移到上一行,同时观察项目窗口的寄存器页,会发现 R6 的值始终在 0xff 和 0xfe 之间变化,如图 16-26 所示,而我们预期的是 R6 的值不断减小,在减到 0 后往下执行。

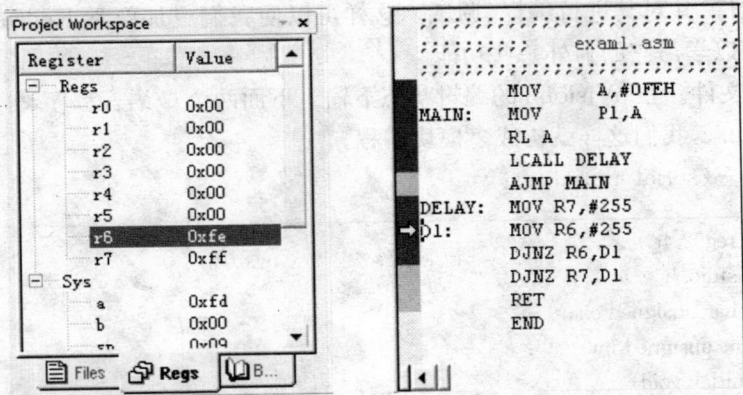

图 16-26　查看寄存器窗口

发现问题所在,即可进行修改。为了验证即将进行的修改是否正确,可以先使用在线汇编功能测试一下。把光标定位于程序行"DJNZ R6,D1",打开在线汇编对话框,将程序改为"DJNZ R6,0EH",转回本条指令所在行继续执行,而 0EH 是本条指令在程序存储器中的位置,这个值可以通过在线汇编窗口看到。然后关闭窗口,再进行调试,发现程序能够正确地执行了,说明修改是正确的。

注意,这时候的源程序并没有被修改。点击" @ "按钮退出调试,返回编辑状态,将源程序"DJNZ R6,D1"改为"DJNZ R6,$",重新编译、连接后,再次点击" @ "进入调试状态。该逻辑错误已解决。

下面,我们打开外部接口 P1 口的对话框来配合调试。Peripherals 菜单中包含了显示定时器、中断、并行端口、串行端口等常用外设状态的子菜单,如图 16-27 所示。打开这些外设的对话框,可以看到外部设备的当前使用情况、各标志位的情况等,并可以在这些对话框中直观地观察和更改各外部设备的运行情况。

点击"Peripherals→I/O-Ports→Port 1"菜单项,打开 P1 口对话框,如图 16-28 所示。此时,点击"圖"按钮运行程序,可以看到 P1 口各位按预期的方式变化(打√表示"1",空格表示"0")。也可以以单步方式执行程序,观察 P1 口各位的变化。

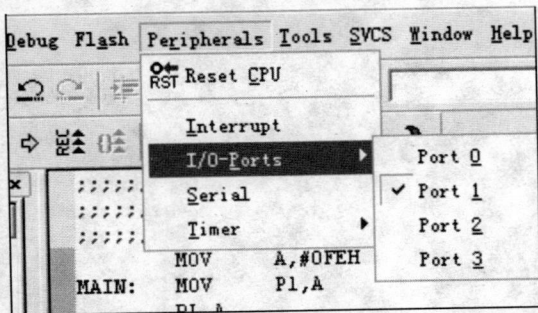

图 16-27　外围接口菜单

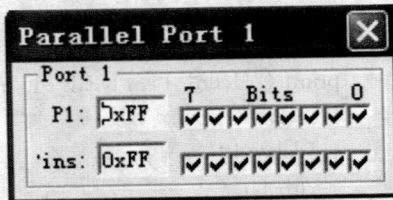

图 16-28　P1 并行口

16.6.2　实例二

编写实例一的工程文件用的是汇编语言,在下面的环节中将创建一个用 C 语言程序作为源代码的工程文件,并对其进行编译、调试。这样可以使我们更加熟悉 Keil μVision2 的开发环境,同时,也可以学习它的另外一些功能。

(1) 编辑源文件。在 μVision2 的编辑状态下输入下面两个 C 语言程序,分别保存为 serial_initial. c 和 main. c,我们这样就构成多模块编程。

源程序代码三(serial_initial. c):

```c
# include <reg52. h>
# include <stdio. h>
# define unchar unsigned char
# define unint unsigned int
void serial_initial(void)
{   SCON = 0x52;
    TMOD = 0x20;
    TH1 = 0xE8;
    TR1 = 1;
}
void delay(unchar time)
{   unint j;
    for(;time>0;time——)
    {
        for(j=0;j<125;j++) {;}
    }
}
```

源程序代码四(main. c):

```c
# include <reg52. h>
# include <stdio. h>
# define unchar unsigned char
# define unint unsigned int
sbit P1_0=P1^0;
extern serial_initial();
extern void delay(unchar);
void main(void)
{   unint i;
    serial_initial();
    printf ("Hello! I am KEIL 51. \n");
    for(;;)
    {   delay(10);
        i++;
        if(i==10) { P1_0=! P1_0;   i=0;}
    }
}
```

(2) 新建一个工程,命名为 project2。选择目标 CPU 为 Atmel 公司的 AT89S52;

（3）将刚刚编辑的 serial_initial. c 和 main. c 文件添加到工程文件中；

（4）设置工程选项与 project1 相同；

（5）编译、连接生成可执行文件 project2. hex；

（6）仿真调试。

下面通过对工程 project2 的调试学习 Keil 51 的另外一些调试功能。

按＜Ctrl＋F5＞或点击工具栏中的"@"按钮进入调试状态。点击"View→Memroy Window"打开储存器窗口，点击"View→Watch & Call Stack Window"打开观察窗口，点击"View→Serial Window ♯1"打开串行窗口。

以上窗口也可以通过工具栏上的对应按钮打开。

将各窗口调整为如图 16-29 所示的布局。

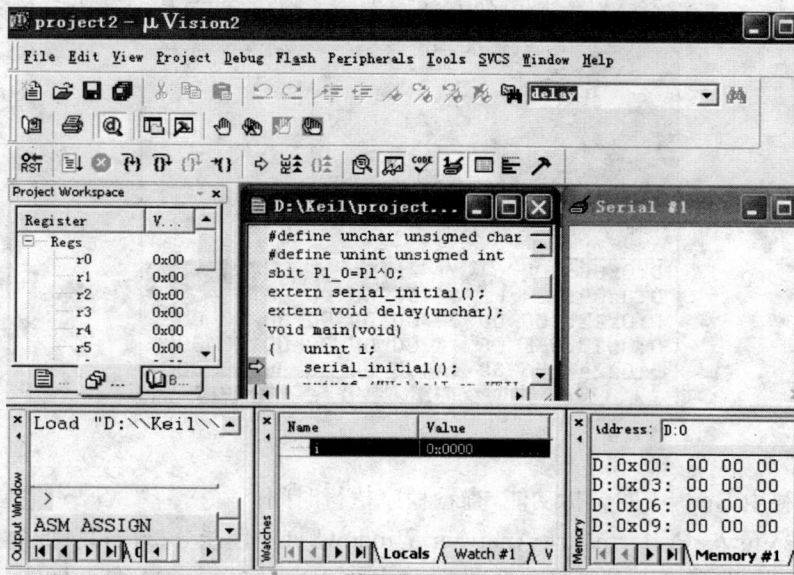

图 16-29　调整后的窗口布置

按 F10 单步执行程序，可以看到串行窗口中有如图 16-30 所示的输出。

在观察窗口中有一个 Locals 标签页（该页自动显示当前模块中的变量名及变量值）。单步执行，可以看到窗口中变量 i 的值随着执行的次数而逐渐加大，如图 16-31 所示。执行到"delay(10)"行时按＜F11＞跟踪到 delay 函数内部，这时，观察窗口中的变量自动变为 time 和 j。

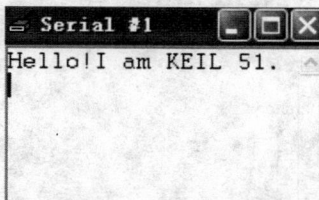

图 16-30　串行窗口的输出显示

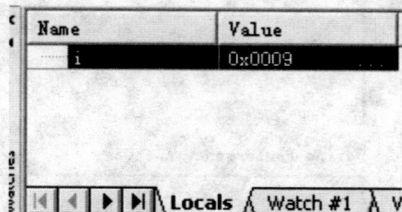

图 16-31　观察窗口的显示

　　在另外两个标签页 Watch ♯1 和 Watch ♯2 中可以加入自定义的观察变量。点击"type F2 to edit"然后再按＜F2＞键即可输入变量。可以在 Watch ♯1 中输入 i,观察它的变化。

　　在程序较复杂、变量很多的场合,通过这两个自定义观察窗口可以筛选出我们自己感兴趣的变量加以观察。建议读者尝试这一用法。

　　观察窗口中变量的值不仅可以观察,还可以修改。以该程序为例,变量 i 须加 10 次才能等于 10,为快速验证是否可以正确执行到"P1_0＝!P1_0"行,点击 i 后面的值,再按＜F2＞键,该值即可修改。将 i 的值改成 9,再次按＜F10＞键单步执行,即可以很快执行到"P1_0＝!P1_0"程序行。

　　在储存器窗口的 Address 中输入"D：0",显示从地址 0 开始的片内 RAM 单元。运行程序,可以看到储存单元内容的变化。用右键点击其中的数值,弹出图 16-32 所示的菜单,选择"Modify Memory at D：0x0A",在弹出的对话框中输入数值,即可修改该内存单元的内容。

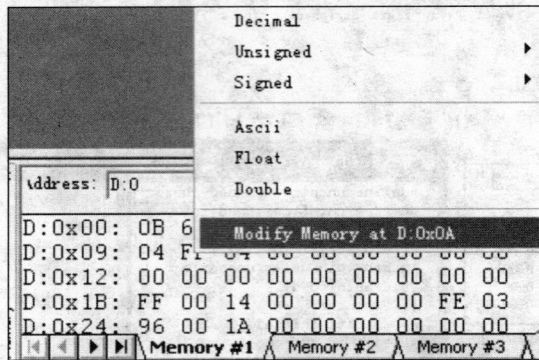

图 16-32　修改储存器内容

　　下面我们利用 Keil 51 的分析功能,查看程序执行时间。

　　点击菜单"View→Performance Analyzer Window"打开性能分析窗口。此时,窗口中只有一项 unspecified。在窗口中点鼠标右键,在快捷菜单中选择 Setup PA 打开性能分析设置对话框,如图 16-33 所示。

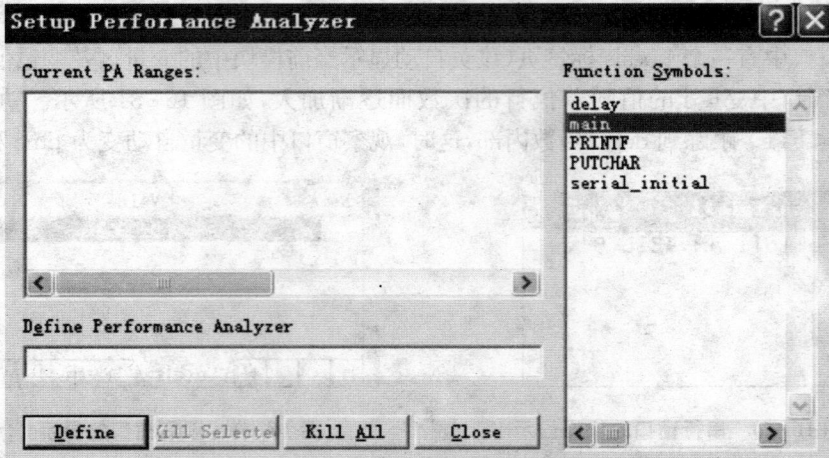

图 16-33　性能分析设置对话框

该对话框右侧的"Function Symbols"下拉列表框列出了函数名称（对于汇编语言源程序，"Function Symbols"列表框中不会出现子程序名，可以直接在编辑框中输入子程序名）。双击函数名，该函数即出现在"Define Performance Analyzer"下的编辑框中，然后点击"Define"按钮，可将该函数加入上面的分析列表框。我们将 main、delay 和 PRINTF 加入到分析列表中。

设置断点。点击菜单"Debug→Breakpoints…"弹出断点设置对话框。在 Expression 中输入："i＝＝10"（程序执行到 i 的值等于 10 时停止运行。注意！不是 i＝10），点击"Define"按钮，设置此断点，如图 16-34。

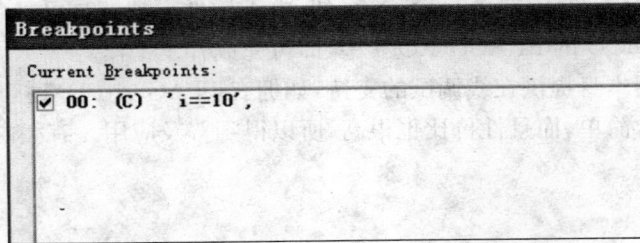

图 16-34 设置断点

完成断点设置后，按＜F5＞键运行程序，待运行停止，通过性能分析窗口查看 delay 函数的执行时间，见图 16-35。然后按＜Ctrl＋F5＞，退出调试，返回编辑状态。点击菜单"Project→Option for Target'Target 1'"打开"Option for Target'Target 1'"对话框，将晶体振荡频率改为33 MHz。再进行调试，这时需要先重新设置断点，然后执行程序，可以发现 delay 函数的执行时间减少很多，见图 16-36。

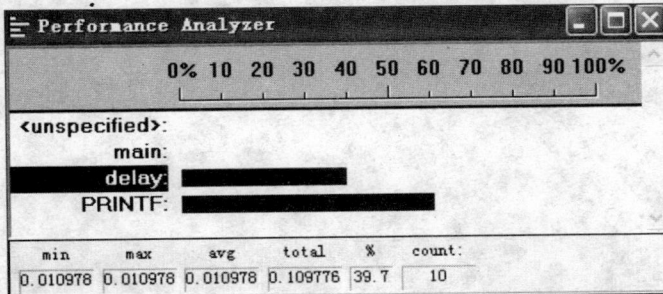

图 16-35 未修改晶体振荡频率的执行时间

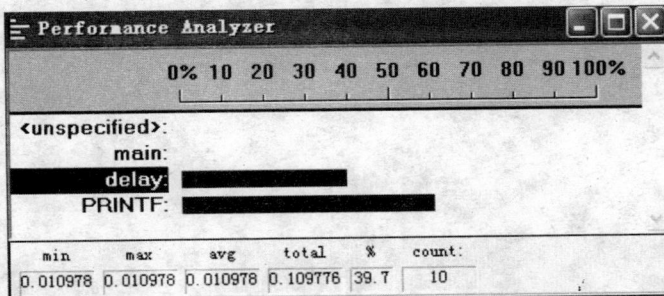

图 16-36 提高晶体振荡频率后的执行时间

实际上,在调试阶段 Regs 窗口中有一项名为 sec,通过对它的观察,就可以知道一条指令或一组指令的执行时间。

16.7　在线仿真调试功能

在线仿真一般需要在线仿真器(In Circuit Emulator),以往由于价格贵,又易淘汰,所以教学部门不能大面积使用该项技术。

基本型的 MCS-51 产品,如 AT89S5X 系列,由于软件模拟调试已经足够了,将调好的程序代码下载到目标 MCU 的 FLASH ROM 中,即可完成开发工作。

新型的微控制器本身提供在线调试的支持,如拥有 JTAG 或 BDM 接口,使得连机调试所需的仿真器变得非常简单,而且性价比也很高,所以得到普及应用。有关内容见第 17 章。

17 C8051F 系列微控制器及其应用

C8051F 系列微控制器是 Silicon Laboratories 公司的产品,其指令与 MCS-51 兼容,原属 Cygnal 公司。它采用了全新设计,在兼容 MCS-51 的前提下,实现了被称为 CIP-51 的高速内核。该内核采用流水线结构,多条指令可并行执行,其 70% 左右的指令只需要 1~2 个系统时钟周期即可执行完毕;再加上时钟频率的上限又大幅提高,可以轻易达到 100MIPS 的峰值处理速度。因此,CIP-51 内核相对于基本型的 MCS-51 核,性能有显著的提高。

另外,针对嵌入式应用的需要,集成了更多典型外围器件的功能,如 UART 接口增加到两个,一个多功能 SMBUS 支持 I²C 等;尤其是多通道、高速、高精度的 A/D 和 D/A,是该系列的特色,有效地简化了应用系统的设计。

Silicon 公司也提供了专业的集成开发环境,使工程师可以直观地修改系统时钟、外围器件和中断的配置策略等,并自动生成相关的初试化代码,因此提高了开发效率。该集成环境的部分组件还能与前面介绍的 Keil 开发环境集成,发挥后者的优势。

由于 C8051 新增的内容特别丰富,在教材中全面介绍它是不可能的。本章仅通过一个例子,即 C8051F340 这一型号的具体应用,反映出与标准 MCS-51 在开发过程和应用上的异同。若需要了解更多知识,请读者在学习完本章内容后,可直接阅读 Silicon Laboratories 公司的文档。

17.1 C8051F340 功能及实验电路简介

17.1.1 C8051F340 功能简介

本章的例子使用了 C8051F340 这个具体型号,它采用CIP-51内核,集成了 64KB FLASH ROM,内部 RAM 为 256 字节,另外集成了 1K 的扩展 RAM(占用 xdata 逻辑地址空间),总线方式下,利用外部存储器接口(EMIF)可扩展 64K 的 RAM(含 I/O)。

在数字部件方面,通用定时器增加到 4 个;另有 1 个可编程的 16 位计数器/定时器阵列,它有 5 个捕捉/比较模块,配合中断功能,可以实现复杂的定时/计数功能。串行外设有 UART、SMBUS、SPI,并支持 USB 接口。如果不使用总线和特殊功能,则最多可具有 40 条普通 I/O 口线(耐压 5V)。

模拟电路方面提供 10 位的 ADC、内置温度传感器、电压基准和两个模拟比较器。针对功能部件的大幅增加,中断源的数量和中断管理方面也相应进行了扩展。

17.1.2　C8051F340 实验电路简介

我们设计的试验电路,其组成如图 17-1 所示。

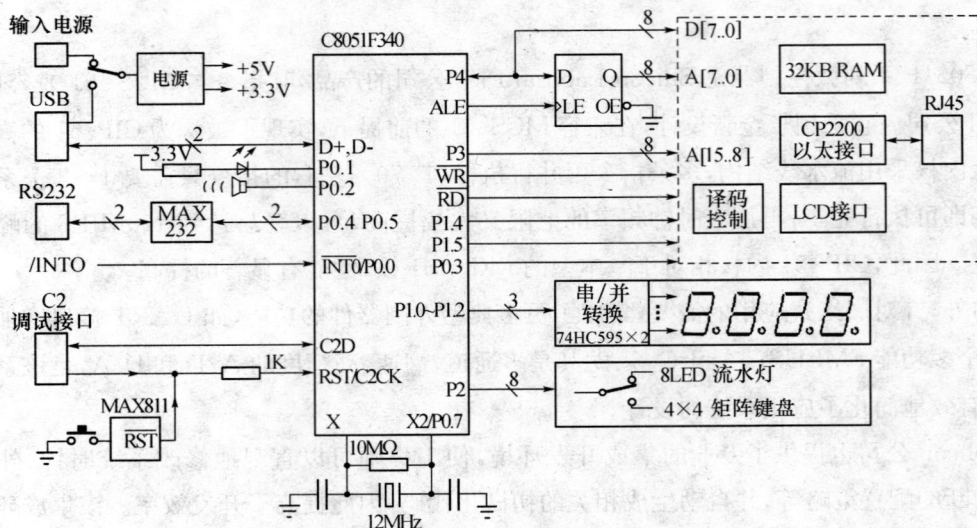

图 17-1　电路板系统框图

电源部分采用 USB 供电或外部直流供电,可通过一单刀双掷开关进行选择,接有 500 mA 自恢复电阻丝,保护电源和电脑安全,经 LM1117-3.3 稳压芯片输出 3.3 V 为系统供电。

实验电路提供 4 位 LED 数码管显示,采用的是两片 74HC595 驱动数码管,只占用 MCU 的三条 I/O 口线;另有 LCD,既有简单的 1602,也有接 TFT 彩屏的接口,为不同需要提供了硬件支持。

P2 口接典型的 4×4 键盘,通过跳线,也可将 4 个按键独立出来作单按键使用;8 只发光二极管可作流水灯实验。使用 C8051F340 的 EMIF,工作在复用方式下,扩展 32KRAM,其地址为 8000H-0FFFFH;扩展运用了一片 CP2200,支持太网连接,可实现简单的 TCP/IP,UDP 等协议,具有网络传输功能,可以做更复杂的实验。

详细的原理图见附录 E。

17.2　开发工具介绍及其使用

17.2.1　仿真器

C8051 系列微控制器具有 JTAG 和 C2 两种调试接口,因具体型号而异。开发需要用到硬件仿真器,它不仅支持对芯片的代码区进行擦除、下载编程、检验、加密等各项操作,还能配合集成开发环境实现各种在线调试功能。

我们选用的是新华龙公司的 U-EC5(见图 17-2),它同时支持 JTAG 和 C2 接口。它与

PC 机通过 USB 电缆连接;与实验电路板之间用一条 10 芯扁平电缆相连。在集成开发环境下,不需要额外安装驱动程序。

图 17-2 U-EC5 仿真器

17.2.2 集成开发环境的建立

C8051 的开发工具软件有 Silicon Labs 的 IDE(集成开发环境)。C8051 的 IDE 使用 Keil 的编译器,对于已熟悉 Keil 的使用者,我们建议直接用 Keil 进行开发。假定读者的 PC 机上已经安装了 Keil v3(上一章介绍的是 v2 版,但用法类似),则支持 C8051F 系列微控制器的集成开发环境的建立过程如下:

第一步:安装配置工具。

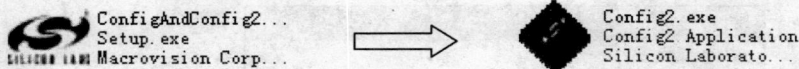

打开资料盘,找到上述关于 Config …的安装文件,点击运行后生成配置工具应用程序。

该工具用于对 C8051F 单片机的内部资源进行初始化配置,并能生成初始化代码,在配置图上,可浏览单片机内部资源,并对交叉开关、振荡器等进行配置。

第二步:安装 UV3_Driver。

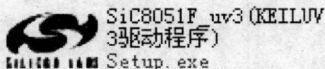

运行 SiC8051F_uv3 的安装程序,该工具利用 Keil 对第三方的支持,实现 Keil 和 EC5 的无缝接口,在安装时要注意,安装路径一定要指向 Keil 3 安装目录。

第三步:安装 UtiDLL。

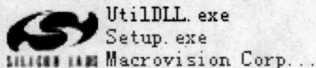

执行 UtilDLL 程序,这为 Keil 提供运行必要的 DLL,使之支持 C8051 系列的器件和调试,安装时建议指向 Keil 安装目录。

第四步:设置 Keil。

打开 Keil,点击菜单"Project → Option for Target 'Target 1' → Debug",如图 17-3 所示,选择后面的硬件仿真,下拉菜单中选择"Silicon Laboratories C8051xx"(只有完成了上述

第二步和第三步,才能看到该选项)。

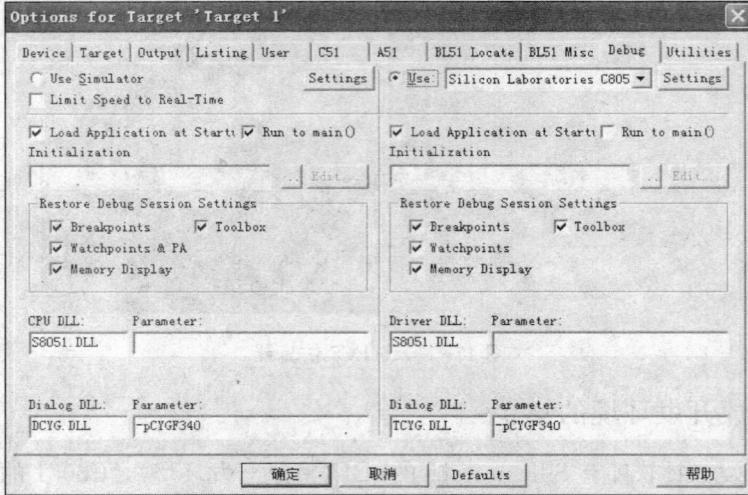

图 17-3 "Debug 设置"对话框

确认仿真器已连接 PC 机与电路板,并接上电源,点击对话框中的"Setting",将出现如图 17-4所示的对话框,选择"USB Debug Adapter 1.3.0.0"标签,点击"OK"完成。

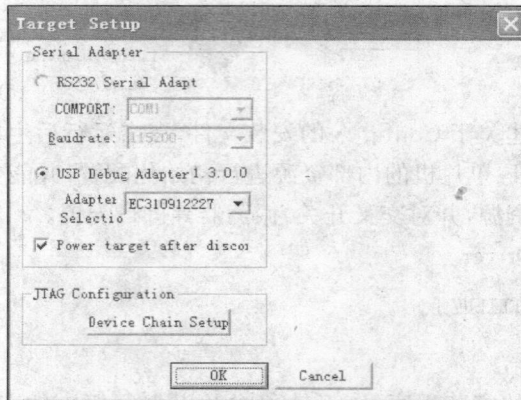

图 17-4 "端口选择"对话框

17.2.3　建立工程

在软硬件开发环境建立后,就可以尝试建立简单的工程,开始编写程序和调试作业。建立工程、编辑程序和调试的过程与上一章的几乎相同,此处不再赘述,但有两点需要说明:

(1) 这里必须注意,C8051F 系列的看门狗在上电复位后是默认开启的,所以建立工程项目时,当软件弹出对话框,询问是否需要拷贝并添加 STARTUP. A51 时,必须选择"是"。这样,作为启动代码的 STARTUP. A51 文件就能添加到了新建工程目录中,供我们修改,以关闭看门狗。当然我们也可以在主程序的开始处就关闭看门狗,这在编程时也比较直观。初次

使用 C8051 系列一定要注意此点,因为硬件上默认开放了看门狗功能,而软件未予处理,会导致程序无法正常执行;

(2) 在连接了在线仿真器之后,所有调试,包括单步和连续运行,Keil 各窗口中显示的信息不再是 MCS-51 软件模拟器提供的,而是由硬件在线仿真器从目标板的 MCU 中获得的,因此更加真实。这也是在线仿真的意义所在。

在可用程序经编译连接后,如果没有错误就可以运行。点击运行或单片调试,集成开发环境会首先自动地将代码经 U-EC5 下载到 C8051 系列 MCU 的 FLASH ROM 中,以后的调试运行都是真实环境下进行的。

17.3 功能配置及初始化编程

17.3.1 系统时钟及复位源

1. 系统时钟及选择

C8051F340 带有可编程的内部高、低频时钟电路各 1 个,并且仍具有传统的振荡电路接外部晶体的时钟源,供用户选择。此外,时钟信号还可以通过内部的 4 倍频,再提供给 CPU 作为系统时钟(SYSCLK)。以下对各种时钟源作简要介绍。

(1) 可编程内部高频时钟

源自内部高频振荡器,是系统复位后默认的系统时钟,出厂时已被校准为 12 MHz。可以通过 OSCICL 寄存器的 IFCN 位设置分频系数,其值可为 1、2、4、8。复位后的缺省分频系数为 8。

通过向寄存器 OSCICN 中的 SUSPEND 位写'1'可以将内部高频振荡器置于挂起方式。在挂起方式,内部高频率振荡器停止运行,直到检测到一个非空闲 USB 事件或 VBUS 中断事件重新启动。注意:USB 收发器在被禁止时仍能检测到 USB 事件。

(2) 可编程内部低频时钟

源自一个标称频率为 80kHz 的振荡器电路,也包含一个分频器,分频数由寄存器 OS-CLCN 中的 OSCLD 位设定,可为 1、2、4、8。OSCLF 位(OSCLCN5:2)可用于调节该振荡器的输出频率。当任务不忙时,可由程序选择切换到片内的 80KHz 的低速时钟,从而降低功耗。

(3) 外部振荡器电路

可以与用户选定的外部晶体、陶瓷谐振器、电容或 RC 构成振荡电路,产生特定的时钟,也可以直接连接一个外部 CMOS 时钟。必须在 OSCXCN 寄存器中选择外部振荡器类型,并正确选择频率控制位。

在使用外部晶体时,必须把相关引脚 P0.6 和 P0.7 分别配置为 XTAL1 和 XTAL2,否则它们仍然只是普通 IO,而振荡器电路无法工作。交叉开关配置时应"跳过"被振荡器占用的引脚,且当在晶体/陶瓷谐振器、电容或 RC 连接振荡器电路时,相关引脚配置为模拟输入;而在 CMOS 时钟直接输入方式下,对应引脚应配置为数字输入。

(4) 倍频器(乘法器)

4 倍时钟乘法器允许使用 12 MHz 振荡器产生全速 USB 通信所需要的 48 MHz 时钟。时钟乘法器的输出经分频后也可以被选作系统时钟。当使用外部振荡器作为倍频输入时,外部振荡器必须先使能并达到稳定后,才能初始化倍频乘法器。有了倍频电路,外接晶体的频率不需要很高,如 12 MHz 的晶体,可以在内部获得 48 MHz 的系统时钟。

系统时钟和 USB 时钟(USBCLK)都可以来自于上述振荡器和倍频器。

时钟源选择、分频和倍频等的编程,涉及较多的寄存器,并且这些寄存器之间还有一些配合关系,这就增加了查阅资料和手工编程的复杂程度。在实际使用过程中,借助于 Config2 配置工具,可以方便地产生正确的初始化代码。

【例 17-1】 时钟初始化,系统时钟和 USB 时钟均采用 4 倍时钟乘法器时钟48 MHz。

首先,在开始菜单中打开 Configuration Wizard 2(或在 C:\ SiLabs\ MCU\ Config2\Config2.exe 路径中打开),如图 17-5 所示。

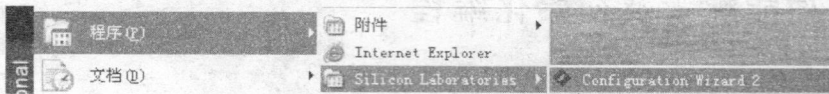

图 17-5　开始菜单中打开 Config2

接着出现如图 17-6 所示的"器件型号选择"对话框,在这里我们选择 C8051F340 单片机,点击"OK"键确定。

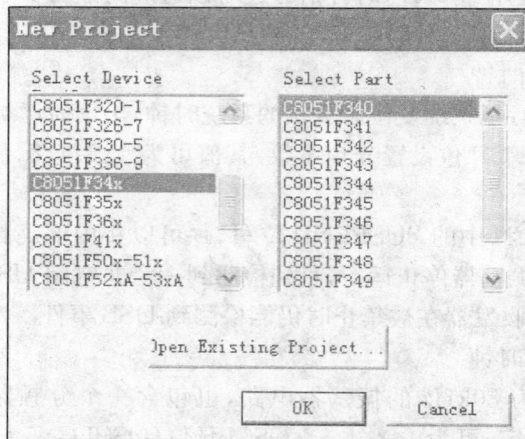

图 17-6　"器件型号选择"对话框

此时,就打开了如图 17-7 所示的配置窗口,这包含了 C8051F340 这个型号相关设备的信息,可专门针对这个型号的器件进行配置。在这个窗口中,我们可以实现对器件端口、时钟、中断、定时器等一系列设备的配置,根据需求在菜单"Peripherals"中选择。

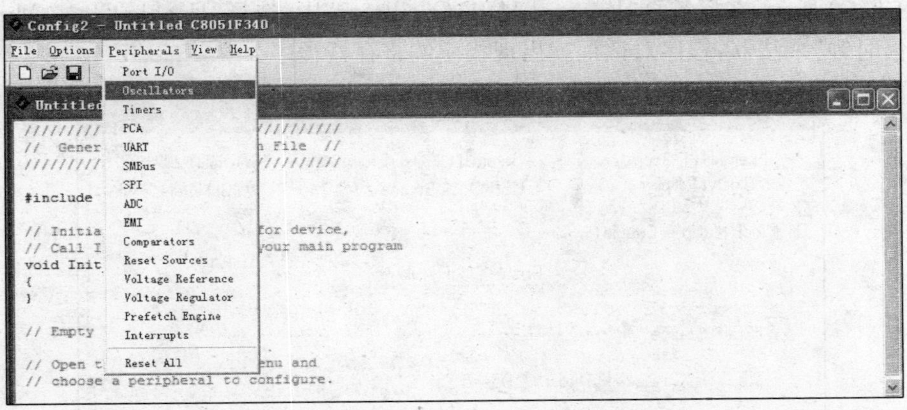

图 17-7 配置窗口

选择菜单"Peripherals → Oscillators",打开"时钟设置"对话框,如图 17-8 所示,其中包含了 6 个标签,可选择需要的振荡器类型、系统时钟以及 USB 时钟。在标签页"Internal H-F Oscillator"中,软件默认的是内部高频振荡器,经过 8 分频输出的 1.5 MHz 时钟。我们选择12 MHz晶振作为系统晶振,下面的显示区同步出现相关寄存器设置的程序代码,这比较直观。

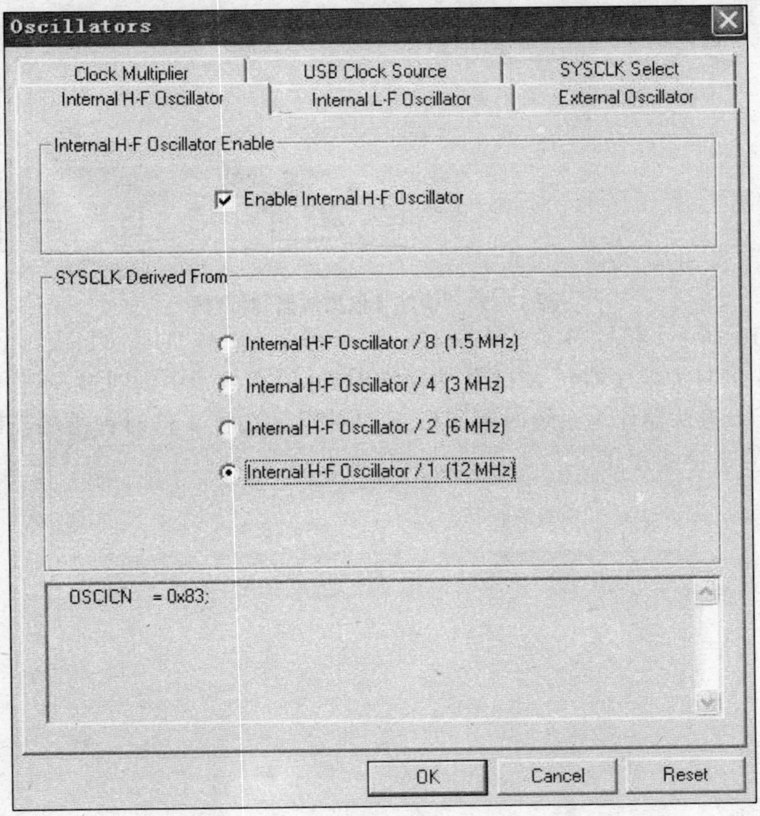

图 17-8 "时钟设置"对话框

　　如图 17-9 所示,在标签页"Internal H-F Oscillator"中,选择"Enable Clock Multiplier","使能 4 倍时钟"乘法器,程序对话框就出现相应的寄存器程序。

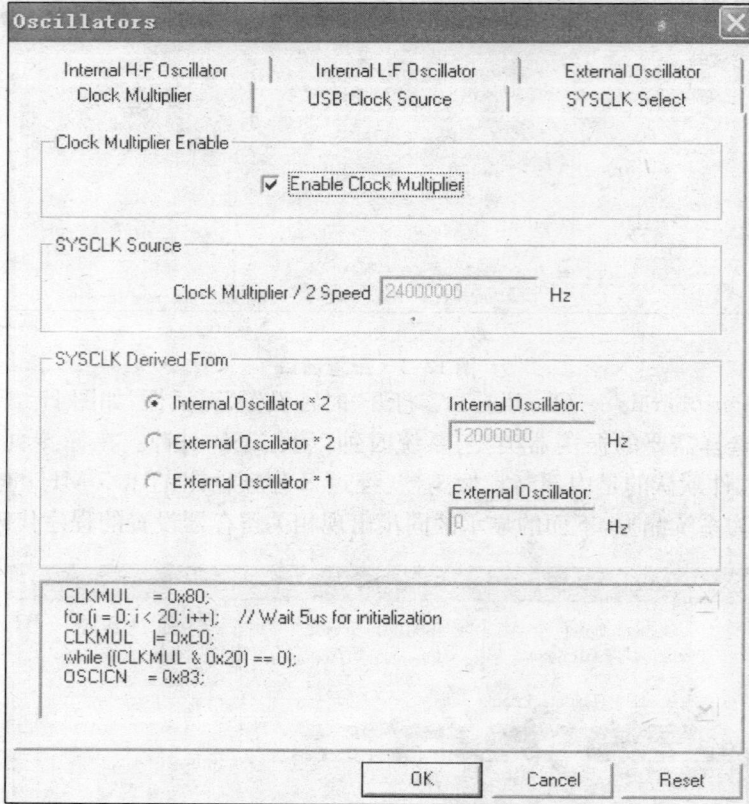

图 17-9　"使能 4 倍乘法器"对话框

　　如图 17-10 所示,在标签页"SYSCLK Select"中,选择"Use Clock Multiplier as SY-SCLK",选择 4 倍时钟乘法器48 MHz作为系统时钟(后续例子中的时钟,不作特殊说明,则使用本例中48 MHz振荡器作为系统时钟),USB 时钟默认选择 4 倍时钟乘法器时钟,程序对话框就出现相应的寄存器程序。

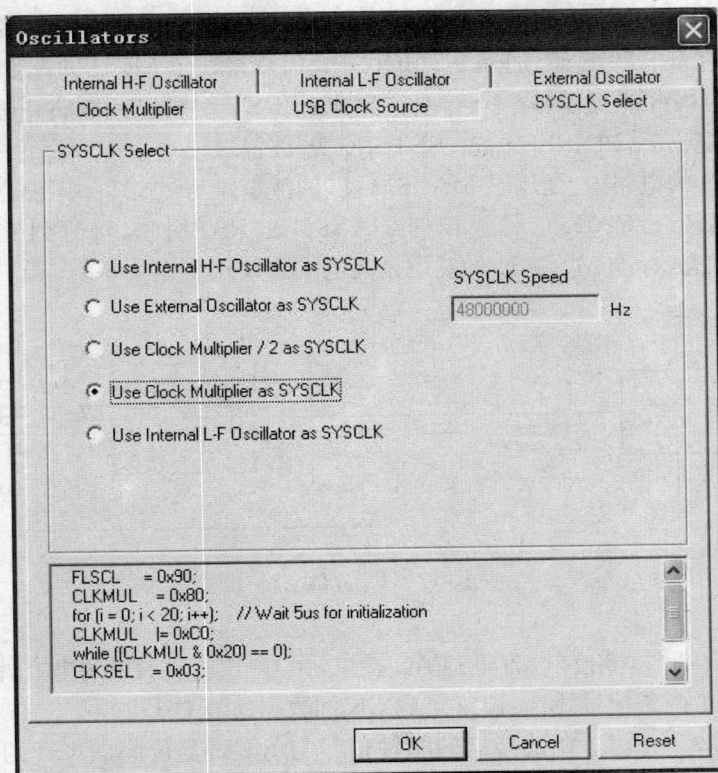

图 17-10　"系统时钟选择"对话框

将选择显示区的程序复制到 Keil 中,并进行必要的修改,得到如下时钟初始化函数:

```
void Oscillator_Init()
{
        unsigned char i;
        OSCICN=0x83;                    //使用 12MHz 内部高频晶振
        FLSCL=0x90;                     //使能 FLASH 单稳态定时器
                                        //FLASH 读时间,SYSCLK 不大于 48MHz

        CLKMUL=0x00;                    //CLKMUL 写 0x00 来复位时钟乘法器
        CLKMUL |=(1≪7);                 //MULEN 位使能时钟乘法器
        for(i=0; i<100; i++);           //延时,大于 5 μs
        CLKMUL |=(1≪7) | (1≪6);         //MULINIT 位初始化时钟乘法器
        for(i=0; i<100; i++);
        while((CLKMUL &(1≪5))==0);      //查询等待 MULRDY=>'1'
        CLKSEL=0x03;                    //系统时钟和 USB 时钟均为 48MHz
}
```

2. 复位源选择

C80F340 具有 9 种复位方式:上电复位、掉电/VDD 监视复位、外部复位、时钟丢失检测复位、比较器 0 复位、PCA 看门狗定时器复位、FLASH 错误复位、软件复位、USB 复位等。

在这里,我们选择外部复位方式,外部/RST 引脚提供了使用外部电路强制 MCU 进入复位状态的手段。在/RST 引脚上加一个低电平有效信号将导致 MCU 进入复位状态。尽管在内部有弱上拉,但最好能提供一个外部上拉和或对/RST 引脚去耦以防止强噪声引起复位。从外部复位状态退出后,PINRSF 标志(RSTSRC.0)被置'1'。

在我们所设计的电路中,使用了 MAX811-S(阈值电压为 2.93V)专用复位芯片,如图 17-10 所示,MCU 的 $\overline{\text{RST}}$/C2CK 信号连接到 MAX811 的 $\overline{\text{RST}}$ 引脚,接收到低电平有效信号,MCU 进入复位状态(标准 MCS-51 的复位是高电平有效)。

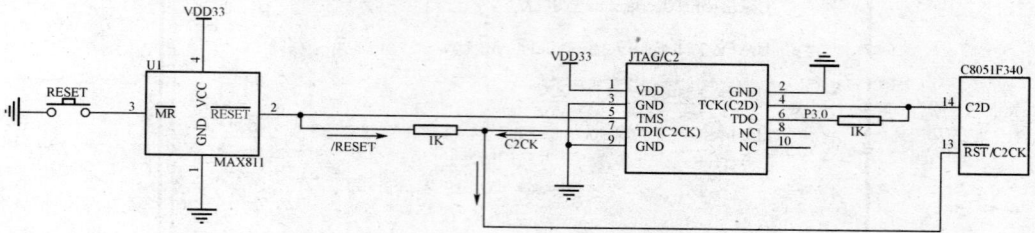

图 17-11　复位电路

6) C2 接口

C8051F340 自带的 C2 接口,而非 JTAG 接口,在 U-EC5 来说两者兼有,故有图 17-11 的设计。C2 口包括了两条信号线:时钟信号 C2CK 和数据信号 C2D。

这里,$\overline{\text{RST}}$/C2CK 是 C2 调试接口的时钟信号与 MCU 复位脚的 $\overline{\text{RST}}$ 的复用,应接一个 1kΩ 的电阻进行隔离。通信通常是发生在器件停止运行状态,在这种状态下片内外设和用户软件均停止工作,这使得 C2 口能安全地"借用"复位引脚,实现系统在线调试和 FLASH 编程。

本电路中 C2D 只是用来作为程序调试口使用,可以不接 JTAG 的 TDO,但是对于高级用户,可能还将此作为 I/O 口使用(如 C8051F342 的 C2D 口作为 P3.0 口使用),在这种复用方式下,也应接一个 1kΩ 的电阻进行隔离,因此图 17-11 电路也符合通用性要求。

17.3.2　端口和交叉开关的应用

C8051F340 具有 P0～P4 这 5 个 8 位并行口,计 40 个 I/O 引脚。其中 P0～P3 既可以按位寻址,也可以按字节寻址;P4 只能按字节寻址。

与普通 MCS-51 的并行口不同,P4 口作为标准的并行口,可以直接使用,而 P0～P3 在使用之前必须进行复杂的配置。下面对此作必要的介绍。

如图 17-12 所示,可通过设置交叉开关控制寄存器,为片内计数器/定时器、串行总线、硬件中断、比较器输出以及其他部件配置 I/O 引脚,这就让用户可以根据特定的应用选择通用端口 I/O 和特殊功能的组合。

端口 I/O 初始化包括对以下寄存器的设定("n"为 0～3,对应于 P0～P3 端口):

(1) 输入方式寄存器(PnMDIN):选择模拟输入还是数字输入,对应位若是模拟输入必须置 0,否则置 1;复位后所有引脚的缺省设置都是数字输入。

引脚作为 ADC、外部电压基准、外部振荡电路等输入时,必需设置成模拟输入,并且应被数字交叉开关跳过。被配置为模拟输入的引脚,其弱上拉、数字驱动器和数字接收器都应被禁止。

（2）输出方式寄存器（PnMDOUT）：选择端口的输出驱动类型，有开漏或推挽两种，开漏方式置 0，推挽置 1；不论交叉开关是否将端口引脚分配给某个数字外设，都需要对端口驱动器的输出方式进行设置。

（3）跳过寄存器（PnSKIP）：端口上已安排为总线、特殊功能、模拟应用的所有位，必须跳过交叉开关的设定（置 1）；未跳过的端口位都可以作为通用 I/O。

（4）交叉开关寄存器（XBR0、XBR1、XBR2）：为数字 I/O 资源分配物理 I/O 引脚。选用 SMBus，需要为其分配 SDA 和 SCL 两个引脚；同样，UART 需要 TX 和 RX；UART0 需要 TX0 和 RX0。

（5）交叉开关使能位（XBR1. XBARE）：为使端口 P0、P1、P2 和 P3 工作在标准端口 I/O 输出方式，交叉开关使能位必须置 1；当该位被禁止时，端口输出驱动器被禁止。

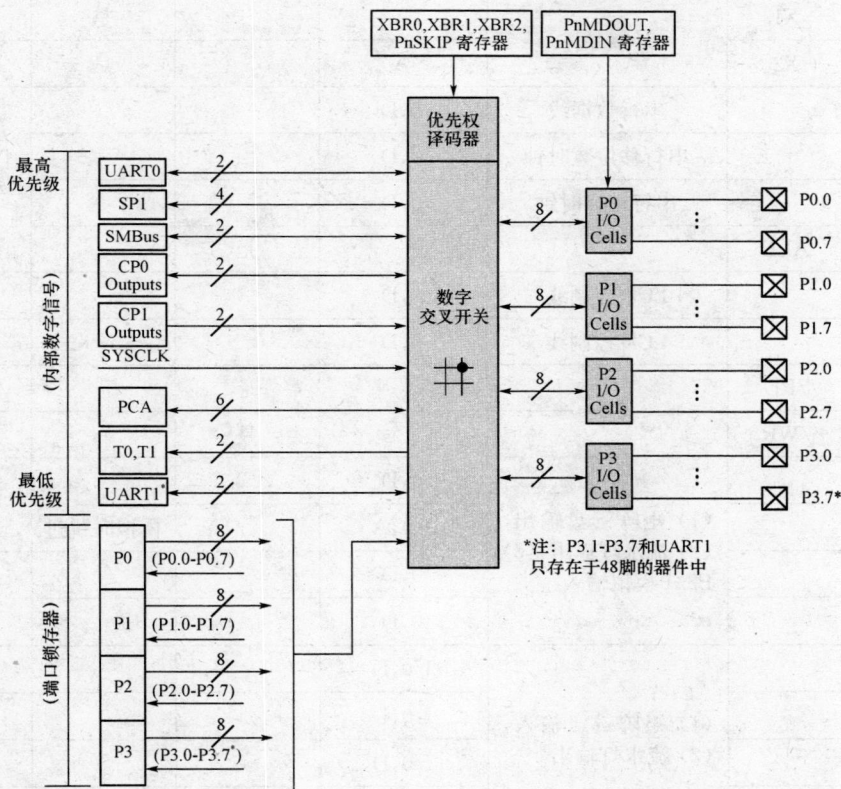

图 17-12　数字交叉开关原理框图

鉴于以上对 I/O 口的配置的复杂性，在实际使用中，可以通过配置工具 Config2. exe 实现。

【例 17-2】　初始化实验电路中的 C8051F340 端口。系统框图见图 17-1。为清晰起见现将各端口引脚功能的分配以表格形式给出，见表 17-1：

表17-1　实验电路引脚功能分配

端　口	特殊功能	系统分配功能	I/O方向 数字/模拟	需要跳过		备　注
				总线功能	特殊功能	
P0.0		$\overline{\text{INT0}}$	I,D		是	
P0.1		LED指示灯	O,D			
P0.2		蜂鸣器	O,D			
P0.3		LCD1602控制	O,D			
P0.4		TX0			是	UART0 RS-232C
P0.5		RX0			是	
P0.6	X1	外接晶体	A		是	
P0.7	X2		A		是	
P1.0		串行数据线	O,D			74HC595接口,驱动4位动态数码管
P1.1		串行移位数时钟	O,D			
P1.2		串行锁存时钟	O,D			
P1.3	ALE			是		
P1.4		LCD控制线	O,D			
P1.5		LCD控制线	O,D			
P1.6	/RD			是		
P1.7	/WR			是		
P2.0			O,D			
P2.1		(1)矩阵键盘输出,(2)流水灯输出,(3)P2.1模拟输入	I/O,A		模拟时跳过	
P2.2			O,D			
P2.3			O,D			
P2.4			I/O,D			
P2.5		(1)矩阵键盘输入,(2)流水灯输出	I/O,D			
P2.6			I/O,D			
2.7			I/O,D			
P3.0-P3.7	A8-A15			是		
P4.0-P4.7	AD0-AD7			是		

　　打开配置工具 Configuration Wizard 2,选择菜单"Peripherals→Port I/0",进入交叉开关配置窗口。默认的端口输入方式为数字输入,PnMDIN=0x00(程序中不必写)。对照表 17-1 的应用要求,并假定 P2 都是作为输出,可将 P0.0~P0.3,P1.0~P1.5,P2,P3,P4 都设置为推挽方式的输出;将 P0.4~P0.7,P1.3,P1.6,P1.7,P3 和 P4 都选择"跳过"。

　　注意上述 P4 的设定是在第二个标签页,XBARE 必须置 1 以使能交叉开关。

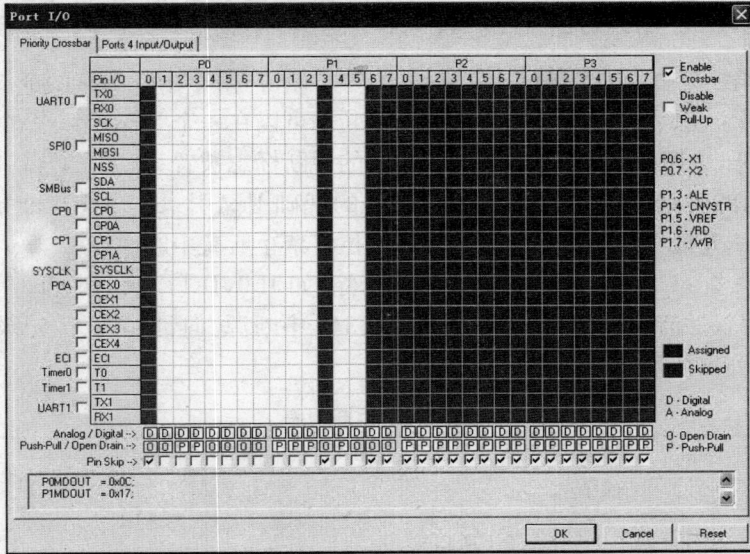

图 17-13　交叉开关配置对话框

点击"OK"确定,将程序对话框中的程序代码复制到 Keil 中,并进行必要的修改,得到如下 I/O 端口初始化函数:

```
void Port_IO_Init()
{
    P0MDOUT |=(1≪2) | (1≪3);
    P1MDOUT |=(1≪0) | (1≪1) | (1≪2) | (1≪4)|(1≪5);
    //P1.0、P1.1、P1.2 口作为数码管显示管脚,设置为推挽方式
    P2MDOUT=0xFF;
    P3MDOUT=0xFF;
    P4MDOUT=0xFF;

    P0SKIP=(1≪0);
    P1SKIP=(1≪3) | (1≪6) | (1≪7);
    P2SKIP=0xFF;
    P3SKIP=0xFF;
    //交叉开关跳过 P0.0(/INT0)、P1.3(ALE)、P1.6(/RD)、P1.7(/WR)、P2,P3,P4

    XBR1 |=(1≪6);                    //使能交叉开关
}
```

由于交叉开关的局限性,在硬件电路设计时,必须对引脚的分配使用进行规划和反复调整,并且运行交叉开关向导软件,对原理图进行验证。只有验证通过的方案才能用于布线和委托电路板加工。

17.3.3 中断源和定时器时钟选择

CIP-51 包含一个扩展的中断系统,支持 16 个中断源,每个中断源有两个优先级。根据具体的器件型号,中断源数目会略有不同。每个中断源可以在一个 SFR 中有一个或多个中断标志。当外设或外部中断源满足中断条件时,相应的中断标志被置为逻辑'1'。

因为中断源的增加,中断使能寄存器在 IE 的基础上又引入了 EIE1 和 EIE2,而 EA 位 (IE. 7)仍是 CPU 允许中断的控制位。清零 EA 位将禁止所有中断。

某些中断标志在 CPU 响应中断时被自动清除,如 IE0,IE1,TF0 和 TF1 等,但有些必须由 ISR 返回前用软件清除,如 RI 和 TI。C8051F340 中断源、向量地址、优先级控制位等信息以表 17-2 样式列出如下。

表17-2 中断列表

中断源	中断向量	优先顺序	中断标志	位寻址	硬件清除	中断允许	优先级控制
外部中断 0 (/INT0)	0x0003	0	IE0 (TCON. 1)	Y	Y	EX0 (IE. 0)	PX0 (IP. 0)
定时器 0 溢出	0x000B	1	TF0 (TCON. 5)	Y	Y	ET0 (IE. 1)	PT0 (IP. 1)
外部中断 1 (/INT1)	0x0013	2	IE1 (TCON. 3)	Y	Y	EX1 (IE. 2)	PX1 (IP. 2)
定时器 1 溢出	0x001B	3	TF1 (TCON. 7)	Y	Y	ET1 (IE. 3)	PT1 (IP. 3)
UART0	0x0023	4	RI0 (SCON0. 0) TI0 (SCON0. 1)	Y	N	ES0 (IE. 4)	PS0 (IP. 4)
定时器 2 溢出	0x002B	5	TF2H (TMR2CN. 7) TF2L (TMR2CN. 6)	Y	N	ET2 (IE. 5)	PT2 (IP. 5)
SPI0	0x0033	6	SPIF (SPI0CN. 7) WCOL (SPI0CN. 6) MODF (SPI0CN. 5) RXOVRN(SPI0CN. 4)	Y	N	ESPI0 (IE. 6)	PSPI0 (IP. 6)
SMB0	0x003B	7	SI (SMB0CN. 0)	Y	N	ESMB0 (EIE1. 0)	PSMB0 (EIP1. 0)
USB0	0x0043	8	特殊	N	N	EUSB0 (EIE1. 1)	PUSB0 (EIP1. 1)
ADC0 窗口比较	0x004B	9	AD0WINT (ADC0CN. 3)	Y	N	EWADC0 (EIE1. 2)	PWADC0 (EIP1. 2)
ADC0 转换结束	0x0053	10	AD0INT (ADC0CN. 5)	Y	N	EADC0 (EIE1. 3)	PADC0 (EIP1. 3)
可编程计数器阵列	0x005B	11	CF (PCA0CN. 7) CCFn (PCA0CN. n)	Y	N	EPCA0 (EIE1. 4)	PPCA0 (EIP1. 4)
比较器 0	0x0063	12	CP0FIF(CPT0CN. 4) CP0RIF(CPT0CN. 5)	N	N	ECP0 (EIE1. 5)	PCP0 (EIP1. 5)
比较器 1	0x006B	13	CP1FIF(CPT1CN. 4) CP1RIF(CPT1CN. 5)	N	N	ECP1 (EIE1. 6)	PCP1 (EIP1. 6)

续表 17-2

中断源	中断向量	优先顺序	中断标志	位寻址	硬件清除	中断允许	优先级控制
定时器 3 溢出	0x0073	14	TF3H(TMR3CN.7) TF3L(TMR3CN.6)	N	N	ET3 (EIE1.7)	PT3 (EIP1.7)
VBUS 电平	0x007B	15	N/A	N/A	N/A	EVBUS (EIE2.0)	PVBUS (EIP2.0)
UART1	0x0083	16	RI1 (SCON1.0) TI1 (SCON1.1)	N	N	ES1 (EIE2.1)	PS1 (EIP2.1)

1) 外部中断

C8051F 系列的两个外部中断源/INT0 和/INT1,可被配置为低电平有效或高电平有效,边沿触发或电平触发。IT01CF 寄存器中的 IN0PL 和 IN1PL 位用于选择高电平有效还是低电平有效;TCON 中的 IT0 和 IT1 用于选择电平或边沿触发。表 17-3 列出了其可能的配置情况。

表 17-3　/INT0 和/INT1 配置表

IT0	IN0PL	/INT0 中断	IT1	IN1PL	/INT1 中断
1	0	低电平有效,边沿触发	1	0	低电平有效,边沿触发
1	1	高电平有效,边沿触发	1	1	高电平有效,边沿触发
0	0	低电平有效,电平触发	0	0	低电平有效,电平触发
0	1	高电平有效,电平触发	0	1	高电平有效,电平触发

2) 定时器

C8051F34x 内部有 4 个 16 位计数器/定时器,其中 T0,T1 与标准 8051 中的计数器/定时器兼容,有四种工作方式;T2 和 T3 均可作为一个 16 位或两个 8 位自动重载定时器,可用于 ADC、SMBus、USB(帧测量)、低频振荡器(周期测量)或作为通用定时器使用。以下只介绍 T0 和 T1 的新特性,并用示例介绍 T3 的一种用途。

T0 和 T1 分别有 5 个可选择的时钟源,并可选择多种预分频,有关的特殊功能寄存器分别有时钟选择位(T1M-T0M)和时钟分频位(SCA1-SCA0)。

T0 和 T1 工作在计数器方式时,必须用交叉开关选择相应的输入引脚(T0 或 T1)。T0 或 T1 引脚上的负跳变使内部的计数器加 1。外部脉冲的最高频率小于系统时钟频率的 1/4,在高、低电平上的保持时间至少为系统时钟周期的两倍,以保证能够被正确采样。

【例 17-3】　用定时器 T3、中断方式实现数码管动态显示,电路如图 17-14 所示。

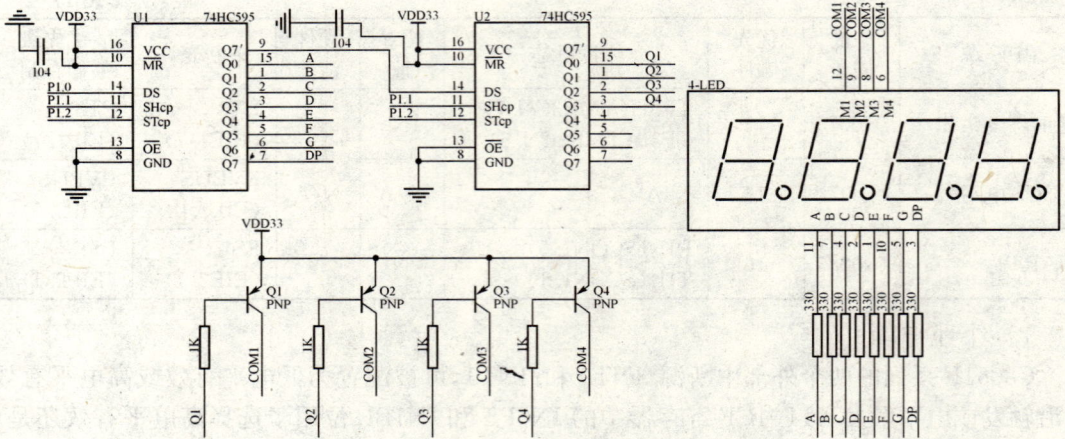

图 17-14　数码管与 MCU 接口电路

数码管是四联装共阳型,阳极为 M1~M4;阴极是(A~DP)8 个控制端。该器件只能按动态显示方式工作。

器件 Q1~Q4 为一组 PNP 型三极管,发射极接 3.3V 电源,当某个基极为低电平时,则对应的三极管导通,所控制的数码管点亮;

为了节约 MCU 的端口线,我们采用两片 74HC595 来实现段码和位选控制。74HC595 是串行输入并行的移位寄存器。与第 10 章中的 74LS164 类似,但是输出多一级锁存和三态缓冲。74HC595 程序设计请参考例 17-6 的函数 HC595_shift(unsigned char uData)、HC595_out(void)。

首先计算定时初值,因为系统时钟为 48MHz,选预分频为 1/12,显见计数频率和周期分别为 4MHz 和 $0.25\mu s$。5ms=5000μs,因此需要的计数值是 5000μs/0.25μs=20000。选择初值可自动重载的 16 位方式,则初值为 65536-20000=45536(即 0xB1E0)。

其次通过配置工具 Configuration Wizard 2,对 T3 进行配置和初始化。选择菜单"Peripherals →Timer",选择标签页"Timer 3",如图 17-15(a)所示。使用默认的 fosc/12 作为其时钟源,默认的 16 位自动装载方式,在定时器初始化值和自动重装载值内分别输入高位 0xB1 和低位 0xE0(对应初始值 45536),点击"Configure Timer Interrupts"按钮,出现中断配置窗口,如图 17-15(b)所示,选择"Enable All Interrupt",开启总中断,在"Enable Timer 3 Interrupt"便签前打钩,使能定时器 3,点击"OK"确定。在主程序中,令 EA=1,允许所有中断。将程序对话框中的程序复制到 Keil 中,并进行必要的修改,得到如下定时器 3 初始化函数:

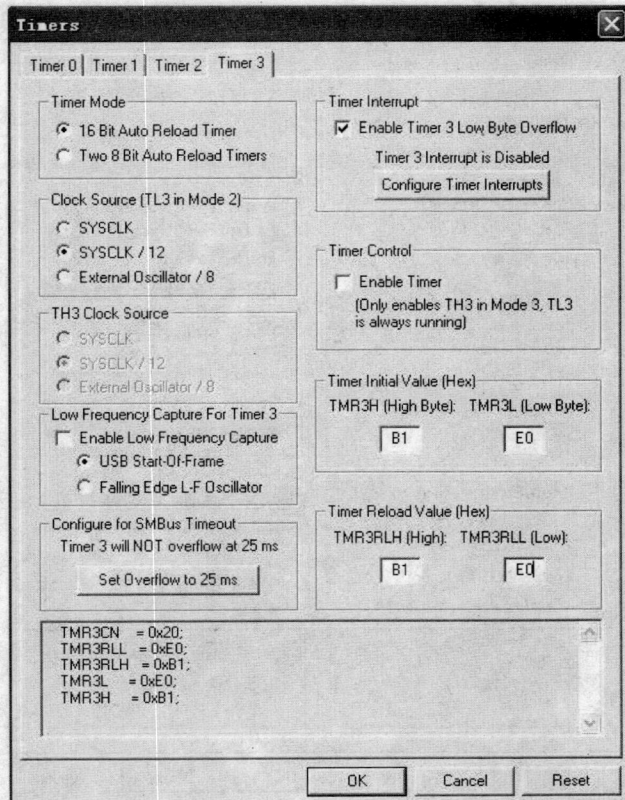

图 17-15(a)　"定时器 3 初始化配置"对话框

```
void Timer3_Init()                          //定时器 3 初始化
{
    /* 系统时钟为 4 倍乘法器 48MHz */
    TMR3RLL=0xE0;
    TMR3RLH=0xB1;
    TMR3L=0xE0;
    TMR3H=0xB1;                              //定时 5ms 溢出
    TMR3CN=0x04;                             //允许定时器 3
    EIE1 |=(1≪7);                           //允许定时器 3 中断
}
```

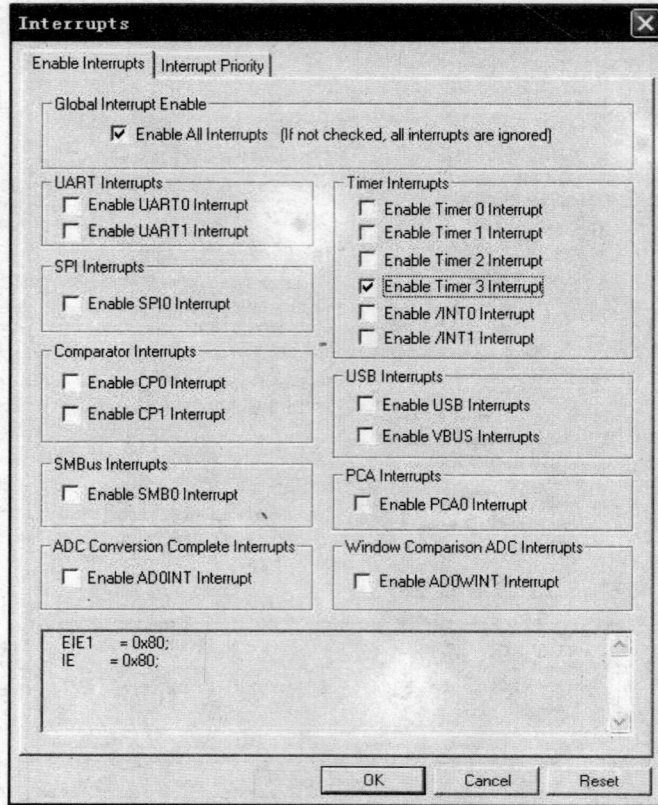

图 17-15(b)　"中断配置"对话框

下面的程序,运用上面初始化的定时器 3,可实现一个四位数的动态显示。使用例 17-1 中配置的 48MHz 系统时钟,交叉开关配置已经在例 17-2 定义,74HC595 的工作方式请参照例 17-6 中的对应函数:

```
#include"c8051f340.h"
#include"intrins.h"

unsigned char code duan[]={0xc0,0xf9,0xa4,0xb0,0x99,0x92,0x82,0xf8,0x80,0x90,0x88,
0x83,0xC6,0xA1,0x86,0x8E};
                                        //段码 0~9,A b C d E F
unsigned char code wei[]={0xf7,0xfb,0xfd,0xfe};    //位码
unsigned char Counter=0;
unsigned char DispDuan[4]={0,0,0,0};

void Block_Shift(unsigned int Value)
{
    unsigned char i,j;
    for(i=0;i<4;i++)
    {
```

```
        j＝Value％10；
        DispDuan[i]＝duan[j]；
        Value＝Value/10；
    }
}

Timer3_ISR（void）interrupt 14
{
    unsigned char j；
    TMR3CN &＝～(1≪7)；        //清定时器 3 高字节溢出标志
    HC595_shift(wei[Counter])；
    j＝DispValue[Counter]
    HC595_shift（duan[j]）；
    HC595_out()；
    If(＋＋Counter＝＝4) Counter＝0；
}

void main()
{
    PCA0MD &＝～(0x40)；            //关看门狗
    //以下三个函数调用,限于篇幅,其函数定义未写出,读者在应用时应当补充完整。
    Oscillator_Init()；            //例 17.1 的时钟初始化函数
    Port_IO_Init()；              //例 17.2 的交叉开关初始化函数
    Timer3_Init()；              //定时器 T3 的初始化函数
    EA＝1；
    DispNum＝1234；              //设初始只显示"1234"
    Block_Shift(DispNum)；
    while(1)；
}
```

17.3.4　A/D 功能设定

如图 17-17 所示,C8051F340 的 ADC0 是一个 10 位的逐次逼近式 A/D 转换器,其采样率可高达 200ksps。多路选择器 AMUX0、采样保持电路和可编程窗口检测器,使配置和应用更加灵活。

ADC0 的转换时钟由系统时钟分频得到：

$$CLK_{SAR} = \frac{SYSCLK}{AD0SC + 1}$$

其中,分频系数由 ADC0CF 寄存器的 AD0SC 位决定（0≤AD0SC≤31）。

1）模拟多路选择器

多路选择器 AMUX0 负责通道选择,它是由 AMX0P 和 AMX0N 共同构成,分别用于选择 ADC 的正端输入和负端输入。AMX0P 可选外部信号（正端）、片内温度传感器或 VDD 中的一个；AMX0N 则可选外部信号（负端）、VREF 和 GND 中的一个。当负端的 GND 被选择时，ADC0 实际工作在单端方式；在所有其他情况，ADC0 工作在差分方式。

在这里，同样需要特别注意的是，被选择为 ADC0 输入的引脚应被配置为模拟输入，并且应被数字交叉开关跳过。

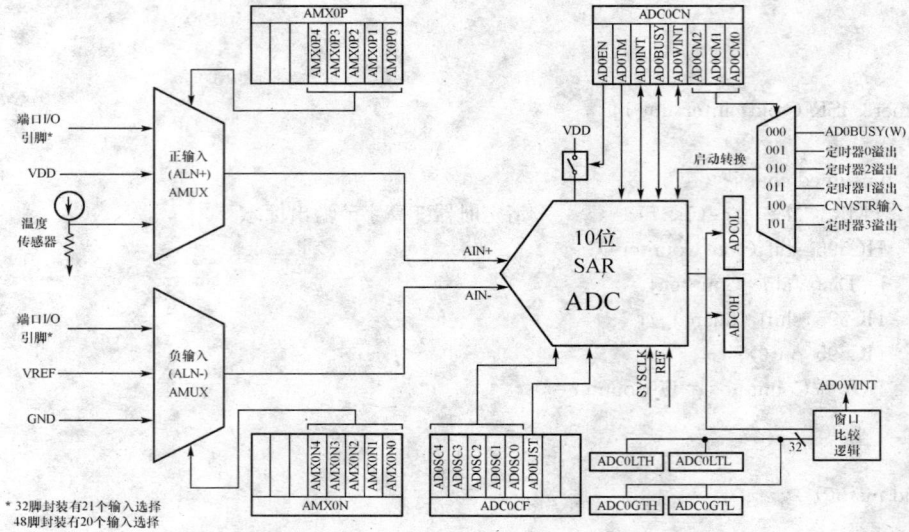

图 17-17　ADC0 功能框图

2）转换启动方式

ADC 控制寄存器（ADC0CN）中的 AD0EN 位为'0'时，ADC0 子系统处于低功耗关断方式；该位被置'1'时 ADC0 子系统才被使能。

ADC0CN 中的 AD0CM2～0 这 3 位用于设定 ADC0 的启动方式。可根据需要，选择软件启动、定时器（0～3）的溢出启动和 CNVSTR 信号的上升沿启动，共 6 种方式。

当启动方式是定时器 2 或 3 溢出时，若定时器工作在 8 位方式，则使用其低字节的溢出；若定时器工作在 16 位方式，则使用其高字节溢出。

选用定时器启动方式，A/D 转换的周期是基于内部时钟的；

选择 CNVSTR 可以利用外部时钟触发 A/D 转换；

软件启动一般对 A/D 转换的周期没有特殊的要求。软件方式启动 A/D 转换，只要向 AD0BUSY 位写'1'。转换结束后该位被硬件自动清除；

3）转换结束处理

每次 A/D 转换结束，AD0INT 被置'1'。在中断方式下，该位是中断请求标志；在查询方式下，该位可读，为'1'表示转换结束，为'0'状态表示最近触发的一次 A/D 转换仍在进行中。AD0INT 位不能自动清除，无论中断还是查询，都必须用软件将 AD0INT 清'0'。

A/D 转换结束后，数据寄存器 ADC0H 和 ADC0L 中分别保存转换结果的高字节和低字节。转换码的格式在单端方式和差分方式下是不同的。单端方式下转化码为 10 位无符号整数，对应模拟电压输入量程范围为 $0 \sim V_{REF} \times 1023/1024$。数据在寄存器对 ADC0H：ADC0L 中可以是左对齐或右对齐，这由 AD0LJST 位（ADC0CN.0）的设置决定。

表 17-4 是单端方式下数据左对齐和右对齐的例子。ADC0H 和 ADC0L 寄存器中未使用

的位被设置为'0'。

表 17-4 单端方式下数据对齐方式列表

输入电压 （单端）	右对齐的 ADC0H:ADC0L （AD0LJST=0）	左对齐的 ADC0H:ADC0L （AD0LJST=1）
VREF×1023/1024	0x03FF	0xFFC0
VREF×512/1024	0x0200	0x8000
VREF×256/1024	0x0100	0x4000
0	0x0000	0x0000

差分方式下，转换数据的格式说明请查阅 C8051F340 资料。

4）可编程窗口检测器

ADC 可编程窗口检测器不停地将 ADC0 输出与用户编程的极限值进行比较，并在检测到越限条件时通知系统控制器。这在一个中断驱动的系统中尤其有效，既可以节省代码空间和 CPU 带宽又能提供快速响应时间。

图 17-18 给出了单端方式下数据右对齐窗口比较的两个例子。图（a）的例子所使用的极限值为：ADC0LTH:ADC0LTL=0x0080(128d) 和 ADC0GTH:ADC0GTL=0x0040(64d)；如果 ADC0 转换结果位于上述范围之内（即 0x0040＜ADC0H:ADC0L＜0x0080），则会产生一个 AD0WINT 中断。

图（b）的例子所使用的极限值为：ADC0LTH:ADC0LTL = 0x0040 和 ADC0GTH:ADC0GTL=0x0080。如果 ADC0 转换结果数据字位于由 ADC0GT 和 ADC0LT 定义的范围之外（即 ADC0H:ADC0L ＜ 0x0040 或 ADC0H:ADC0L ＞ 0x0080），则会产生一个 AD0WINT 中断。

当然，可编程窗口检测器作为一个 AD 极限值的检测单元，并不是在 ADC 内必须使用的，它与 ADC 中断相互独立，窗口检测器得到一个中断时，进行相应的中断处理，ADC 可继续进行 AD 采集。

3）电压基准

C8051F340 的电压基准 MUX 可以被配置为连接到外部电压基准、内部电压基准或电源电压 VDD。基准控制寄存器 REF0CN 中的 REFSL 位用于选择基准源，REFSL 位置'0'时，选择使用外部或内部基准时；REFSL 位置'1'时，选择 VDD 作为基准源时。当不使用内部电压基准或外部精密基准时，VREF 引脚应被配置为 GPIO 引脚；当使用外部电压基准时，VREF 引脚应被配置为模拟输入并被数字交叉开关跳过。

下面我们通过一个例子介绍 ADC0 的基本初始化过程，在例 17-6，我们将对 ADC0 作一个具体的应用。

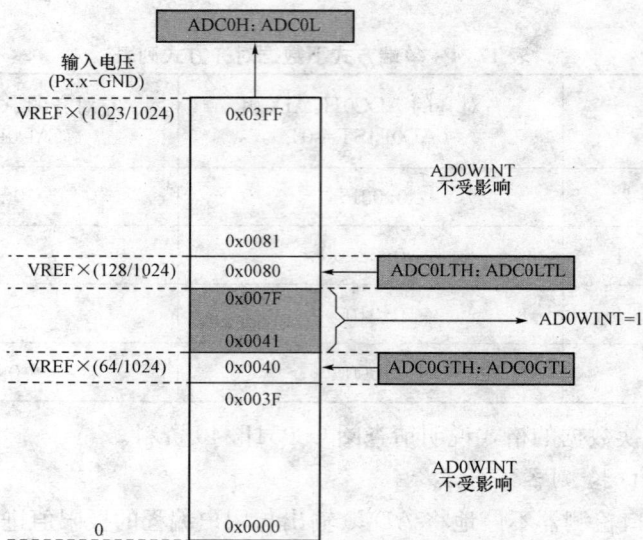

图 17-18(a)　单端方式右对齐数据下 ADC0 窗口中断示例

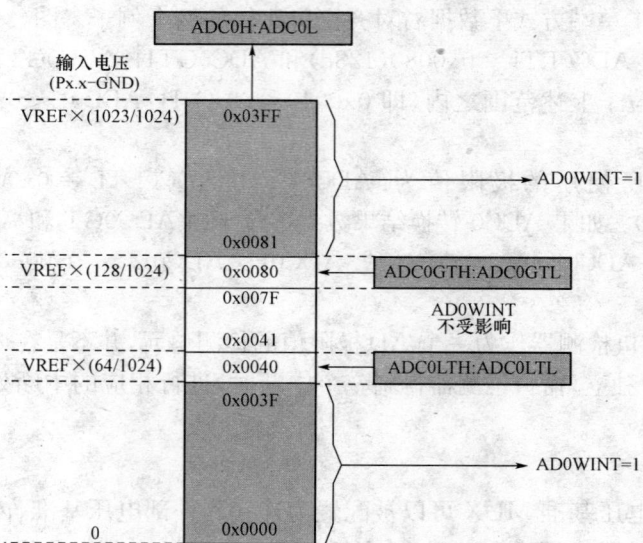

图 17-18(b)　单端方式右对齐数据下 ADC0 窗口中断示例

【例 17-4】 为采集 P2.1 口上的输入电压值,对 ADC0 进行初始化配置。

选择 P2.1 作为正输入,GND 作为负输入,以 VDD 作为电压基准,并设置检测窗口为模拟电压低于 1V 发出警报。

首先对 ADC0 进行初始化,运行配置工具 Configuration Wizard 2,选择菜单"Peripherals→ADC",打开 ADC0 设置对话框,如图 17-19(a)所示。在"Enable ADC0"框中钩选,使能 ADC0;启动 A/D 转换的方式是钩选"every write of'1' to AD0BUSY"(软件启动);在多路选择框中,将 P2.1、GND 分别设置为正负输入;如果 P2.1 引脚未配置为模拟输入方式,点击"Configure Port I/O"按钮可进行属性调整;

　　设置模拟电压值低于 1V 时发生警报，因此将低于极限值寄存器 ADC0LTH：ADC0LTL 设置为 0x0136（1.0 * 1024/3.3＝310d＝0x136），高于极限值设置为 0x0000。

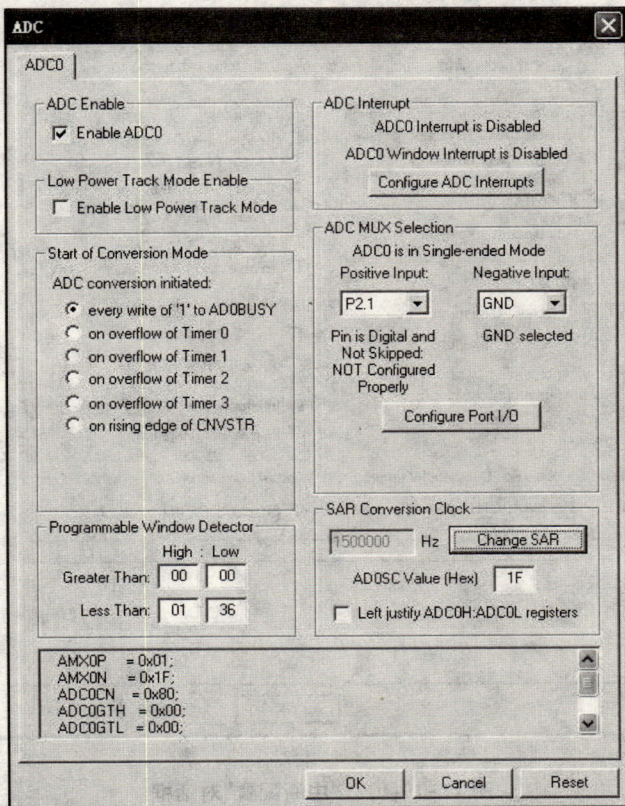

图 17-19(a)　"ADC0 设置"对话框

　　点击"Configure ADC Interrupts"按钮，出现如图 17-19(b)所示的"中断配置"对话框，选择"Enable All Interrupt"，开启总中断，分别在"Enable AD0INT Interrupt"、"Enable AD0WINT Interrupt"前钩选，以此允许转换中断 AD0INT 和窗口比较中断 ADOWINT。

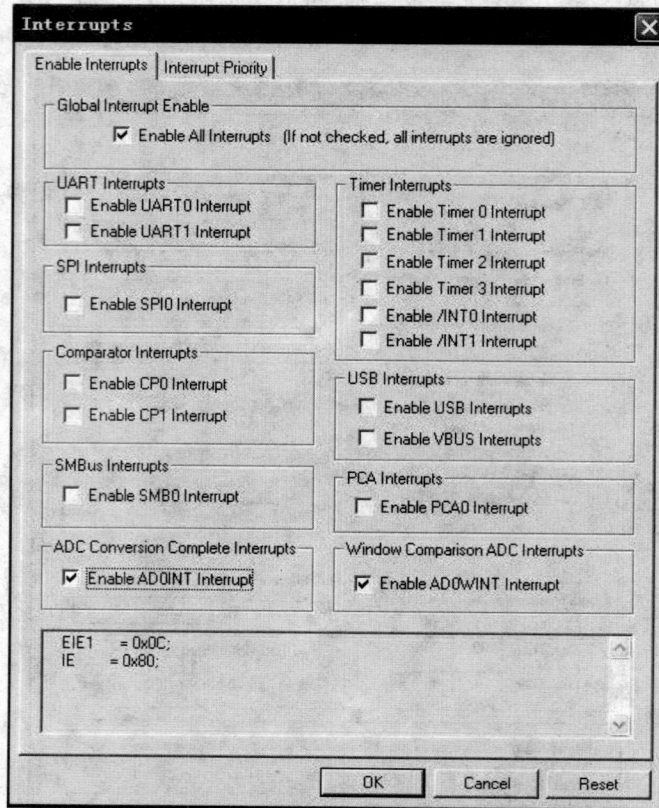

图 17-19(b)　"中断配置"对话框

将程序对话框中的程序复制到 Keil 中,并进行必要的修改,得到如下定时器 3 初始化函数:

```
void ADC_Init()
{
    P2MDIN &=~(1≪1);          //P2.1 作为模拟端口输入
    P2SKIP |=(1≪1);           //交叉开关跳过 P2.1 口
    AMX0P   =0x01;            //P2.1 口作为正输入
    AMX0N   =0x1F;            //GND 作为负输入

    ADC0GTH  =0x00;
    ADC0GTL  =0x00;           //ADC0GTH:ADC0GTL 赋值 0x0000
    ADC0LTH  =0x01;
    ADC0LTL  =0x36;           //ADC0LTH:ADC0LTL 赋值 0x0136,对应于 1V

    ADC0CN=0x80;             //使能 ADC0,写'1'到 AD0BUSY 位启动
    REF0CN=0x08;             //设置 VDD 作为电压基准
    EIE1 |=(1≪3);            //允许 AD0INT 标志的中断
    EIE1 |=(1≪2);            //允许 ADC0 窗口比较标志 ADOWINT 的中断请求
}
```

这里仅就 C8051F340 的 ADC0,电压基准使用等功能作了介绍。实际上,该系列单片机具有非常完善的模拟功能,大部分芯片可以支持 12 位 A/D,并带有电压比较器等功能,集成度高,不仅节约了成本,而且大大减小了电路尺寸。由此可见,C8051F 系列单片机本身就是实现片上系统 SOC(System On Chip)设计理念的典范。

17.3.5　EMIF 的设定

C8051F340 内部有 4KB 的 RAM 和 1KB 的 USB FIFO,均可以被映射到外部数据存储器空间,作为通用数据存储器使用。另外,C8051F340 器件还有可用于访问片外存储器和存储器映射器件的外部存储器接口 External Memory Interface(EMIF)。EMIF 可以用外部传送指令(MOVX)和数据指针(DPTR)访问,或者通过使用 R0 或 R1 用间接寻址方式访问。如果 MOVX 指令使用一个 8 位地址操作数(例如 @R1),则 16 位地址的高字节由外部存储器接口控制寄存器。配置外部存储器接口的过程包括下面 5 个步骤:

(1) 配置相应端口引脚的输出方式为推挽或漏极开路(最常用的是推挽方式),并在交叉开关中跳过这些引脚。

(2) 配置对应 EMIF 引脚的端口锁存器为休眠态(通常将它们设置为逻辑'1')。

(3) 选择复用方式或非复用方式。

(4) 选择存储器模式(只用片内存储器、不带块选择的分片方式、带块选择的分片方式或只用片外存储器)。

(5) 设置与片外存储器或外设接口的时序。

1) 端口配置

使用 EMIF 时,应用 P1SKIP 寄存器将交叉开关配置为跳过控制线 P1.7(/WR)、P1.6(/RD)和 P1.3(ALE,选择复用方式需要)。外部存储器接口只在执行片外 MOVX 指令期间使用相关的端口引脚。一旦 MOVX 指令执行完毕,端口锁存器或交叉开关重新恢复对端口引脚的控制。端口锁存器应被明确地配置为使外部存储器接口引脚处于休眠状态(不使用时),通常将它们设置为逻辑'1'。

在执行 MOVX 指令期间,外部存储器接口将禁止所有作为输入的那些引脚的驱动器(例如,读操作期间的 Data[7:0])。端口引脚的输出方式(无论引脚被配置为漏极开路或是推挽方式)不受外部存储器接口操作的影响,始终受 PnMDOUT 寄存器的控制。在大多数情况下,所有 EMIF 引脚的输出方式都应被配置为推挽方式。

2) 工作方式选择

外部存储器接口可以工作在复用方式或非复用方式,由 EMD2 位(EMI0CF.4)的状态决定,EMI0CF.4＝0 时为复用方式,EMI0CF.4＝1 时为非复用方式。

工作在复用方式,数据总线和地址总线的低 8 位共享相同的端口:AD[7:0]。在该方式下,要用一个外部锁存器(74HC373 或相同功能的逻辑门)保持 RAM 地址的低 8 位。外部锁存器由 ALE(地址锁存使能)信号控制,ALE 信号由外部存储器接口逻辑驱动。在该工作方式下,可以根据 ALE 信号的状态将外部 MOVX 操作分成两个阶段。在第一个阶段,ALE 为高电平,地址总线的低 8 位出现在 AD[7:0],地址锁存器的'Q'输出与'D'输入的状态相同。ALE 由高变低时标志第二阶段开始,地址锁存器的输出保持不变,当 $\overline{RD}$ 或 $\overline{WR}$ 有效时,数据总线控制 AD[7:0]端口的状态。

工作在非复用方式,地址总线占用独立的 16 个端口,数据总线占用 8 个独立的端口,互不影响。

3) 存储器模式

C8051F340 的 EMI0CF 寄存器的 3、2 位 EMD2、EMD0 为工作模式选择位,可通过编程实现四种工作模式的选择:

(1) 当 EMI0CF[3:2] 被设置为"00"时,为只用内部 XRAM 模式。此时 MOVX 只寻址片内 XRAM,所有有效地址都指向片内存储空间。例如:地址 0x1000 和 0x2000 都指向片内 XRAM 空间的 0x0000 地址。

(2) 当 EMI0CF[3:2] 被设置为"01"时,为无块选择的分片模式。寻址低于 4K 边界的地址时访问片内存储器,寻址高于 4K 边界的地址时访问片外存储器。8 位片外 MOVX 操作使用地址高端口锁存器的当前内容作为地址的高字节。注意:为了能访问片外存储器空间,EMI0CN 必须被设置成一个不属于片内地址空间的页地址。

(3) 当 EMI0CF[3:2] 被设置为"10"时,为带块选择的分片模式。寻址高于 4K 边界的地址时访问片外存储器。8 位片外 MOVX 操作使用 EMI0CN 的内容作为地址的高字节。

(4) 当 EMI0CF[3:2] 被设置为"11"时,为只用外部存储器模式。该方式下,片内 XRAM 对 CPU 为不可见,对访问从 0x0000 开始到内部 XRAM 尺寸边界之间的片外存储器有用。

4) EMIF 时序设置

C8051F340 的 EMIF 时序参数是可编程的,这就允许连接具有不同建立时间和保持时间要求的器件。地址建立时间、地址保持时间、$\overline{RD}$ 和 $\overline{WR}$ 选通脉冲的宽度以及复用方式下 ALE 脉冲的宽度都可以通过 EM0T 和 EMI0CF[1:0] 编程,编程单位为 SYSCLK 周期。

片外 MOVX 指令的时序可以通过将 EMI0TC 寄存器中定义的时序参数加上 4 个 SYSCLK 周期来计算。在非复用方式,一次片外 XRAM 操作的最小执行时间为 5 个 SYSCLK 周期(用于 $\overline{RD}$ 或 $\overline{WR}$ 脉冲的 1 个 SYSCLK+4 个 SYSCLK)。对于复用方式,地址锁存使能信号至少需要 2 个附加的 SYSCLK 周期。因此,在复用方式,一次片外 XRAM 操作的最小执行时间为 7 个 SYSCLK 周期(用于 ALE 的 2 个 SYSCLK+用于 $\overline{RD}$ 或 $\overline{WR}$ 脉冲的 1 个 SYSCLK+4 个 SYSCLK)。在器件复位后,可编程建立和保持时间的缺省值为最大延迟设置。

【例 17-5】 采用总线复用方式,扩展一个 32K 的 XRAM。

电路如图 17-21 所示,IS61C256AL 是 32K 高速 CMOS 静态 RAM,其数据/控制信号的建立及保持时间均小于 15 ns。系统时钟采用 4 倍乘法器 48 MHz 频率,$T_{SYSCLK} = 1/48 \ \mu s \approx$ 21 ns,所以存储器能满足 CPU 的时序要求。硬件地址为 0x8000~0xFFFF,必须对 EMIF 进行设置后,才能访问存储器。

地址/控制信号建立时间 T_{ACS} 设置为 0,地址/控制信号脉冲宽度 T_{AHW} 设置为 $1 \times T_{SYSCLK}$,地址锁存信号 ALE 的宽度($T_{ALEH} + T_{ALEL}$)设置为 $2 \times T_{SYSCLK}$,写数据保持时间 T_{WDH} 设置为 0。这样 XRAM 操作的最小执行时间为 7 个 T_{SYSCLK}(包括固定的 $4 \times T_{SYSCLK}$),其时间大约为 $7 \times 21 = 147$ ns。

对 EMIF 进行初始化,可以通过配置工具 Configuration Wizard 2 来辅助进行,选择菜单"Peripherals →EMI",打开 ADC0 设置对话框,如图 17-20 所示。点击"Split Mode w/Bank Select"标签,选择带块的分片模式;点击"Multiplexed Address/Data Mode",选择复用连接方式;按上述要求设定各部分时间参数。

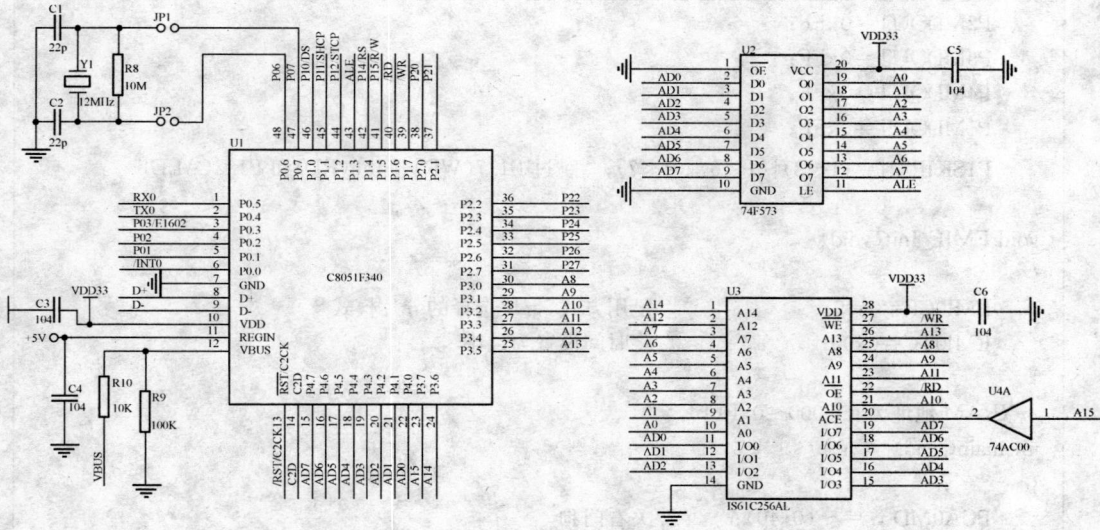

图 17-20   扩展 32K 的 XRAM 原理图

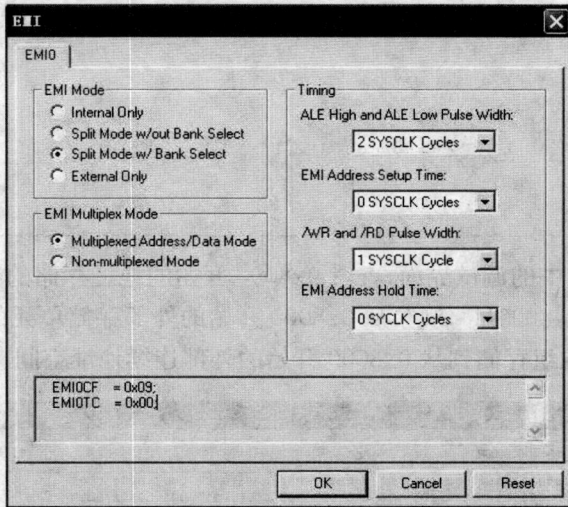

图 17-21   EMIF 设置

下面的程序,可实现一个 16 位数组存储到外部存储器的功能:

```
#include"C8051F340.h"

unsigned int xdata uData[5000];

void Port_IO_Init(void)
{
    XBR1 |=(1<<6);
```

```
        P2MDOUT=0xFF;
        P3MDOUT=0xFF;
        P4MDOUT=0xFF;
        P1MDOUT=0xFF;
        P1SKIP    |=(1≪3)|(1≪6)|(1≪7);//跳过 P1.7(WR)、P1.6(RD)和 P1.3(ALE)
}
void EMIF_Init(void)
{
        EMI0CF=0x09;              //复用方式,带块选择的分片模式
        EMI0TC=0x00;              //将时间设置为最小
}
//XRAM 地址为 0x8000～0xFFFF
int main(void)
{
        PCA0MD &=~(0x40);         //关看门狗
        unsigned int i;
        Oscillator_Init();        //采用 4 倍乘法器 48MHz(参见例 17-1)

        Port_IO_Init();
        EMIF_Init();

        for(i=0; i < 5000; i++) uData[i]=i;
        while(1);
}
```

我们运用 Keil 中的调试界面,查看 0x8000 开始的地址存储的数据量,在存储器窗口中的 Address 中输入"X:8000H",观察从 0x8000 开始的外部存储单元的内容,如图 17-22 所示,将一个 0～5000 的数组存储到从 0x8000 开始的外部连续地址空间。

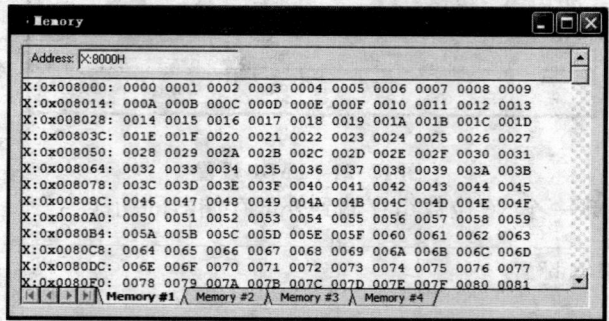

图 17-22 外部存储器内容

17.4 应用实例

上述各节对 C8051F340 的各主要部分进行了介绍,我们将例 17-1 的时钟初始化程序、例

17-2 端口的初始化程序、例 17-3 的 T3 实现的数码管动态显示程序、例 17-4 的 ADC0 初始化程序综合运用,编写一个完整的应用程序的示例。

【例 17-6】 根据附录所示电路图,设计一个程序,具备如下功能:从 P2.1 端口采集一个电压数据,并将 A/D 转换值通过 LED 显示。LED 采用动态显示,时间间隔为 5ms,由定时器 T3 及相应的中断控制。源程序如下:

```c
#include"c8051f340.h"
#include"intrins.h"
unsigned char code duan[]={0xc0,0xf9,0xa4,0xb0,0x99,0x92,0x82,0xf8,0x80,0x90};
                                        //段码 0~9

unsigned char code wei[]={0xf7,0xfb,0xfd,0xfe};   //位码
unsigned char Counter=0;
unsigned char DispDuan[4]={0, 0, 0, 0};
unsigned long DispNum;
unsigned char AD0BUSYCounter=0x00;
sbit DS=P1^0;                    //串行数据输入,对应 595 的 14 脚 DS
sbit SHCP=P1^1;                  //移位寄存器时钟输入,对应 595 的 11 脚 SHCP
sbit STCP=P1^2;                  //存储寄存器时钟输入,对应 595 的 12 脚 STCP
//————————————————————————
//初始化时钟
//————————————————————————
void Oscillator_Init()
{
unsigned char i;
    OSCICN=0x83;                 //使用 12MHz 内部高频晶振
    FLSCL=0x90;                  //使能 FLASH 单稳态定时器
                                 //FLASH 读时间,SYSCLK 不大于 48MHz
    CLKMUL=0x00;                 //CLKMUL 写 0x00 来复位时钟乘法器
    CLKMUL |=(1≪7);             //MULEN 位使能时钟乘法器
    for(i=0; i<100; i++);        //延时,大于 5 μs
    CLKMUL |=(1≪7) | (1≪6);     //MULINIT 位初始化时钟乘法器
    for(i=0; i<100; i++);        //延时,大于 5 μs
    while ((CLKMUL &(1≪5))==0);  //查询等待 MULRDY=>'1'
    CLKSEL=0x03;                 //系统时钟和 USB 时钟均为 48MHz
}
//————————————————————————
//端口初始化
//————————————————————————
void Port_IO_Init(void)
{
    P1MDOUT |=(1≪0) | (1≪1) | (1≪2) | (1≪4) | (1≪5);
    P2MDOUT=0xFF;
    P3MDOUT=0xFF;
```

```
    P4MDOUT=0xFF;
    P1SKIP |=(1≪0)|(1≪1)|(1≪2)|(1≪3)|(1≪6)|(1≪7);
    XBR1 |=(1≪6);                    //使能交叉开关
}
// ———————————————————————————————
//定时器 3 初始化
// ———————————————————————————————
void Timer3_Init(void)
{
    TMR3RLL=0xD0;
    TMR3RLH=0x8A;
    TMR3L=0xD0;
    TMR3H=0x8A;                       //定时 5ms 溢出
    TMR3CN=0x04;                      //允许定时器 3
    EIE1 |=(1≪7);                     //允许定时器 3 中断
}
// ———————————————————————————————
//ADC 初始化函数
// ———————————————————————————————
void ADC_Init()
{
    P2MDIN &=~(1≪1);                  //P2.1 作为模拟端口输入
    P2SKIP |=(1≪1);                   //交叉开关跳过 P2.1 口
    AMX0P=0x01;                       //P2.1 口作为正输入
    AMX0N=0x1F;                       //GND 作为负输入
    ADC0CN=0x80;                      //使能 ADC0,写'1'到 AD0BUSY 位启动
    REF0CN=0x08;                      //设置 VDD 作为电压基准
    EIE1 |=(1≪3);                     //允许 AD0INT 标志的中断
}
// ———————————————————————————————
//数字处理函数
// ———————————————————————————————
void Block_Shift(unsigned int value) using 2    //ADC 中断处理函数调用,2 号寄存器组
{
    unsigned char i,j;
    for(i=0;i<4;i++)
    {
        j=value%10;
        DispDuan[i]=duan[j];
        value=value/10;
    }
}
// ———————————————————————————————
//ADC 中断处理函数
```

```
// ------------------------------
void ADC0_ISR(void) interrupt 10 using 2        //AD 中断处理函数使用 2 号寄存器组
{
    AD0INT=0;                                   //清除 ADC0 转换结束中断标志
    DispNum=ADC0H;
    DispNum=(DispNum≪8)|ADC0L;                  //获取转换值
    Block_Shift(DispNum);
}
// ------------------------------
//发送串行移位数据到 74HC595
// ------------------------------
void HC595_shift(unsigned char uData) using 1   //被定时器 3 中断处理函数调用,
                                                //使用 1 号寄存器组

{
unsigned char i;
    SHCP=0;                                     //先将移位寄存器控制引脚置为低
    for(i=0; i<8; i++)                          //循环 8 次,刚好移完 8 位
    {
        if(uData & 0x80) DS=1;                  //判数据的最高位
        else DS=0;
        uData ≪=1;                              //将数据的次高位移到最高位
        SHCP=1;
      SHCP=0;
    }
}
// ------------------------------
//74HC595 并行数据锁存和输出
// ------------------------------
void HC595_out(void) using 1                    //被定时器 3 中断处理函数调用,
                                                //使用 1 号寄存器组

{
    STCP=0;                                     //先将存储寄存器引脚置为低
    STCP=1;                                     //产生移位时钟上升沿,存器的数据
                                                //进入数据存储寄存器
}
// ------------------------------
//定时器 3 中断处理函数
// ------------------------------
Timer3_ISR (void) interrupt 14 using 1          //定时器 3 中断处理函数
                                                //使用 1 号寄存器组

{
    unsigner char j;
    TMR3CN &=~(1≪7);                            //清定时器 3 高字节溢出标志
    HC595_shift(wei[Counter]);
    HC595_shift (DispDuan[j]);
    HC595_out();
```

```
        If(++Counter==4) Counter=0;
    }
// _____
//主函数
// _____
void main()
{
    PCA0MD &=~(0x40);                    //关看门狗
    Oscillator_Init();
    Port_IO_Init();
    ADC_Init();
    Timer3_Init();
    EA=1;
    AD0BUSY=1;
    while [JY](1)
    {
        if(AD0BUSYCounter>=20)            //每100秒启动一次 ADC0
        {
            AD0BUSY=1;
            AD0BUSYCounter=0;
        }
    }
}
```

　　AD 采集以 P2.1 口作为正输入，GND 作为负输入；电压基准选择为 VDD，以写'1'到 AD0BUSY 位作为启动方式，这里设置每 50ms 采集一次数据。在主程序中应特别要注意，首先要关断看门狗，再进行其余的初始化工作。数码管显示是由两片 74HC595 驱动完成的，需要一个串行数据输入和并行数据输出的过程，程序已经得到验证，配合定时器 3，实现了数码管动态显示。

附　　录

附录 A　ASCII（美国信息交换标准码）字符表

低位	高位	0 000	1 001	2 010	3 011	4 100	5 101	6 110	7 111
0	0000	NUL	DLE	SP	0	@	P	、	P
1	0001	SOH	DC1	!	1	A	Q	a	q
2	0010	STX	DC2	"	2	B	R	b	r
3	0011	ETX	DC3	#	3	C	S	c	s
4	0100	EOT	DC4	$	4	D	T	d	t
5	0101	ENQ	NAK	%	5	E	U	e	u
6	0110	ACK	SYn	&	6	F	V	f	v
7	0111	BEL	ETB	'	7	G	W	g	w
8	1000	BS	CAN	(	8	H	X	h	x
9	1001	HT	EM	)	9	I	Y	i	y
A	1010	LF	SUB	*	:	J	Z	j	z
B	1011	VT	ESC	+	;	K	[	k	{
C	1100	FE	FS	,	<	L	\	l		
D	1101	CR	GS	—	=	M	]	m	}
E	1110	SO	RS	.	>	N	↑	n	~
F	1111	SI	US	/	?	O	←	o	DEL

表中符号说明：

NUL	空	DC1	设备控制 1
SOH	标题开始	DC2	设备控制 2
STX	正文结束	DC3	设备控制 3
ETX	本文结束	DC4	设备控制 4
EOT	传输结束	NAK	非正常应答
ENQ	询问	SYN	空转同步
ACK	正常	ETB	信息组传送结束
BEL	铃声	CAN	作废
BS	退一格	EM	纸尽
HT	横向列表	SUB	减
LF	换行	ESC	换码
VT	垂直制表	FS	文字分隔符
FF	走纸控制	GS	组分隔符
CR	回车	RS	记录分险符
SO	移位输出	US	单元分隔符
SI	移位输入	SP	空格
DLE	数据链换码	DEL	作废

附录 B　MCS-51 系列单片机指令表

数据传送指令

序号	助记符	指令功能	对标志位影响				
			Cy	AC	OV	P	
1	MOV A,Rn	A←Rn	×	×	×	√	E8H~EFH
2	MOV A,direct	A←(direct)	×	×	×	√	E5H
3	MOV A,@Ri	A←(Ri)	×	×	×	√	E6H,E7H
4	MOV A,#data	A←data	×	×	×	√	74H
5	MOV Rn,A	Rn←A	×	×	×	×	F8H~FFH
6	MOV Rn,direct	Rn←(direct)	×	×	×	×	A8H~AFH
7	MOV Rn,#data	Rn←data	×	×	×	×	78H~7FH
8	MOV direct,A	direct←A	×	×	×	×	F5H
9	MOV direct,Rn	direct←Rn	×	×	×	×	88H~8FH
10	MOV direct1,direct2	direct1←(direct2)	×	×	×	×	85H
11	MOV direct,@Ri	direct←(Ri)	×	×	×	×	86H,87H
12	MOV direct,#data	direct←data	×	×	×	×	75H
13	MOV @Ri,A	(Ri←A)	×	×	×	×	F6H,F7H
14	MOV @Ri,direct	(Ri)←(direct)	×	×	×	×	A6H,A7h
15	MOV @Ri,#data	(Ri)←data	×	×	×	×	76H,77H
16	MOV PTR,#data	DPTR←data16	×	×	×	×	90H
17	MOVC A,@A+DPTR	A←(A+DPTR)	×	×	×	√	93H
18	MOVC A,@A+PC	A←(A+PC)	×	×	×	√	83H
19	MOVX A,@Ri	A←(Ri)	×	×	×	×	E2H,E3H
20	MOVX A,@DPTR	A←(DPTR)	×	×	×	×	E0H
21	MOVX A,@Ri,A	(Ri)←A	×	×	×	×	F2H,F3H
22	MOVX @DPTR,A	(DPTR)←A	×	×	×	×	F0H
23	PUSH direct	SP←SP+1,(direct)←SP−1	×	×	×	×	C0H
24	POP direct	direct←(SP),SP←SP−1	×	×	×	×	D0H
25	XCH A,Rn	A←→Rn	×	×	×	√	C8H,CFH
26	XCH A,direct	A←→(direct)	×	×	×	√	C5H
27	XCH A,@Ri	A←→(Ri)	×	×	×	√	C6H,C7H
28	XCHD A,@Ri	A3−0←→(Ri)	×	×	×	√	D6H,D7H

算术运算指令

序号	助记符	指令功能	对标志位影响				
			Cy	AC	OV	P	
1	ADD A,Rn	A←A+Rn	√	√	√	√	28H~2FH
2	ADD A,direct	A←A+(direct)	√	√	√	√	25H
3	ADD A,@Ri	A←A+(Ri)	√	√	√	√	26H,27H
4	ADD A,#data	A←A+data	√	√	√	√	24H
5	ADDC A,Rn	A←A+Rn+Cy	√	√	√	√	38H~3FH

算术运算指令

序号	助记符	指令功能	对标志位影响				
			Cy	AC	OV	P	
6	ADDC A,direct	$A \leftarrow A + (direct) + Cy$	✓	✓	✓	✓	35H
7	ADDC A,@Ri	$A \leftarrow A + (Ri) + Cy$	✓	✓	✓	✓	36H,37H
8	ADDC A,#data	$A \leftarrow A + data + Cy$	✓	✓	✓	✓	34H
9	SUBB A,Rn	$A \leftarrow A + Rn - Cy$	✓	✓	✓	✓	98H~9FH
10	SUBB A,direct	$A \leftarrow A + (direct) - Cy$	✓	✓	✓	✓	95H
11	SUBB A,@Ri	$A \leftarrow A + (Ri) - Cy$	✓	✓	✓	✓	96H,97H
12	SUBB A,#data	$A \leftarrow A + data - Cy$	✓	✓	✓	✓	94H
13	INC A	$A \leftarrow A + 1$	×	×	×	✓	04H
14	INC Rn	$Rn \leftarrow Rn + 1$	×	×	×	×	08H~0FH
15	INC direct	$direct \leftarrow (direct) + 1$	×	×	×	×	05H
16	INC @Ri	$(Ri) \leftarrow (Ri) + 1$	×	×	×	×	06H,07H
17	INC DPTR	$DPTR \leftarrow DPTR + 1$	×	×	×	×	A3H
18	DEC A	$A \leftarrow A - 1$	×	×	×	✓	14H
19	DEC Rn	$Rn \leftarrow Rn - 1$	×	×	×	×	18H~1FH
20	DEC direct	$direct \leftarrow (direct) - 1$	×	×	×	×	15H
21	DEC @Ri	$(Ri) \leftarrow (Ri) - 1$	×	×	×	×	16H,17H
22	MUL AB	$BA \leftarrow A \times B$	0	×	✓	✓	A4H
23	DIV AB	$A \div B \leftarrow A \cdots\cdots B$	0	×	✓	✓	84H
24	DA A	对 A 进行 BCD 调整	✓	✓	✓	✓	D4H

逻辑运算指令

序号	助记符	指令功能	Cy	AC	OV	P	
1	ANL A,Rn	$A \leftarrow A \wedge Rn$	×	×	×	✓	58H~5FH
2	ANL A,direct	$A \leftarrow A \wedge (direct)$	×	×	×	✓	55H
3	ANL A,@Ri	$A \leftarrow A \wedge (Ri)$	×	×	×	✓	56H,57H
4	ANL A,#data	$A \leftarrow A \wedge data$	×	×	×	✓	54H
5	ANL direct,A	$direct \leftarrow (direct) \wedge A$	×	×	×	×	52H
6	ANL direct,A	$direct \leftarrow (direct) \wedge A$	×	×	×	×	53H
7	ORL A,Rn	$A \leftarrow A \vee Rn$	×	×	×	✓	48H~4FH
8	ORL A,direct	$A \leftarrow A \vee (direct)$	×	×	×	✓	45H
9	ORL A,@Ri	$A \leftarrow A \vee (Ri)$	×	×	×	✓	46H,47H
10	ORL A,#data	$A \leftarrow A \vee data$	×	×	×	✓	44H
11	ORL direct,A	$direct \leftarrow (direct) \vee A$	×	×	×	×	42H
12	ORL direct,#data	$direct \leftarrow (direct) \vee \#data$	×	×	×	×	43H
13	XRL A,Rn	$A \leftarrow A \oplus Rn$	×	×	×	✓	68H~6FH
14	XRL A,direct	$A \leftarrow A \oplus (direct)$	×	×	×	✓	65H
15	XRL A,@Ri	$A \leftarrow A \oplus (Ri)$	×	×	×	✓	66H,67H
16	XRL A,#data	$A \leftarrow A \oplus data$	×	×	×	✓	64H
17	XRL direct,A	$direct \leftarrow (direct) \oplus A$	×	×	×	×	62H
18	XRL direct,#data	$direct \leftarrow (direct) \oplus \#data$	×	×	×	×	63H

逻辑运算指令

序号	助记符	指令功能	对标志位影响				
			Cy	AC	OV	P	
19	CLR A	A←0	×	×	×	√	E4H
20	CPL A	A←Ā	×	×	×	×	F4H
21	RL A	$A_7 \leftarrow A_0$ (循环左移)	×	×	×	×	23H
22	RR A	$A_7 \rightarrow A_0$ (循环右移)	×	×	×	×	03H
23	RLC A	$C_y \leftarrow A_7 \leftarrow A_0$	√	×	×	√	33H
24	RRC A	$C_y \leftarrow A_7 \leftarrow A_0$	√	×	×	√	13H
25	SWAP A	$A_7{\sim}A_4$ ⇄ $A_3{\sim}A_0$	×	×	×	×	C4H

控制转移指令

序号	助记符	指令功能	对标志位影响				
			Cy	AC	OV	P	
1	AJMP addrl	PC10~PC0←addrl1	×	×	×	×	$A_{10}A_9A_8$00001B
2	LJMP addrl6	PC←addrl6	×	×	×	×	02H
3	SJMP rel	PC←PC+2+rel	×	×	×	×	80H
4	JMP @A+DPTR	PC←(A+DPTR)	×	×	×	×	73H
5	JZ rel	若 A=0,则 PC←PC+2+rel 若 A≠0,则 PC←PC+2	×	×	×	×	60H
6	JNZ rel	若 A≠0,则 PC←PC+2+rel 若 A=0,则 PC←PC+2	×	×	×	×	70H
7	CJNZ A,direct,rel	若 A≠(direct),则 PC←PC+3+rel 若 A=(direct),则 PC←PC+3 若 A≥(driect),则 Cy=0;否则,Cy=1	√	×	×	×	B5H
8	CJNZ A,♯data,rel	若 A≠data,则 PC←PC+3+rel 若 A=data,则 PC←PC+3 若 A≥data,则 Cy=0;否则,Cy=1	√	×	×	×	B4H
9	CJNZ Rn,♯data,rel	若 Rn≠data,则 PC←PC+3+rel 若 Rn=data,则 PC←PC+3 若 Rn≥data,则 Cy=0;否则,Cy=1	√	×	×	×	B8H~BFH

控制转移指令

序号	助记符	指令功能	Cy	AC	OV	P	
			对标志位影响				
10	CJNZ @Ri,♯data,rel	若(Ri)≠data,则 PC←PC+3+rel 若(Ri)=data,则 PC←PC+3 若(Ri)≥data,则 Cy=0;否则,Cy=1	√	×	×	×	D6H,B7H
11	DJNZ Rn,rel	①Rn←Rn−1 ②若 Rn≠0,则 PC←PC+2+rel 　若 Rn=0,则 PC←PC+2	×	×	×	×	D8H~DFH
12	DJNZ direct,rel	①direct←(direct)−1 ②若(direct)≠0,则 PC←PC+2+rel 　若(direct)=0,则 PC←PC+2	×	×	×	×	D5H
13	ACALL addr11	PC←PC+2 SP←SP+1,(SP)←PCL SP←SP+1,(SP)←PCH PC10~PC0←addr11	×	×	×	×	$A_1 0A_9 A_8 10001B$
14	LCALL addr16	PC←PC+3 SP←SP+1,(SP)←PCL SP←SP+1,(SP)←PCH PC←addr16	×	×	×	×	12H
15	RET	PCH←(SP),SP←SP−1 PCL←(SP),SP←SP−1	×	×	×	×	22H
16	RET1	PCH←(SP),SP←SP−1 PCL←(SP),SP←SP−1	×	×	×	×	32H
17	NOP		×	×	×	×	00H

位操作指令

序号	助记符	指令功能	Cy	AC	OV	P	
1	CLR C	Cy←0	√	×	×	×	C3H
2	CLR bit	bit←0	×	×	×	×	
3	SETB C	Cy←1	1	×	×	×	D3H
4	SETB bit	bit←1	×	×	×	×	D2H
5	CPL C	Cy←$\overline{Cy}$	√	×	×	×	B3H
6	CPL bit	bit←$\overline{(bit)}$	×	×	×	×	B2H
7	ANL C,bit	Cy←Cy∧(bit)	√	×	×	×	82H
8	ANL C,/bit	Cy←Cy∧$\overline{(bit)}$	√	×	×	×	B0H
9	ORL C,bit	Cy←Cy∨(bit)	√	×	×	×	72H
10	ORL C,/bit	Cy←Cy∨$\overline{(bit)}$	√	×	×	×	A0H
11	MOV C,bit	Cy←(bit)	×	×	×	×	A2H
12	MOV bit,C	bit←Cy	×	×	×	×	92H
13	JC rel	若 Cy=1,则 PC←PC+2+rel 若 Cy=0,则 PC←PC+2	×	×	×	×	40H

位操作指令

序号	助记符	指令功能	对标志位影响				
			Cy	AC	OV	P	
14	JNC rel	若 Cy=0,则 PC←PC+2+rel 若 Cy=1,则 PC←PC+2	×	×	×	×	50H
15	JB bit,rel	若(bit)=1,则 PC←PC+3+rel 若(bit)=0,则 PC←PC+2	×	×	×	×	20H
16H	JNB bit,rel	若(bit)=0,则 PC←PC+3+rel 若(bit)=1,则 PC←PC+3	×	×	×	×	30H
17	JBC bit,rel	若(bit)=1,则 PC←PC+3+rel, 且 bit←0 若(bit)=0,则 PC←PC+3	×	×	×	×	10H

附录 C　指令的周期数物指令编码的字节数

	助记符	说明	字节	振荡周期
1	ACALL adrll	绝对调用	2	2
2	ADD A,Rn	寄存器和 A 相加	1	1
3	ADD A,direct	直接字节和 A 相加	2	1
4	ADD A,@R	间接 RAM 和 A 相加	1	1
5	ADD A,#data	立即数和 A 相加	2	1
6	ADDC A,Rn	寄存器、进位位和 A 相加	1	1
7	ADDC A,direct	直接字节、进位位和 A 相加	2	1
8	ADDC A,@R	间接 RAM、进位位和 A 相加	1	1
9	ADDC A,direct	立即数、进位位和 A 相加	2	1
10	ADD A,direct	直接字节和 A 相加	2	1
11	ADD A,@R	间接 RAM 和 A 相加	1	1
12	ADD A,#data	立即数和 A 相加	2	1
13	ADDC A,Rn	寄存器、进位位和 A 相加	1	1
14	ADDC A,direct	直接字节、进位位和 A 相加	2	1
15	ADDC A,@R	间接 RAM、进位位和 A 相加	1	1
16	ADDC A,direct	立即数、进位位和 A 相加	2	1
17	ADD A,direct	直接字节和 A 相加	2	1
18	ADD A,@R	间接 RAM 和 A 相加	1	1
19	AJMP addrll	绝对转移	2	2
20	ANL A,Rn	寄存器和 A 相"与"	1	1
21	ANL A,direct	直接字节和 A 相"与"	2	1
22	ANL A,@Ri	间接 RAM 和 A 相"与"	1	1
23	ANL A,#data	立即数和 A 相"与"	2	1
24	ANL direct,A	A 和直接字节相"与"	2	1
25	ANL direct,#data	立即数和直接字节相"与"	3	2
26	ANL C,bit	直接位和进位相"与"	2	2
27	ANL C,/bit	直接的反和进位相"与"	2	2
28	CJNE A,direct,rel	直接字节与 A 比较,不相等则相对转移	3	2
29	CJNE A,#data,rel	立即数与 A 比较,不相等则相对转移	3	2
30	CJNE Rn,#data,rel	立即数与寄存器相比较,不相等则相对转移	3	2
31	CJNE @R,#data,rel	立即数与间接 RAM 相比较,不相等则相对转移	3	2
32	CLR A	A 清零	1	1
33	CLR bit	直接位清零	2	1
34	CLR C	进位清零	1	1
35	CPL A	A 取反	1	1
36	CPL bit	直接位取反	2	1
37	CPL C	进位取反	1	1
38	DA A	A 的十进制加法调整	1	1

(续附表 C)

	助记符	说明	字节	振荡周期
39	DEC A	A 减 1	1	1
40	DEC Rn	寄存器减 1	1	1
41	DEC direct	直接字节减 1	2	1
42	DEC @Ri	间接 RAM 减 1	1	1
43	DIV AB	A 除以 B,商保存在 A,余数保存在 B	1	4
44	DJNE Rn,rel	寄存器减 1,不为零则相对转移	3	2
45	DJNE direct,rel	直接字节减 1,不为零则相对转移	3	2
46	INC A	A 加 1	1	1
47	INC Rn	寄存器加 1	1	1
48	INC direct	直接字节加 1	2	1
49	INC @Ri	间接 RAM 加 1	1	1
50	INC DPTR	数据指针加 1	1	2
51	JB bit;rel	若位为 1,则相对转移	3	2
52	JBC bit,rel	若位为 1,则相对转移,然后该位清 0	3	2
53	JC rel	进位为 1,则相对转移	2	2
54	JMP @A+DPTR	转移到 A + DPTR 所指的地址	1	2
55	JNB bit,rel	直接位为 0,则相对转移	3	2
56	JNC rel	进位为 0,则相对转移	2	2
57	JNZ rel	A 不为零,则相对转移	2	2
58	JZ rel	A 为零,则相对转移	2	2
59	LCALL addr16	长子程序调用	3	2
60	LJMP addr16	长转移	3	2
61	MOV A,Rn	寄存器送 A	1	1
62	MOV A, direct	直接字节送 A	2	1
63	MOV A,@Ri	间接 RAM 送 A	1	1
64	MOV A, #data	立即数送 A	2	1
65	MOV Rn,A	A 送寄存器	1	1
66	MOV Rn,direct	直接字节送寄存器	2	2
67	MOV Rn, #data	立即数送寄存器	2	1
68	MOV direct,A	A 送直接字节	2	1
69	MOV direct,Rn	寄存器送直接字节	2	2
70	MOV direct,direct	直接字节磅直接字节	3	2
71	MOV direct,@Ri	间接 RAM 送直接字节	2	2
72	MOV direct, #data	立即数送直接字节	3	2
73	MOV @Ri,A	A 送间接 RAM	1	1
74	MOV @Ri,direct	直接字节送间接 RAM	2	2
75	MOV @Ri, #data	立即数送间接 RAM	2	1
76	MOV C,bit	进接位进位	2	1
77	MOV bit,C	进位送直接位	2	2
78	MOV DPTR, #data16	16 位常数送数数据指针	3	2

	助记符	说明	字节	振荡周期
79	MOVC A,@A+DPTR	由 A+DPTR 寻址的程序存储器字节送 A	1	2
80	MOVC A,@A+PC	由 A+PC 寻址的程序存储字节磅 A	1	2
81	MOVX A,@Ri	外部数据存储器(8 位地址)送 A	1	2
82	MOVX A,@DPTR	外部数据存储器(16 位地址)送 A	1	2
83	MOVX @Ri,A	A 送外部数据存储器(8 位地址)	1	2
84	MOVX @DPTR,A	A 送外部数据存储器(16 位地址)	1	2
85	MUL AB	A 乘以 B,结果的低位存于 A,高位存于 B	1	4
86	NOP	空操作	1	1
87	ORL A,Rn	寄存器和 A 相"或"	1	1
88	ORL A,direct	直接字节和 A 相"或"	2	1
89	ORL A,@Ri	间接 RAM 和 A 相"或"	1	1
90	ORL A,♯data	立接数和 A 相"或"	2	1
91	ORL direct,A	A 和直接字节相"或"	2	1
92	ORL direct,♯data	立即数和直接字节相"或"	3	2
93	ORL C,bit	位和进位位相"或"	2	2
94	ORL C,/bit	位的反和进位位相"或"	2	2
95	POP direct	直接字节退栈,SP 减 1	2	2
96	PUSH direct	SP 加 1,直接字节进栈	2	2
97	RET	子程序调用返回	1	2
98	RETI	中断返回	1	2
99	RL A	A 左环移	1	1
100	RLC A	A 带进位位左环移	1	1
101	RR A	A 右环移	1	1
102	RRC A	A 带进位位右环移	1	1
103	SETB bit	置位	2	1
104	SETB C	置进位位	1	1
105	SJMP rel	短转移	2	2
106	SUBB A,Rn	A 减去寄存器及进位位	1	1
107	SUBB A,direct	A 减去直接字节及进位位	2	1
108	SUBB A,@Ri	A 减去间接 RAM 及进位位	1	1
109	SUBB A,♯data	A 减去立即数及进位位	2	1
110	SWAP A	A 的高半字节和低半字节交换	1	1
111	XCH A,Rn	A 和寄存器交换	1	1
112	XCH A,direct	A 和直接字节交换	2	1
113	XCH A,@Ri	A 和间接 RAM 交换	1	1
114	XCHD A,@Ri	A 和间接 RAM 的低四位交换	1	1
115	XRL A,Rn	寄存器和 A 相"异或"	1	1
116	XRL A,direct	直接字节和 A 相"异或"	2	1
117	XRL A,@Ri	间接 RAM 和 A 相"异或"	1	1
118	XRL A,♯data	立即数和 A 相"异或"	2	1
119	XRL direct,A	A 和直接字节相"异或"	2	1
120	XRL direct,♯data	立即数和直接字节相"异或"	3	2

附录 D C51 版例子

以下程序段与教材 P123 的对应

```c
#include<reg51.h>
extern void InitT0(void);
extern unsigned char data DispBuf[4];
unsigned char code CharTab[16]={0xc0,0xf9,0xa4,0xb0,0x99,0x92,0x82,
    0xf8,0x80,0x90,0x88,0x83,0xc6,0xa1,0x86,0x8e};   //字形表
void main()
{
char i;
    for(i=0;i<4;i++) DispBuf[i]=CharTab[i];   //初始显示内容为"1234"
    InitT0();                                //初始化 T0
    EA=1;                                    //开中断
    while (1)
    {
        //这里加入你的代码,将需要显示的内容查字形表后送 DispBuf 即自动显示
    }
}
```

以下程序段与教材 P124 的对应

```c
#include <reg51.h>
unsigned char data DispBuf[4];  //显示缓冲区
unsigned char data pBuf;        //显示指针
unsigned char code LedSel[4]={0xFB,0xF7,0xEF,0xDF};  //位选择字
void InitT0()
{
    pBuf=0;
    TMOD=(TMOD & 0xF0) | 0x01;//修改 T0 为模式 1 保持 T1 模式不变
    TH0=0xEC;
    TL0=0x78;
    TR0=1;            //启动 T0
    ET0=1;            //允许 T0 中断
PT0=0;                //设 T0 为低优先级中断
}
void T0_SER(void) interrupt 1 using 1
{
    TH0=0xEC;
    TL0=0x78;
    P1=DispBuf[pBuf];   //送字形码
    P3=LedSel[pBuf];    //送位选择字
    if(++pBuf==4) pBuf=0;  //修改显示指针
}
```

以下程序段与教材 P144,145 的对应

```c
#include <reg51.h>
unsigned char code Message[]="Hello,MCS-51 world!";
void Init_SPORT(void)
{
```

```
    SCON=0x50;
    TMOD=(TMOD & 0x0F) | 0x20;
    TH1=-3;
    TL0=-3;
    PCON &=0x7F;
    TR1=1;
}
void Send_Char(unsigned char x)
{
    SBUF=x;
    while(! TI) {}
    TI=0;
}
unsigned char Get_Char(void)
{
    while(! RI) {}
    TI=0;
    return SBUF;
}


    void main()
{
char data i;
unsigned char code * p;
    Init_SPORT();
    p=Message;
    for(i=0;i<19;i++) Send_Char( * p++);
    while()
    {
        Send_Char(Get_Char+1);   //回送的字符是 ASCII 表中下一个字符
                                 //可修改为你的接收处理
    }
}
```

以下程序段与教材 P146～148 的对应
```
#include<string. h>
#include<reg51. h>
unsigned char SEND_BUF[16];          //发送缓冲区
unsigned char SEND_LEN,SEND_ADDR;    //数据长度及开始地址
unsigned char RecData;               //接收到的数据
bit xFlag;                           //接收到数据标志
void Init_SPORT(void)
{
    SCON=0x50;   //UART 方式 1
    TMOD=0x20;   //T1 方式 2 作波特率发生器
    TH1=-3;      //-3 的补码是 0xFD,三分频…
    TL1=-3;      //晶体频率为 11.0592MHz 时,波特率为 9600
    PCON=0;      //波特率不需要加倍
    TR1=1;
    ES=1;
    EA=1;
```

```
        xFlag=0;
}
void SPORT_SRV(void) interrupt 4 using 1    //串口中断
{
    while(RI||TI)
    {
        if(TI)
        {
            TI=0;
            if(SEND_LEN! =0)
            {
                SBUF=SEND_BUF[SEND_ADDR++];    //发送、调整指针
                SEND_LEN--;                    //数据长度调整
            }
        }
        If(RI)
        {
            RI=0;
            RecData=SBUF;
            xFlag=1;
        }
    }
}
void main()
{
unsigned char i;
unsigned char code MESSAGE[]="Hello,MCS-51 world!";
Init_SPORT();
SEND_LEN=strlen();
for(i=0;i<SEND_LEN;i++) SEND_BUF[i]=MESSAGE[i];
TI=0;
while(xFlag)
{
    xFlag=0;
    P1=~RecData;    //接收到的数据在 P1 口输出(显示),可修改为你的代码
    }
}
```

以下程序段与教材 P195 的对应

```
# include <absacc. h>              //支持绝对地址访问的宏定义
# define PortA XBYTE [0x007C]      //xdata 空间绝对地址说明,以下类似
# define PortB XBYTE [0x007D]
# define PortC XBYTE [0x007E]
# define CtrlW XBYTE [0x007F]
unsigned char code Hello[]="Hello,world! \r\n";
void CharPRN(unsigned char w)      //打印一个字符的函数
{
unsigned char state;
    do
    {
        state=PortC;              //读 PC 口
```

```
    } while(state & 0x80);          //检测 PC.7 上的忙信号直至其变低
    PortA=w;                        //字符送 8255 PA 口
    CtrlW=0;                        //PC.0 置低,产生负脉冲的前沿
    CtrlW=1;                        //PC.0 置高,产生负脉冲的后沿
}
void main(void)
{
unsigned char x;
unsigned char code * p;
    p=Hello;
    do
    {
        x= * p++;                   //取字符
        CharPRN(x);                 //打印字符
    } while( * p! =0);              //检查字符串是否结束
    while (1)
    {
        //这里可加入其他功能
    }
}
```

附录 E C8051F340 实验板原理图

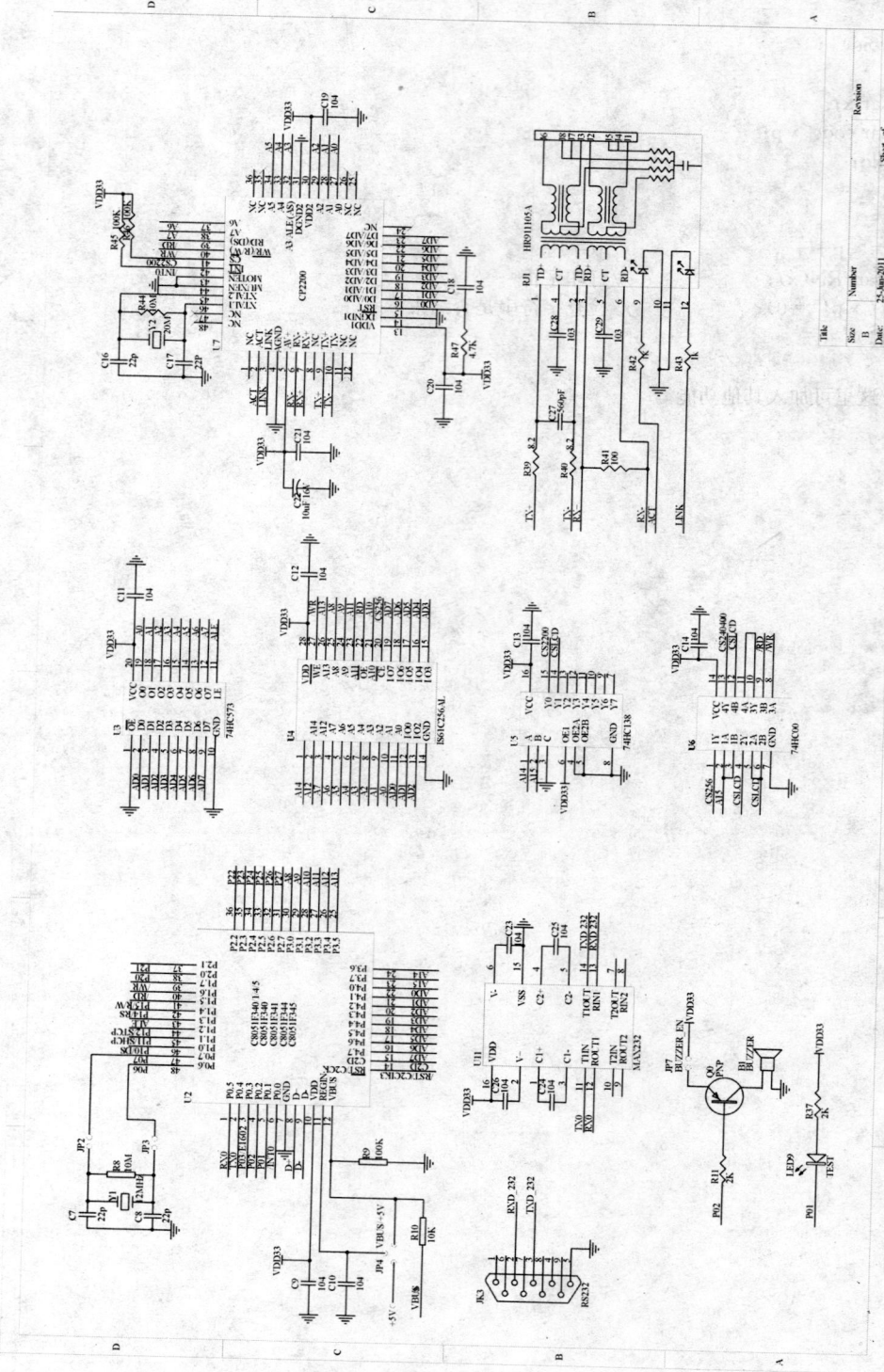

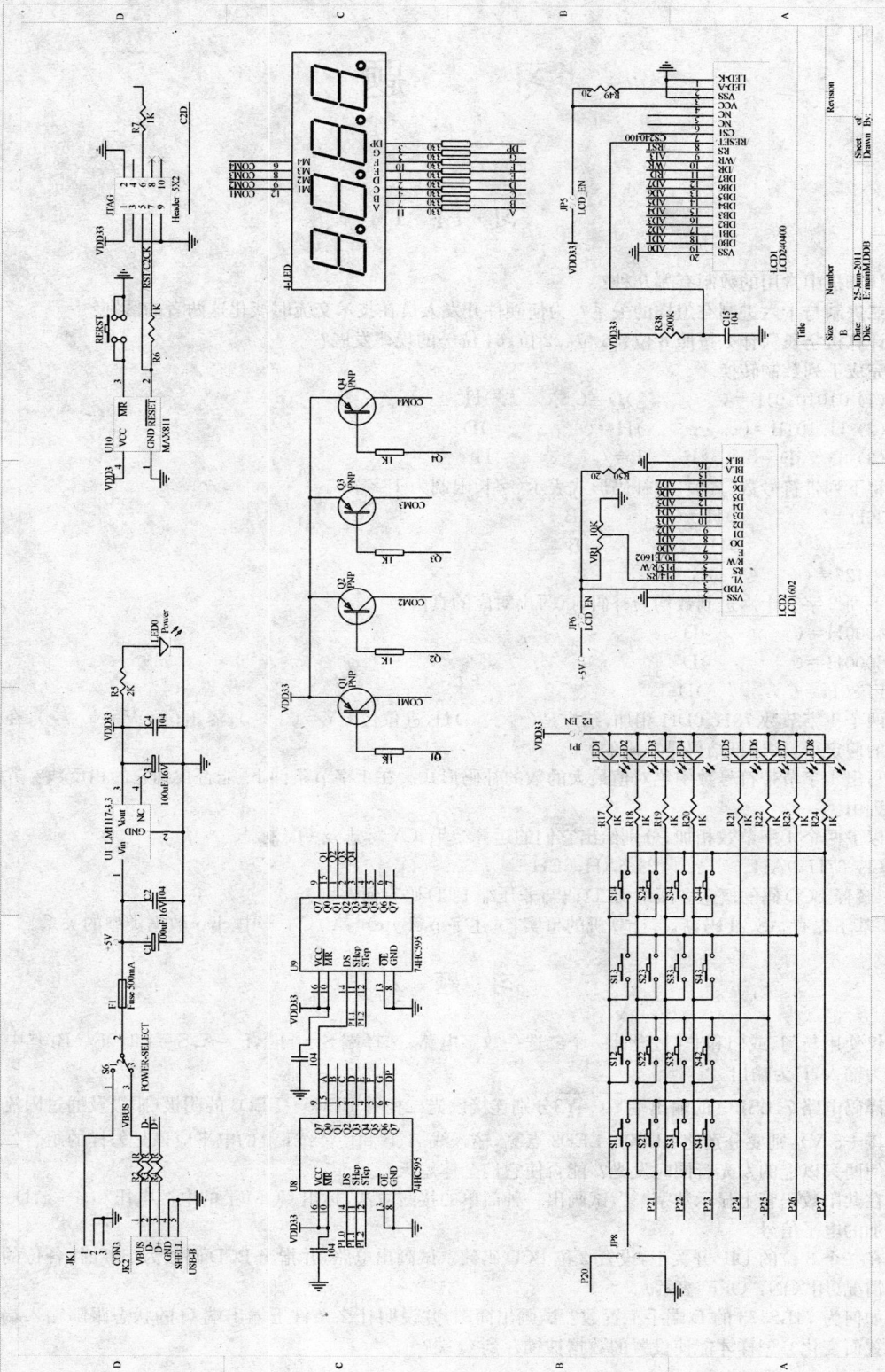

习 题

习 题 1

1-1 计算机中常用的数制有哪几种？

1-2 二进制与十六进制有怎样的关系？为何硬件开发人员在技术交流时淡化这两者的区别？

1-3 计算机字长为什么按照 8 位、16 位、32 位、64 位…的规律发展？

1-4 完成下列数制转换。

(1) 01010101B＝(　　　)D＝(　　　)H

(2) 11.101B＝(　.　)H＝(　.　)D

(3) 63.75D＝(　.　)B＝(　.　)H

1-5 将下列带符号数(真值)以补码形式表示(字长限制为 1 字节)。

36D＝(　　　)H＝(　　　)B

－2＝(　　　)H＝(　　　)B

＋127＝(　　　)B

1-6 下列 2 字节十六进制数均为补码，试写出对应的真值。

4000H＝(　　　)D

8000H＝(　　　)D

FF80H＝(　　　)D

1-7 两个 1 字节数 73H、0DH 相加，结果是(　　　)H，进位位 CY＝(　　　)，溢出位 OV＝(　　　)；在怎样的假定下，该运算结果是正确的？

1-8 写出 1 字节带符号数中绝对值最大的数的补码形式。在 1 字节条件下，能否找到它的相反数？并说明理由。

1-9 以下两个 1 字节数相加，分别给出它们的运算结果、CY 标志及 OV 标志。

(1) 67H,9AH　　　　(2) 5AH,6EH

1-10 解释 BCD 码的概念。压缩 BCD 码与非压缩 BCD 码有何差别？

1-11 基于先有 ASCII 码，后有计算机的事实，试述字节(Byte)与 C/C＋＋中 char 数据类型的关系。

习 题 2

2-1 仅使用与门、或门和非门，设计一个二选一数字电路，选择端 S＝0 时，F＝A；S＝1 时，F＝B；其中 A、B 为输入，F 为输出。

2-2 译码电路 74LS139 的输出端 $\overline{Y0}$～$\overline{Y3}$分别连接发光二极管 LED0～LED3 的阴极(阳极及通过限流电阻接＋5 V)，则要分别使 LED0～LED3 点亮，输入线 A、B 和使能线$\overline{E}$上的电平应该是怎样的组合？能否使两只以上的发光管同时发光？能否使它们全体熄灭？

2-3 在共阳数码管上显示数字"3"，试画出一种简单的接线方法，标出 COM 上的电源电压和 a～g、Dp 上应加的电平信号。

2-4 在一个 8 位的 DIP 开关上，设置 2 位 BCD 码数。试画出电路，并指出 BCD 码数为"59"时，各位的设置情况(用"ON""OFF"表示)。

2-5 如何为 74LS373 的 D 端手工置数？试画出简图，并说明什么条件下输出端 Q 的状态跟随输入端的设置而变化？怎样才能使设置的数据被锁存到 Q 端？

2-6　试利用若干个 D 触发器构成一个 4 位的异步加计数器。
2-7　试以三态门重新设计例 2-1 的二选一数字电路。
2-8　能否以可编程 PROM 实现类似于 74LS139 的译码功能电路?

习　题　3

3-1　什么是微处理器(MPU)和微处理器系统?
3-2　微处理器总线中的数据总线、地址总线和控制总线的作用各是什么?
3-3　为什么 CPU 需要复位端?
3-4　什么是时序? 时序有何用途?
3-5　典型的 8 位微处理器的 ALE 引脚的作用是什么?
3-6　什么是微控制器(MCU)? 它的俗称是什么? 与微处理器(MPU)有什么异同?
3-7　试述嵌入式微处理器的由来。
3-8　CPU 指令有哪两种形式?
3-9　什么是汇编语言程序? 什么是汇编?
3-10　CPU 指令的二进制编码长度是否统一?
3-11　精简指令计算机(CISC)的指令系统有何特点?
3-12　CPU 中有哪几个必不可少的寄存器? 程序计数器(PC)和程序状态字的作用各是什么?
3-13　CPU 是如何进行指令顺序执行或跳转执行的?
3-14　FILO、FIFO 形式的堆栈各有何作用?

习　题　4

4-1　计算机的内存与外存的主要区别是什么?
4-2　存储器内部为什么需要按照行、列分别译码?
4-3　存储器主要有哪些控制线?
4-4　存储器容量以什么为单位? 怎样判断存储器的容量?
4-5　动态 RAM 与静态 RAM 各有何优缺点?
4-6　存储器有哪些性能指标?
4-7　解释 FLASH ROM 的概念和特点,并列举二个在个人消费用品中的应用示例。
4-8　程序在存储器中运行时,需要哪几个功能段?
4-9　哈佛结构与传统的冯·诺依曼结构在存储器编址方面有何区别?
4-10　逻辑地址与物理地址有何联系与区别?
4-11　16 位存储器访问时,为什么写信号 $\overline{WR}$ 需要一定的"改造"才能连接到 $\overline{WE}$ 端,而 $\overline{RD}$ 信号可以直接连接 $\overline{OE}$ 端?
4-12　某微处理器总线具有数据线 D0~D15、地址线 A0~A15,能否扩充存储器至 64 KB×16 bit?

习　题　5

5-1　接口电路的作用是什么?
5-2　什么是端口地址?
5-3　I/O 接口常用哪几种数据传送方式?
5-4　无条件传输方式在什么场合应用? 输入、输出分别可由哪类器件构成?
5-5　为什么有些接口不但包括数据端口,还有状态端口和命令端口?
5-6　什么是中断? 什么是中断服务程序(ISR)? 中断服务程序相对于普通的子程序有哪些特点? 它有没有调用者? CPU 如何转入中断服务程序段执行?

习　题　6

6-1　MCS-51 系列的运算器字长为多少位？程序计数器 PC 是多少位？MC551 的程序代码空间有多大？

6-2　PSW 包含哪些主要的标志位？分别有怎样的用途？

6-3　MCS-51 系列的 MCU 上电复位后 PC 的值是多少？由此对存储器地址安排以及编程来说要注意哪些问题？

6-4　MCS-51 系列在维持不掉电的情况下，按手动复位钮，能否将 RAM 中的数据清"0"？

6-5　MCS-51 系列有哪几个存储空间？在访问它们时用什么方法寻址？

6-6　MCS-51 系列的低 128 个字节的 RAM 除了普通 RAM 的功能外，在 00～1FH、20H～2FH 范围内有特殊用法。试简述这些特殊用法。

6-7　分别写出直接寻址与间接寻址的内部 RAM 地址范围。

6-8　简述 MCS-51 系列的 P0～P3 的用途。

6-9　什么是 MCS-51 系列微控制器的单片应用与扩展应用？

习　题　7

7-1　MCS-51 单片机的指令有哪些寻址方式？

7-2　MCS-51 单片机的指令系统按功能分为哪几类？

7-3　用指令或指令组表示以下数据传送。

（1）R1 的内容送 R0。

（2）片内 RAM 20H 单元的内容送 R1。

（3）片外 RAM 20H 单元的内容送片内 RAM 20H 单元。

（4）片外 RAM 1000H 单元的内容送片内 RAM 20H 单元。

（5）在程序存储器 2000H 单元开始的数据表中取数。

7-4　分别用直接寻址方式、寄存器间接寻址方式和堆栈传递方法将内部 RAM 20H 与 30H 单元的数据交换。

7-5　说明无条件转移指令 AJMP、SJMP 和 LJMP 三者之间的差别。为什么编程时都可以用 JMP 代替？

7-6　编写一段程序，将片内 RAM 30H 开始的 16 个字节的内容拷贝到扩展 RAM 的 0030H 开始的地址单元。

7-7　设有 2 个无符号数 X、Y，分别存放在内部 RAM 40H 和 41H 单元中，试编写程序段，计算 10X＋Y，将计算结果放在 42H、43H 地址单元。

7-8　编写程序段，将内部 RAM 20H 开始的连续 16 个单元中的数相加，结果送到 40H（高 8 位）和 41H（低 8 位）单元。

7-9　编写程序，计算存放在 2000H 开始的 8 个单元中的无符号数的和，并将和放在 2100H 开始的单元中。

7-10　设内部 RAM 30H、31H 单元中存放了两个带符号数，要求找出其中的大数放在 32H 单元中。画出流程图，并编制程序。

7-11　编制程序，利用 MOVC 指令查表计算整数 0～6 的立方值。

7-12　两个 4 字节的 BCD 码分别存放在内部 RAM 的 30H 和 34H 开始的连续地址单元，且高位在前、低位在后。假定计算结果仍不超过 4 字节的范围，结果放在 30H 开始的连续 4 个存储单元。试编写该程序段。

习　题　8

8-1　伪指令与指令有何本质的不同？

8-2　汇编语言程序设计的表达式中可以使用多种运算符，这些运算是由汇编器执行还是由目标机器中的 CPU 执行？

8-3　怎样声明一个可以重定位的代码段、直接寻址的数据段和扩展 RAM 中的数据段？

8-4　怎样在一个代码空间、内部 RAM 的间接寻址区或扩展 RAM 区声明一个绝对定位的段？

8-5　如何在 RAM 段中用 DS 为变量保留存储单元？如何在代码空间中用 DB 或 DW 定义常数或常数串？

8-6　举例说明 PIBLIC 和 EXTRN 在多模块编程中的用法。

8-7　将标号 ASC 开始的 16 字节 ASCII 码数字串转变成二进制数,试写出该字串的数据段定义并编写相应的子程序。

8-8　欲将 1 字节二进制数按十六进制数形式打印出来,需要将其高 4 位和低 4 位分别变成一个 ASCII 码并按 2 字节存放。若待转换的字节的标号为 X,结果的标号为 Y,试写出数据定义和程序段。

8-9　一文本编辑区位于扩展 RAM 0000H 开始的区域,编写子程序,用于删除有效长度内的任一字符。作为一个子程序,输入参数有两个,有效长度在 R7、需要删除的字符的相对位置在 R5 中;从 R7 返回新的有效文本长度。

8-10　接上题,编写子程序,用于在指定位置插入任一字符。作为一个子程序,输入参数有三个:有效长度在 R7,插入的相对位置在 R5 中,需要插入的字符在 R3;从 R7 返回新的有效文本长度。

8-11　将 2 字节二进制数以十进制数形式打印,可以先将该二进制数转变为压缩 BCD 码,再将每一个字节的压缩 BCD 码分别展开为高位的 ASCII 码和低位的 ASCII 码,将它们依次存放到打印缓冲区。试直接利用例 8-8 作为一个子模块,再编写一个主模块,定义若干个子程序,实现上述功能要求。

8-12　编写一个子程序,它内部 RAM 的数据区中,以 BUFF 标识的连续的 32 个字节串存放的是无符号数。(1)试编程寻找最大值,并通过 R7 返回;(2)如果是带符号数,说明该子程序要怎样修改。

习　题　9

9-1　定时与计数有何联系与区别？

9-2　AT89S51 和 AT89S52 分别有哪几个定时器？

9-3　T0、T1 分别有哪几种工作方式？

9-4　方式 0、方式 1 和方式 2 中的计数范围分别是多少？如果用于定时,各方式下的定时长度如何计算？以 $f_{osc}=12$ MHz 为例,计算方式 0、方式 1 和方式 2 最大的定时间隔。

9-5　T0 定时 5 ms,试选 f_{osc} 的值、T0 的工作方式并初始化 T0。

9-6　计数过程中读计数值,8 位 CPU 必须分两次从 TH0(或 TH1)、TL0(或 TL1)读取,试分析为何有可能出现很大的读数误差,怎样避免？

9-7　如果定时器工作在没有自动初值重装的方式,定时精度是否准确？为什么？

9-8　列出 MCS-51 中典型型号 AT89S51 和 AT89S52 的中断源数目和中断源名称。

9-9　外部中断 $\overline{INT0}$ 和 $\overline{INT1}$ 有哪两种触发方式？为什么需要两种而不是一种？

9-10　为什么要有中断优先级？基本的 MCS-51 有几个中断优先级？

9-11　什么情况下能发生中断嵌套？什么情况下不能发生中断嵌套？

9-12　在内部 RAM 中定义时、分、秒变量 HH,MM 和 SS。利用 T0 的 10 ms 定时器中断,并通过临时变量,实现正常的走时。设 $f_{osc}=6$ MHz,试编写完整的程序。

9-13　为何中断向量地址通常只放置一条 LJMP 指令,而中断服务程序的实际处理部分放在可移动段？

9-14　中断屏蔽有什么用途？怎样控制？

9-15　中断服务程序要把哪些寄存器保护到堆栈？通用寄存器 R0~R7 又是如何处理？

9-16　中断服务程序中保护现场通常需要包括 PSW 或类似的寄存器,这是为什么？

习　题　10

10-1　解释单工、半双工和全双工这三种通信制式。

10-2　同步通信与异步通信有哪些区别？

10-3　异步串行通信时,连续发送数据 55H,有 1 位停止位,试画 TXD 引脚上的一个字符的完整波形注意 D0 在前。

10-4　波特率为 9 600 时,按 8 位数据、奇校验和 1 个停止位编码的异步串行通信,连续发送 1 024 个字符,需要多长的时间？

10-5 根据 RS232 物理标准,传送"0"和"1"时,线路上的电平分别在什么范围?

10-6 在远程数据通信时,何为数据终端(Data Terminal)? 何为数据设备(Data Set)? 两者关系怎样?

10-7 MCS-51 串行口的方式 0 有哪些主要用途?

10-8 MCS-51 串行口工作于方式 1,波特率为 4 800,f_{osc}=11.059 2 MHz,以 T1 为波特率发生器,试编写初始化串行口的程序(查询方式)。

10-9 MCS-51 串行口工作于方式 3,TB8 和 RB8 通过软件模拟奇偶校验位,试利用 PSW 中校验位 P 以及 TB8 模拟偶校验的数据发送(编写子程序)。

10-10 多机通信方式下,发送方 TB8=0 或 1 时各传送什么信息? SM2=0 或 1 时,接受中断产生的条件各是什么?

10-11 定性分析中断方式的接收缓冲区(循环队列)过大和过小有什么弊端。

10-12 以 RS-485 标准构成的总线式多机通信,从通信制式上看属于单工、半双工还是全双工?

习 题 11

11-1 基本型 MCS-51 在哪些情况下,需要进行总线扩展?

11-2 被作为总线使用的引脚为何不能再用作 I/O 线?

11-3 在什么情况下,系统要使用专门的复位电路及电源监视芯片?

11-4 X5045 有哪些功能? 如何理解看门狗功能的作用?

11-5 数据线与低 8 位地址线复合在一起,其优点和缺点各是什么?

11-6 ALE 与 f_{osc} 在频率上有什么关系?

11-7 标准的 MCS-51 的每一个机器周期由多少个时钟构成? 又可分几拍几相?

11-8 MCS-51 在一个机器周期中最多能读取多少个字节的指令码? 为什么说执行单字节单周期指令时总线能力有浪费?

11-9 如果 f_{osc} 频率升高,$\overline{RD}$,$\overline{WR}$,$\overline{PSEN}$ 的脉冲宽度如何变化? 它对存储器的速度要求是提高了还是降低了?

11-10 在 MCS-51 系统中,如果有一个存储器的速度跟不上,如何解决这个问题? 对系统有什么影响?

习 题 12

12-1 某存储器资料上写成"8K×8"结构,试问其确切定义是什么?

12-2 存储单元数与地址线数目是什么关系?

12-3 多片存储器扩展时,低位地址并联,高位地址线接译码电路,这是为什么(低位为相对地址,高位为存储区域分配)?

12-4 74LS138 的使能信号有什么作用?

12-5 最常用的译码电路是 74LS138,当 $\overline{Y4}$ 有效时,输入端 A、B、C 以及使能端 G1、$\overline{G2A}$ 和 $\overline{G2B}$ 的电平信号分别是什么?

12-6 两片 74LS138 级联使用,如果第一片 74LS138 的 A、B、C 分别接 A13、A14、A15,将其 $\overline{Y6}$ 作为第二片 74LS138 的使能信号,第二级的输入 A、B、C 分别接 A10,A11,A12,问第一级和第二级的 $\overline{Y3}$ 有效时,代表的地址范围分别多少? 请画出这个译码电路,包括有关的地址线以及全部使能线的接法。

12-7 线译码为何比较浪费地址资源?

12-8 为什么 RAM 的地址线、数据线可以对调,而 ROM 的不行?

12-9 存储器扩展为什么需要进行时序分析?

12-10 FLASH ROM 改变了嵌入式系统程序开发的方式,试简述 ISP 和 IAP 的含义并解释为什么说 ISP 或 IAP 编程时利用了地址映射技术。

12-11 采用 6264 构成的掉电保持在以下三个环节各采取了什么技术?
(1) 后备电池供电;(2) 上电过程的防误操作;(3) 掉电过程的防误操作

12-12 DS12C887 芯片具有 15 个寄存器用于日历走时或控制,并具有 113 个字节的带后备电池的 RAM,在连接系统总线后,地址信息是如何传入到其内部的?

12-13 DS12C887 地址范围规定为 FF00~FF7F,试用一片 8 输入与非门和一个或门构成全译码电路,画出这个译码电路。

习 题 13

13-1 最简单的输入接口是怎样构成的? 试说明"MOVX A,@DPTR"指令读数周期中,数据线、地址线与控制线的配合关系。

13-2 输出口的实现以锁存为核心,何种情况下需要缓冲?

13-3 通用可编程并行接口 8255 工作于方式 0,PA 为输出,PB 为输入,PC4~PC7 为输出,PC0~PC3 为输入。试根据以上要求确定 8255 的方式控制字。

13-4 在利用 8255 向打印机输出字符时,如果连续输出到打印机的字符的相同的(如以连续的"-"代替表格上的一条线),则 PA 口的数据不变,那么打印机是依靠什么来正确区分字符数目的?

13-5 8255 的 PC 口工作于位控方式时,试比较它与 MCS-51 的 P1 口的功能有何异同,哪一个使用更加方便?

13-6 PC 口的高 4 位设为输入,低 4 位设置为输出,此时从 PC 口读到的 8 位数中的低 4 位有意义吗? 怎样通过指令屏蔽无关信息?

13-7 8255 以 PC4~7 为输入,PC0~3 为输出,构成以下行列式键盘,若有某键按下,试分析如何获知该键的位置?

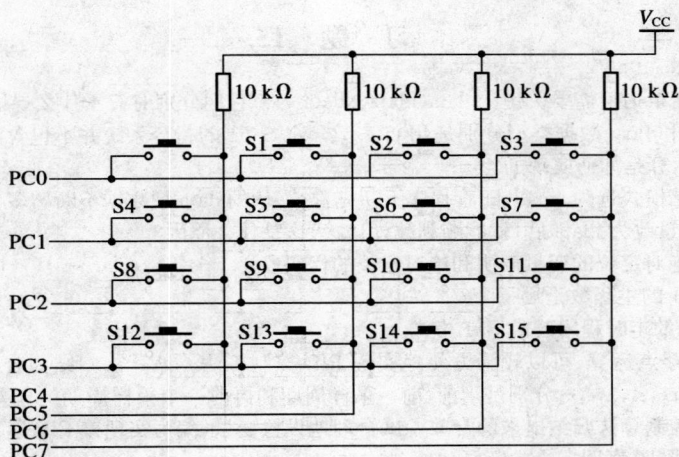

题 13-7 图

13-8 8253 计数器采用的是加计数还是减计数? 能否采用 BCD 码方式? 初值为多少时,达到最大计数范围? 最大计数值是多少?

13-9 8253 有几种工作方式? 其中哪几个方式是自动循环的,并且没有定时误差?

13-10 读计数值之前为什么需要先发送锁存命令?

13-11 利用 8253 的 Timer0 和 Timer1 级联,产生一周期为 250 μs,低电平持续时间为 25 μs 的波形,输入时钟 CLK 为 2 MHz。如果限定后一级为方式 2,试选择前一级的工作方式,并分别计算 Timer0 和 Timer1 的初值。

13-12 SC16C2552 是向哪个早期的通用 UART 芯片兼容? 它在一个芯片中集成了几个通道?

13-13 SC16C2552 是否支持奇偶校验?

13-14 发送保持器空与移位保持器空有何不同?

13-17 输入时钟为 1.843 2 MHz,波特率为 9 600,8 位数据位,无校验,1 个停止位,不使用 MODEM 和中断,基地址是 0FC90H,试完成初始化编程。

习　题　14

14-1　工程上使用的变送器的标准输出信号是什么量？什么范围？

14-2　相乘型 D/A 的输出电压与哪两个量成正比？极性如何？

14-3　D/A 有哪些技术指标？

14-4　为何工程上只需要以 D/A 的分辨率来衡量 D/A 芯片的精度？在实际构成电路时，怎样选配外部元件，才能保证 D/A 环节的总体精度？

14-5　0832 中的双缓冲结构应用于什么场合？

14-6　如果要采用 D/A 输出固定频率何幅度的正弦波信号，应当采用单极性还是双极性？考虑到 MCS-51 的计算能力较弱，应怎样避免一边计算一边输出？

14-7　8 位字长的 MCS-51 微控制器在与 12 位的 D/A 接口时要注意什么问题？

14-8　A/D 转换从转换原理分，有几种不同的类型？

14-9　在什么情况下，A/D 转换器输入信号前要加采样保持环节？

14-10　在工频干扰特别严重的缓慢变化的信号用哪一类 A/D 转换器比较好？

14-11　ADC0809 的参考电压为 5.00 V，如果输入信号为 2.75 V，试预测 A/D 转换后的数码；反之，若已知转换后的数码为 40H，试估算此时的输入电压。

14-12　AD574B 的输入为 -5 V$\sim +5$ V，转换得到的数据为 0C00H，试估算对应的输入电压。

习　题　15

15-1　C51 中声明变量为何需要关键词 data、idata、xdata 等？它们分别对应于什么寻址空间？

15-2　C51 中，long 和 float 数据类型分别是几个字节？MCS-51 的指令系统并不包含浮点运算指令，试推测 C51 的浮点运算是如何实现的？

15-3　某程序的存储模式选为 small，随着程序不断完善，默认的 data 型数据不断增多，直到编译连接无法通过，将部分变量改为 idata 后，就能顺利编译连接，这是什么原因？

15-4　为什么需要绝对定位的变量声明和绝对定位的代码段？

15-5　主模块中 C51 的主函数是哪一个？

15-6　将习题 9-10 的走时程序改成 C51 格式。

15-7　利用 C51 的浮点运算，可以较为方便地实现 PID 控制算法。该算法归结为公式 $u_k = Ae_k + Be_{k-1} + Ce_{k-2}$。其中 e_k,e_{k-1},e_{k-2} 分别是当前、前一采样周期和再前一个采样周期的偏差，u_k 为控制量，A,B,C 是由 PID 控制算法归纳出来的常数。试合理地设置变量，编写实现该 PID 运算的函数。

15-8　如何为定时器 T0 声明一个中断函数？

15-9　在一个单独的模块文件中写一个函数框架，采用哪一条控制语句后，编译该模块能生成宏汇编格式的汇编语言源程序？以这个方法进行混合语言编程，还要做哪些工作？

15-10　在参数传递方面应注意哪些问题？

样 卷

样卷一(多学时,汇编语言)

一、单项选择题(每小题 2 分,共 50 分)

1. 下列与嵌入式微机系统有关的英文缩写中,与俗称的单片机最接近的是 ( )
   A. MPU   B. CPU   C. SOC   D. MCU

2. 8051 系列微控制器由_____等组成。 ( )
   A. 主机、显示器等设备   B. 主板、CPU,内存条,显卡和网卡
   C. CPU,存储器,I/O 接口   D. 微型计算机,存储器,I/O 接口,总线

3. 用指令完成 0BCH $\oplus$ 0AAH 的逻辑运算,则指令的助记符和运算结果分别是 ( )
   A. XRL,16   B. ANL,0A8h
   C. XRL,00010110B   D. ORL,0BEh

4. 二进制数 10110011 减去 11101001,即执行 SUBB 操作后,其结果和标志寄存器中的有关位状态 CY, OV,P 为 ( )
   A. 0,0,1   B. 1,0,1   C. 1,0,1   D. 1,0,0

5. 一字节二进制码 10010010 不能表示 ( )
   A. 真值 146   B. 真值 −110   C. 146 的 BCD 码   D. 92 的 BCD 码

6. 十进制数 5867,分别用二进制、压缩 BCD 码及 ASCII 码表示,字节数最少应该为 ( )
   A. 3,4,4   B. 2,4,4   C. 2,2,2   D. 2,2,4

7. 在微处理器或微控制器系统中,ROM 存储器可以用于 ( )
   A. 存放固定数据   B. 存放运算结果   C. 构成堆栈   D. 代替 RAM

8. MCS-51 扩充片外数据存储器应该选用 ( )
   A. EEPROM   B. FLASH ROM   C. DRAM   D. SRAM

9. 指令 AJMP SUB1 与 ACALL SUB1 的区别在于 ( )
   A. 指令字节数   B. 是否使用堆栈
   C. 寻址方式   D. 依赖 PSW 的不同标志

10. 下列 8 条指令中,错误的指令条数是 ( )

SETB	33.1	RRC	B
DIV	A,B	PUSH	R0
MOV	20H,#123H	MOV	23H,10H
CLR	33H.2	LCALL	ADDB

   A. 4   B. 5   C. 6   D. 7

11. 在下列指令中,错误的指令是 ( )
   A. PUSH ACC   B. PUSH DPL   C. POP R0   D. POP 30H

12. ASM-51 伪指令 DS 的作用是 ( )
   A. 在程序段保留数据字节   B. 在数据段保留字节

C. 在数据段定义字节　　　　　　　　　　　　D. 在代码段定义字节

13. 下列 SFR 中与定时功能部件相关的寄存器是　　　　　　　　　　　　　　　　（　　）
　　A. SBUF　　　　　　　B. SCON　　　　　　C. PSW　　　　　　　D. TMOD

14. 与指令 MOVC A,@A+DPTR 功能上类似且正确的一条指令是　　　　　　　　　（　　）
　　A. MOVC @A+DPTR,A　　　　　　　　　　B. MOVC A,@A+PC
　　C. MOVX A,@DPTR　　　　　　　　　　　　D. MOVX A,@R1

15. 设有程序中有伪指令定义如下：

CSEG　　　　AT 0100h

BUFF：　　DB　01,08,30h

COUNT：　　DB　$-BUFF

则经过汇编,COUNT 的值是　　　　　　　　　　　　　　　　　　　　　　　　（　　）
　　A. 103h　　　　　　　B. 3　　　　　　　　C. 0100h　　　　　　D. 4

16. 某 MCS-51 扩展了外部 RAM,发现其 D0-D7 与 P0 的对应管脚之间连接时顺序不一致,其结果是

　　　　　　　　　　　　　　　　　　　　　　　　　　　　　　　　　　　　（　　）
　　A. 不能运行,线路板报废　　　　　　　　　　B. 可以将导线割断后用导线重接
　　C. 不影响正常使用　　　　　　　　　　　　　D. 可用,以软件纠正字节数据各位的次序

17. 如果外部 RAM 只需扩展 256 个字节,则合理并节约资源的方案　　　　　　　　（　　）
　　A. P2 口作为 I/O,使用@DPTR 间址访问　　　B. P2 口作为地址线,使用@DPTR 间址访问
　　C. P2 口作为 I/O,使用@Ri 间址访问　　　　　D. P2 口作为地址线,使用@Ri 间址访问

18. 微控制器/微处理器系统与外设传送数据,一般可以采用下列各钟方式,但是 MCS-51 不支持

　　　　　　　　　　　　　　　　　　　　　　　　　　　　　　　　　　　　（　　）
　　A. DMA　　　　　　　B. 中断方式　　　　　C. 查询方式　　　　D. 无条件访问方式

19. 总线上扩充简单的输入/输出数字接口,那么　　　　　　　　　　　　　　　　（　　）
　　A. 输入必须带缓冲,输出必须带锁存
　　B. 输入信号直接锁存到数据总线上,输出用一组三态门即可
　　C. 输入输出设备的数据线都是直接连接数据总线上,系统分时使用数据总线
　　D. 输入输出都是使用三态门缓冲器

20. MCS-51 的时钟频率为 12 MHz,预分频为 1/12,定时器 T0 最长的定时时间是　　　（　　）
　　A. 10us　　　　　　　B. 8192us　　　　　　C. 65536us　　　　　D. 256us

21. MCS-51 在随机访问 4K 外部数据存储器时,需用_____作为数据指针　　　　（　　）
　　A. PC 或 DPTR　　　　B. DPTR　　　　　　C. R0　　　　　　　D. SP

22. MCS-51 响应外部中断/INT0（第 0 号）,中断向量地址是　　　　　　　　　　（　　）
　　A. 0000H　　　　　　B. 0003H　　　　　　C. 000BH　　　　　D. 0013H

23. 以 UART 方式实现的串行通信,如果有 7 位（ASCII 码）字符,带有一位奇校验位和一位停止位,当波特率为 9600 波特时,字符传送率为_____字符/每秒。　　　　　　　　　（　　）
　　A. 960　　　　　　　B. 873　　　　　　　C. 1371　　　　　　D. 480

24. 常见的仪表中,使用动态 LED 显示技术,该技术　　　　　　　　　　　　　　（　　）
　　A. 需要一套刷新电路,所以正被渐渐淘汰
　　B. 比静态显示的功耗低,且节省对端口的占用,仍有广泛的应用
　　C. 可以显示动态变化的数据,而静态显示则不能
　　D. 相比静态显示,编写程序更简单

25. 公交车自动报站器的语音重现部分包含了　　　　　　　　　　　　　　　　　（　　）
　　A. A/D　　　　　　　B. D/A 与功放　　　　C. PWM　　　　　　D. 双积分式 A/D

二、程序阅读与分析(每小题 5 分,共 15 分)

26. 阅读以下程序段,并回答下面的问题。

指令的作用:

```
        MOV    B,#8
        MOV    R0,#30h
NEXT:   MOV    A,@R0        _____
        CPL    A            _____
        MOV    @R0,A        _____
        INC    R0           _____
        DJNZ   B,NEXT
```

该程序段的作用是_____。

27. 以下是关于 T0 的初始化子程序,试分析其功能。

```
InitT0:
MOV    A,TMOD            ;(1)
ANL    A,#0F0h           ;(2)
ORL    A,#00000110B      ;(3)
MOV    TMOD,A            ;(4)
MOV    TH0,#0FFh
MOV    TL0,#0FFh         ;(5)
SETB   TR0
SETB   ET0
SETB   EA
RET
```

语句(1)—(4)的作用是设置 T0 为_____(计数、定时)和方式_____,该方式具有初值_____的能力;如果用一条简单的语句 MOV TMOD,#00000110B 代替,则功能不变,但可能影响到_____;如此初试化以后,T0 的引脚作用是_____。

28. 填空指令完成以下子程序,并分析其功能(输入参数在 R7)。

```
_FUNCTION:
            _____
        PUSH    ACC
        PUSH    B
        MOV     A,R7
        MOV     B,#8
REPEAT: MOV     C,ACC.7
        MOV     P1.0,C
        RL      A
        NOP
        NOP
        NOP
        DJNZ    B,REPEAT
            _____
        POP     ACC
        POP     PSW
        RET
```

指令 RL 的作用是_____;子程序完成的功能是_____;3 个 NOP 指令是为了产生一定的_____。

三、硬件线路分析(每小题 5 分,共 15 分)

29. 某 MCS-51 应用系统有 8 个动态显示的 LED 数码管需要控制,采用 74HC138,如左图所示。当 Y0-Y7 为低电平时,对应的 LED 公共端导通。试回答以下问题:

74HC138 是_____电路的一种,多余使能端应该接_____,如果要在程序控制下,将 LED 全部熄灭,P2.4 的电平应为_____;图中 LED3 和 6 发光期间,P2.7—P2.4 的二进制编码分别应当是_____和_____。

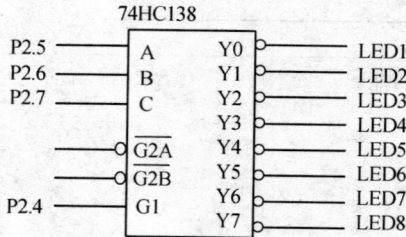

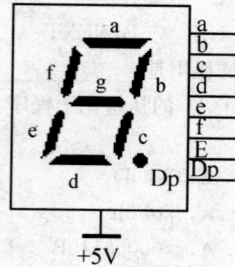

第 29 题图　　　　　　　　　第 30 题图

30. 若系统只扩展 1 位数码管用于显示,如图。要求段码 a,b,…,Dp 分别对应于 P1.0,P1.1,…,P1.7。回答各问:

(a) 数码管是共阴还是共阳接法? 答:_____

(b) 如果送往 P1 口各位中,是"0"的位对应的笔划亮,而为"1"的位对应的笔划熄灭,希望在其上显示"P","H","L"和"A"则必须向 P1 口送的码分别是多少?

答:分别是_____、_____、_____和_____。(注意编码与接线的顺序关系)

31. 如图,采用 8 输入与门的输出连接到中断引脚,S0～S7 为机械式按键。试回答问题:

这个电路的作用是_____;

根据 P1 口的结构,图中电阻_____(可,不可)省略;如果该设计中的 P1 口换成 P0 口,这些电阻_____(可,不可)省略;在 INT0 中断服务子程序中,必须加_____,因为机械式按键电路具有_____问题。

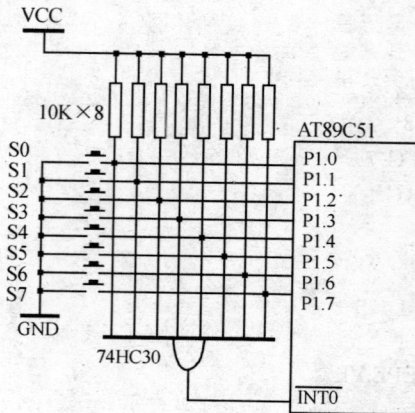

四、设计题(每小题 4 分,共 12 分)

32. 在内部 RAM 的 40h 地址单元是一个 1 字节的压缩 BCD 码数据,试分别将其高位和低位转换为 ASCII 码,并且依次存放到 41h,42h 单元。

33. INT0 连接外部中断,每次被触发后,要求将变量 XINT 的内容加一,如果 XINT≥16,则使其回到 0。试完成中断服务程序的编写(横线不够可以添加):

```
    XINT    DATA    30h                 SJMP    $
    CSEG    AT      0000h           INT0_SV:
    LJMP    MAIN                        _____
    CSEG    AT      _____h             _____
    LJMP    INT0_SV                     _____
mCODE   SEGMENT     CODE                _____
    RSEG    mCODE                       _____
MAIN: MOV    SP,♯40h                    _____
    SETB    IT0                         _____
    SETB    ET0                         _____
    SETB    EA                          _____
    MOVXINT,♯0                      END;
```

34. 画出一个能以动态方式工作的 4 位数码管显示电路的草图,并以 P1 口为字形控制,P3.0～P3.3 作为位选择。

五、综合题(每小题 4 分,共 8 分)

利用下图的 D/A 电路产生规定的信号波形。

35. 补画 8 脚上的参考电压、2 脚上的控制线和 12 脚的正确连接,并选定该电路的时钟频率。

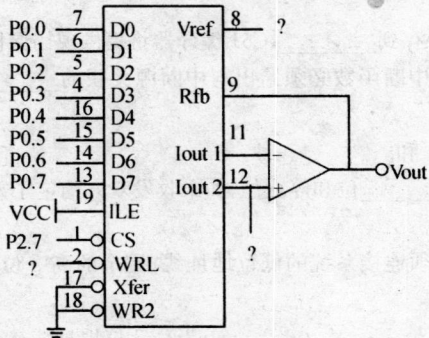

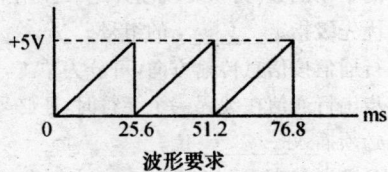

波形要求

36. 编程产生规定的波形要求。

样卷二(少学时,C51 语言)

一、是非选择题(在括号中写 T 或 F 分别表示对错,每题 1 分,共 10 题)

1. 单片机的学名是微控制器　　　　　　　　　　　　　　　　　　　　( )
2. 上电复位完成后,PC 寄存器的内容是不确定的。　　　　　　　　　　( )
3. 堆栈必须是可供存取的,因此,必须分配在 RAM 中。　　　　　　　　( )
4. C51 在 code 空间分配的字符串数组,其内容是只读的,不可被改写。　 ( )
5. 两个以补码表示的异号带符号数相减,结果 OV 标志不一定等于 1。　 ( )
6. MCS-51 的扩展 RAM 与扩展 IO 处于同一地址空间,变量或端口都是用 xdata 说明。( )
7. 译码电路可以将相同容量的存储器分配在不同的地址段中。　　　　 ( )
8. 以太网的通信属于并行通信,因此速度高。　　　　　　　　　　　　( )
9. C51 是高级语言,它提供丰富的数据类型,但是不支持硬件端口的操作。 ( )
10. MCS-51 支持 DMA 数据传输方式。　　　　　　　　　　　　　　 ( )

二、填空题(每空 1.5 分,共 30 分)

11. 程序的说明部分有 "int data x;" 被赋值为常数−2,该常数在机器语言中是以 个字节编码的,并可写成十六进制的 0x _____。

12. 在可位寻址的内部 RAM 中声明字节或整型变量,可使用关键词_____,若在已声明过的上述变量中进一步说明位变量,必须再使用关键词_____。

13. 总线方式下,MCS-51 系列的地址总线共有_____位,最多可以扩展_____KB 的外部 RAM(含 I/O)。

14. AT89S5X 的多功能定时/计数器采用加计数,故初值等于选定方式下的_____减去所需要的_____。

15. CPU 响应中断请求,则程序断点地址将被自动保存到_____,C51 编译器将提供现场保护,并调用户的中断函数,再恢复现场并返回。用户所写的中断函数必须给出与中断源关联的_____、并根据优先级指定_____的组号。

16. 串行通信按信息传输方向,可分为单工,_____和_____三种。

17. 异步串行通信在编码一个字符时,还必须插入_____位和停止位,如果收发双方约定了差错校验,还必须插入_____位。

18. 8KB 普通静态 RAM 拥有_____根地址线,必须连接系统的低位地址线;剩余的高 3 位地址线则连接 74LS138 译码器的输入端 A,B 和 C。

19. 接上题,所述存储器的片选端接/Y6,则地址范围是_____;当高 3 位地址线接 A,B 和 C 的顺序不慎颠倒后,地址范围将是_____。

20. 数字录音把波形信号变成数字存储,需要使用_____转换环节,反之,将数字信号重现,需要使用_____转换环节。

三、单项选择题(每小题 1 分,共 15 题)

21. 基本型 MCS-51 系统,晶振频率 12MHz,执行一条单周期指令所用的时间是　　 ( )
　　A. 1/6 微秒　　　　　　B. 1 微秒　　　　　　C. 1.5 微秒　　　　　　D. 2 微秒

22. FLASH ROM 可以用于存放程序代码,它的特点是　　　　　　　　　 ( )
　　A. 信息一次性写入后无法擦除
　　B. 写入的信息用紫外线灯光照射 15 分钟左右可以擦除
　　C. 可以按扇区快速电擦除
　　D. 可以代替随机存储器,即 SRAM

23. 在 MCS-51 课程实验中,目前下载程序代码到 MCU 芯片中时,最多使用的是　　　　　　( )
   A. 串行口,ISP 技术　　　　　　　　　B. 串行接口的通用型万能编程器
   C. 并行口,ISP 技术　　　　　　　　　D. 并行接口的通用型万能编程器

24. 在循环语句 while(i<60000)中,i 为控制变量,以下变量声明中正确的是　　　( )
   A. char data i　　　　　　　　　　　B. unsigned char i
   C. int data i　　　　　　　　　　　　D. unsigned int data i

25. 在 C51 语句中出现的数字,与 25 的 BCD 码不等价的是　　　　　　　　　　( )
   A. 0x25　　　　　　　　　　　　　　B. 37
   C. 0x19 + 0x06　　　　　　　　　　D. 0x19 + 0x0C

26. P1 口输出了一个 ASCII 码(如字母 a 和 A 的 ASCII 码分别是 0x61、0x41),将其变成大写的语句是　　　　　　　　　　　　　　　　　　　　　　　　　　　　　( )
   A. P1 |= 0x20　　　　　　　　　　　B. P1 &= 0xDF
   C. P1 ^= 0x20　　　　　　　　　　　D. P1 ^= 0xDF

27. 用 C51 写的输入语句,从串行口读一个数并赋值给 x,应当使用　　　　　　( )
   A. SBUF = x　　B. x = SBUF　　C. SCON = x　　D. x = SCON

28. 设置 T0 为定时器,并以中断方式工作,下列语句中,无直接关系的是　　　( )
   A. EA = 1　　B. TR0 = 1　　C. ET0 = 1　　D. ES = 1

29. 某种 I/O 接口芯片用到 16 个独立的地址,它需要的地址线数是＿＿＿根。　( )
   A. 2　　　　　　B. 3　C. 4　　　　D. 16

30. 在 12 MHz 时钟,1/12 预分频下,要求 MCS-51 定时器间隔达到 20ms,应选择　( )
   A. 方式 0(13 位)　B. 方式 1(16 位)　C. 方式 2(8 位)　D. 方式 3(8 位)

31. 下列硬件标志位中,需要并可以由软件清零的是　　　　　　　　　　　　( )
   A. TF0,TF1　　B. RI, TI　　C. AB 都需要　　D. AB 都不需要

32. 多位数码管显示,节约端口线并且不严重影响 CPU 的效率的是＿＿＿显示技术。( )
   A. 静态,定时中断　　　　　　　　　B. 动态,定时中断
   C. 动态,软件延时　　　　　　　　　D. 静态,软件延时

33. 直接使用高位地址线作为选片线的译码方法称为　　　　　　　　　　　　( )
   A. 全译码　　　B. 半译码　　　C. 部分译码　　　D. 线译码

34. MCS-51 调用子函数,CPU 自动保存 16 位断点到位于＿＿＿的堆栈中。　( )
   A. 内部 RAM 区　　　　　　　　　　B. 外部数据 RAM
   C. 通用寄存器区　　　　　　　　　　D. 特殊功能寄存器区

35. 设计一个简单的 8 位输入口,需要　　　　　　　　　　　　　　　　　　( )
   A. 缓冲器(三态门)　B. 锁存器　　C. 8255　　D. ADC0809

四、程序阅读与分析(每题 5 分,共 3 题)

36. 阅读下列程序,并回答所列各问。
```c
#include<reg51.h>
void delay(void)   // fosc = 11.0592MHz 执行时间约 1s
{
    int data i,j;
    for(i=0;i<200;i++)
        for(j=0;j<876;j++)  {}
}
void main(void)
```

```
{
unsigned char x = 0;
    for(;;)
    {
        P1 = ~x;// P1 各引脚接一发光二极管的阴极,阳极经限流电阻接+5V
        X++;
        delay();
    }
}
```

(1) 该程序的功能是_____。(2分)

(2) 如 delay()中的变量 i 改成 unsigned char data 类型,执行时间将略微_____。(填加长或缩短, 1分)

(3) for(;;)可以用_____代替。(1分)

(4) 程序中引用的 P1,其说明语句肯定是在文件_____。(1分)

37. 下列函数在工程中有使用价值,试阅读分析,并回答所列各问。

```
unsigned int BIN2BCD(unsigned char x)
{
    unsigned int y = 0;
    while (x>=100)
    {
        y += 0x100;
        x -=100;
    }
    y += (( x / 10 )<<4);
    y += (x % 10);

}
```

(1) 补上该函数遗漏的返回语句。(1分)

(2) 函数的功能是什么?

答:_____。(2分)

(3) 局部变量 y 默认分配在那个存储空间? (1分)

(4) 返回码范围是_____。(1分)

38. 已知 MCS-51 单片机的基本型拥有两个中断优先级,且在同一优先级的中断的排队顺序为"INT0→ T0→INT1→T1→(RI+TI)",已知程序初试化部分有以下操作,回答所列问题。

PX0 = 0;EX0 = 1;　　// INT0 低优先级,中断允许

PT0 = 1;ET0 = 1;　　// T0 高优先级,中断允许

PX1 = 1;EX1 = 1;　　// INT1 高优先级,中断允许

EA = 1;　　　　　　　// CPU 开放中断

(1) INT0,INT1 同时请求中断,CPU 先响应哪一个? 答:_____。(1分)

(2) 如果 INT1,T0 同时请求中断,CPU 先响应哪一个? 答:_____。(1分)

(3) INT1 已在响应,又发生 T0 中断请求,中断能否嵌套? 答:_____。(1分)

(4) 如果有嵌套发生,可能是怎样的嵌套关系?

答:_____。(2分)

五、设计题(第 39 题 10 分,第 40 题 20 分,共 30 分)

39. 以 P1.0、P1.1、P1.3 分别控制三相步进电机的 A,B,C 三相依次通电,通电规律为"A-AB-B-BC-C-CA-A-…",换相时间间隔为 0.5ms(CPU 时钟为 6MHz)。采用 T0 定时,中断方式工作,恒定速度运行。

(1) 试计算计数值,选方式 2,计数初值;

(2) 在下列框架基础上,参考"//"后的注解,填空完成程序,实现所要求的功能。

```
#include<reg51.h>
unsigned char code Table[6] = {1,3,2,6,4,5}; // 通电相序表
bit Flag=0;
void T0_ISR(void) interrupt 1 using 1
{
    _____;  // 溢出置软件标志
}
void main()
{
char data pHndl = 0;   // 表指针,初始清 0
        P1 = 0;           // 步进电机各相断电
        TMOD = (TMOD & 0xF0) | 0x02;   // T0 无 GATE,定时,方式 2
        TH0 = _____;          // 初值寄存器初值
        TL0 = _____;          // 第一次计数初值,以后自动重载
        TR0 = 1;             // 启动定时器 T0
        ET0 = 1;             // 允许 T0 中断
        _____;       // 允许 CPU 中断
        while(1)
        {
            if(       )        // 如果发生定时器溢出,则…
            {
                _____;    // 清除软件溢出标志
                P1 = _____;       // 送数,步进电机通电相序变化
                if(++pHndl==____) pHndl = 0;
            }
        }
}
```

40. 某 MCS-51 应用系统中 1 片 62256 静态存储器、1 片通用可编程并行接口 8255。74LS138 用于译码,8255 是用作微型一打印机接口。电路原理图如下。

(1)根据图示信息,写出存储器的地址范围和容量;

(2)写出 8255 的一组最低可用地址;

(3)图中 8255 的 PA 口作打印机的数据线,PC4 作选通输出,负脉冲有效,PC0 连接打印机忙信号,作为状态输入,PB 保留为并行输入口,按采用方式 0,写出 8255 的方式字。

(4)编程:用初始化函数,将图中的存储器所包含的所有地址单元都清 0;初试化 8255 的工作方式、并将 PC4 置为无效的高电平状态;编写打印字符的函数,输入参数为欲打印字符的 ASCII 码,无返回值;最后由主程序,打印字符串"Hello,world!"

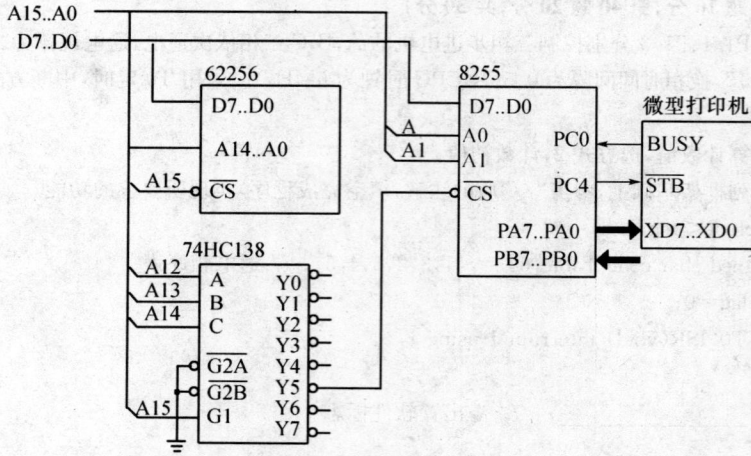

（提示：8255 方式字和 PC 口位控字参考下图）

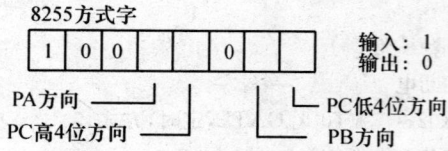

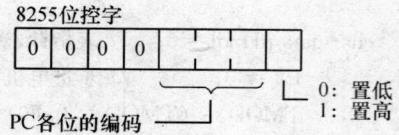

参 考 文 献

[1] 陈连坤编著.嵌入式系统的设计与开发.北京:清华大学出版社,北京交通大学出版社,2005

[2] 黄正瑾,徐坚,章小丽,熊明珍等.CPLD系统设计技术入门与应用.北京:电子工业出版社,2002

[3] Yu-cheng Liu,Glenn A. Gibson. Micro computer System:The 8086/8088 Family-Architecture,Programing,and Design. PRENTICE-HALL,INC. ,1984

[4] 严义,包健,周尉.Win32汇编语言程序设计教程.北京:机械工业出版社,2004

[5] 冯博琴,吴宁,陈文革,程向前.微型计算机原理与接口技术.北京:清华大学出版社,2002

[6] 孙育才.MCS-51系列单片微型计算机及其应用.南京:东南大学出版社,2004

[7] 白英彩.微型计算机常用芯片手册.上海:上海科学技术出版社,1984

[8] 万福召,潘松峰等编著.单片微机原理系统设计与应用.合肥:中国科学技术大学出版社,2001

[9] 徐安,陈耀,李玲玲编著.单片机原理与应用.北京:北京希望电子出版社,2003

[10] 刘乐善,叶济忠,胡盛斌编著.微型计算机接口技术与应用.武汉:华中理工大学出版社,1993

[11] 秦曾煌主编.电工学(下册)——电子技术(第五版).北京:高等教育出版社,1999

[12] 马忠梅等.单片机的C语言应用程序设计.北京:北京航空航天大学出版社,1997

[13] 赵亮等.单片机C语言编程与实例.北京:人民邮电出版社,2003

[14] Philips Semiconductors,SC16C2552(pdf 文档)

[15] DALLAS SEMICONDVCTOR,DS12C887B RealTime CLock(pdf 文档)

[16] ANALOG DEVICES,Complete12-Bit A/D Converters——AD674B/AD774B